工业和信息化部“十二五”规划教材

现代数值计算

（第2版）

Advanced Numerical Computing (2nd Edition)

同济大学计算数学教研室 编著

U0300164

名家系列

人 民 邮 电 出 版 社
北 京

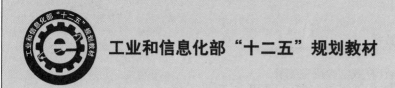

图书在版编目（ＣＩＰ）数据

现代数值计算 / 同济大学计算数学教研室编著. --
2版. -- 北京 : 人民邮电出版社, 2014.9（2021.12重印）
ISBN 978-7-115-35993-3

Ⅰ. ①现… Ⅱ. ①同… Ⅲ. ①数值计算－高等学校－
教材 Ⅳ. ①O241

中国版本图书馆CIP数据核字(2014)第152988号

内 容 提 要

本书是同济大学计算数学教研室几位老师集体智慧的结晶，内容涉及数值计算的基本内容，如函数插值与函数逼近、线性与非线性方程（组）的求解、数值积分与微分、矩阵的特征值与特征向量的计算、常微分方程的近似数值解，还阐述了当今科学与工程研究中经常遇到的数值计算问题求解的新方法，如快速傅里叶变换、蒙特卡罗随机方法（高维积分计算）、数值求导的稳定算法、大型线性方程组的分块迭代算法等；在介绍一些重要的典型算法时，附上了在工程中广泛使用的 MATLAB 程序. 书后附有丰富的习题和数值实验题. 并提供了配套的习题解答.

本书适合作为高等院校本科生和工科研究生“数值计算”课程的教材，也适合相关科研人员参考.

◆ 编　　著　同济大学计算数学教研室
责任编辑　武恩玉
责任印制　彭志环　杨林杰

◆ 人民邮电出版社出版发行　　北京市丰台区成寿寺路 11 号
邮编　100164　　电子邮件　315@ptpress.com.cn
网址　http://www.ptpress.com.cn
大厂回族自治县聚鑫印刷有限责任公司印刷

◆ 开本：787×1092　1/16
印张：16.5　　2014 年 9 月第 2 版
字数：396 千字　　2021年12月河北第17次印刷

定价：39.80 元

读者服务热线：(010)81055256　印装质量热线：(010)81055316
反盗版热线：(010)81055315
广告经营许可证：京东市监广登字 20170147 号

第 2 版前言

本次修订版, 作了如下的改动:

改正了第 1 版中的一些文字和公式错误, 将第 1 版中第 6 章向量范数的定义放到第 1 章的误差定义中, 使得可读性更强, 增加了第 3 章关于混合插值的误差估计和第 5 章中关于辛普森求积公式的证明, 增加了一些习题使得书的内容更加完整.

本次修订仍由同济大学计算数学教研室的有关教师集体完成. 其中第 1 章和第 7 章由陈雄达完成, 第 2 章和第 6 章由殷俊锋完成, 第 3 章和第 4 章由陈素琴完成, 第 5 章由徐承龙完成, 第 8 章由关晓飞完成, 第 9 章由王琤完成. 徐承龙阅读了全书, 提出了一些修改意见, 最后由陈雄达排版.

本书的修订工作得到了同济大学研究生院和数学系领导的大力支持, 同济大学计算数学教研室使用本书的全体教师提出了宝贵的意见, 以及人民邮电出版社武恩玉编辑对本次修订工作的热忱关心和支持, 我们深表感谢.

编　者

2014 年 1 月于同济大学

前　言

“数值分析”课程是科学计算方面的重要基础课程之一, 承担着引导计算科学入门到介绍数值计算中各种基本算法的任务. 随着科学技术的快速发展, 对数值计算方面知识的要求也越来越高, 这就迫切需要一本适合于目前学生学习的教材. 本着这样的想法, 同济大学计算数学教研室的有关教师在原有教材的基础上编写了本书. 希望达到两个目的: 一是在课程中介绍数值计算领域中的基本思想、基本理论与基本算法, 如函数插值与函数逼近, 线性与非线性方程 (组) 的求解, 数值积分与微分, 矩阵的特征值与特征向量的计算, 微分方程的近似数值解; 二是适当地介绍一些当今科学与工程研究中遇到的数值计算问题求解的新方法, 如快速傅里叶变换, 高维积分的蒙特卡罗方法, 数值求导的稳定算法, 大型线性方程组的分块迭代算法等. 当然, 由于课时的限制, 我们只给出这些内容的一个初步介绍, 有兴趣者可以参阅有关的参考书. 本着实用的原则, 同时也由于课时限制的原因, 我们在介绍一些数学上比较深入的结论时, 往往省略了相关的理论证明. 在介绍一些重要的典型算法的同时, 附上了在工程中广泛使用的 MATLAB 程序. 以便于大家在修完此课程后能快速地上手做一些工程项目中的计算与编程问题.

全书共分 9 章, 由同济大学计算数学教研室有关任课教师集体编写. 其中第 1 章“科学计算与 MATLAB”和第 7 章“非线性方程求根”由陈雄达编写, 第 2 章“线性方程组的直接解法”和第 6 章“线性方程组的迭代解法”由殷俊锋编写, 第 3 章“多项式插值与样条插值”和第 4 章“函数逼近”由陈素琴编写, 第 5 章“数值积分与数值微分”由徐承龙编写, 第 8 章“矩阵特征值与特征向量的计算”和第 9 章“常微分初边值问题数值解”由王琤编写. 全书由徐承龙负责组织与协调, 陈雄达与殷俊锋负责本书的排版和校对. 本书适合作为高等院校本科生和工科研究生的教材与参考书, 需要读者掌握高等数学、线性代数和初步的概率方面的知识. 在编写过程中我们参考了同济大学数学教研室和国内外有关专家编写的相关教材, 在此表示感谢. 同济大学数学系和同济大学研究生院领导对本书的编写给予了大力支持, 为此我们表示深切的谢意.

由于编写时间和水平的限制, 本书不可避免出现错误, 我们殷切希望广大读者提出批评与修改建议.

编　者

2009 年 7 月于同济大学

目 录

表格目录

插图目录

程序目录

算法目录

第 1 章　科学计算与 MATLAB

§1.1　科学计算的意义

数值计算是随着计算机的出现和大规模计算的需求而发展起来的一门新兴学科. 数值计算主要考虑各种数学模型及其算法, 这些数学模型是为了解决各类应用领域, 特别是科学与工程计算领域的实际问题而提出的. 为此, 数值计算有时也称为科学计算、工程计算或科学工程计算. 随着科学技术的发展, 计算机的性能和算法的效率, 即计算机的硬件和软件水平都有了飞速的提高, 需要求解的实际问题规模也成倍扩大, 其中的数学模型日趋复杂. 通常, 这些数学模型是不能够精确地求解的, 这时需要简化模型并且提出相应的数值解法, 然后在计算机上编程实现, 求解这些问题并作实际检验. 随着硬件性能的提高和软件上各种高效算法的出现, 人类的计算能力迅猛提高, 并同时期待能解决一些超大规模的具有挑战性的问题, 如基因测序、全球天气模拟等. 对于同一个问题, 不同的算法在计算性能上可能相差百万倍甚至更多, 科学计算的主要任务就是设计高效可靠的数值算法. 例如: 用一个每秒钟计算一亿次浮点运算的计算机求解一个 20 阶的线性代数方程组, 用克拉默 (Cramer) 法和行列式展开法计算至少需要 30 万年, 而用高斯消去法只不过用几秒钟而已. 这个事实说明了两个问题: 一方面, 计算方法效率的提高速度往往比计算机性能的提高更快; 另一方面, 选择高效率的计算方法无疑是极其重要的.

求解科学与工程计算领域中的问题一般要经历以下几个过程. 首先根据实际问题构造相应的数学模型, 把它转换为可以计算的问题, 称为**数值问题**; 其次根据问题特点选择计算方法并编制程序; 最后在计算机上求解. 科学计算的主要研究内容是提出数值问题, 设计高效的算法, 并探讨全过程中各种误差对近似解的影响. 数值问题要求对有限个输入数据计算得出有限个输出数据, 这些输出数据通常称为数值解, 或者也可以理解为近似解. **数值算法**则是求解问题数值解的方法, 它是由有限个明确无歧义的操作组成的对输入数据的变换, 其中每一个操作都是计算机能够完成的, 例如, 仅包含加减乘除的运算. 一个算法只有在保证可靠的前提下才有可能评价其性能的好坏, 通俗地讲, 可靠性方面包含诸如算法的收敛性、稳定性、误差估计等多方面的内容. 评价一个算法的优劣应该考虑其时间复杂度 (即占用的计算机时间)、空间复杂度 (即占用的计算机存储空间) 以及逻辑复杂度 (即程序开发周期长短及维护的难易程度).

由于各种科学计算问题最后通常都归结为求解一些基本的问题, 所以数值算法领域的许多工作者为这些基本问题设计了一些相对固定的高效算法, 并把它们设计成简单且容易调用的功能函数并形成软件包. 但由于实际问题的复杂性及算法自身的适应性, 调用者必须自行选择适合自己问题的功能函数. 现代数值计算领域流行的软件有 Maple、Mathematica、MATLAB 等, 但不仅限于这些软件, 更多软件可以在网上查询(`http://www.netlib.org`), 其中, MATLAB 软件是在工程计算界广泛使用的深受计算工作者和工程师喜爱的软件之一. MATLAB 的官方网站是 `http://www.mathworks.com`.

鉴于实际问题的复杂性, 通常将一个实际问题具体分解为一系列的子问题进行研究, 数值工作者把这些子问题归纳总结为数学上不同的几类问题. 本课程主要涉及以下几方面的问题: 第 1 章余下部分为数值计算的基本知识及 MATLAB 软件简介, 其后各章内容包括函数的插值与逼近、数值积分与数值微分、线性方程组的直接解法和迭代解法、非线性方程组的求解、矩阵特征值问题的求解以及常微分方程的数值解.

§1.2 误差基础知识

人们常用相对误差、绝对误差或有效数字来说明一个近似值的准确程度. 这些概念在科学计算中被广泛应用, 下面我们对有关概念作一介绍.

§1.2.1 误差的来源

我们把通过任何途径得到的数据或模型与真实情况之间的差异称为**误差**. 误差的来源经常是多方面的. 在建立数学模型的过程中, 不可避免要忽略一些次要的因素, 因而数学模型往往只是对实际问题的一种近似的表达, 这两者之间的差异我们称为**模型误差**. 同时数学模型中可能包含一些参数, 它们可以通过仪器观测得到或通过经验得到, 这种数据间的误差我们称为**观测误差**. 数值分析通常假定数学模型真实地反映了客观实际, 直接处理已经归纳总结出来的数值问题, 因而这两类误差在数值分析中并不常见. 数学模型问题通常要转化为数值问题才能被求解, 经常使用的转化手段往往有离散化、有限展开等方式. 我们称这种数值问题与数学模型之间的误差为**截断误差**或**方法误差**, 通常引起方法误差的原因在于我们必须在有限的步骤内在计算机上得到结果. 在用计算机实现数值方法的过程中, 由于计算机表示的浮点数是固定的有限字长, 因此计算机并不能精确地表示所有的数, 这样, 不仅原始输入数据有误差, 中间计算的数据及最终输出结果也必然有误差. 这种因为计算机有限字长引起的误差称为**舍入误差**, 原始数据的误差导致最终结果也有误差的过程称为**误差传播**.

§1.2.2 误差度量

假设 x 是真值, $\bar{x}$ 是它的近似值, 则称 $\Delta x = x - \bar{x}$ 为该近似值的**绝对误差**, 或简称**误差**. 一般说来, 真值通常是求不出来的, 因此我们也不可能知道 Δx 的值, 而只能有如下估计:

$$|\Delta x| = |x - \bar{x}| \leqslant \varepsilon, \tag{1.1}$$

数 ε 称为**绝对误差限**或**误差限**. 于是有

$$\bar{x} - \varepsilon \leqslant x \leqslant \bar{x} + \varepsilon, \tag{1.2}$$

在工程上也记作 $x = \bar{x} \pm \varepsilon$. 误差限给出了真值的范围, 但并不能很好地表示近似值的精确程度. 例如测量珠峰高度为 8848m, 误差不超过 1m; 在测量运动员身高时就绝对不可以用这个误差限, 否则结果是没有任何意义的. 同样的误差限对于不同的数据, 其反映近似真实的程度可以完全相反, 因此必须同时考虑真值的大小.

若 x 是不为零的真值, $\bar{x}$ 是它的近似值, 则称 $\delta x = \Delta x / x = (x - \bar{x})/x$ 为该近似值的相对误差 (真值为零的情况没有定义). 若可求得某数 ε_r 满足

$$|\delta x| = \frac{|x - \bar{x}|}{|x|} \leqslant \varepsilon_r, \tag{1.3}$$

则称 ε_r 为**相对误差限**. 由于真值难以求出, 假如 $\bar{x}$ 也非零, 通常也使用 $\delta x = \Delta x/\bar{x}$.

§1.2.3 有效数字

当 x 有很多位数字, 为规定其近似数的表示法, 使得用它表示的近似数自身就指明了相对误差的大小, 我们引入有效数字的概念.

设十进制数有如下的标准形式:

$$x = \pm 10^m \times 0.x_1x_2\cdots x_nx_{n+1}\cdots, \tag{1.4}$$

其中 m 为整数, $\{x_i\} \subseteq \{0,1,2,\cdots,9\}$ 且 $x_1 \neq 0$. 对 x 四舍五入保留 n 位数字, 得到近似值 $\bar{x}$:

$$\bar{x} = \begin{cases} \pm 10^m \times 0.x_1x_2\cdots x_n, & x_{n+1} \leqslant 4, \\ \pm 10^m \times 0.x_1x_2\cdots (x_n+1), & x_{n+1} \geqslant 5. \end{cases} \tag{1.5}$$

容易证明, 四舍五入近似数的误差限满足

$$|x - \bar{x}| \leqslant 10^m \times \left(\frac{1}{2} \times 10^{-n}\right) = \frac{1}{2} \times 10^{m-n}. \tag{1.6}$$

设 x 的近似值 $\bar{x}$ 有如下标准形式

$$\bar{x} = \pm 10^m \times 0.x_1x_2\cdots x_n\cdots x_p, \tag{1.7}$$

其中 m 为整数, $\{x_i\} \subseteq \{0,1,2,\cdots,9\}$ 且 $x_1 \neq 0$, $p \geqslant n$. 如果有

$$|x - \bar{x}| \leqslant \frac{1}{2} \times 10^{m-n}, \tag{1.8}$$

则称 $\bar{x}$ 为 x 的具有 n 位有效数字的近似数, 其中 $x_1, x_2, \cdots, x_n$ 分别称为第 1 位到第 n 位**有效数字**. 当 $p = n$ 时, 称 $\bar{x}$ 为有效数, 即全由有效数字组成的数是有效数. 有效数的误差限是末位数单位的一半, 其本身就体现了误差界, 因此有效数末尾是不可以随便添加零的.

§1.2.4 向量的误差

某些问题的解可能是一个 n 维向量 $\boldsymbol{x}$, $\boldsymbol{x} = (x_1, x_2, \cdots, x_n)^{\mathrm{T}}$. 为了度量向量的误差, 我们引入向量的**范数**.

定义 1.2.1 对任意 n 维向量 $\boldsymbol{x}$, 若对应非负实数 $\|\boldsymbol{x}\|$, 且满足

(1) $\|x\| \geqslant 0$, 当且仅当 $\boldsymbol{x} = \boldsymbol{0}$ 时等号成立;

(2) 对任意实数 α, $\|\alpha\boldsymbol{x}\| = |\alpha| \cdot \|\boldsymbol{x}\|$;

(3) 对任意的 n 维向量 $\boldsymbol{x}$ 和 $\boldsymbol{y}$, $\|\boldsymbol{x}+\boldsymbol{y}\| \leqslant \|\boldsymbol{x}\| + \|\boldsymbol{y}\|$,

则称 $\|\boldsymbol{x}\|$ 为向量 $\boldsymbol{x}$ 的**范数**.

设 $\boldsymbol{x} = (x_1, x_2, \cdots, x_n)^{\mathrm{T}}$, 定义

$$\begin{aligned} \|\boldsymbol{x}\|_1 &= |x_1| + |x_2| + \cdots + |x_n|, \\ \|\boldsymbol{x}\|_2 &= \sqrt{|x_1|^2 + |x_2|^2 + \cdots + |x_n|^2}, \\ \|\boldsymbol{x}\|_\infty &= \max_{1 \leqslant i \leqslant n} |x_i|, \end{aligned}$$

为向量的**1 范数**、**2 范数**和**无穷范数**.

易证, 这三个范数都满足上述范数的三条性质.

譬如, 对于向量的 2 范数 $\|\boldsymbol{x}\|_2$, 前两条性质显然成立.

对于性质 3, 使用柯西不等式, 有

$$\begin{aligned}\|\boldsymbol{x}+\boldsymbol{y}\|_2^2=\sum_{i=1}^{n}|x_i+y_i|^2 &\leqslant \sum_{i=1}^{n}|x_i|^2+2\sum_{i=1}^{n}|x_i|\cdot|y_i|+\sum_{i=1}^{n}|y_i|^2\\ &\leqslant \|\boldsymbol{x}\|_2^2+2\|\boldsymbol{x}\|_2\cdot\|\boldsymbol{y}\|_2+\|\boldsymbol{y}\|_2^2\\ &=(\|\boldsymbol{x}\|_2+\|\boldsymbol{y}\|_2)^2.\end{aligned}$$

即性质 3 成立, 所以 $\|\boldsymbol{x}\|_2$ 是一个向量范数.

若向量 $\boldsymbol{x}$ 有近似值 $\bar{\boldsymbol{x}}$, 则定义该近似向量误差为 $\|\boldsymbol{x}-\bar{\boldsymbol{x}}\|$, 这里范数可根据实际需要选取。

一般地, 向量的相对误差 $\|\boldsymbol{x}-\bar{\boldsymbol{x}}\|/\|\boldsymbol{x}\|$ 并不能直接解读出各分量的有效位。如令 $\boldsymbol{x}=(1.000,0.001)^{\mathrm{T}}$, $\bar{\boldsymbol{x}}=(0.999,0.002)^{\mathrm{T}}$, 则采用无穷范数时 $\|\boldsymbol{x}-\bar{\boldsymbol{x}}\|_\infty/\|\boldsymbol{x}\|_\infty=0.001$. 但是 $\boldsymbol{x}$ 第二个分量误差达到了 100%.

§1.2.5　计算机的浮点数系

计算机内部通常使用**浮点数**进行实数的运算. 计算机的浮点数是仅有有限字长的二进制数, 大部分实数存入计算机时需要做四舍五入, 由此引起的误差称为**舍入误差**. 一个浮点数的表示由正负号、小数形式的尾数以及为确定小数点位置的阶三部分组成. 例如单精度实数用 32 位的二进制表示, 其中符号占 1 位, 尾数占 23 位, 阶数占 8 位. 这样一个规范化的计算机单精度数 (零除外) 可以写成如下形式:

$$\pm 2^p\times(0.\alpha_1\alpha_2\alpha_3\cdots\alpha_{23})_2,\quad |p|\leqslant 2^7-1,\quad p\in Z,\alpha_i\in\{0,1\}. \tag{1.9}$$

上面记号中, Z 表示整数集. 二进制的非零数字只有 1, 所以 $\alpha_1=1$. 阶数的 8 位中须有 1 位表示阶数的符号, 所以阶数的值占 7 位. 凡是能够写成上述形式的数称为机器数. 设机器数 a 有上述形式, 则与之相邻的机器数为 $b=a+2^{p-23}$ 和 $c=a-2^{p-23}$. 这样, 区间 (c,a) 和 (a,b) 中的数无法准确表示, 计算机通常按规定用与之最近的机器数表示.

设实数 x 在机器中的浮点 (float) 表示为 $fl(x)$, 我们把 $x-fl(x)$ 称为**舍入误差**. 如当 $x\in\left[\dfrac{c+a}{2},\dfrac{a+b}{2}\right)=[a-2^{p-1-23},a+2^{p-1-23})$ 时, 用 a 表示 x, 记为 $fl(x)=a$. 其相对误差满足

$$|\varepsilon_r|=\left|\frac{x-fl(x)}{fl(x)}\right|\leqslant\frac{2^{p-1-23}}{2^{p-1}}=2^{-23}\approx 10^{-6.9}. \tag{1.10}$$

上式表明单精度实数有 6~7 位有效数字.

二进制阶数最高为 2^7-1, 相应于十进制的阶数 38, 即 $(2^7-1)\lg 2$. 因此单精度实数 (零除外) 的数量级不大于 10^{38} 且不小于 10^{-38}. 当输入数据、输出数据或中间数据太大而无法表示时, 计算过程将会非正常停止, 此现象称为**上溢**(overflow); 当数据太小而只能用零表示时, 计算机将此数置零, 精度损失, 此现象称为**下溢**(underflow). 下溢并不总是有害的, 在做浮点运算时, 我们需要考虑数据运算可能产生的上溢及有害的下溢.

§1.2.6　一个实例

下面我们通过一个简单的例子来说明, 一个实际问题从提出到解决过程中出现的各种误差.

例 1.2.1 有一艘驳船, 宽度为 5m, 欲驶过一个河渠. 该河渠有一个直角弯道, 形状和尺寸如图 1-1 所示. 试问, 要驶过这个河渠, 驳船的长度不能超过多少米?

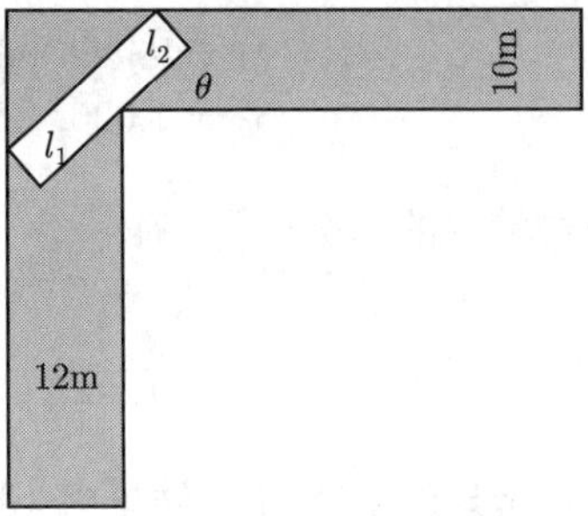

图 1-1 河渠的图形

解: 易知, 驳船的长度有如下关系

$$l = l_1 + l_2 = \frac{10 - 5\cos\theta}{\sin\theta} + \frac{12 - 5\sin\theta}{\cos\theta} = f(\theta), \quad (1.11)$$

式中, l_1, l_2 分别为直角拐角处到船两头的距离. 驳船如若能通过河渠, 则其最大长度应是上式右端函数的最小值. 因此, 该问题就转化为求解极小化问题

$$\min f(\theta) = \frac{10 - 5\cos\theta}{\sin\theta} + \frac{12 - 5\sin\theta}{\cos\theta}, \quad (1.12)$$

或者, 求解非线性函数零点的问题

$$f'(\theta) = \frac{5 - 10\cos\theta}{\sin^2\theta} + \frac{12\sin\theta - 5}{\cos^2\theta} = 0. \quad (1.13)$$

可以证明, 对于任意 $\theta \in \left(0, \frac{\pi}{2}\right)$, $f''(\theta) > 0$. 因此 (1.12) 式的极小点即是 (1.13) 式的零点, 这两者完全等价. 通过本教材将要介绍的近似计算方法, 我们可以知道上述两个问题的解为

$$\theta^* = 0.73, \quad f(\theta^*) = 21. \quad (1.14)$$

因此, 驳船的长度不能超过 21m.

从实际的角度出发, 我们知道, 一艘驳船能不能通过河渠应该是一个复杂的问题: 驳船不完全是长方形的, 而且可能和水深也有关系. 我们把它简化为长方形的, 并且只在二维平面内考虑该问题, 这就造成了模型误差. 我们无法精确求解极小化问题 (1.12) 式或求零点问题 (1.13) 式, 用近似求解的方法代替精确求解的方法, 造成了方法误差. 测量的数据, 如 5m、10m、12m 等, 都带有误差, 称为观测误差. 因此, 结论中的数据也只给出了两位有效数字, 是一个近似的答案. 由于初始数据的误差导致最终答数的误差, 这个过程就是误差的传播过程.

§1.2.7 数值计算中应注意的几个问题

舍入误差在实际计算中几乎是不可避免的, 定量地分析舍入误差的积累过程往往都是非常繁杂的. 一个可行的方法是研究舍入误差是否能够得到有效的控制, 不会影响到计算结果的实际效用. 一个算法, 如果在一定的条件下, 其舍入误差在整个运算过程中能够得到有效控制或者舍入误差的增长不影响产生可靠的结果, 则称该算法是**数值稳定**的, 否则称为数值不稳定的.

例 1.2.2 计算 $S_n = \int_0^1 \frac{x^n}{x+5}\mathrm{d}x$, 其中 $n = 0, 1, 2, \cdots, 8$.

解: 由于

$$S_n + 5S_{n-1} = \int_0^1 \frac{x^n + 5x^{n-1}}{x+5}\mathrm{d}x = \frac{1}{n}, \quad (1.15)$$

取 $S_0 = \ln 6 - \ln 5 = 0.182$, 利用公式 $S_n = \frac{1}{n} - 5S_{n-1}$, 可以逐步得到如下的数值, 计算过程

中所有的数精确到小数点后 3 位:

$$\begin{aligned} &S_1 = 0.090, \quad S_2 = 0.050, \quad S_3 = 0.083, \quad S_4 = -0.165, \\ &S_5 = 1.025, \quad S_6 = -4.958, \quad S_7 = 24.933, \quad S_8 = -124.540. \end{aligned} \tag{1.16}$$

通过简单的积分估计, 有

$$\frac{1}{6(n+1)} = \int_0^1 \frac{x^n}{6} \mathrm{d}x \leqslant S_n \leqslant \int_0^1 \frac{x^n}{5} \mathrm{d}x = \frac{1}{5(n+1)}. \tag{1.17}$$

所以上述的 8 个计算结果中, 那些负数或者大于 1 的结果都是不可接受的. 当然, 其他结果也可能有比较大的误差.

下面我们分析造成这种现象的原因. 假设 S_n 的真值为 S_n^*, 误差为 ε_n, 即 $\varepsilon_n = S_n^* - S_n$. 对于真值, 我们也有关系式 $S_n^* + 5S_{n-1}^* = \frac{1}{n}$. 综合两个递推等式, 有

$$\varepsilon_n = -5\varepsilon_{n-1}. \tag{1.18}$$

这就意味着哪怕开始只有一点点误差, 就算整个过程都保留很长的小数位, 只要 n 足够大, 按照这种每计算一步误差增长 5 倍的方式, 所得的结果总是不可信的. 因此整个算法是数值不稳定的.

换一种方式, 若我们把计算方式改为

$$S_{n-1} = \frac{1}{5n} - \frac{1}{5}S_n, \quad n = 8, 7, \cdots, 1. \tag{1.19}$$

则误差就会以每计算一步缩小到 1/5 的方式进行. 用这样的方式计算, 可以先用上面的估计式计算出 S_8:

$$S_8 = \frac{1}{2}\left(\frac{1}{6 \times 9} + \frac{1}{5 \times 9}\right) \approx 0.020. \tag{1.20}$$

逐步计算有

$$\begin{aligned} &S_7 = 0.021, \quad S_6 = 0.024, \quad S_5 = 0.028, \quad S_4 = 0.034, \\ &S_3 = 0.043, \quad S_2 = 0.058, \quad S_1 = 0.088, \quad S_0 = 0.182. \end{aligned} \tag{1.21}$$

这样的计算结果和实际是很相近的. 对 S_8 不同的估计方式, 最后得到的结果也相似: 只需对递推计算公式进行同样的误差分析就可以得到这个结论.

误差的传播在一些实际的问题中经常是很复杂的, 不像上面的例子那样可以得到一个误差传播的具体的公式. 事实上, 这个误差传播的具体公式需要假定 $1/n$ 的计算是完全精确的.

通过对误差传播规律的简单分析, 下面我们指出在数值计算中应该注意的基本问题.

§1.2.7.1　避免相近的数相减

在数值计算中, 两个相近的数相减时有效数字会损失. 例如计算

$$y = \sqrt{x+1} - \sqrt{x}, \tag{1.22}$$

其中 x 是比较大的数, 例如 $x = 1000$. 取 4 位有效数字计算, 有

$$y = \sqrt{1001} - \sqrt{1000} = 31.64 - 31.62 = 0.02. \tag{1.23}$$

可以看出, 在计算过程中, 每个根号的计算都有 4 位有效数字, 相减之后结果只有一位有效数字, 相对误差变得很大, 严重影响了结果的精确程度. 事实上, 可以有如下的等价计算公式

$$y=\frac{1}{\sqrt{x+1}+\sqrt{x}}. \tag{1.24}$$

按此公式计算可得 $y=0.015\,81$, 仍旧有 4 位有效数字. 可见, 数学上等价的公式在计算上是不等价的. 其他计算公式中, 也经常有需要变形的, 例如

$$\begin{aligned}\frac{1}{x}-\frac{1}{x+1}&=\frac{1}{x(x+1)},\\ \ln(x+1)-\ln x&=\ln\frac{x+1}{x},\\ \ln(x-\sqrt{x^2-1})&=-\ln(x+\sqrt{x^2-1}),\\ \sin(x+\varepsilon)-\sin x&=2\cos\left(x+\frac{\varepsilon}{2}\right)\sin\frac{\varepsilon}{2}.\end{aligned} \tag{1.25}$$

当 x 比较大或者 ε 比较小时, 上述各等式右边的计算方式都比左边有效.

§1.2.7.2 避免数量级相差太大的两数相除

计算大数除以小数或者小数除以大数时, 容易出现计算溢出的情形, 使得计算过程非正常中断或者中间数据没有任何有效数字. 在这种情况下, 有必要在数量级上对这两个数做一些处理.

§1.2.7.3 避免大数和小数相加减

在数值计算中, 有时候会碰到数量级相差很大的两个数相加减. 计算机做加减法首先要对阶, 即把这两个数都写成同一个阶数的表示方式, 再对其尾数进行相加减.

例如, 假设在十进制 5 位机器上, 做下面的加法:

$$12\,345+0.7. \tag{1.26}$$

计算机做加法时, 要把两个数都写成尾数小于 1 的数, 称为**对阶**, 即

$$0.123\,45\times 10^5+0.000\,007\times 10^5. \tag{1.27}$$

但是, 计算机只能表示 5 位尾数, 因此第二个数在计算机上就等于 0. 我们可以把这种情形称为 “大数吃小数”.

例 1.2.3 计算下面调和级数的部分和

$$1+\frac{1}{2}+\frac{1}{3}+\cdots+\frac{1}{n}. \tag{1.28}$$

解: 最自然的计算方式是设一个部分和为 S, 依次把第 k 项 $(k\leqslant n)$ 加到 S 上. 对于比较大的 n, 因为调和级数是发散的, S 会越来越大, 趋向无穷. 但是, 当我们把第 k 项加到 S 上时, 所做的加法是

$$S+\frac{1}{k}.$$

依照上面的分析, 只要 k 足够大, 就会出现 “大数吃掉小数”, 更大的 k 更是如此. 因此, 实际计算时这个部分和并不会越来越大, 而是停在某一个大数上, 其后各项都被它吃掉.

我们有其他措施来防止大数和小数相加. 例如上面的例子, 可以从后面往前面加, 也可以在中间加括号等.

§1.2.7.4 简化计算步骤

同样的结果在数学上可以有不同的表达形式, 在计算机上它们的结果可能是完全不一样的. 例如, 计算多项式

$$p_n(x) = a_n x^n + a_{n-1} x^{n-1} + \cdots + a_1 x + a_0. \tag{1.29}$$

如果直接采用上面的公式逐项求和, 那么计算第 k 项需要 $n-k+1$ 个乘法, 因此总计算量为 $n(n+1)/2$ 个乘法和 n 个加法. 然而, 多项式求值也可以采用下面的方式

$$p_n(x) = x(x \cdots (x(a_n x + a_{n-1}) + \cdots + a_1) + a_0. \tag{1.30}$$

这时总运算量为 n 个乘法和 n 个加法. 这个算法称为秦九韶算法或者 Horner 算法.

一个好的算法不仅应当是数值稳定的, 还应当是高精度的和高效的. 然而这些要求常常不能兼备, 很多情况下甚至是相互冲突、相互制约的.

§1.3 MATLAB 软件

§1.3.1 简介

MATLAB 源于 Matrix Laboratory 一词, 意为矩阵实验室. MATLAB 软件是一个功能非常强大的科学计算软件. 早期的 MATLAB 是一个专门为方便调用 LINPACK 和 EISPACK 软件包而做的界面程序; 最新的 MATLAB 版本含有科学计算、符号计算、图形处理等功能, 可以很方便地处理各类矩阵及多项式运算、线性方程组求解、微分方程数值解、插值拟合、统计和优化等问题, 并且可以针对用户提供的问题所具有的特点自行选择合适的算法.

MATLAB 的数据类型包括: 数、字符串、矩阵、单元型数据和结构型数据. 后两种实际上是复合数据类型, 而数和字符串都可以看成是矩阵的特例, 因此矩阵是最有代表性的数据类型, 这也是 MATLAB 名字的来源.

MATLAB 的使用界面是一个集成的界面, 它包含以下几个窗口: 命令窗口、命令历史窗口、当前路径窗口、工作空间变量窗口等. 命令窗口是系统执行各项工作的主要场所, 一般地, 我们可以把想要执行的命令依次键入到命令窗口. 命令历史窗口则保留了以前键入的历史命令, 通过双击它之中的某条命令, 就可以重新执行该条命令. 当前路径窗口显示了当前路径下的各文件, 以备查询. 工作空间变量窗口显示了你所使用的各变量, 可以双击变量来显示或修改其值.

MATLAB 的命令提示符为 >>, 在提示符后面键入命令并回车, 就可以运行命令. 运行结束后, 系统就会出现下一个提示符. 运行中, 系统可能给出部分结果的显示, 或者是某一步出错的警告. 例如,

```
>> 123 - 45 - 67 + 89                    % my first code
ans =
   100
>> 1 + 2^(3*4-5) - 6 - 789
ans =
  -666
>>
```

% 是注释符, 同一行上它之后的所有符号都被当成注释而忽略掉. 如果一行写不完, 可以在最后写上续行符, 即 3 个点 "...", 系统会把下一行当成是这一行的继续.

MATLAB 的变量不必事先说明, 也不需要指定类型, 它会根据变量所涉及到的操作来决定变量的类型. 任何以字母开头, 包含字母、数字或下划线并且长度少于 32 的字符串都可以作为变量的名字. 不同 MATLAB 版本, 命名的最大字符长度可能会不一样, 但一般都足够使用. 变量名区分大小写, 并且不能与系统的关键字和内部函数同名. 通常 MATLAB 中的变量 (系统的和用户的) 都以约定俗成的简写方式命名. 在前面的例子中, 运算结束后结果没有被赋给任何变量, 系统就默认地赋给了变量 ans.

§1.3.2 向量和矩阵的基本运算

§1.3.2.1 MATLAB 数据类型

MATLAB 的基本数据类型是矩阵. 以下的方式定义了一个矩阵 $\boldsymbol{A} = \begin{pmatrix} 1 & 3 \\ 2 & 4 \end{pmatrix}$

```
>> A = [ 1 3; 2 4 ]
A =
     1     3
     2     4
```

矩阵的界定符是 [和], 矩阵同一行的元素之间以空格或者逗号隔开, 不同行之间的元素以分号隔开或者直接换行. 例如上面的矩阵也可以如下输入

```
>> A = [ 1, 3
         2, 4 ];
```

这里, 行末的分号起着抑制显示结果的作用. 以后, 我们不总是给出运行结果, 读者可以自行把命令复制到命令行执行以查看运行结果.

向量和数分别看成只有一行或一列, 以及只有一行一列的矩阵

```
>> a = [1 2 3 4 5 6 ]
a =
     1     2     3     4     5     6
```

该命令还可以这么写: a = 1:6. 在 MATLAB 中 a:s:b 代表以 a 为起点, s 为步长, b 为终止的向量, 步长为 1 时则可以省略.

```
>> 2:3:10
ans =
     2     5     8
>> 10:-1.5:6
ans =
   10.0000    8.5000    7.0000
>> 10:2:6
ans =
   Empty matrix: 1-by-0
```

是一个空矩阵. 在 MATLAB 中变量是区分大小写的, A 和 a 是不同的变量. 如果在命令行中输入

```
>> A = [1; 2; 3]
A =
     1
     2
     3
```

则生成一个 3 行 1 列的列向量 $\boldsymbol{A}$, 原来的矩阵 $\boldsymbol{A}$ 的值就没有了. 在 MATLAB 中, 行向量和列向量是不同的. 另外, 变量的类型可以随时改变

```
>> A = 'hello matlab'
A =
hello matlab
```

这时, $\boldsymbol{A}$ 就是一个字符串而非向量或矩阵. 字符串以引号界定, 里面可以是任何字符. 实际上, 字符串也是向量, $\boldsymbol{A}$ 的第一个和最后一个分量分别为字母 `h` 和字母 `b`. 若字符串本身含有引号, 只需把引号写两遍即可

```
>> A = 'This''s matlab''s world.'
A =
This's matlab's world.
```

可以用如下的方式合并字符串:

```
>> A = [ A ' I love this game.']
A =
This's matlab's world. I love this game.
```

MATLAB 的数据类型还有细胞、结构等, 这里我们就不展开了.

§1.3.2.2 常量和变量

常量就是在运行过程中不能变化的量, 例如上面提到的字符串 `'hello matlab'`, 当然 `3.14`, [2,3,4] 也是常量.

MATLAB 中的数据常量常用科学记数法来表示, 例如

```
>> 3.14159^10
ans =
  9.3647e+004
```

结果是 $9.364\,7 \times 10^4$. 如果想显示更多的小数位, 可以用命令 `format`

```
>> format long
>> 3.14159^10
ans =
    9.364725646787224e+004
>> format short
>> 3.14159^10
ans =
```

```
  9.3647e+004
```

format 命令只影响该命令运行之后的数、向量或者矩阵的数值显示方式, 在计算机内部都是以 16 位小数的精度进行计算. 可以随时使用 format 命令切换输出方式.

变量则相反, 它的值可以随时变化, 例如上面的矩阵、字符串变量 $\boldsymbol{A}$. 在计算机程序里, 变量都保存在一定的地方, 即内存里, 变量的名字实际上也就代表了找到内存一个确切地方的地址. 例如

```
>> A = 'This''s matlab''s world.';
>> A(4)
ans =
s
>> B = [1 2;3 4];
>> B(2,2)
ans =
     4
```

分别得到字符串 A 的第 4 个字母和矩阵 $\boldsymbol{B}$ 的 $(2,2)$ 元素.

MATLAB 内部定义了一些固定变量, 一般不要轻易改变它们的值. 它们是虚根 i, j, 无穷大 Inf, 圆周率 pi, 和不定型 NaN(Not a Number). Inf 和 NaN 的运算遵循高等数学中的无限和不定型的运算规则, 例如

```
>> 2 + inf
ans =
   Inf
>> inf - inf
ans =
   NaN
>> NaN - 30
ans =
   NaN
>> inf * 0
ans =
   NaN
```

在 MATLAB 中, 如一个计算结果超出 MATLAB 所能表示的最大数, 即出现上溢时, 运算结果就记成 Inf 或者 -Inf.

§1.3.2.3 基本运算

在 MATLAB 中, 矩阵或者向量的加减乘除可以直接在命令行中操作

```
>> A = [1 2;3 4]; B = [1 0; 0 2];
>> A+B
ans =
     2     2
```

```
     3     6
>> A*B
ans =
     1     4
     3     8
>> A.*B
ans =
     1     0
     0     8
```

最后一个运算 .*, 称为点乘, 是 MATLAB 点运算的一种. 点运算实际上就是按分量运算, 两个同型矩阵按照分量进行乘、除或者乘方运算.

```
>> B./A
ans =
    1.0000         0
         0    0.5000
>> A.^B
ans =
     1     1
     1    16
```

类似地, 我们有点幂运算, 但是对于一个方阵 $\boldsymbol{A}$, $\boldsymbol{A}$.^2 和 $\boldsymbol{A}$^2 是不一样的. MATLAB 还可以进行矩阵的数加和数乘, 即一个数和矩阵的每个分量进行加 (减) 或乘的运算.

```
>> 2./B
ans =
     2   Inf
   Inf     1
>> 2+B
ans =
     3     2
     2     4
```

在 MATLAB 中定义了矩阵的除法, 称之为**左除**, A\B 求出满足方程 $\boldsymbol{AX}=\boldsymbol{B}$ 的矩阵 $\boldsymbol{X}$, 而 A/B 求出满足方程 $\boldsymbol{XB}=\boldsymbol{A}$ 的矩阵 $\boldsymbol{X}$. 例如

```
>> A = [1 2; 3 4];
>> B = [5 6; 7 8];
>> C = A\B
C =
   -3.0000   -4.0000
    4.0000    5.0000
>> D = A/B
D =
```

```
   3.0000   -2.0000
   2.0000   -1.0000
```

可以用以下的方式检验

```
>> A*C-B
ans =
     0     0
     0     0
>> D*B-A
ans =
  1.0e-014 *
  -0.1776   -0.3553
        0         0
```

最后一个显示方式表示矩阵的每个元素都有一个阶数 10^{-14}.

§1.3.2.4 *初等函数*

MATLAB 中自带了很多初等函数, 例如三角和反三角函数, 指数和对数函数等, 它们都用约定的方式出现, 基本和数学上的表达方式一致

```
>> format long e
>> x = 1.0e11;
>> log(x+2)
ans =
    2.532843602295450e+001
>> log(x)
ans =
    2.532843602293450e+001
>> log(x+2) - log(x)
ans =
    1.999822529796802e-011
>> log((x+2)/x)
ans =
    2.000000165460742e-011
```

这里, `log` 是自然对数 $\ln x$. 最后两个表达式在数学上是完全等价的, 但是计算结果完全不同. 由于计算机是用有限位数存储数据的, 因此两个相近的数相减时, 只有很少的有效数字, 例如上例的 `log(x+2)` 和 `log(2)`, 而相除时则没有这种现象. 换言之, 前面讲述的数值计算中应避免的做法还是成立的, 只是所谓的大数和小数的概念会随着计算机的精度不同而发生变化. 读者还可以试试

```
>> sqrt(x+2)-sqrt(x)
ans =
    3.162305802106857e-006
```

```
>> 2/(sqrt(x+2)+sqrt(x))
ans =
   3.162277660152568e-006
```

这再次说明了: 在数学上等价的表达式, 在计算上不一定等价.

MATLAB 中的很多函数都有**向量功能**, 即这些函数可以作用于向量, 求出向量每一个分量的函数值

```
>> x = [0 pi/6 pi/4 pi/3 pi/2];
>> sin(x)
ans =
        0    0.5000    0.7071    0.8660    1.0000
>> cos(x)
ans =
   1.0000    0.8660    0.7071    0.5000    0.0000
```

§1.3.2.5 逻辑运算和关系运算

MATLAB 用 >, <, >=, <=, == 和 ~= 来判断两个数量之间的大小关系, 它们分别表示大于、小于、不小于、不大于、相等和不相等, 这些运算也具有向量功能. 例如

```
>> sqrt([9 10 11]) > pi
ans =
     0     1     1
```

分别返回真值 0,1,1, 代表假、真、真. 又例如

```
>> x = (sqrt(5)+1)/2
x =
   1.6180
>> [x^2 x x^-1] == [1-x 1+1/x x-1]
ans =
     0     1     0
>> [x^2 x x^-1] - [1-x 1+1/x x-1]
ans =
   3.2361         0   -0.0000
```

因此, 判断两个计算机内的浮点数是否相等必须很小心.

MATLAB 系统中用 &, |, ~ 表示逻辑关系的与、或、非. 例如

```
>> a = [ 2 3 0 0];
>> b = [-1 0 1 0];
>> a&b
ans =
     1     0     0     0
>> a|b
ans =
```

```
     1     1     1     0
>> ~b
ans =
     0     1     0     1
```

在 MATLAB 中, 所有非零的值都被当成是真. 因此, 例子中的 a 也可以换成 `a = [1 1 0 0]`.

§1.3.2.6 矩阵运算

矩阵的运算除了前面介绍的矩阵的加减、乘法、数乘和除法, 还有矩阵的行列及对角线的各种操作等. 命令 `A(i,j)` 给出矩阵 $\boldsymbol{A}$ 的 (i,j) 元素, 分别称 i,j 为矩阵 $\boldsymbol{A}$ 的行列下标. 在矩阵 $\boldsymbol{A}$ 的行列下标的位置上写入由下标值构成的向量, 可以得到相应的那些分量组合成的向量或矩阵:

```
>> A = magic(3)
A =
     8     1     6
     3     5     7
     4     9     2
>> A(2,1:3)
ans =
     3     5     7
```

第一条命令生成一个 3 阶幻方 (n 阶幻方是由 $1 \sim n^2$ 的所有自然数为元素构成的 n 阶方阵, 它的每一行每一列以及两条对角线上的元素和为定值), 第二条取出幻方矩阵的第 2 行的第 1,2,3 列. 如果要取出矩阵某行所有的列, 如该例, 可以写 `A(2,:)`. 换句话说, `:` 写在下标中可以解读为 "所有的". 下标中若有 `end`, 则表示是最后的行或列指标, 例如下面的做法取出矩阵的第 2 行到最后 1 行, 头尾两列

```
>> A(2:end,[1 end])
ans =
     3     7
     4     2
```

简单地把矩阵当成数, 可以像把元素合并成一个矩阵那样, 把一些小矩阵合并成一个大矩阵

```
>> B = [ 2 3 ];
>> C = [ 1 2; 3 4];
>> D = [ 5 7]';
>> A = [ B 9; C D]
A =
     2     3     9
     1     2     5
     3     4     7
```

生成 D 的命令中, `'` 代表转置. 合并矩阵时, 必须注意, 小块矩阵的行列数必须是合法的.

去掉矩阵的某整行或整列的元素, 使得其阶数变小, 可以如下操作

```
>> A([1,end],:) = []
A =
     1     2     5
```

去掉了矩阵的头尾两行. “[]” 就是前面介绍过的空矩阵. 还可以用以下的方式对向量或矩阵取值, 或者进行其他操作

```
>> A = magic(3)
A =
     8     1     6
     3     5     7
     4     9     2
>> A(A>=4) = 0
A =
     0     1     0
     3     0     0
     0     0     2
>> v = 1:9;
>> v(abs(v-5)<=2) = [ ]
v =
     1     2     8     9
```

其中, abs 为绝对值函数. 上述命令把向量 v 中满足 $|x-5|\leqslant 2$ 的分量全部去掉了.

§1.3.3　流程控制

§1.3.3.1　分支结构

编程的流程一般有顺序结构、分支结构和循环结构. 顺序结构就是按先后顺序把需要执行的语句写下来, 如上一节最后生成矩阵 $\boldsymbol{A}$ 的一系列语句.

分支结构则是依据不同的情况执行不同的语句, 用 if 语句实现. if 语句的一般格式如下

```
if value1,
   statement1,
elseif value2,
   statement2,
else
   statement3
end
```

当 value1 的值为真, 即非零时, 执行语句 statement1; 否则, 当 value2 的值为真时, 执行语句 statement2 等; 如果都不成立, 就执行语句 statement3. else 部分可以没有, 而 elseif 部分可以有多个, 也可以没有. 在 MATLAB 中, 所有非零的真值都当成真. 例如

```
if mod(n,2)==1,
```

```
   n = n * 3 + 1;
else
   n = n / 2;
end
```

其中, mod 是求余数的函数. 这几行命令的意思是, 当 n 是奇数时乘 3 加 1, 当 n 是偶数时除 2. 在命令行中输入这些命令时, 系统不会因为你键入了回车而警告你语句不完整, 而是等待你输入最后和 if 配对的 end.

下面的例子辨别一个年份是否闰年

```
if mod(year,400)==0,
   fprintf('%d is a leap year.\n',year);
elseif mod(year,100)==0,
   fprintf('%d is not a leap year.\n',year);
elseif mod(year,4)==0,
   fprintf('%d is a leap year.\n',year);
else
   fprintf('%d is not a leap year.\n',year);
end
```

当 if 语句执行到某一部分时, 意味着前面的判断皆为假, 而该部分对应的判断为真. fprintf 是 MATLAB 中的格式输出语句.

分支结构也可以用 switch 语句实现.

§1.3.3.2 循环结构

循环语句有两种, for 循环和 while 循环, 前者用于有规律的循环, 后者用于无规律次数不定的循环. for 语句的基本格式如下

```
for loopvalue = value,
    statement,
end
```

通常, 我们称 loopvalue 为循环变量, 它将取遍 value 中的每一个值, 即向量的每一个元素或矩阵的每一列, 对于 loopvalue 取到的每一个值执行语句 statement. 例如, 下面的循环利用恒等式 $\frac{\pi^2}{6}=\sum\limits_{k=1}^{\infty}\frac{1}{k^2}$ 计算圆周率的近似值

```
>> s = 0;
>> for k = 1:10000,
       s = s + 1/k^2;
   end
>> s = sqrt(6*s)
s =
    3.141497163947215
```

计算机只能执行有限的循环, 因此这里求的是级数前 10 000 项的部分和. 实际上, 求 s 的值

可以用如下命令

```
>> N = [1:10000];
>> s = sqrt( 6*sum(1./N.^2) );
```

如果循环次数预先不能确定, 那么我们可以用 while 循环, 它的基本格式如下

```
while value,
   statement,
end
```

仅当 value 的值为真时, 执行语句 statement. 因此, 上面的求 π 的近似值的例子可以改写如下

```
>> n = 0; p = 0; s = 0.0;
>> while abs(s-pi)>=1e-5,
      n = n + 1;
      p = p + 1/n^2;
      s = sqrt(6*p);
   end
>> s
s =
   3.141582653629836
```

这里, 判断 abs(s-pi)>=1e-5 可能因为里面的循环改变其真值, 也只有这样, 循环才有意义. 一般地, 若循环语句部分不能改变循环判断的真值, 则该循环可能有两种情况: 要么永远不执行, 要么永远不会停止执行 (称为死循环). 如果你碰到后一种情形, 可以按 Ctrl+C 退出. 循环判断最好不要写成 s==pi 的方式, 否则也有可能造成死循环.

§1.3.3.3　复杂的结构

顺序结构、分支结构和循环结构可以相互嵌套, 但是一个结构应该完全在另一个结构内. 下面的例子输入一个正整数 n, 如果它是偶数就除以 2, 是奇数就乘上 3 加上 1, 如此一直变换, 直到最后变成 1

```
n = input('n =   ');
while n~=1,
   if mod(n,2)==1,
      n = n * 3 + 1;
   else
      n = n / 2;
   end
   disp(n);
end
```

这个问题称为 Collatz 猜想.

while-for 循环嵌套可以用冒泡排序来举例说明. 冒泡排序是一种对一系列数进行排序的方法. 把一列数想象为垂直存放, 排好序后, 数值大的在下方. 每轮比较时从上到下依次比

较相邻的两个数, 若是上面的数大, 把它们对调, 否则不动. 这样一轮比较结束后, 最大的数就在最底下, 下一轮就少比较一个数. 若某一轮没有发生对调, 则这些数已经正确排序, 不必再进行下一轮了. 因为小的数就像是比较轻的一样, 一直往上冒, 于是该算法就有这样的一个名字. 程序如下

```
>> done = 0; k = 1;
>> v = input('a row vector: ');
a row vector:  [1 8 6 3 9 7 5 0 2 4]
>> while ~done,
      done = 1;
      for p = 1:length(v)-k,
          if v(p) > v(p+1),
             tmp  = v(p);
             v(p) = v(p+1);
             v(p+1) = tmp;
             done = 0;
          end
      end
      k = k + 1;
   end
>> v
v =
     0   1   2   3   4   5   6   7   8   9
```

由于 MATLAB 的特点, 向量或矩阵中的两个数对调时 (while 第 5~7 行), 有时可以不必有中间变量. 上面的写法是任一门计算机语言都可以用的, MATLAB 可以这样写

```
v([p p+1]) = v([p+1 p]);
```

此外, MATLAB 命令 sort 就实现同样的排序功能.

§1.3.4 脚本文件和函数文件

§1.3.4.1 脚本文件

把 MATLAB 的一系列命令收集在一个文件里, 保存为以 .m 为后缀的文件, 称为脚本文件, 执行时只需要键入文件名, 不需键入后缀. 例如, 在命令行内键入 edit mysort.m, 在打开的文件内键入如下内容

```
done = 0; k = 1;
v = input('a row vector: ');
while ~done,
     done = 1;
     for p = 1:length(v)-k,
         if v(p) > v(p+1),
            tmp  = v(p);
```

```
            v(p) = v(p+1);
            v(p+1) = tmp;
            done = 0;
         end
     end
     k = k + 1;
 end
 v
```

在命令行上运行 >> mysort, 情形如下:

```
>> mysort
a row vector:  [1 8 6 3 9 7 5 0 2 4]
v =
    0  1  2  3  4  5  6  7  8  9
```

在脚本文件中, 若一行程序太长, 可以使用 ... 换行: 即在一行末尾写上三个连续的点, 代表下一行是这一行的继续.

§1.3.4.2 函数文件

函数文件是一种封装的文件, 具有特定的函数头格式

```
  function [out1,out2,...] = funname(in1,in2,...)
```

其中, function 是关键字, out1,out2,... 是输出列表, 以方括号括住; in1,in2,... 是输入列表, 以圆括号括住. 输入和输出列表可以包含一个或多个输入和输出, 也可以没有. 若没有输出列表, 则不必写方括号和等号, 输出列表仅有一项时, 不必写方括号; 若没有输入列表, 则不必写圆括号. funname 是函数名, 函数名是一种 MATLAB 的标识符. MATLAB 的函数名必须和文件名一致, 即若函数名为 funname, 则文件名应为 funname.m.

例如, 如果我们要用函数文件实现上面的排序, 可以书写如下

```
function v = mysort2(v)
 done = 0; k = 1;
 while ~done,
     done = 1;
     for p = 1:length(v)-k,
         if v(p) > v(p+1),
            tmp  = v(p);
            v(p) = v(p+1);
            v(p+1) = tmp;
            done = 0;
         end
     end
     k = k + 1;
 end
```

这里在函数头中, 圆括号中的 v 是输入变量, 等号左边的 v 是输出变量, mysort2 是函数名. 所以在 MATLAB 系统中, 该文件应保存为 mysort2.m. 在函数文件中, 变量 v 的值由输入变量得到. 因此, 和前面的脚本相比, 没有了 input 一行; 返回变量也不需要显示, 也没有了原来脚本的最后一行.

§1.3.4.3 函数传值

在上面的例子中, 如果需要知道冒泡过程中发生了多少次对调, 我们可以简单地修改程序如下

```
function [v,s] = mysort3(v)
  done = 0; k = 1;
  s = 0;
  while ~done,
      done = 1;
      for p = 1:length(v)-k,
          if v(p) > v(p+1),
             tmp  = v(p);
             v(p) = v(p+1);
             v(p+1) = tmp;
             done = 0;
             s = s + 1;
          end
      end
      k = k + 1;
  end
```

返回变量 s 就是在这个过程中对调的次数. 例如, 调用程序如下

```
>> d = [5 3 4 2 1 ];
>> [r,w] = mysort3(d)
r =
     1     2     3     4     5
w =
     9
```

程序在运行时, d 的值传给了变量 v, 它在整个程序中发生了一系列的变化, 返回时它的值传给了变量 r, 而 s 的值传给了 w. 变量传值的对应关系只和它在输出或输入列表中的位置有关, 即命令表达式的列表按照书写次序把值传给函数输入列表中的各变量, 而函数输出列表中各变量的值在函数结束后依次传给命令表达式的各返回变量. 在这个过程中, 系统不理会各变量的名称是否重复. 我们有例子

```
>> p = [ 5 3 4 2 1];
>> [k,v] = mysort3(p)
k =
     1     2     3     4     5
```

```
v =

     9
```

这里, v 和函数中的 v 同名, 而 k 和 p 在程序内部也出现过. 程序中的所有变量和命令行的变量是互不相通的, 它们的值不会相互影响. 想要它们的值可以相互传递, 可以用函数传值的方式, 也可以用全局变量. 全局变量在所有地方都有相同的值, 在任何一处改变其值都会影响其他各处的该变量的值. 需要声明一个全局变量时, 只需在所用到的各处书写如下命令, 例如声明变量 v, z 为全局变量

```
>> global v z
```

如果该变量在函数文件和命令行是同一个全局变量, 则命令需要在两个地方 (函数文件和命令行上) 书写两次. 没书写该声明的地方, 若是也有变量 v,z, 这两个变量就仅是局部变量, 它们的值只能通过函数传值的方式传递. 全局变量没有封装性, 所有最好少使用或不使用.

函数在调用时, 输入参数的列表必须和函数的输入列表一样长, 以保证每个变量都可以正确地传到值; 而输出列表的变量可以少写, 甚至不写, 当然不写的那些变量值就取不到了

```
>> mysort3(d)
ans =
     1     2     3     4     5
>> mysort3
??? Input argument "v" is undefined.


Error in ==> mysort3 at 6
      for p = 1:length(v)-k,
```

§1.3.4.4 缺省参数

MATLAB 的函数允许有缺省的输入参数, 即输入参数可以在调用时不写, 它有指定的值. MATLAB 使用内部变量 nargin 实现该功能的. nargin 出现在函数文件中, 当调用该函数时, nargin 的值是调用情形的输入参数个数. 例如, 假设某函数为

```
 function v = myfun(a,b,c,d,e)
     v = nargin;
```

函数无实际功能. 这里, 返回变量 v 的值就是输入参数的个数. 例如

```
>>  r = myfun(1,2,4)
r =
     3
>> r = myfun(2,3,5,6)
r =
     4
>> r = myfun
r =
     0
```

类似地, 变量 nargout 给出了输出参数的个数.

下面的函数根据输入参数个数的不同执行不同的功能: 输入参数为 1 个时, 计算以输入参数为半径的圆的周长; 输入参数为 2 个时, 计算以输入参数为长和宽的矩形的周长; 输入参数为 3 个时, 计算以输入参数为三边的三角形的周长.

```
function s = zhouchang(a,b,c)
   if nargin == 1,
       s = 2*pi*a;
   elseif nargin == 2,
       s = 2*(a+b);
   elseif nargin ==3,
       s = a+b+c;
   end
```

§1.3.4.5 递归函数

MATLAB 中的函数允许递归调用, 即函数在描述自己的功能如何执行的部分直接或间接地用到了自己. 例如, Fibonacci 数列定义如下: $F_1 = F_2 = 1$, $F_{n+1} = F_n + F_{n-1}$, $n \geqslant 2$. 我们可以书写如下程序

```
function f = fib(n)
   if n>=3,
       f = fib(n-1)+fib(n-2);
   elseif n==1|n==2,
       f = 1;
   end
```

在描述函数 fib 如何实现时, 我们用到了函数 fib 本身. 和数学公式类似, 这种递归调用方式必须有适当的终止调用的时刻. 调用情形如下

```
>> fib(7)
ans =
    13
```

读者可以把 fib 函数内的分号去掉, 查看调用的过程.

§1.3.5 帮助系统

§1.3.5.1 help 命令

MATLAB 有非常出色的帮助系统, 它本身形成一个树的结构, 其顶端是 help 命令, 然后是各工具箱, 直到每一个具体的函数. 不带任何参数的 help 命令显示当前 MATLAB 系统所含有的工具箱, 键入 help 命令, 则显示

```
>> help
HELP topics:


My Documents\MATLAB  -  (No table of contents file)
NAG\mex.w32          -  (No table of contents file)
```

```
toolbox\NAG           -  NAG Toolbox
matlab\general        -  General purpose commands.
matlab\ops            -  Operators and special characters.
matlab\lang           -  Programming language constructs.
matlab\elmat          -  Elementary matrices and matrix manipulation.
matlab\elfun          -  Elementary math functions.
matlab\specfun        -  Specialized math functions.
... ... ... ...
```

该命令给出了每一个具体工具箱的名称和功能的简要描述, 其内容可能因为你所安装的 MATLAB 版本的不同而略有不同. 这里, 我们省略了后面显示的大部分工具箱, 读者可以在 MATLAB 系统中自行查看. 输入某个工具箱的名字, 就可以查询该工具箱中给出的每一个函数. 例如, `elmat` 是初等矩阵工具箱,

```
>> help elmat
  Elementary matrices and matrix manipulation.

  Elementary matrices.
    zeros       - Zeros array.
    ones        - Ones array.
    eye         - Identity matrix.
    repmat      - Replicate and tile array.
    rand        - Uniformly distributed random numbers.
    randn       - Normally distributed random numbers.
    linspace    - Linearly spaced vector.
... ... ... ...
```

我们可以看到 `elmat` 工具箱包含有函数 `zeros`, `ones` 等. 继续输入如下的命令, 我们可以看到一个函数的具体说明

```
>> help linspace
 LINSPACE Linearly spaced vector.
    LINSPACE(X1, X2) generates a row vector of 100 linearly
    equally spaced points between X1 and X2.

    LINSPACE(X1, X2, N) generates N points between X1 and X2.
    For N < 2, LINSPACE returns X2.

    Class support for inputs X1,X2:
       float: double, single

    See also logspace, :.
```

```
    Overloaded functions or methods (ones with the same name in other direct-
    ories)
       help cgvalue/linspace.m

    Reference page in Help browser
       doc linspace
```

这个帮助给出了函数 linspace 的使用方法, 总共有两种不同的调用方式, 以及和它相关的其他命令. 我们可以继续用 help logspace 得到相关的命令 logspace 的用法.

事实上, 这些帮助信息是写在文件里的. 例如, 系统文件 linspace.m 中是这样的, 文件在系统路径 toolbox\matlab\elmat\ 下

```
function y = linspace(d1, d2, n)
%LINSPACE Linearly spaced vector.
%   LINSPACE(X1, X2) generates a row vector of 100 linearly
%   equally spaced points between X1 and X2.
%
%   LINSPACE(X1, X2, N) generates N points between X1 and X2.
%   For N < 2, LINSPACE returns X2.
%
%   Class support for inputs X1,X2:
%      float: double, single
%
%   See also LOGSPACE, :.

%   Copyright 1984-2004 The MathWorks, Inc.
%   $Revision: 5.12.4.1 $  $Date: 2004/07/05 17:01:20 $

if nargin == 2
    n = 100;
end

n = double(n);
y = [d1+(0:n-2)*(d2-d1)/(floor(n)-1) d2];
```

紧跟着 function 后面的注释有特别的含义. 正如我们看到的, 用 help 命令查看时, 系统会显示这一部分帮助信息, 并把其中每一行行首的 % 去掉. 我们自己编写的程序也可以使用这种方法. 例如, 前面我们有过一个函数 fib.m, 实现 Fibonacci 数列. 我们可以如下加注释

```
function f = fib(n)
% This function gives the n-th term of Fibonacci Seriers
% usage: f = fib(n)
   if n>=3,
```

```
        f = fib(n-1)+fib(n-2);
    elseif n==1|n==2,
        f = 1;
    end
```

我们在命令行上键入 help fib 就可以看到

```
>> help fib
  This function gives the n-th term of Fibonacci Seriers
  usage: f = fib(n)
```

MATLAB 中有很多工具箱, 其中 general, ops 和 lang 为该语言的最基本的部分, 一些基本的矩阵和函数的功能放在工具箱 elmat, elfun 和 matfun 中, funfun 和 polyfun 则包含了一些基本的功能函数, 包括常微分方程数值解和多项式函数等.

§1.3.5.2 **其他辅助命令**

doc 命令可以打开一个新的帮助窗口. 如果该命令后紧跟着某个需要查看的命令, 则窗口中就显示该命令的详细内容. 这些显示内容通常要比 help 命令来得丰富, 当然也需要较多的资源来运行这个窗口, 例如计算机时间或者内存.

which 命令可以查看一些 MATLAB 内部函数的所在, 这样可以查看 MATLAB 工具箱的构造或者是函数的内部写法. 例如

```
>> which linspace
C:\MATLAB6p5p1\toolbox\matlab\elmat\linspace.m
```

命令 who 可以显示当前的变量, clear 可以清除变量:

```
>> who
Your variables are:
A    B    C    D    L    U    ans  p    x    y
>> clear p y x
>> who
Your variables are:
A    B    C    D    L    U    ans
>> clear
>> who
>>
```

如果 clear 后面没有跟着任何变量, 则清除所有变量.

home 和 clc 都可以把光标放在命令窗口的左上角, 不同之处是后者运行之后就没有办法再滚屏了. 例如

```
>> s = 'hello matlab''s world!';
>> for k = 1:length(s),
        clc;
        fprintf('%s',s(1:k));
        pause(0.3);
```

```
end
```

可以在屏幕上看到打字的效果.

§1.3.6 画图功能

§1.3.6.1 二维画图

MATLAB 最基本的画图命令是 plot. plot 命令用于实现二维平面上的点图和线图的功能, 它的基本格式如下: plot(x,y,style), 其中, x,y 分别是所画点的的横、纵坐标, style 则指定了线型、颜色和点型. 例如

```
>> x = 0:0.5:10;
>> y1 = x;
>> y2 = x.^0.5;
>> y3 = x.^2;
>> y4 = sin(x);
>> hold on;
>> plot(x,y1,'yo--');
>> plot(x,y2,'g*-');
>> plot(x,y3,'r+:');
>> plot(x,y4,'bp:');
```

结果如图 1-2 所示. hold on 命令指示系统以后每次画图时, 结果输出在一个窗口中, 且保留以前画图的结果; hold off 命令则关掉这个功能, 以后每次画图总先把之前的图形清除. style 选项通常含 3 个部分, 分别指定线型、颜色和点型, 省略这一部分时, 系统会自行指定, 以示区别. 其中的 y,g,r,b 等代表曲线的颜色, 即 yellow, green, red 和 blue 等; o,*,+,p 代表所描点的形状, 称为点型, 意思为圆圈、星号、加号和五角星; -,--,: 代表线型, 即所描点之间以什么线相连, 这些符号分别表示线段、虚线和点线. 这里, 我们仅列举了一小部分的图例及符号, 读者可以用 help plot 或 doc plot 获得详细的说明.

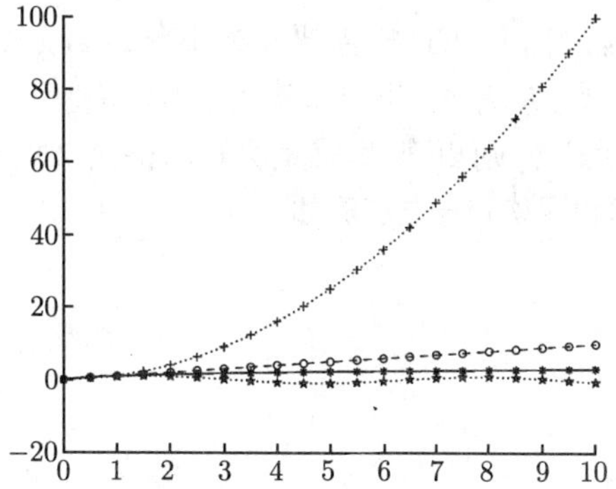

图 1-2 命令 plot 演示

事实上, 上述的几条命令可以合并成为如下的形式

```
>> plot(x,y1,'yo--',x,y2,'g*-',x,y3,'r+:',x,y4,'bp:');
```

此外, 当 x 是从 1 开始的顺序自然数序列时, 我们可以省略 x 而简单地写成 plot(y), 即把 x 当成向量 y 的下标.

类似 plot 的命令还有: loglog, semilogx, semilogy 等. 它们可以用于 x, y 变化相对剧烈的情形. 这三个命令的使用方式与 plot 完全相同, 仅是画出图形时坐标轴发生了变化: loglog 的横纵坐标为 $\ln x$ 和 $\ln y$, 而 semilogx 或 semilogy 只把一个方向, x 或者 y 换成了对数坐标. 例如, 下面的命令

```
>> x = 2:2:100;
>> y = exp( log(x).^2 - 3*log(x) + 2);
>> loglog(x,y,'r-');
```

§1.3.6.2　**三维画图**

三维的点图和二维的点图类似, 其基本命令格式为 plot3(x,y,z,style), 其中 x, y, z 分别为所有点的 3 个坐标分量形成的向量, style 的含义和参数都和前面的 plot 一致.

下面的命令形成一条收缩的螺旋线 (图 1-3 的左图)

```
>> t = linspace(0,10*pi,2000);
>> plot3(sin(t).*t,cos(t).*t,t,'r-');
```

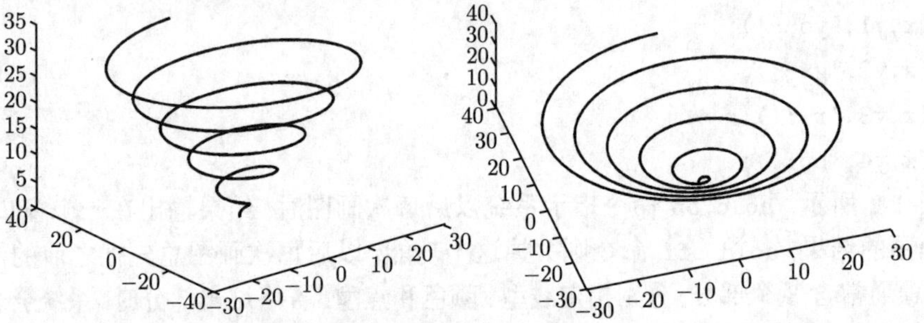

图 1-3　命令 plot3 演示

我们可以用命令 view 来调节三维图像的观看角度, 该命令的两个参数分别是坐标架横向旋转角度和水平抬升角度. 例如下面的命令得到如图 1-3 所示的右边图像

```
>> view(-17,66)
```

三维画图比较常见的是画曲面. 首先, 需要介绍命令 meshgrid. 该命令对 2 个输入向量 x, y 生成 2 个矩阵 X, Y, 使得 $(X(i,j), Y(i,j))$ 就是 $(x(i), y(j))$. 想象把二维坐标平面打上网格, 点的横坐标是 x, 纵坐标是 y, 则矩阵 X 就是所有网格交叉点的横坐标, Y 是所有网格交叉点的纵坐标, 且排列方式和网格点一样. 例如

```
>> x = 1:4;
>> y = 5:3:11;
>> [X,Y] = meshgrid(x,y)
X =
     1     2     3     4
     1     2     3     4
     1     2     3     4
Y =
     5     5     5     5
     8     8     8     8
```

```
    11      11      11      11
```

利用这两个矩阵就可以画出各种二元函数的图像. 例如, 若有二元函数 $z=\sqrt{x^2+y^2}$, 以下命令画出该函数在 $[-3,3]\times[-3,3]$ 上的图像

```
>> x = linspace(-3,3);
>> y = x;
>> [X,Y] = meshgrid(x,y);
>> Z = sqrt(X.^2+Y.^2);
>> surf(X,Y,Z)
```

产生图形如图 1-4 所示.

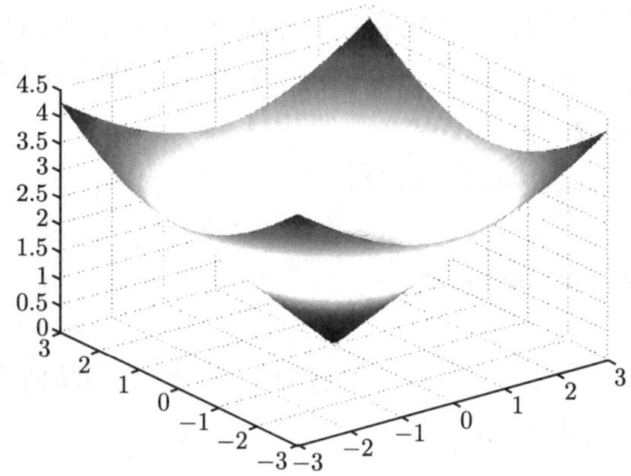

图 1-4 命令 surf 演示

如果输入的向量 x,y 相同, 命令 meshgrid 可以只写一个参数, 如 [X,Y]=meshgrid(x). 和 surf 命令类似的还有命令 mesh, 命令格式完全相同. 这两个命令都有几种不同的变形, 例如 surfc, surfl, meshc, meshz 等. 这里需要注意的是, 这种类型的矩阵操作中通常都是分量操作, 因此, 命令 Z = sqrt(X.^2+Y.^2); 中的点运算不可以写成 Z = sqrt(X^2+Y^2);. 虽然后者在语法上也没有错, 但画出的图像不是我们所要的图像.

按照这种方式, 我们可以画出指定二元函数的图像. 例如

$$z=\mathrm{e}^{-|x|}+\cos(x+y)+\frac{1}{x^2+y^2+1}. \tag{1.31}$$

该函数在区域 $[-10,10]\times[-10,10]$ 上的图像如图 1-5 左图所示.

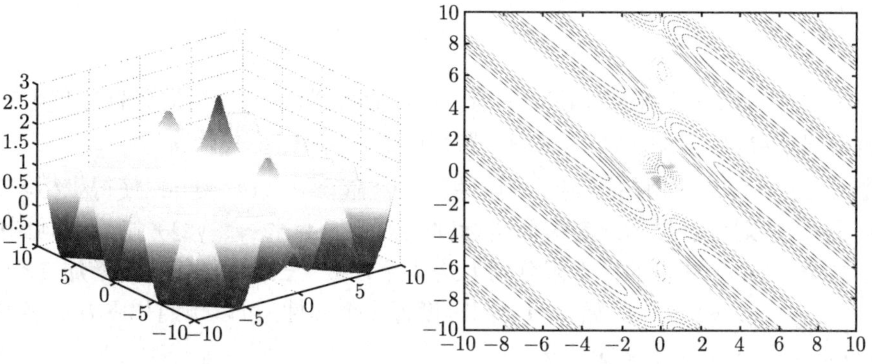

图 1-5 命令 surf 和 contour 用于二元函数

```
>> x = linspace(-10,10,200);
>> [X,Y] = meshgrid(x);
>> Z = exp(-abs(X)) + cos(X+Y) + 1./(X.^2+Y.^2+1);
>> surf(X,Y,Z);
```

用同样的数据, 画出等高线可以使用如下命令, 图像如图 1-5 右图所示:

```
>> contour(X,Y,Z,20)
```

其中, 最后一个参数是等高线不同高值的数目.

§1.3.6.3　图形控制

MATLAB 可以在图形上加上一定的标注. 例如, `xlabel` 命令可以在图像横轴上加注横坐标标识, 同样的命令还有 `ylabel` 和 `zlabel`. 命令 `title` 可以加注整幅图像的标题.

```
>> x = linspace(0,2*pi,200);
>> plot(x,sin(x),'r--',x,cos(x),'b:');
>> xlabel('\theta')
>> title('sin\theta & cos\theta')
>> legend('sin\theta','cos\theta')
```

产生的图形如图 1-6 所示. 其中, `legend` 可以添加图示, 给出不同曲线的含义. 一般地, 希腊字母都可以用 "\" 的方式直接给出.

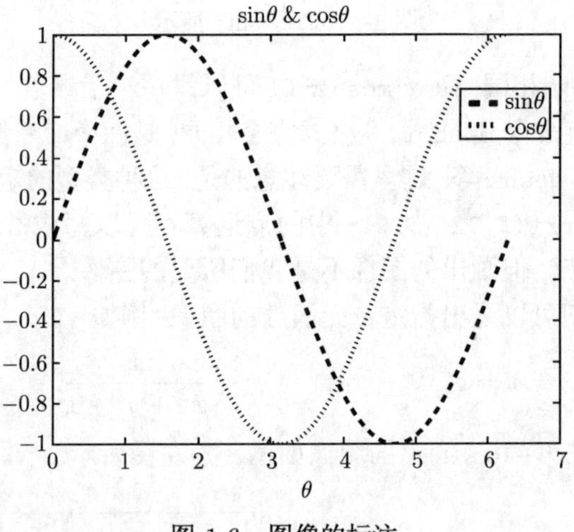

图 1-6　图像的标注

`figure` 命令可以打开新的图形窗口, 而 `close` 命令关闭最新的图形窗口, 使用 `close all` 则关闭所有图形窗口. 命令 `clf` 清空图形窗口中的内容, 但不关闭窗口.

命令 `axis` 是较常使用的控制画图属性的一个命令. `axis equal` 使得坐标轴的比例相同; `axis on/off` 则可以显示或者关闭坐标轴; `axis([x1 x2 y1 y2])` 则设置画图的区域为一个长方盒子, 两个坐标轴的上下限分别为这 4 个参数, 三维情形可以再增加 2 个参数, 即 `axis([x1 x2 y1 y2 z1 z2])`. 如果想要同时设置多个属性, 可以仿照如下方式书写

```
>> axis('equal','off',[-1 3 2 7]);
```

§1.3.7 数据操作

§1.3.7.1 文件的读与写

文件操作的基本命令是 fopen, fclose, fprintf 和 fscanf. 下面的例子是 MATLAB 系统中的例子, 常用来说明这几个命令的用法

```
>> x = 0:0.1:1; y = [x; exp(x)];
>> fid = fopen('exp.txt','wt');
>> fprintf(fid, '%s\n', '% --- exp.txt ---');
>> fprintf(fid, '%6.2f %12.8f\n', y);
>> fclose(fid);
```

运行后, 你的当前文件夹中会有一个新的文件 exp.txt, 其内容为

```
%␣---␣exp.txt␣---
␣␣0.00␣␣␣1.00000000
␣␣0.10␣␣␣1.10517092
␣␣0.20␣␣␣1.22140276
␣␣0.30␣␣␣1.34985881
␣␣0.40␣␣␣1.49182470
␣␣0.50␣␣␣1.64872127
␣␣0.60␣␣␣1.82211880
␣␣0.70␣␣␣2.01375271
␣␣0.80␣␣␣2.22554093
␣␣0.90␣␣␣2.45960311
␣␣1.00␣␣␣2.71828183
```

这里, ␣ 表示空格. 在程序运行过程中, y 是一个两行的矩阵. fopen 打开文件, 其第一个参数是文件名, 第二个参数指明文件打开的属性: r,w,a 分别表示读 (read)、写 (write)、添加 (append) 读写方式. fprintf 命令中, 第一个参数称为文件管道号, 指明往哪个文件写入, 由于 fid 的值是由上一步的 fopen 得到的, 我们说文件 exp.txt 的管道号是 fid. fprintf 命令后面的两个 (或更多的) 参数分别是控制符和输出列表. 控制符中的 % 或者 \ 有着特殊的作用. %s 或者 %6.2f 表明输出的是字符串或者是数量, 后者占 6 个字符宽度, 其中小数位 2 位. \n 和 \t 表示回车和制表符. 关于这些特殊符号的使用, 可以查看 MATLAB 的 fprintf 帮助, 或者更详细地查看 C 语言的书籍.

数据以 fprintf 输出到文件时要注意使用的方式. MATLAB 中, 矩阵存储的方式是按照列的方式, 但是文件只能按照行书写, 所以我们在文件里看到的是变量 y 的转置. 文件写完后应该用 fclose 关闭, 以防止文件内容丢失.

关于文件管道号的用法, 有更复杂的例子. 在下面的例子中, 我们打开了两个文件, 必须清楚什么时候往哪个文件里写内容

```
>> STR  = 'hello, this is my first matlab string.'
>> fid1 = fopen('exp.txt',   'wa');
>> fid2 = fopen('myfile.txt','wt');
```

```
>> fprintf(fid1,'%10.3f \n',y);
>> fprintf(fid2,'%s\n', STR);
>> ... ...
>> fclose(fid1);
>> fclose(fid2);
```

在这个例子中, 我们打开了文件 exp.txt 和 myfile.txt, 它们的管道号分别为 fid1 和 fid2. 变量 y 和 STR 分别写入两个文件, 后面还可以有其他的操作. 写完后把两个文件都关闭.

从文件读出的过程刚好相反. 例如, 从上面已经生成的文件中读出数据并赋给矩阵 A

```
>> fid = fopen('exp.txt');
>> s = fscanf(fid, '%c',[1 17])
s =
% --- exp.txt ---
>> A = fscanf(fid,'%6f %12f\n',[2 inf]);
>> A = A'
A =
         0    1.0000
    0.1000    1.1052
    0.2000    1.2214
    0.3000    1.3499
    0.4000    1.4918
    0.5000    1.6487
    0.6000    1.8221
    0.7000    2.0138
    0.8000    2.2255
    0.9000    2.4596
    1.0000    2.7183
>> fclose(fid)
```

需要注意的是, 读出数据时不可以指定数据的精度, 即使用 fprintf 读入数据时可以用控制格式 %12.8f, 但在使用 fscanf 读出数据时只能用 %12f, 不能用 %12.8f. 这里, 读出的矩阵 A 和文件中的数据仍为转置关系. 若想要把数据读出时直接形成一个向量, 可以把第三行换为

```
>> A = fscanf(fid,'%6f %12f\n',inf)
```

若想要形成一个 $m \times n$ 阶矩阵, 可以把第三个参数改成 [m,n]; 只想读出 n 个数时, 可以把该参数直接写成 n.

MATLAB 中提供了一种二进制的数据存储方式, 数据文件的后缀为 .mat.

```
>> load clown.mat
>> who
Your variables are:
X        caption   map
```

```
>> image(X); colormap(map)
```

MATLAB 的内部数据文件 clown.mat 存储了 X 和 map 两个矩阵, 用 load 可以把该文件的数据读入. 命令 image 把矩阵的每一个元素当成像素值显示. 读者可以自行把这两行命令拷贝到命令行上查看结果.

若在命令窗口中有变量 x1,x2,...,xn 和变量 A, 可以按如下的方式保存为二进制的数据文件

```
>> save a.mat x* A
```

换言之, x* 代表了所有以 x 开始的变量. 实行该命令后, 数据文件保存了命令行所有以 x 开始的变量以及变量 A. 下次使用时, 只需要键入 load a.mat. 如果数据文件是 .mat 格式, 命令中可以省略其后缀 .mat.

§1.3.7.2 稀疏矩阵

一个矩阵, 若其非零元素非常少, 称为**稀疏矩阵**. 这不是一个严格的定义, 一般非零元素个数少于矩阵元素个数的 5%, 我们就可以称其为稀疏矩阵. 不是稀疏的矩阵称为满矩阵. 在 MATLAB 中, 稀疏矩阵可以有自己的存储方式, 即稀疏存储方式. 该方式以命令 sparse 实现

```
>> A = [ 1 2 0; 0 3 0; 0 -1 6];
>> A = sparse(A)
A =
   (1,1)        1
   (1,2)        2
   (2,2)        3
   (3,2)       -1
   (3,3)        6
```

可以看到, 稀疏矩阵的存储方式是保存它的非零元素的行列下标以及对应该下标的元素值. sparse 把满矩阵的存储方式转化为稀疏矩阵的存储方式, 而命令 full 实现相反的功能.

我们也可以预先保存好矩阵非零元的下标和值, 然后保存为稀疏矩阵, 这样就不必生成一个满矩阵了

```
>> i = [1 1 2 3 3];
>> j = [1 2 2 2 3];
>> s = [1 2 3 -1 6];
>> A = sparse(i,j,s)
A =
   (1,1)        1
   (1,2)        2
   (2,2)        3
   (3,2)       -1
   (3,3)        6
```

如果稀疏矩阵的最后一行或最后一列全为零, 可以指明其阶数

```
>> A = sparse(i,j,s,200,100);
```

该矩阵 A 和前面的矩阵有着全部相同的非零元下标和值, 但是这个矩阵是 200×100 的矩阵. 反过来, 如果已经有了一个稀疏矩阵, 也可以使用命令 find 获得它的非零元的位置和值

```
>> [i,j,s] = find(A);
```

稀疏矩阵在 MATLAB 中可以像满矩阵一样进行操作, 如 A+B 或者 A*B. 当然, 进行了各种运算之后, 稀疏矩阵就可能不再稀疏了, 特别是求逆矩阵的运算.

评　注

MATLAB 作为一个通用的软件, 我们在这里只能挂一漏万地简单介绍一下. 在它的更高级的版本中可能有 50 个以上的工具箱, 其中函数的使用方法以及如何更加深入和熟练地使用 MATLAB 解决问题, 只能靠读者自己摸索和实践. 对于本门课程所需要的部分, 我们这里也只是稍微详细地介绍, 在后面的各个章节中会有更加详细的例子. 读者也可以参阅有关科学计算和 MATLAB 方面专门的书籍.

习 题 一

1. 已知近似数 x^* 的相对误差限为 0.05%, 问它至少有几位有效数字?
2. 说明当 N 足够大时, 应该如何计算 $\int_N^{N+1} \frac{1}{x^2+1}\mathrm{d}x$.
3. 已知 $\sin 1^\circ = 0.017\,5$, 求 $\cos 2^\circ$.
4. 假如你有一个 4 位数的平方根表, 如何计算方程 $x^2 + 100x - 1 = 0$ 的两个根?

数值实验一

1. 给出简单的程序完成下列各小题: (1) 给出正整数 n 的十进制位数; (2) 给出正整数 n 的百位数; (3) 给出矩阵 $\boldsymbol{A}$ 的最小元素; (4) 判断一个向量是否所有元素相同.
2. 用向量 $\boldsymbol{a} = (a_1, a_2, \cdots, a_n)^{\mathrm{T}}$ 代表映射 $f: i \to a_i,\ i = 1, 2, \cdots, n$. 若 $a_1, a_2, \cdots, a_n$ 是正整数 $1 \sim n$ 的重排, 称此映射为置换. 输入代表置换的向量 $\boldsymbol{a}$, 给出其逆置换.
3. 利用 $\frac{\pi}{6} = \arctan\frac{\sqrt{3}}{3}$, 以及 $\arctan x$ 的泰勒展开, 计算圆周率的近似值.
4. 计算欧拉常数 $\gamma = \lim\limits_{n\to+\infty}\left(1 + \frac{1}{2} + \frac{1}{3} + \cdots + \frac{1}{n} - \ln n\right)$, 精确到 10 位小数.
5. 画出下面函数的图像:

$$f(x) = \begin{cases} 2 - x^2, & |x| \leqslant 1, \\ (x-2)^2, & 1 \leqslant x \leqslant 2, \\ (x+2)^2, & -2 \leqslant x \leqslant -1, \\ 0, & |x| \geqslant 2. \end{cases}$$

6. 输入一个对称矩阵 $\boldsymbol{A}$, 对其做行列相同的调换, 使得 $\boldsymbol{A}$ 的对角线按绝对值从大到小排列. 所谓行列相同的调换是指, 若对调了 i, j 两行, 则同时也要对调 i, j 两列.

7. 计算一元多项式 $p(x)=a_0+a_1x+\cdots+a_nx^n$ 有如下的 Horner 方法:

$$\begin{cases} u_n = a_n, \\ u_k = u_{k+1}x + a_k, \quad k = n-1, \cdots, 1, 0, \\ p(x) = u_0. \end{cases}$$

试用 MATLAB 实现该方法.

8. 在一个图形窗口中画出下面几个函数的图像: $f_1(x)=1$, $f_2(x)=\dfrac{1}{x^2+1}$, $f_3(x)=\dfrac{\sin x}{\mathrm{e}^x+1}$.

9. 一个向量 $\boldsymbol{x}=(x_1,x_2,\cdots,x_n)^{\mathrm{T}}$ 的欧几里德范数定义为

$$\|\boldsymbol{x}\| = \left(\sum_{i=1}^{n} x_i^2\right)^{1/2}.$$

试写一个求欧几里德范数的程序, 说明你是如何避免上溢和下溢的.

第2章　线性方程组的直接解法

如何利用计算机来快速、稳定、有效地求解大规模线性方程组的问题是科学计算的核心问题之一. 实际上, 各种各样的科学与工程问题往往最终都要归结为一个求解线性方程组的问题. 例如, 结构分析、网络分析、数据分析、最优化及非线性方程组和微分方程数值解等.

求解线性方程组的方法可分为直接法和迭代法两大类.

直接法是指在没有舍入误差的情况下经过有限次运算可求得方程的精确解的方法. 直接法需要的计算量比较大, 一般为方程组维数的三次方. 需要注意的是, 由于浮点运算的精度的影响, 在实际计算中, 直接法往往不可能给出完全精确的计算解.

迭代法则是采取逐次逼近的方法, 从一个初始向量出发, 按照一定的计算格式, 构造一个向量的无穷序列, 其极限是方程组的精确解. 迭代法只经过有限次运算得不到精确解, 但是可以得到满足精度要求的近似解.

本章主要讨论一些最基本的直接法, 并在此基础上讨论它们的各种改进以及矩阵分解的一些概念. 求解线性方程组的迭代法将在第 6 章中介绍.

§2.1　高斯消去法

考虑 n 阶线性方程组

$$\boldsymbol{A}\boldsymbol{x}=\boldsymbol{b}, \tag{2.1}$$

系数矩阵为 $\boldsymbol{A}=(a_{ij})_{n\times n}$, 右端向量和精确解分别为：$\boldsymbol{b}=(b_1,b_2,\cdots,b_n)^{\mathrm{T}}$, $\boldsymbol{x}=(x_1,x_2,\cdots,x_n)^{\mathrm{T}}$. 它的分量形式为

$$\begin{cases} a_{11}x_1+a_{12}x_1+\cdots+a_{1n}x_n=b_1,\\ a_{21}x_1+a_{22}x_1+\cdots+a_{2n}x_n=b_2,\\ \qquad\vdots\\ a_{n1}x_1+a_{n2}x_1+\cdots+a_{nn}x_n=b_n. \end{cases}$$

用高斯消去法求解上述线性方程组的计算过程如下.

为方便起见, 分别记矩阵 $\boldsymbol{A}^{(1)}=\boldsymbol{A}$, 向量 $\boldsymbol{b}^{(1)}=\boldsymbol{b}$, 它们的元素分别为

$$a_{ij}^{(1)}=a_{ij},\quad b_i^{(1)}=b_i\quad(i,j=1,2,\cdots,n).$$

(1) 消去过程

第一步, 如果 $a_{11}^{(1)}\neq0$, 可对 $i=2,3,\cdots,n$ 做如下的运算, 用数 $m_{i1}=-a_{i1}^{(1)}/a_{11}^{(1)}$ 依次乘

以方程组的第一行, 并加到第 i 行上去, 可得到

$$\begin{pmatrix} a_{11}^{(1)} & a_{12}^{(1)} & a_{13}^{(1)} & \cdots & a_{1n}^{(1)} \\ 0 & a_{22}^{(2)} & a_{23}^{(2)} & \cdots & a_{2n}^{(2)} \\ 0 & a_{32}^{(2)} & a_{33}^{(2)} & \cdots & a_{3n}^{(2)} \\ \vdots & \vdots & \vdots & \ddots & \vdots \\ 0 & a_{n2}^{(2)} & a_{n3}^{(2)} & \cdots & a_{nn}^{(2)} \end{pmatrix} \begin{pmatrix} x_1 \\ x_2 \\ x_3 \\ \vdots \\ x_n \end{pmatrix} = \begin{pmatrix} b_1^{(1)} \\ b_2^{(2)} \\ b_3^{(2)} \\ \vdots \\ b_n^{(2)} \end{pmatrix}, \tag{2.2}$$

其中,

$$\begin{aligned} a_{ij}^{(2)} &= a_{ij}^{(1)} + m_{i1}a_{1j}^{(1)}, \quad i,j = 2,3,\cdots,n, \\ b_i^{(2)} &= b_i^{(1)} + m_{i1}b_1^{(1)}, \quad i = 2,3,\cdots,n. \end{aligned} \tag{2.3}$$

第二步, 如果 $a_{22}^{(2)} \neq 0$, 可对 $i = 3,\cdots,n$ 做如下的运算, 用数 $m_{i2} = -a_{i2}^{(2)}/a_{22}^{(2)}$ 依次乘以方程组 (2.2) 的第二行, 并加到第 i 行上去,

$$\begin{pmatrix} a_{11}^{(1)} & a_{12}^{(1)} & a_{13}^{(1)} & \cdots & a_{1n}^{(1)} \\ 0 & a_{22}^{(2)} & a_{23}^{(2)} & \cdots & a_{2n}^{(2)} \\ 0 & 0 & a_{33}^{(3)} & \cdots & a_{3n}^{(3)} \\ \vdots & \vdots & \vdots & \ddots & \vdots \\ 0 & 0 & a_{n3}^{(3)} & \cdots & a_{nn}^{(3)} \end{pmatrix} \begin{pmatrix} x_1 \\ x_2 \\ x_3 \\ \vdots \\ x_n \end{pmatrix} = \begin{pmatrix} b_1^{(1)} \\ b_2^{(2)} \\ b_3^{(3)} \\ \vdots \\ b_n^{(3)} \end{pmatrix}, \tag{2.4}$$

其中,

$$\begin{aligned} a_{ij}^{(3)} &= a_{ij}^{(2)} + m_{i2}a_{2j}^{(2)}, \quad i,j = 3,\cdots,n, \\ b_i^{(3)} &= b_i^{(2)} + m_{i2}b_2^{(2)}, \quad i = 3,\cdots,n. \end{aligned}$$

类似地, 这样的运算过程一直可做到第 $n-1$ 步, 最后就把原方程组转化为一个上三角形方程组

$$\begin{pmatrix} a_{11}^{(1)} & a_{12}^{(1)} & \cdots & a_{1,n-1}^{(1)} & a_{1n}^{(1)} \\ 0 & a_{22}^{(2)} & \cdots & a_{1,n-1}^{(2)} & a_{2n}^{(2)} \\ \vdots & \vdots & \ddots & \vdots & \vdots \\ 0 & 0 & \cdots & a_{n-1,n-1}^{(n-1)} & a_{n-1,n}^{(n-1)} \\ 0 & 0 & \cdots & 0 & a_{nn}^{(n)} \end{pmatrix} \begin{pmatrix} x_1 \\ x_2 \\ \vdots \\ x_{n-1} \\ x_n \end{pmatrix} = \begin{pmatrix} b_1^{(1)} \\ b_2^{(2)} \\ \vdots \\ b_{n-1}^{(n-1)} \\ b_n^{(n)} \end{pmatrix}. \tag{2.5}$$

(2) 回代过程

如果 $a_{nn}^{(n)} \neq 0$, 可以从上述上三角形方程组 (2.5) 逐次回代计算出线性方程组 (2.1) 的解.

$$\begin{cases} x_n = b_n^{(n)}/a_{nn}^{(n)}, \\ x_i = (b_i^{(i)} - \displaystyle\sum_{j=i+1}^{n} a_{ij}^{(i)}x_j)/a_{ii}^{(i)}. \quad (i = n-1,\cdots,2,1) \end{cases}$$

整理如下:

算法 2.1.1(高斯消去法)

(1) 对 $k = 1,2,\cdots,n-1$ 做:

对 $i=k+1,k+2,\cdots,n$ 做:

用数 $m_{ik}=-a_{ik}^{(k)}/a_{kk}^{(k)}$ 乘以方程组的第 k 行, 加到第 i 行上;

标记得到的矩阵及右端向量的上标为 $(k+1)$.

(2) $x_n=b_n^{(n)}/a_{nn}^{(n)}$ 且对于 $i=n-1,n-2,\cdots,2,1$ 做:

$$x_i=\left(b_i^{(i)}-\sum_{j=i+1}^{n}a_{ij}^{(i)}x_j\right)/a_{ii}^{(i)}.$$

这就是求解线性方程组的高斯消去法. 在没有浮点运算误差的情况下, 该方法在有限的计算步骤内能够得到原线性方程组 (2.1) 的精确解, 故是一种直接法. 下面, 我们分析上述高斯消去法的乘除法运算工作量.

(1) 消去过程的第 k 步, 对矩阵需做 $(n-k)^2$ 次乘法运算及 $(n-k)$ 次除法运算, 对右端向量需作 $(n-k)$ 次乘法运算, 所以消去过程总的乘除法运算工作量为

$$\sum_{k=1}^{n-1}(n-k)^2+\sum_{k=1}^{n-1}(n-k)+\sum_{k=1}^{n-1}(n-k)=\frac{1}{3}n^3+\frac{1}{2}n^2-\frac{5}{6}n.$$

(2) 回代过程中, 计算每个 x_k 需作 $(n-k+1)$ 次乘除法运算, 其工作量为

$$\sum_{k=1}^{n}(n-k+1)=\frac{1}{2}n(n+1).$$

因此, 用高斯消去法计算线性方程组 (2.1) 所需的总的乘除法运算工作量为

$$\frac{1}{3}n^3+n^2-\frac{1}{3}n.$$

从算法 2.1.1 的过程可以知道, 高斯消去法能够顺利进行到底是有前提条件的, 即要求所有的主导元素 (在计算中做除数的元素, 简称主元) $a_{ii}^{(i)}\neq 0\ (i=1,2,\cdots,n)$. 如果某个主元为零, 则高斯消去法中断.

例 2.1.1 取 $\varepsilon=10^{-9}$, 用高斯消去法计算下述线性方程组. (假定模型计算机具有 8 位字长的浮点表示及 16 位的累加器.)

$$\begin{cases}\varepsilon x_1+x_2=1,\\ x_1+x_2=2.\end{cases}\tag{2.6}$$

解: 首先用高斯消去法对方程组消元, 这时 $m_{21}=-1/\varepsilon$, 于是得到

$$\begin{cases}\varepsilon x_1+x_2=1,\\ (1-1/\varepsilon)x_2=2-1/\varepsilon,\end{cases}$$

因此,

$$x_2=\frac{2-1/\varepsilon}{1-1/\varepsilon},\quad x_1=\frac{1-x_2}{\varepsilon}.$$

在这个模型计算机上, 具体计算是这样的:

$$\begin{aligned}1/\varepsilon&=10^9=0.100\,00\times10^{10},\\ 2&=0.000\,000\,000\,2\times10^{10}.\end{aligned}$$

因此, $(1/\varepsilon-2)$ 最初被计算成 $0.099\,999\,999\,8\times10^{10}$, 然后通过四舍五入, 输出结果变成 $0.100\,00\times10^{10}=1/\varepsilon$. 同理, $(1/\varepsilon-1)$ 的计算结果也是 $0.100\,00\times10^{10}=1/\varepsilon$. 这样用高斯消去法的计算解为 $x_1=0$, $x_2=1$.

实际上方程组的精确解为 $x_1 = 1/(1-\varepsilon) \approx 1$, $x_2 = (1-2\varepsilon)/(1-\varepsilon) \approx 1$. 因此, 未知量 x_1 的计算解的相对误差达到了惊人的 100%.

例 2.1.1 说明, 由于浮点运算误差的影响, 高斯消去法过程中会出现 "大数吃小数" 的现象, 从而得到一个错误的解.

为了避免上述不稳定的现象, 对一般的线性方程组而言, 我们不直接使用算法 2.1.1, 而采用选主元的策略.

比较常用的方法是: 取 $|a_{i_1,1}| = \max_{1\leqslant i\leqslant n} |a_{i1}^{(1)}|$, 如果 i_1 是 $|a_{i1}^{(1)}|$ 达到最大值的一个指标, 则 i_1 行与第 1 行进行行交换, 使得 $|a_{i_1,1}|$ 成为 $\boldsymbol{A}$ 的 $(1,1)$ 元素, 然后进行消去计算. 同理, 以后各步都可以进行类似的求最大值及相应的行交换, 然后进行消去计算.

这样, 对于一般的线性方程组, 只要系数矩阵的行列式不等于零, 消去过程就能够顺利进行到底. 因为采用了列的最大元素作为主元, 从而可保证数 $|m_{ik}| \leqslant 1$, 其中 $i = k+1, \cdots, n$. 这样, 在消去过程中, 就避免了使用绝对值很大的数, 使得总体舍入误差得到有效的控制, 计算过程是稳定的.

这种修改后的算法称为**列主元素高斯消去法**.

例 2.1.2 取 $\varepsilon = 10^{-9}$, 用列主元素高斯消去法计算例 2.1.1 中的线性方程组. (假定模型计算机具有 8 位字长的浮点表示及 16 位的累加器.)

解: 采用列主元素高斯消去法, 对方程组 (2.6) 进行行交换

$$\begin{cases} x_1 + x_2 = 2, \\ \varepsilon x_1 + x_2 = 1, \end{cases}$$

这时 $m_{21} = -\varepsilon$, 进行消元后, 可得到

$$\begin{cases} x_1 + x_2 = 2, \\ (1-\varepsilon)x_2 = 1 - 2\varepsilon. \end{cases}$$

同理, 在模型计算机上, $(1-\varepsilon)$ 和 $(1-2\varepsilon)$ 都被算成 1. 这样, 列主元素高斯消去法的计算解为 $x_1 = 1$, $x_2 = 1$, 得到的结果是正确的.

虽然列主元素高斯消去法应用比较广, 但也存在一些缺陷. 例如对上述方程组 (2.6) 的第一个方程两边同时乘上一个很大的数 $1/\varepsilon$, 方程组等价地变为

$$\begin{cases} x_1 + \dfrac{1}{\varepsilon} x_2 = \dfrac{1}{\varepsilon}, \\ x_1 + \quad x_2 = 2. \end{cases}$$

不管用高斯消去法, 还是用列主元素高斯消去法, 结果都是

$$\begin{cases} x_1 + \dfrac{1}{\varepsilon} x_2 = \dfrac{1}{\varepsilon}, \\ \left(1 - \dfrac{1}{\varepsilon}\right) x_2 = 2 - \dfrac{1}{\varepsilon}. \end{cases}$$

因此,

$$x_2 = \frac{2 - 1/\varepsilon}{1 - 1/\varepsilon} \approx 1, \quad x_1 = \frac{1}{\varepsilon} - \frac{1}{\varepsilon} x_2 \approx 0.$$

很显然, 这是一个错误的解答. 其主要原因是方程两边都乘上了一个很大的数, 使得选主元变得毫无意义. 换句话说, 任何一个非零元素 (不管其绝对值多么小) 乘以一个很大的数后, 都有可能被选成主元, 这就是出错的真正原因.

因此, 可以对列主元素高斯消去法做某些改进来克服这方面的困难. 譬如, 在列主元素高斯消去法的第一步取 $|a_{i_1,j_1}| = \max\limits_{1\leqslant i\leqslant n, 1\leqslant j\leqslant n} |a_{ij}^{(1)}|$ 等.

§2.2 矩阵的三角分解

把一个 n 阶矩阵分解成结构简单的三角形矩阵的乘积就称为矩阵的三角分解. 本节将利用初等矩阵来分析和描述高斯消去过程, 进而导出矩阵的三角分解.

§2.2.1 LU 分解和 LDU 分解

回顾 §2.1 节的高斯消去过程, 如果所有碰到的主元素 $a_{ii}^{(i)} \neq 0$ 其中 $i = 1, 2, \cdots, n$, 则消去过程与左乘下述矩阵是等价的

$$\boldsymbol{L}_{n-1} \cdots \boldsymbol{L}_2 \boldsymbol{L}_1 \boldsymbol{A} = \begin{pmatrix} a_{11}^{(1)} & a_{12}^{(1)} & \cdots & a_{1,n-1}^{(1)} & a_{1n}^{(1)} \\ 0 & a_{22}^{(2)} & \cdots & a_{2,n-1}^{(2)} & a_{2n}^{(2)} \\ \vdots & \vdots & \ddots & \vdots & \vdots \\ 0 & 0 & \cdots & a_{n-1,n}^{(n-1)} & a_{n-1,n}^{(n-1)} \\ 0 & 0 & \cdots & 0 & a_{nn}^{(n)} \end{pmatrix}. \tag{2.7}$$

这里

$$\boldsymbol{L}_i = \begin{pmatrix} 1 & & & & & \\ & \ddots & & & & \\ & & 1 & & & \\ & & m_{i+1,i} & 1 & & \\ & & \vdots & & \ddots & \\ & & m_{n,i} & & & 1 \end{pmatrix}, \quad i = 1, 2, \cdots, n-1.$$

通过简单的计算, 可知

$$\boldsymbol{L}_i^{-1} = \begin{pmatrix} 1 & & & & & \\ & \ddots & & & & \\ & & 1 & & & \\ & & -m_{i+1,i} & 1 & & \\ & & \vdots & & \ddots & \\ & & -m_{n,i} & & & 1 \end{pmatrix}, \quad i = 1, 2, \cdots, n-1.$$

如果记式 (2.7) 右端的上三角形矩阵为 $\boldsymbol{U}$, 则有

$$\boldsymbol{A} = \boldsymbol{L}_1^{-1} \boldsymbol{L}_2^{-1} \cdots \boldsymbol{L}_{n-1}^{-1} \boldsymbol{U}.$$

通过矩阵的乘法运算, 可得

$$L_1^{-1}L_2^{-1}\cdots L_{n-1}^{-1}=\begin{pmatrix}1 & & & \\ -m_{21} & 1 & & \\ \vdots & \ddots & \ddots & \\ -m_{n1} & \cdots & -m_{n,n-1} & 1\end{pmatrix}.$$

如果记 $L=L_1^{-1}L_2^{-1}\cdots L_{n-1}^{-1}$, 则有 $A=LU$. 这里 L 是单位下三角矩阵, U 是上三角矩阵, 这种矩阵分解称为**杜利脱尔 (Doolittle) 分解**, 或者杜利脱尔三角分解.

事实上, 杜利脱尔分解中上三角矩阵 U 的对角元素可以提出来, 令 $D=\mathrm{diag}(u_{11},u_{22},\cdots,u_{nn})$, 则 $\widetilde{U}=D^{-1}U$ 还是一个单位上三角矩阵, 且满足 $A=LD\widetilde{U}$. 因而矩阵的三角分解除了杜利脱尔分解, 还有以下几种特殊的变形情况.

- **克洛脱 (Crout) 分解**

  $A=LU$, 这里 L 是下三角矩阵, U 是单位上三角矩阵.
- **LDU 分解**

  $A=LDU$, 这里 L 是单位下三角矩阵, D 是对角矩阵, U 是单位上三角矩阵.

以上三种分解统称为矩阵的三角分解, 或者 LU 分解. 如果不做特殊说明, 一般我们所说的 LU 分解就是指杜利脱尔三角分解.

对矩阵 A 进行杜利脱尔分解是有条件的, 它要求在对 A 进行高斯消去的时候, 所有主元素 $a_{ii}^{(i)}(1\leqslant i\leqslant n)$ 均不为零. 那么, A 应该满足什么样的条件才能保证这一要求呢?

事实上, 由高斯消去法的消去过程可以看出: 每一步消去就是对系数矩阵 A 进行若干次行变换, 所以在消去过程的任一阶段, 矩阵的各阶顺序主子式的值都保持不变, 即

$$\Delta_k=\begin{vmatrix}a_{11} & a_{12} & \cdots & a_{1k}\\ a_{21} & a_{22} & \cdots & a_{2k}\\ \vdots & \vdots & \ddots & \vdots\\ a_{k1} & a_{k2} & \cdots & a_{kk}\end{vmatrix}=a_{11}^{(1)}a_{22}^{(2)}\cdots a_{kk}^{(k)},\quad k=1,2,\cdots,n.$$

由此, 利用数学归纳法可以得到下述定理.

定理 2.2.1 *利用高斯消去法求解方程组 $Ax=b$ 时的主元素 $a_{kk}^{(k)}\neq 0\ (k=1,2,\cdots,n)$ 的充要条件是 n 阶矩阵 A 的所有顺序主子式均不为零.*

实际上, 杜利脱尔分解还具有唯一性, 即下述定理.

定理 2.2.2 *若 A 为 n 阶矩阵, 且所有顺序主子式均不等于零, 则 A 可分解为一个单位下三角矩阵 L 与一个上三角矩阵 U 的乘积, 即 $A=LU$, 且分解是唯一的.*

证: 杜利脱尔分解的存在性上面已经给出了, 下面来证明它的唯一性. 不妨假设矩阵 A 有两种三角分解

$$A=LU=L_1U_1,\tag{2.8}$$

式中, L 和 L_1 为单位下三角矩阵, U 和 U_1 为上三角矩阵. 由于 A 非奇异, 则 U 和 U_1 也是非奇异矩阵, 于是由式 (2.8) 可得

$$L^{-1}L_1=UU_1^{-1}.\tag{2.9}$$

由于单位下三角矩阵的逆矩阵仍是单位下三角矩阵, 单位下三角矩阵与单位下三角矩阵的乘积仍是单位下三角矩阵, 且上三角矩阵的逆矩阵仍是上三角矩阵, 上三角矩阵与上三角矩阵的乘积仍是上三角矩阵. 这样, 式 (2.9) 的左边为单位下三角矩阵, 而右边为上三角矩阵, 所以必有

$$\boldsymbol{L}^{-1}\boldsymbol{L}_1 = \boldsymbol{U}\boldsymbol{U}_1^{-1} = \boldsymbol{I}.$$

即 $\boldsymbol{L} = \boldsymbol{L}_1, \boldsymbol{U} = \boldsymbol{U}_1$, 唯一性得证.

同理, 存在性和唯一性定理也适用于其他形式的三角分解.

定理 2.2.3 *如果矩阵 $\boldsymbol{A}$ 的所有顺序主子式均不等于零, 则有*

(1) *$\boldsymbol{A}$ 有唯一的三角分解: $\boldsymbol{A} = \boldsymbol{LDU}$.*

(2) *$\boldsymbol{A}$ 有唯一的克洛脱分解: $\boldsymbol{A} = \boldsymbol{LU}$.*

上述的三角分解可以通过下列直接的紧凑方式来完成. 例如, 对于杜利脱尔分解, 基于矩阵的乘法运算规则, 可以先算 $\boldsymbol{U}$ 的第一行, 再算 $\boldsymbol{L}$ 的第一列

$$u_{1j} = a_{1j}, \quad j = 1, 2, \cdots, n,$$

$$l_{i1} = a_{i1}/u_{11}, \quad j = 2, 3, \cdots, n.$$

然后, 计算 $\boldsymbol{U}$ 的第二行, 再算 $\boldsymbol{L}$ 的第二列

$$u_{2j} = a_{2j} - l_{21}u_{1j}, \quad j = 2, 3, \cdots, n,$$

$$l_{i2} = (a_{i2} - l_{i1}u_{12})/u_{22}, \quad i = 3, \cdots, n.$$

依次计算下去, 如果已求出 $\boldsymbol{U}$ 的前 $k-1$ 行和 $\boldsymbol{L}$ 的前 $k-1$ 列, 则有

$$u_{kj} = a_{kj} - (l_{k1}u_{1j} + \cdots + l_{k,k-1}u_{k-1,j}), \quad j = k, k+1, \cdots, n,$$

$$l_{ik} = (a_{ik} - l_{i1}u_{1k} - \cdots - l_{i,k-1}u_{k-1,k})/u_{kk}, \quad i = k+1, \cdots, n.$$

因此, 杜利脱尔算法最终可表述如下.

算法 2.2.1(*杜利脱尔算法*)

(1) 对 $k = 1, 2, \cdots, n$ 做:

(2) $u_{kj} = a_{kj} - \sum\limits_{s=1}^{k-1} l_{ks}u_{sj}, \quad j = k, k+1, \cdots, n,$

(3) $l_{ik} = \left(a_{ik} - \sum\limits_{s=1}^{k-1} l_{is}u_{sk}\right)/u_{kk}, \quad j = k+1, \cdots, n.$

这里, 规定 $\sum\limits_{1}^{0}$ 为零 (以后若碰到求和号上标比下标小, 按惯例都理解为 0).

类似地, 基于克洛脱分解及矩阵的乘法, 可得克洛脱算法如下.

算法 2.2.2(*克洛脱算法*)

(1) 对 $k = 1, 2, \cdots, n$ 做:

(2) $l_{ik} = a_{ik} - \sum\limits_{s=1}^{k-1} l_{is}u_{sk}, \quad i = k+1, \cdots, n,$

(3) $u_{kj} = \left(a_{kj} - \sum\limits_{s=1}^{k-1} l_{ks}u_{sj}\right)/l_{kk}, \quad j = k, k+1, \cdots, n.$

当矩阵 $\boldsymbol{A}$ 的 LU 分解已经完成后, 求解线性方程组 $\boldsymbol{Ax}=\boldsymbol{b}$ 只需做两个回代. 原方程组可分解为

$$\begin{cases} \boldsymbol{Ly}=\boldsymbol{b}, \\ \boldsymbol{Ux}=\boldsymbol{y}. \end{cases}$$

由此可得计算公式

$$\begin{cases} y_i = b_i - \sum\limits_{j=1}^{i-1} l_{ij}y_j, & i=1,2,\cdots,n, \\ x_i = (y_i - \sum\limits_{j=i+1}^{n} u_{ij}x_j)/u_{ii}, & i=n,n-1,\cdots,1. \end{cases}$$

例 2.2.1 已知 $\boldsymbol{Ax}=\boldsymbol{b}$, 做 $\boldsymbol{A}$ 的杜利脱尔分解, 并求解方程组, 其中

$$\boldsymbol{A}=\begin{pmatrix} 1 & 2 & 3 & 4 \\ 1 & 4 & 9 & 16 \\ 1 & 8 & 27 & 64 \\ 1 & 16 & 81 & 256 \end{pmatrix}, \quad \boldsymbol{b}=\begin{pmatrix} 2 \\ 10 \\ 44 \\ 190 \end{pmatrix}.$$

解:

$$\begin{pmatrix} 1 & 2 & 3 & 4 \\ 1 & 4 & 9 & 16 \\ 1 & 8 & 27 & 64 \\ 1 & 16 & 81 & 256 \end{pmatrix}=\begin{pmatrix} 1 & & & \\ l_{21} & 1 & & \\ l_{31} & l_{32} & 1 & \\ l_{41} & l_{42} & l_{43} & 1 \end{pmatrix}\begin{pmatrix} u_{11} & u_{12} & u_{13} & u_{14} \\ & u_{22} & u_{23} & u_{24} \\ & & u_{33} & u_{34} \\ & & & u_{44} \end{pmatrix}.$$

按照算法 2.2.1, 可得

$$\boldsymbol{L}=\begin{pmatrix} 1 & & & \\ 1 & 1 & & \\ 1 & 3 & 1 & \\ 1 & 7 & 6 & 1 \end{pmatrix}, \quad \boldsymbol{U}=\begin{pmatrix} 1 & 2 & 3 & 4 \\ & 2 & 6 & 12 \\ & & 6 & 24 \\ & & & 24 \end{pmatrix}.$$

对 $\boldsymbol{Ly}=\boldsymbol{b}$ 进行回代, 可得 $\boldsymbol{y}=(2,8,18,24)^{\mathrm{T}}$; 再对 $\boldsymbol{Ux}=\boldsymbol{y}$ 进行回代, 则 $\boldsymbol{x}=(-1,1,-1,1)^{\mathrm{T}}$.

用 MATLAB 可以计算矩阵的 LU 分解, 其语法为

```
>> [L,U] = lu(A)
```

其中 `L` 代表下三角形矩阵, `U` 代表上三角形矩阵.

§2.2.2 乔列斯基分解

当 $\boldsymbol{A}$ 为对称正定矩阵时, 它的所有顺序主子式都大于零, 故由定理 2.2.2 可知存在唯一的 LU 分解. 由于对称正定的特殊性, 可以得到一个性质更好的三角分解. 根据定理 2.2.3, 由于 $\boldsymbol{A}$ 是对称正定矩阵, 所以存在唯一的 LDU 分解, 即 $\boldsymbol{A}=\boldsymbol{LDU}$, 其中, $\boldsymbol{L}$ 是单位下三角矩阵, $\boldsymbol{D}$ 是非奇异的对角矩阵, $\boldsymbol{U}$ 是单位上三角矩阵.

由 $\boldsymbol{A}$ 的对称性可得 $\boldsymbol{LDU}=\boldsymbol{U}^{\mathrm{T}}\boldsymbol{DL}^{\mathrm{T}}$, 按照分解的唯一性可得 $\boldsymbol{L}=\boldsymbol{U}^{\mathrm{T}}$, 从而得到 $\boldsymbol{A}=\boldsymbol{LDL}^{\mathrm{T}}$. 设 $\boldsymbol{D}=\mathrm{diag}(d_1,d_2,\cdots,d_n)$, $d_i\neq 0, i=1,2,\cdots,n$. 下面进一步来证明 $\boldsymbol{D}$ 的对角元素均为正数, 即 $d_i>0$.

由于 $\boldsymbol{L}$ 是单位下三角矩阵, 所以 $\boldsymbol{L}^{\mathrm{T}}$ 是单位上三角矩阵, 当然也是非奇异矩阵. 故对于单位坐标向量 $\boldsymbol{e}_i=(0,\cdots,0,1,0,\cdots,0)^{\mathrm{T}}$, 存在非零向量 $\boldsymbol{x}_i$, 使得

$$\boldsymbol{L}^{\mathrm{T}}\boldsymbol{x}_i=\boldsymbol{e}_i,\quad i=1,2,\cdots,n.$$

另外, $\boldsymbol{x}_i^{\mathrm{T}}\boldsymbol{A}\boldsymbol{x}_i=\boldsymbol{x}_i^{\mathrm{T}}(\boldsymbol{LDL}^{\mathrm{T}})\boldsymbol{x}_i=(\boldsymbol{L}^{\mathrm{T}}\boldsymbol{x}_i)^{\mathrm{T}}\boldsymbol{D}(\boldsymbol{L}^{\mathrm{T}}\boldsymbol{x}_i)=\boldsymbol{e}_i^{\mathrm{T}}\boldsymbol{D}\boldsymbol{e}_i=\boldsymbol{d}_i$.

由于 $\boldsymbol{A}$ 是对称正定矩阵, 则有 $\boldsymbol{x}_i^{\mathrm{T}}\boldsymbol{A}\boldsymbol{x}_i>0$, 从而 $d_i>0, i=1,2,\cdots,n$. 这就证明了 $\boldsymbol{D}$ 的对角元素都为正数.

记 $\boldsymbol{D}^{1/2}=\mathrm{diag}(\sqrt{d_1},\sqrt{d_2},\cdots,\sqrt{d_n})$, 则有

$$\boldsymbol{A}=\boldsymbol{LDL}^{\mathrm{T}}=\boldsymbol{LD}^{1/2}\boldsymbol{D}^{1/2}\boldsymbol{L}^{\mathrm{T}}=(\boldsymbol{LD}^{1/2})(\boldsymbol{LD}^{1/2})^{\mathrm{T}}.$$

如果记 $\boldsymbol{G}=\boldsymbol{LD}^{1/2}$, 则有

$$\boldsymbol{A}=\boldsymbol{GG}^{\mathrm{T}}. \tag{2.10}$$

式中, $\boldsymbol{G}$ 是对角元素均大于零的下三角矩阵. 容易证明, 这个三角分解也是唯一的, 称之为对称正定矩阵 $\boldsymbol{A}$ 的**乔列斯基 (Choleskey) 分解**.

算法 2.2.3(乔列斯基算法)

(1) 对 $i=1,2,\cdots,n$ 做,

(2) $g_{ii}=\sqrt{a_{ii}-\sum\limits_{s=1}^{i-1}g_{is}^2}$,

(3) $g_{ki}=\left(a_{ki}-\sum\limits_{s=1}^{i-1}g_{is}g_{ks}\right)/g_{ii},\quad k=i+1,i+2,\cdots,n.$

从算法 2.2.3 可以看出 $a_{ii}=\sum\limits_{s=1}^{i}g_{is}^2$, 因此, 可得

$$|g_{is}|\leqslant\sqrt{a_{ii}},\quad i=1,2,\cdots,n,\quad s\leqslant i.$$

这表明 $\boldsymbol{G}$ 的所有元素的绝对值是可以预先得到控制的, 因而计算过程是稳定的.

如果对称正定矩阵已经有了乔列斯基分解 $\boldsymbol{A}=\boldsymbol{GG}^{\mathrm{T}}$, 则原线性方程组可转化为

$$\begin{cases}\boldsymbol{G}\boldsymbol{y}=\boldsymbol{b},\\ \boldsymbol{G}^{\mathrm{T}}\boldsymbol{x}=\boldsymbol{y}.\end{cases}$$

由此可得计算公式

$$\begin{cases}y_i=\left(b_i-\displaystyle\sum_{j=1}^{i-1}g_{ij}y_j\right)/g_{ii},\quad i=1,2,\cdots,n,\\ x_i=\left(y_i-\displaystyle\sum_{j=i+1}^{n}g_{ji}x_j\right)/g_{ii},\quad i=n,n-1,\cdots,1.\end{cases}$$

上述求解对称正定方程组的计算方法称为**平方根法**.

用上述三角分解法来求解线性方程组的方案特别适合于求解具有多个右端项的线性方程组

$$\boldsymbol{A}(x_1,x_2,\cdots,x_m)=(b_1,b_2,\cdots,b_m).$$

这里的 $\boldsymbol{x}_i, \boldsymbol{b}_i$ 均为向量. 这是因为三角分解的计算工作量相当于作一次高斯消去过程的计算工作量, 即大约为 $n^2/3$, 而做两次回代的计算工作量大约仅为 n^2. 对于求解高阶且具有多个右端项的线性方程组, 三角分解法的优势更加明显.

例 2.2.2 利用平方根法求解下述对称正定方程组

$$\begin{pmatrix} 4 & 2 & -2 \\ 2 & 2 & -3 \\ -2 & -3 & 14 \end{pmatrix}\begin{pmatrix} x_1 \\ x_2 \\ x_3 \end{pmatrix} = \begin{pmatrix} 4 \\ 1 \\ 0 \end{pmatrix}.$$

解: 设 $\boldsymbol{A}$ 的乔列斯基分解 $\boldsymbol{A} = \boldsymbol{L}\boldsymbol{L}^{\mathrm{T}}$, 按照算法 2.2.3,

$$\begin{aligned} &l_{11} = \sqrt{4} = 2,\ l_{21} = 2/2 = 1,\ l_{31} = -2/2 = 1, \\ &l_{22} = \sqrt{2-1} = 1,\ l_{32} = -2, \\ &l_{33} = \sqrt{14-1-4} = 3. \end{aligned}$$

由此可得

$$\boldsymbol{L} = \begin{pmatrix} 2 & & \\ 1 & 1 & \\ -1 & -2 & 3 \end{pmatrix}.$$

对 $\boldsymbol{L}\boldsymbol{y} = \boldsymbol{b}$ 进行回代, 则 $\boldsymbol{y} = (2, -1, 0)^{\mathrm{T}}$; 再对 $\boldsymbol{L}^{\mathrm{T}}\boldsymbol{x} = \boldsymbol{y}$ 进行回代, 则 $\boldsymbol{x} = \left(\frac{3}{2}, -1, 0\right)^{\mathrm{T}}$.

§2.2.3 追赶法

利用矩阵的三角分解, 很容易导出一些特殊方程组的解法. 设有 n 阶方程组 $\boldsymbol{A}\boldsymbol{x} = \boldsymbol{d}$, 其中 $\boldsymbol{A}$ 为三对角矩阵, 即

$$\boldsymbol{A} = \begin{pmatrix} b_1 & c_1 & & & \\ a_2 & b_2 & c_2 & & \\ & \ddots & \ddots & \ddots & \\ & & a_{n-1} & b_{n-1} & c_{n-1} \\ & & & a_n & b_n \end{pmatrix}, \quad \boldsymbol{d} = \begin{pmatrix} d_1 \\ d_2 \\ \vdots \\ d_{n-1} \\ d_n \end{pmatrix}.$$

对矩阵 $\boldsymbol{A}$ 做克洛脱分解, 得到

$$\boldsymbol{L} = \begin{pmatrix} l_1 & & & & \\ v_2 & l_2 & & & \\ & \ddots & \ddots & & \\ & & v_{n-1} & l_{n-1} & \\ & & & v_n & l_n \end{pmatrix}, \quad \boldsymbol{U} = \begin{pmatrix} 1 & u_1 & & & \\ & 1 & u_2 & & \\ & & \ddots & \ddots & \\ & & & 1 & u_{n-1} \\ & & & & 1 \end{pmatrix}.$$

设 $\boldsymbol{y} = (y_1, y_2, \cdots, y_n)^{\mathrm{T}}$, 根据 $\boldsymbol{L}$ 和 $\boldsymbol{U}$ 的特点, 可得以下计算方法.

算法 2.2.4(追赶法)

(1) 对 $i = 1, 2, \cdots, n-1$, 做

$$\begin{cases} l_i = b_i - a_i u_{i-1}, \\ y_i = (d_i - y_{i-1} a_i)/l_i, \\ u_i = c_i/l_i. \end{cases} \tag{2.11}$$

这里, 置 $u_0 = y_0 = a_1 = 0$;

(2) $l_n = b_n - a_n u_{n-1}$, $y_n = (d_n - y_{n-1} a_n)/l_n$;

(3) $x_n = y_n$;

(4) 对 $i = n-1, \cdots, 2, 1$ 做

$$x_i = y_i - u_i x_{i+1}. \tag{2.12}$$

这一解法称为追赶法. 它由两组递推公式组成, (1) 和 (2) 称为追的过程, (3) 和 (4) 称为赶的过程. 三对角方程组在样条插值、微分方程数值解等问题中大量出现, 并且系数矩阵大多具有比较好的性质, 所以不必选主元就能保证算法的稳定性.

追赶法的 MATLAB 程序 tridiagsolver.m 如下

```
function x = tridiagsolver(a,b,c,d)
  n = length(b);
  l(1) = b(1);
  y(1) = d(1) / l(1);
  u(1) = c(1) / l(1);
  for i = 2:n-1,
     l(i) = b(i) - a(i-1)*u(i-1);
     y(i) = ( d(i) - y(i-1)*a(i-1) ) / l(i);
     u(i) = c(i) / l(i);
  end
  l(n) = b(n) - a(n-1)*u(n-1);
  y(n) = (d(n) - y(n-1)*a(n-1)) / l(n);
  x(n) = y(n);
  for i = n-1:-1:1,
     x(i) = y(i) - u(i) * x(i+1);
  end
```

例 2.2.3　用追赶法求解下述三对角线性方程组

$$\begin{pmatrix} 2 & -1 & & \\ -1 & 3 & -2 & \\ & -2 & 4 & -3 \\ & & -3 & 5 \end{pmatrix} \begin{pmatrix} x_1 \\ x_2 \\ x_3 \\ x_4 \end{pmatrix} = \begin{pmatrix} 6 \\ 1 \\ -2 \\ 1 \end{pmatrix}.$$

解: 按照算法 2.2.4, 追的过程为

$$l_1 = b_1 = 2, \quad y_1 = d_1/l_1 = 3, \quad u_1 = c_1/l_1 = -1/2;$$

$$l_2 = b_2 - a_2 u_1 = 5/2, \quad y_2 = (d_2 - a_2 y_1)/l_2 = 8/5, \quad u_2 = c_2/l_2 = -4/5;$$

$$l_3 = b_3 - a_3u_2 = 12/5, \quad y_3 = (d_3 - a_3y_2)/l_3 = 1/2, \quad u_3 = c_3/l_3 = -5/4;$$
$$l_4 = b_4 - a_4u_3 = 5/4, \quad y_4 = (d_4 - a_4y_3)/l_4 = 2.$$

赶的过程为

$$\begin{aligned} x_4 &= y_4 = 2, \\ x_3 &= y_3 - u_2x_4 = 3, \\ x_2 &= y_2 - u_2x_3 = 4, \\ x_1 &= y_1 - u_1x_2 = 5. \end{aligned}$$

因此, 原方程组的解为 $x = (5, 4, 3, 2)^{\mathrm{T}}$.

§2.2.4 分块三角分解

许多来源于实际问题 (离散的化学反应方程、对流扩散方程和 Navier-Stokes 方程等) 的线性方程组的系数矩阵具有分块结构. 譬如, 用五点差分格式离散泊松方程得到的系数矩阵通常具有以下分块三对角结构

$$\mathcal{A} = \begin{pmatrix} \boldsymbol{D} & \boldsymbol{E} & & & \\ \boldsymbol{E} & \boldsymbol{D} & \boldsymbol{E} & & \\ & \ddots & \ddots & \ddots & \\ & & \boldsymbol{E} & \boldsymbol{D} & \boldsymbol{E} \\ & & & \boldsymbol{E} & \boldsymbol{D} \end{pmatrix}.$$

式中, $\boldsymbol{D}$ 和 $\boldsymbol{E}$ 分别是离散出来的三对角矩阵和对角矩阵. 因此, 考虑分块矩阵的分块三角分解及其算法具有非常重要的理论意义和实用价值.

我们这里仅讨论形如

$$\mathcal{A} = \begin{pmatrix} \boldsymbol{A} & \boldsymbol{B} \\ \boldsymbol{C} & \boldsymbol{D} \end{pmatrix}$$

的 2×2 分块矩阵的分块三角分解, 其中 $\boldsymbol{A}$ 是非奇异矩阵.

令 $\mathcal{L}$ 和 $\mathcal{U}$ 分别是分块下三角矩阵和分块上三角矩阵

$$\mathcal{L} = \begin{pmatrix} \boldsymbol{I} & \boldsymbol{0} \\ \boldsymbol{E} & \boldsymbol{I} \end{pmatrix}, \quad \mathcal{U} = \begin{pmatrix} \boldsymbol{F} & \boldsymbol{G} \\ \boldsymbol{0} & \boldsymbol{H} \end{pmatrix},$$

且满足 $\mathcal{A} = \mathcal{L}\mathcal{U}$. 经计算可得

$$\boldsymbol{E} = \boldsymbol{C}\boldsymbol{A}^{-1}, \quad \boldsymbol{F} = \boldsymbol{A}, \quad \boldsymbol{G} = \boldsymbol{B}, \quad \boldsymbol{H} = \boldsymbol{D} - \boldsymbol{C}\boldsymbol{A}^{-1}\boldsymbol{B}.$$

因此, 2×2 分块矩阵 $\mathcal{A}$ 的一个分块三角分解为

$$\mathcal{L} = \begin{pmatrix} \boldsymbol{I} & \boldsymbol{0} \\ \boldsymbol{C}\boldsymbol{A}^{-1} & \boldsymbol{I} \end{pmatrix}, \quad \mathcal{U} = \begin{pmatrix} \boldsymbol{A} & \boldsymbol{B} \\ \boldsymbol{0} & \boldsymbol{D} - \boldsymbol{C}\boldsymbol{A}^{-1}\boldsymbol{B} \end{pmatrix}.$$

式中, $\boldsymbol{S} = \boldsymbol{D} - \boldsymbol{C}\boldsymbol{A}^{-1}\boldsymbol{B}$ 成为 $\boldsymbol{A}$ 的舒尔 (Schur) 补.

如 §2.2.1 节描述的一样, 矩阵 $\mathcal{A}$ 的分块三角分解也有很多种表达方式. 当 $\mathcal{A}$ 是对称正

定矩阵时, 一个常用的分块三角分解如下

$$\mathcal{L}=\begin{pmatrix}\boldsymbol{A}^{1/2} & \boldsymbol{0}\\ \boldsymbol{C}\boldsymbol{A}^{-1/2} & \boldsymbol{S}^{1/2}\end{pmatrix},\quad \mathcal{U}=\begin{pmatrix}\boldsymbol{A}^{1/2} & \boldsymbol{A}^{-1/2}\boldsymbol{B}\\ \boldsymbol{0} & \boldsymbol{S}^{1/2}\end{pmatrix}.$$

式中, $\boldsymbol{S}=\boldsymbol{D}-\boldsymbol{C}\boldsymbol{A}^{-1}\boldsymbol{B}$.

例 2.2.4　求分块矩阵

$$\mathcal{A}=\begin{pmatrix}\boldsymbol{A} & \boldsymbol{B}\\ \boldsymbol{C} & \boldsymbol{D}\end{pmatrix}$$

的一个分块三角分解, 其中

$$\boldsymbol{A}=\begin{pmatrix}3 & 1\\ 4 & 2\end{pmatrix},\quad \boldsymbol{B}=\begin{pmatrix}2 & 0\\ 0 & 2\end{pmatrix},\quad \boldsymbol{C}=\begin{pmatrix}2 & 0\\ 0 & 2\end{pmatrix},\quad \boldsymbol{D}=\begin{pmatrix}5 & 3\\ 1 & 8\end{pmatrix}.$$

解: 因为

$$\boldsymbol{A}^{-1}=\frac{1}{2}\begin{pmatrix}2 & -1\\ -4 & 3\end{pmatrix},$$

所以,

$$\boldsymbol{E}=\boldsymbol{C}\boldsymbol{A}^{-1}=\begin{pmatrix}2 & 0\\ 0 & 2\end{pmatrix}\frac{1}{2}\begin{pmatrix}2 & -1\\ -4 & 3\end{pmatrix}=\begin{pmatrix}2 & -1\\ -4 & 3\end{pmatrix},$$

$$\boldsymbol{S}=\boldsymbol{D}-\boldsymbol{C}\boldsymbol{A}^{-1}\boldsymbol{B}=\begin{pmatrix}5 & 3\\ 1 & 8\end{pmatrix}-\begin{pmatrix}2 & 0\\ 0 & 2\end{pmatrix}\frac{1}{2}\begin{pmatrix}2 & -1\\ -4 & 3\end{pmatrix}\begin{pmatrix}2 & 0\\ 0 & 2\end{pmatrix}=\begin{pmatrix}1 & 5\\ 9 & 2\end{pmatrix}.$$

因此, 2×2 分块矩阵 $\mathcal{A}$ 的一个分块三角分解为:

$$\mathcal{L}=\begin{pmatrix}\boldsymbol{I} & \boldsymbol{0}\\ \boldsymbol{E} & \boldsymbol{I}\end{pmatrix},\quad \mathcal{U}=\begin{pmatrix}\boldsymbol{A} & \boldsymbol{B}\\ \boldsymbol{0} & \boldsymbol{S}\end{pmatrix}.$$

§2.3　QR 分解和奇异值分解

矩阵分解是将矩阵分解为数个具有特殊性质的矩阵因子的乘积. 除了三角分解以外, 还有本节要介绍的 QR 分解 (QR Factorization) 和奇异值分解法 (Singular Value Decompostion).

§2.3.1　正交矩阵

首先我们引入正交矩阵的概念.

定义 2.3.1　*若矩阵 $\boldsymbol{Q}\in\mathbb{R}^{n\times n}$, 且满足 $\boldsymbol{Q}\boldsymbol{Q}^{\mathrm{T}}=\boldsymbol{Q}^{\mathrm{T}}\boldsymbol{Q}=\boldsymbol{I}$, 就称矩阵 $\boldsymbol{Q}$ 为正交矩阵.*

正交矩阵 $\boldsymbol{Q}$ 有以下性质:

- $\boldsymbol{Q}^{-1}=\boldsymbol{Q}^{\mathrm{T}}$;
- $\det(\boldsymbol{Q})=\pm 1$;
- $\boldsymbol{Q}\boldsymbol{x}$ 的长度与 $\boldsymbol{x}$ 的长度相等.

下面介绍几类特殊的正交矩阵.

1. 单位矩阵和置换矩阵

形如

$$\boldsymbol{I}=\begin{pmatrix}1 & & & \\ & 1 & & \\ & & \ddots & \\ & & & 1\end{pmatrix}_{n\times n}$$

的矩阵称为单位矩阵. 单位矩阵除了对角线为 1 以外, 其他元素都为零.

将单位矩阵的任意两行 (列) 交换得到的矩阵, 称为置换矩阵. 譬如, 将单位矩阵的第 i 行和第 j 行交换, 得到置换矩阵 $\boldsymbol{P}_{ij}$:

$$\boldsymbol{P}_{ij} = \begin{pmatrix} 1 & & & & & & \\ & \ddots & & & & & \\ & & 0 & & 1 & & \\ & & & \ddots & & & \\ & & 1 & & 0 & & \\ & & & & & \ddots & \\ & & & & & & 1 \end{pmatrix} \begin{matrix} \\ \\ i \\ \cdot \\ j. \\ \\ \\ \end{matrix}$$

任意个置换矩阵的乘积仍然是置换矩阵.

2. 旋转矩阵 (Givens 变换)

对于某个角度 θ, 记 $s = \sin\theta$, $c = \cos\theta$, 那么, $\boldsymbol{G} = \begin{pmatrix} c & s \\ -s & c \end{pmatrix}$ 是一个正交阵. 记 $\boldsymbol{w} = (x, y)^{\mathrm{T}}$ 为二维平面中的一个向量, 用极坐标表示为 $\boldsymbol{w} = (r\cos\phi, r\sin\phi)^{\mathrm{T}}$. 那么,

$$\boldsymbol{G}\boldsymbol{w} = \begin{pmatrix} \cos\theta & \sin\theta \\ -\sin\theta & \cos\theta \end{pmatrix} \begin{pmatrix} r\cos\phi \\ r\sin\phi \end{pmatrix} = \begin{pmatrix} r\cos(\theta-\phi) \\ r\sin(\theta-\phi) \end{pmatrix},$$

即 $\boldsymbol{G}\boldsymbol{w}$ 表示将向量 $\boldsymbol{w}$ 顺时针旋转 θ 角所得到的向量, 如图 2-1 所示.

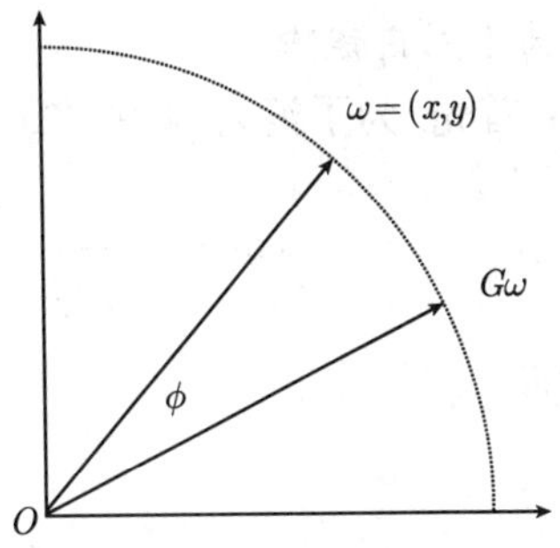

图 2-1 Givens 变换

推广到 $n \times n$ 的情形, 形如

$$\boldsymbol{G}(i,j,\theta) = \begin{pmatrix} 1 & & & & & & \\ & \ddots & & & & & \\ & & \cos\theta & & \sin\theta & & \\ & & & \ddots & & & \\ & & -\sin\theta & & \cos\theta & & \\ & & & & & \ddots & \\ & & & & & & 1 \end{pmatrix} \begin{matrix} \\ \\ i \\ \cdot \\ j \\ \\ \\ \end{matrix}$$

的矩阵称为 Givens 矩阵或 Givens 变换, 或称 (平面) 旋转矩阵 (旋转变换), 其中 θ 为旋转的角度. 显然, $\boldsymbol{G}(i,j,\theta)$ 也是正交矩阵.

若 $\boldsymbol{x} \in \mathbb{R}^n$, $\boldsymbol{y} = \boldsymbol{G}(i,j,\theta)\boldsymbol{x}$, 则 $\boldsymbol{y}$ 的分量为

$$\begin{cases} y_i = cx_i + sx_j, \\ y_j = -sx_i + cx_j, \\ y_k = x_k, \qquad k \neq i,\ k \neq j. \end{cases}$$

如果要使 $y_j = 0$, 只要选择 θ 满足

$$c = \cos\theta = \frac{x_i}{\sqrt{(x_i^2 + x_j^2)}},$$

$$s = \sin\theta = \frac{x_j}{\sqrt{(x_i^2 + x_j^2)}}$$

即可.

例 2.3.1　用 Givens 变换将海森伯格 (Hessenberg) 型矩阵

$$\boldsymbol{A} = \begin{pmatrix} 4.8 & 2.56 & 2.528 \\ 3.6 & 4.92 & 3.296 \\ 0 & 1.8 & 1.84 \\ 0 & 0 & 0.6 \end{pmatrix}$$

化为上三角矩阵.

解: 首先, 为了消去 $\boldsymbol{A}$ 中 $(2,1)$ 元, 我们构造 Givens 变换 $\boldsymbol{G}(1,2,\theta)$, 其中

$$\cos\theta = \frac{4.8}{\sqrt{(4.8^2 + 3.6^2)}} = 0.8, \quad \sin\theta = \frac{3.6}{\sqrt{(4.8^2 + 3.6^2)}} = 0.6.$$

从而,

$$\boldsymbol{A}_1 = \boldsymbol{G}(1,2,\theta)\boldsymbol{A} = \begin{pmatrix} 6 & 5 & 4 \\ 0 & 2.4 & 1.12 \\ 0 & 1.8 & 1.84 \\ 0 & 0 & 0.6 \end{pmatrix}.$$

其次, 消去 $\boldsymbol{A}_1$ 中 $(3,2)$ 元. 为此, 我们构造 Givens 变换 $\boldsymbol{G}(2,3,\theta)$, 其中 $\cos\theta = 0.8$, $\sin\theta = 0.6$. 从而,

$$\boldsymbol{A}_2 = \boldsymbol{G}(2,3,\theta)\boldsymbol{A}_1 = \begin{pmatrix} 6 & 5 & 4 \\ 0 & 3 & 2 \\ 0 & 0 & 0.8 \\ 0 & 0 & 0.6 \end{pmatrix}.$$

最后, 消去 $\boldsymbol{A}_2$ 中 $(4,3)$ 元. 为此, 我们构造 Givens 变换 $\boldsymbol{G}(3,4,\theta)$, 其中 $\cos\theta = 0.8$, $\sin\theta = 0.6$. 从而, 上三角矩阵 $\boldsymbol{R}$ 为

$$\boldsymbol{R} = \boldsymbol{G}(2,3,\theta)\boldsymbol{A}_2 = \begin{pmatrix} 6 & 5 & 4 \\ 0 & 3 & 2 \\ 0 & 0 & 1 \\ 0 & 0 & 0 \end{pmatrix}.$$

3. 反射矩阵 (Householder 变换)

设 $\boldsymbol{w} \in \mathbb{R}^n$, 且 $\|\boldsymbol{w}\|_2 = 1$, 则

$$\boldsymbol{P} = \boldsymbol{I} - 2\boldsymbol{w}\boldsymbol{w}^{\mathrm{T}}$$

称为 Householder 变换, 或者 Householder 矩阵.

Householder 矩阵有如下性质:

(1) $\boldsymbol{P}^{\mathrm{T}}=\boldsymbol{P}$, 即 $\boldsymbol{P}$ 是对称阵;

(2) $\boldsymbol{P}\boldsymbol{P}^{\mathrm{T}}=\boldsymbol{P}^2=\boldsymbol{I}-2\boldsymbol{w}\boldsymbol{w}^{\mathrm{T}}-2\boldsymbol{w}\boldsymbol{w}^{\mathrm{T}}+4\boldsymbol{w}(\boldsymbol{w}^{\mathrm{T}}\boldsymbol{w})\boldsymbol{w}^{\mathrm{T}}=\boldsymbol{I}$, 即 $\boldsymbol{P}$ 是正交阵.

(3) 如图 2-2 所示, 设 $\boldsymbol{w}$ 是 $\mathbb{R}^3$ 上的一个单位向量, 并设 S 为过原点且与 $\boldsymbol{w}$ 垂直的平面, 则一切 $\boldsymbol{v}\in\mathbb{R}^3$ 可分解成 $\boldsymbol{v}=\boldsymbol{v}_1+\boldsymbol{v}_2$, 其中 $\boldsymbol{v}_1\in S$, $\boldsymbol{v}_2\perp S$. 不难验证 $\boldsymbol{P}\boldsymbol{v}_1=\boldsymbol{v}_1, \boldsymbol{P}\boldsymbol{v}_2=-\boldsymbol{v}_2$, 所以

$$\boldsymbol{P}\boldsymbol{v}=\boldsymbol{v}_1-\boldsymbol{v}_2.$$

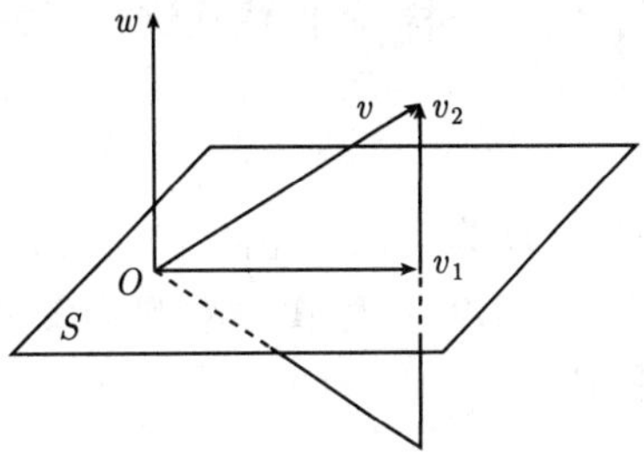

图 2-2 Householder 变换

这样, $\boldsymbol{v}$ 经变换后的象 $\boldsymbol{P}\boldsymbol{v}$ 是 $\boldsymbol{v}$ 关于 S 对称的向量. 所以, Householder 变换又称镜面反射变换, Householder 矩阵也称初等反射矩阵.

一个重要的应用是对 $\boldsymbol{x}\neq 0$, 求 Householder 矩阵 $\boldsymbol{P}$, 使得

$$\boldsymbol{P}\boldsymbol{x}=k\boldsymbol{e}_1.$$

式中, $\boldsymbol{e}_1=(1,0,\cdots,0)^{\mathrm{T}}$. 由正交矩阵的性质可知 $\|\boldsymbol{P}\boldsymbol{x}\|_2=\|k\boldsymbol{e}_1\|_2=\|\boldsymbol{x}\|_2$, 即 $k=\pm\|\boldsymbol{x}\|_2$. 由上面所讨论的 $\boldsymbol{P}$ 的构造, 有

$$\boldsymbol{u}=\boldsymbol{x}-k\boldsymbol{e}_1,\quad \boldsymbol{w}=\frac{\boldsymbol{u}}{\|\boldsymbol{u}\|_2}.$$

设 $\boldsymbol{x}=(x_1,\cdots,x_n)^{\mathrm{T}}$, 为了使 $\boldsymbol{x}-k\boldsymbol{e}_1$ 计算时不损失有效数位, 取

$$k=-\mathrm{sign}(x_1)\|\boldsymbol{x}\|_2,\quad \mathrm{sign}(x_1)=\begin{cases}1, & \text{当 } x_1\geqslant 0,\\ -1, & \text{当 } x_1<0.\end{cases}$$

则

$$\boldsymbol{u}=(x_1+\mathrm{sgn}(x_1)\|\boldsymbol{x}\|_2,x_2,\cdots,x_n)^{\mathrm{T}}.$$

从而

$$\boldsymbol{P}=\boldsymbol{I}-\beta\boldsymbol{u}\boldsymbol{u}^{\mathrm{T}},$$

其中,

$$\beta=2(\|\boldsymbol{u}\|_2^2)^{-1}=(\|\boldsymbol{x}\|_2(\|\boldsymbol{x}\|_2+|x_1|))^{-1}.$$

例 2.3.2 已知 $\boldsymbol{x}=(3,5,1,1)^{\mathrm{T}}$, 求 Householder 矩阵 $\boldsymbol{P}$, 使得 $\boldsymbol{P}\boldsymbol{x}=-6\boldsymbol{e}_1$, 其中 $\|\boldsymbol{x}\|_2=6$.

解: 取 $k=-6$, $\boldsymbol{u}=\boldsymbol{x}-k\boldsymbol{e}_1=(9,5,1,1)^{\mathrm{T}}$, $\|\boldsymbol{u}\|_2^2=108$, $\beta=\frac{1}{54}$, 则

$$\boldsymbol{P}=\boldsymbol{I}-\beta\boldsymbol{u}\boldsymbol{u}^{\mathrm{T}}=\frac{1}{54}\begin{pmatrix}-27 & -45 & -9 & -9\\ -45 & 29 & -5 & -5\\ -9 & -5 & 53 & -1\\ -9 & -5 & -1 & 53\end{pmatrix}.$$

§2.3.2 QR 分解

本节给出正交三角分解 (又称 QR 分解) 的存在性定理和唯一性定理.

定理 2.3.1 设 $\boldsymbol{A}\in\mathbb{R}^{n\times n}$, 则存在正交阵 $\boldsymbol{P}$, 使得 $\boldsymbol{P}\boldsymbol{A}=\boldsymbol{R}$, 其中 $\boldsymbol{R}$ 为上三角阵.

证: 我们给出构造性证明. 首先, 考虑 $\boldsymbol{A}$ 的第一列 $\boldsymbol{a}_1=(a_{11},a_{21},\cdots,a_{n1})^{\mathrm{T}}$, 可找到 Householder 矩阵 $\boldsymbol{P}_1$, 使得 $\boldsymbol{P}_1\boldsymbol{a}_1$ 的元素除了第 1 个以外都为零.

同理, 找到 $\boldsymbol{P}_2$ 使得 $\boldsymbol{P}_2\boldsymbol{P}_1\boldsymbol{A}$ 的第二列对角元以下元素为 0, 而第一列对角元以下元素与 $\boldsymbol{P}_1\boldsymbol{A}$ 一样是 0. 依次这样下去, 可以得到

$$\boldsymbol{P}_{n-1}\boldsymbol{P}_{n-2}\cdots\boldsymbol{P}_1\boldsymbol{A}=\boldsymbol{R}.$$

式中, $\boldsymbol{R}$ 为上三角矩阵, $\boldsymbol{P}=\boldsymbol{P}_{n-1}\boldsymbol{P}_{n-2}\cdots\boldsymbol{P}_1$ 为正交阵. 定理证毕.

定理 2.3.2　设 $\boldsymbol{A}\in\mathbb{R}^{n\times n}$, 且 $\boldsymbol{A}$ 非奇异, 则存在正交阵 $\boldsymbol{Q}$ 与上三角阵 $\boldsymbol{R}$, 使得 $\boldsymbol{A}$ 有如下分解

$$\boldsymbol{A}=\boldsymbol{Q}\boldsymbol{R},$$

且当 $\boldsymbol{R}$ 的对角元均为正时, 分解是唯一的.

该定理保证了 $\boldsymbol{A}$ 可分解为 $\boldsymbol{A}=\boldsymbol{Q}\boldsymbol{R}$, 若 $\boldsymbol{A}$ 非奇异, 则 $\boldsymbol{R}$ 也非奇异. 如果不规定 $\boldsymbol{R}$ 的对角元为正, 则分解不是唯一的.

例 2.3.3　用 Householder 变换做矩阵 $\boldsymbol{A}$ 的 QR 分解

$$\boldsymbol{A}=\begin{pmatrix}2&-2&3\\1&1&1\\1&3&-1\end{pmatrix}.$$

解: 找 Householder 矩阵 $\boldsymbol{P}_1\in\mathbb{R}^{n\times n}$, 使 $*$ 为任意数

$$\boldsymbol{P}_1\begin{pmatrix}2\\1\\1\end{pmatrix}=\begin{pmatrix}*\\0\\0\end{pmatrix}.$$

则有

$$\boldsymbol{P}_1=\begin{pmatrix}-0.816\,497&-0.408\,248&-0.408\,248\\-0.408\,248&0.908\,248&-0.091\,751\\-0.408\,248&-0.091\,751&0.908\,248\end{pmatrix},$$

$$\boldsymbol{P}_1\boldsymbol{A}=\begin{pmatrix}-2.449\,49&0&2.449\,49\\0&1.449\,49&-0.224\,745\\0&3.449\,49&-2.224\,74\end{pmatrix}.$$

再找 $\overline{\boldsymbol{P}}_2\in\mathbb{R}^{2\times 2}$, 使 $\overline{\boldsymbol{P}}_2(1.449\,49,3.449\,49)^{\mathrm{T}}=(*,0)^{\mathrm{T}}$, 得

$$\boldsymbol{P}_2=\begin{pmatrix}1&0\\0&\overline{P}_2\end{pmatrix}=\begin{pmatrix}1&0&0\\0&-0.387\,392&-0.921\,915\\0&-0.921\,915&0.387\,392\end{pmatrix},$$

且

$$\boldsymbol{P}_2(\boldsymbol{P}_1\boldsymbol{A})=\begin{pmatrix}-2.449\,49&0&-2.449\,49\\0&-3.741\,66&2.138\,09\\0&0&-0.654\,654\end{pmatrix}.$$

这是一个下三角矩阵, 但对角元皆为负数. 只要令 $\boldsymbol{D}=-\boldsymbol{I}$, $\boldsymbol{R}=-\boldsymbol{P}_2\boldsymbol{P}_1\boldsymbol{A}$ 就是对角元为正的上三角矩阵, 使得 $\boldsymbol{A}=\boldsymbol{Q}\boldsymbol{R}$, 其中,

$$\boldsymbol{Q}=-(\boldsymbol{P}_2\boldsymbol{P}_1)^{\mathrm{T}}=\begin{pmatrix}0.816\,497 & -0.534\,522 & -0.218\,218\\ 0.408\,248 & 0.267\,261 & 0.872\,872\\ 0.408\,248 & 0.801\,783 & -0.436\,436\end{pmatrix}.$$

QR 分解是计算特征值的有力工具, 也可用于其他矩阵计算问题, 包括解方程组 $\boldsymbol{A}\boldsymbol{x}=\boldsymbol{b}$. 这只要令 $\boldsymbol{y}=\boldsymbol{Q}^{\mathrm{T}}\boldsymbol{b}$, 再解上三角方程组 $\boldsymbol{R}\boldsymbol{x}=\boldsymbol{y}$. 这个计算过程是稳定的, 也不必选主元, 但是计算量比高斯消去法将近大一倍.

MATLAB 以 qr 函数来执行 QR 分解法, 其语法为

```
>> [Q,R] = qr(A)
```

其中 $\boldsymbol{Q}$ 为正交矩阵, 而 $\boldsymbol{R}$ 为上三角矩阵. 此外, 原矩阵 $\boldsymbol{A}$ 不必为方阵; 如果矩阵 $\boldsymbol{A}\in\mathbb{R}^{m\times n}$, 则 $\boldsymbol{Q}\in\mathbb{R}^{m\times m}$ 且 $\boldsymbol{R}\in\mathbb{R}^{m\times n}$.

§2.3.3 奇异值分解

奇异值分解是线性代数中一种重要的矩阵分解, 在信号和图像处理、统计和数据压缩等领域有重要应用.

定义 2.3.2 设 $\boldsymbol{A}\in\mathbb{C}^{m\times n}$ 是一个复矩阵, $\boldsymbol{A}^{\mathrm{H}}\boldsymbol{A}$ 的 n 个特征值的非负平方根叫作 $\boldsymbol{A}$ 的奇异值, 记为 $\sigma_i(\boldsymbol{A})$.

$\boldsymbol{A}^{\mathrm{H}}$ 表示矩阵 $\boldsymbol{A}$ 的共轭转置. 如果把 $\boldsymbol{A}^{\mathrm{H}}\boldsymbol{A}$ 的特征值记为 $\lambda_i(\boldsymbol{A})$, 则 $\sigma_i(\boldsymbol{A})=\sqrt{\lambda_i(\boldsymbol{A})}$.

关于矩阵的奇异值分解 (singular value decomposition, SVD), 我们有如下定理.

定理 2.3.3(奇异值分解) 设 $\boldsymbol{A}\in\mathbb{C}^{m\times n}$, 则存在酉阵 $\boldsymbol{U}\in\mathbb{C}^{m\times m}$ 和 $\boldsymbol{V}\in\mathbb{C}^{n\times n}$, 使得

$$\boldsymbol{A}=\boldsymbol{U}\boldsymbol{S}\boldsymbol{V}^{\mathrm{H}}.$$

式中, $\boldsymbol{S}=\mathrm{diag}(\sigma_1,\sigma_2,\cdots,\sigma_n)\in\mathbb{R}^{m\times n}$, $\sigma_i>0\ (i=1,\cdots,r)$, $r=\mathrm{rank}(\boldsymbol{A})$. 一个矩阵 $\boldsymbol{U}\in\mathbb{C}^{m\times m}$ 称为酉阵, 如果 $U^{\mathrm{H}}U=I$.

很明显, $\sigma_1^2,\sigma_2^2,\cdots,\sigma_n^2$ 是 $\boldsymbol{A}\boldsymbol{A}^{\mathrm{T}}$ 和 $\boldsymbol{A}^{\mathrm{T}}\boldsymbol{A}$ 的特征值, 其对应的特征向量分别是酉阵 $\boldsymbol{U}$ 的列向量和 $\boldsymbol{V}$ 的列向量. 因此, 奇异值分解和特征值问题紧密相关.

定理 2.3.4 设 $\boldsymbol{A}\in\mathbb{R}^{m\times n}$, 则存在正交矩阵 $\boldsymbol{U}\in\mathbb{R}^{m\times m}$ 和 $\boldsymbol{V}\in\mathbb{R}^{n\times n}$, 使得

$$\boldsymbol{A}=\boldsymbol{U}\boldsymbol{S}\boldsymbol{V}^{\mathrm{T}}.$$

式中, $\boldsymbol{S}=\mathrm{diag}(\sigma_1,\sigma_2,\cdots,\sigma_n)\in\mathbb{R}^{m\times n}$, $\sigma_i>0\ (i=1,\cdots,r)$, $r=\mathrm{rank}(\boldsymbol{A})$.

奇异值分解在某些方面与对称矩阵或埃尔米特矩阵基于特征向量的对角化类似, 但还是有明显的不同. 对称矩阵特征向量分解的基础是谱分析, 而奇异值分解则是谱分析理论在任意矩阵上的推广.

奇异值分解提供了一些关于 $\boldsymbol{A}$ 的信息, 例如非零奇异值的数目 ($\boldsymbol{S}$ 的阶数) 和 $\boldsymbol{A}$ 的秩相同. 一旦秩 r 确定, 那么 $\boldsymbol{U}$ 的前 r 列构成了 $\boldsymbol{A}$ 的列向量空间的正交基. 奇异值分解是非常有用和可靠的分解, 但是它需要比 QR 分解多近十倍的计算时间.

MATLAB 以 svd 函数来执行奇异值分解, 其语法为

```
>> [U,S,V] = svd(A)
```

其中 $\boldsymbol{U}$ 和 $\boldsymbol{V}$ 代表正交矩阵, 而 $\boldsymbol{S}$ 代表对角矩阵. 和 QR 分解相同, 矩阵 $\boldsymbol{A}$ 不必为方阵.

评　注

本章主要讨论了解线性方程组的高斯消去法、列主元素高斯消去法和矩阵的三角分解法. 列主元素高斯消去法对解一般的线性方程组非常有效, 但当同一个方程中的系数在数量级上相差很大时, 该算法存在一定的缺陷. 一些所谓的量化技巧可以克服列主元素高斯消去法在求解这一类问题时所遇到的困难. 当然, 利用全主元素高斯消去法也同样能够克服上述困难, 不过, 全主元素高斯消去法在主元素的选取上需求一个二维数组的最大值, 计算量比较大, 且要进行未知量的变换, 算法相对来说要复杂. 用计算机解题, 舍入误差的积累对结果的影响不容忽视, 因而浮点舍入误差分析是检查方法稳定性的一个重要工具. 关于这个方法以及对高斯消去法的误差分析, 请参见文献. 直接法相对来说, 工作量小、精度高, 但程序复杂, 并且易于受计算机容量的限制, 一般不能求解高阶线性方程组, 所以它适于求解中小型方程组. 对于高阶大型线性方程组, 有效的解法是第 6 章要讨论的迭代法.

习　题　二

1. 用高斯消去法求解下述线性方程组:

$$\begin{cases} 16x_1-12x_2+2x_3+\ \ 4x_4=17, \\ 12x_1-\ \ 8x_2+6x_3+10x_4=36, \\ \ \ 3x_1-13x_2+9x_3+23x_4=-49, \\ -6x_1+14x_2+\ \ x_3-28x_4=-54. \end{cases}$$

2. 用列主元素高斯消去法求解下述线性方程组:

$$\begin{cases} x_1+13x_2-2x_3-34x_4=13, \\ 2x_1+6x_2-7x_3-10x_4=-22, \\ -10x_1-x_2+5x_3+9x_4=14, \\ -3x_1-5x_2+15x_4=-36. \end{cases}$$

3. 用矩阵 $\boldsymbol{A}$ 的杜利脱尔三角分解 $\boldsymbol{A}=\boldsymbol{LU}$, 求解方程组:

$$\begin{pmatrix} 15 & 7 & 0 & 10 \\ 6 & 18 & 15 & 9 \\ 0 & 10 & 28 & 7 \\ 5 & 0 & 6 & 35 \end{pmatrix}\begin{pmatrix} x_1 \\ x_2 \\ x_3 \\ x_4 \end{pmatrix}=\begin{pmatrix} 8 \\ 6 \\ 4 \\ 2 \end{pmatrix}.$$

4. 用乔列斯基分解计算下述线性方程组:

$$\begin{pmatrix} 4 & -1 & 0 & 0 \\ -1 & 4 & -1 & 0 \\ 0 & -1 & 4 & -1 \\ 0 & 0 & -1 & 4 \end{pmatrix}\begin{pmatrix} x_1 \\ x_2 \\ x_3 \\ x_4 \end{pmatrix}=\begin{pmatrix} 2 \\ 4 \\ 11 \\ -7 \end{pmatrix}.$$

5. 用乔列斯基分解计算下述线性方程组:

$$\begin{pmatrix} 4 & -1 & 0 & 0 & 0 \\ -1 & 4 & -1 & 0 & 0 \\ 0 & -1 & 4 & -1 & 0 \\ 0 & 0 & -1 & 4 & -1 \\ 0 & 0 & 0 & -1 & 4 \end{pmatrix} \begin{pmatrix} x_1 \\ x_2 \\ x_3 \\ x_4 \\ x_5 \end{pmatrix} = \begin{pmatrix} 5 \\ 8 \\ 16 \\ 24 \\ 36 \end{pmatrix}.$$

6. 用追赶法求解下述线性方程组:

$$\begin{pmatrix} 12 & 1 & 0 & 0 & 0 \\ 1 & 12 & 1 & 0 & 0 \\ 0 & 1 & 12 & 1 & 0 \\ 0 & 0 & 1 & 12 & 1 \\ 0 & 0 & 0 & 1 & 12 \end{pmatrix} \begin{pmatrix} x_1 \\ x_2 \\ x_3 \\ x_4 \\ x_5 \end{pmatrix} = \begin{pmatrix} 11 \\ 10 \\ 10 \\ 10 \\ 11 \end{pmatrix}.$$

7. 给出计算对称正定的三对角阵 $\boldsymbol{A}$ 的乔列斯基分解的计算格式, 其中

$$\boldsymbol{A} = \begin{pmatrix} \alpha_1 & \beta_1 & 0 & 0 & 0 & 0 \\ \beta_1 & \alpha_2 & \beta_2 & 0 & 0 & 0 \\ 0 & \beta_2 & \alpha_3 & \beta_3 & 0 & 0 \\ 0 & 0 & \vdots & \vdots & \vdots & 0 \\ 0 & 0 & 0 & \beta_{n-2} & \alpha_{n-1} & \beta_{n-1} \\ 0 & 0 & 0 & 0 & \beta_{n-1} & \alpha_n \end{pmatrix}.$$

8. 求分块矩阵

$$\boldsymbol{\mathcal{A}} = \begin{pmatrix} \boldsymbol{A} & \boldsymbol{B} \\ \boldsymbol{C} & \boldsymbol{D} \end{pmatrix}$$

的一个分块三角分解, 其中

$$\boldsymbol{A} = \begin{pmatrix} 6 & 2 \\ 3 & 5 \end{pmatrix}, \quad \boldsymbol{B} = \begin{pmatrix} 3 & 1 \\ 0 & 6 \end{pmatrix}, \quad \boldsymbol{C} = \begin{pmatrix} 4 & 0 \\ 0 & 4 \end{pmatrix}, \quad \boldsymbol{D} = \begin{pmatrix} 9 & 5 \\ 7 & 4 \end{pmatrix}.$$

9. 描述用 Givens 变换把上海森伯格型矩阵

$$\boldsymbol{A} = \begin{pmatrix} a_{11} & a_{12} & \cdots & & a_{1n} \\ a_{21} & a_{22} & \cdots & & a_{2n} \\ & a_{32} & & & a_{3n} \\ & & \ddots & \ddots & \vdots \\ & & & a_{n,n-1} & a_{nn} \end{pmatrix}$$

化为上三角阵的计算过程.

10. 已知 $\boldsymbol{x} = (4, 2, 5, -2)^{\mathrm{T}}$, 求 Householder 矩阵 $\boldsymbol{P}$, 使得 $\boldsymbol{Px} = -7\boldsymbol{e}_1$, 其中 $\|\boldsymbol{x}\|_2 = 7$.

11. 用 Householder 变换做以下矩阵 $\boldsymbol{A}$ 的 QR 分解

$$\boldsymbol{A}=\begin{pmatrix}3 & -4 & 1\\ 4 & 2 & 2\\ 0 & 4 & -3\end{pmatrix}.$$

数值实验二

1. 写出用追赶法求解下述线性方程组的程序, 其中 $n=101$.

$$\begin{pmatrix}12 & 1 & 0 & \cdots & 0\\ 1 & 12 & 1 & \cdots & 0\\ 0 & 1 & 12 & \ddots & 0\\ \vdots & \vdots & \vdots & \vdots & 1\\ 0 & 0 & \cdots & 1 & 12\end{pmatrix}\begin{pmatrix}x_1\\ x_2\\ x_3\\ \vdots\\ x_n\end{pmatrix}=\begin{pmatrix}11\\ 10\\ 10\\ \vdots\\ 11\end{pmatrix}.$$

2. 写出用 Givens 变换把上海森伯格矩阵

$$\boldsymbol{A}=\begin{pmatrix}15 & 4 & 7 & 0 & 6\\ 12 & 3 & 0 & 24 & 9\\ & 24 & 81 & 39 & 40\\ & & 32 & 21 & 33\\ & & & 15 & 17\end{pmatrix}$$

化为上三角矩阵的程序.

第 3 章　多项式插值与样条插值

我们提出三个有关函数表达式的问题, 来说明本章及第 4 章 (函数逼近) 中论述的主题.

第一个问题, 假定已有一个函数的数值表如表 3-1 所示, 要问: 是否能找到一个简单且便于计算的公式, 利用它可以算出给定区间上任意点的值.

表 3-1　一般插值数据表

x	x_1	x_2	$\cdots$	x_n
y	y_1	y_2	$\cdots$	y_n

第二个问题, 设给定一个函数 f, f 的表达式非常复杂, 计算 f 的值很不经济. 在这种情况下, 就要寻找另一个函数 p, 它既易于求值且又是对 f 的一个合理的逼近.

第三个问题与第一个问题类似, 但假定表中给出的数值带有误差. 比如当这些值来自于物理实验时, 就可能出现这种情况. 现在要寻找一个公式, 使得它可以近似地表示这些数据.

在这三个问题中, 都能得到一个简单的函数 p 来表示或逼近给定的数值表或函数 f. 简单的函数 p 的类型可以是多项式、样条函数、三角函数及有理函数等.

对第一个问题的解答, 就是插值方法. 本章重点讨论函数 p 为多项式和样条函数的插值方法.

对第二个问题的解答, 就是连续函数逼近的方法. 根据度量逼近的标准不同, 逼近又分为一致逼近和平方逼近, 将在第 4 章讨论. 第三个问题实际上是离散函数的逼近问题, 也将在第 4 章讨论.

§3.1　多项式插值

§3.1.1　多项式插值问题的定义

定义 3.1.1　设函数 $y=f(x)$ 在区间 $[a,b]$ 上有定义, 且已知它在 $n+1$ 个互异的点 $a \leqslant x_0 < x_1 < \cdots < x_n \leqslant b$ 的函数值 $y_0, y_1, \cdots, y_n$, 若存在一个次数不超过 n 次的多项式 $p(x)=a_0+a_1x+\cdots+a_nx^n$(其中 a_i 为实数) 满足条件

$$p(x_i)=y_i, \quad i=0,1,2,\cdots,n. \tag{3.1}$$

则称 $p(x)$ 为函数 $f(x)$ 的 n 次**插值多项式**.

按条件 (3.1) 求函数 $f(x)$ 的近似表达式 $p(x)$ 的方法称为**插值法**, 称条件 (3.1) 为插值条件, $x_i(i=0,1,2,\cdots,n)$ 为**插值节点**, 包含插值节点的区间 $[a,b]$ 为**插值区间**.

多项式插值有明确的几何意义, 即通过平面上给定的 $n+1$ 个互异点 $(x_i,y_i)(i=0,1,2,\cdots,n)$, 做一条 n 次多项式曲线 $y=p(x)$ 近似地表示曲线 $y=f(x)$, 如图 3-1 所示. 多项式插值问题也称为代数插值问题.

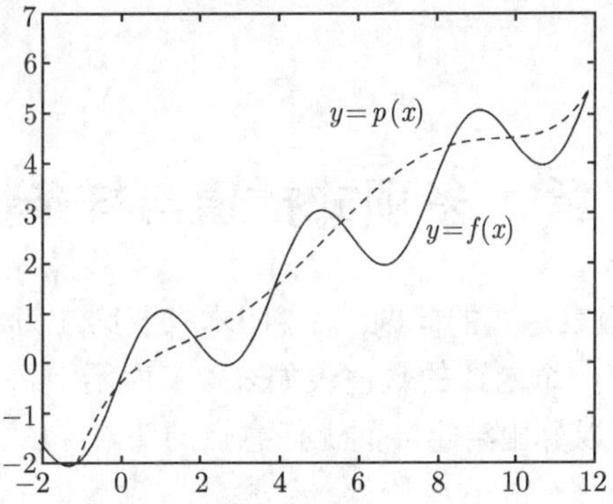

图 3-1 多项式插值的几何意义

§3.1.2 插值多项式的存在唯一性

定理 3.1.1 *n 次插值多项式存在且唯一.*

证: 设 n 次多项式 $p(x)=a_0+a_1x+\cdots+a_nx^n$ 是函数 $y=f(x)$ 在 $[a,b]$ 上的 $n+1$ 个互异的节点 $x_i(i=0,1,2,\cdots,n)$ 上的插值多项式, 则求 $p(x)$ 的问题就可归结为求以它的系数 $a_i(i=0,1,2,\cdots,n)$ 为未知元的 $n+1$ 阶线性方程组

$$\begin{cases} a_0+a_1x_0+a_2x_0^2+\cdots+a_nx_0^n=y_0, \\ a_0+a_1x_1+a_2x_1^2+\cdots+a_nx_1^n=y_1, \\ \vdots \\ a_0+a_1x_n+a_2x_n^2+\cdots+a_nx_n^n=y_n. \end{cases} \tag{3.2}$$

其系数行列式是范德蒙德 (Vandermonde) 行列式

$$\boldsymbol{V}(x_0,x_1,\cdots,x_n)=\begin{vmatrix} 1 & x_0 & x_0^2 & \cdots & x_0^n \\ 1 & x_1 & x_1^2 & \cdots & x_1^n \\ 1 & x_2 & x_2^2 & \cdots & x_2^n \\ \vdots & \vdots & \vdots & \ddots & \vdots \\ 1 & x_n & x_n^2 & \cdots & x_n^n \end{vmatrix}=\prod_{i=1}^{n}\prod_{j=0}^{i-1}(x_i-x_j). \tag{3.3}$$

因为 x_i 互不相同, 所以式 (3.3) 不为零, 根据解线性方程组的克拉默 (Cramer) 法则, 方程组的解 a_i 存在且唯一, 从而 $p(x)$ 被唯一确定, 这就证明了 n 次代数插值问题的解是存在且唯一的.

上述证明实质上给出了求代数插值多项式的一个方法. 但此方法不适用于计算机求解: 范德蒙德行列式的计算需要的工作量太大. 唯一性保证不论用什么方法求 $p(x)$, 其结果总是一样. 本章主要介绍拉格朗日 (Lagrange) 插值和牛顿 (Newton) 插值.

§3.1.3 插值基函数

所要求的插值多项式 $p(x)$ 是线性空间 $P_n(x)$(次数小于等于 n 的代数多项式的全体) 中的一个点, 根据线性代数中线性空间的理论, 全体次数小于等于 n 的代数多项式构成的 $n+1$ 维线性空间的基底是不唯一的, 因此, n 次代数插值多项式 $p(x)$ 可以写成多种形式. 由线性

空间的不同基底出发, 构造满足插值条件的多项式的方法称为**基函数法**. 基函数法求插值多项式分两个步骤. 首先, 定义 $n+1$ 个线性无关的特殊代数多项式, 它们在插值理论中称为**插值基函数**, 用 $\varphi_0(x),\cdots,\varphi_n(x)$ 表示; 其次, 利用插值条件, 确定插值基函数的线性组合表示的 n 次插值多项式

$$p(x)=a_0\varphi_0(x)+a_1\varphi_1(x)+\cdots+a_n\varphi_n(x) \tag{3.4}$$

的系数 $a_0,\cdots,a_n$.

§3.2 拉格朗日插值

§3.2.1 拉格朗日插值基函数

定义 3.2.1 若存在一个次数为 n 的多项式 $l_k(x)$, 在 n 个节点 $(i=0,\ 1,\ \cdots,\ k-1,\ k+1,\ \cdots,\ n)$ 上 $l_k(x)$ 的值为 0, 在节点 x_k 上其值为 1, 即 $l_k(x)$ 满足条件

$$l_k(x_i)=\begin{cases}1, i=k,\\0, i\neq k.\end{cases} \tag{3.5}$$

则称 $l_k(x)$ 为节点 $x_i(i=0,1,\cdots,n)$ 上的**拉格朗日插值基函数**, k 为某固定的整数.

$l_k(x)$ 很容易找到. 因为 n 个节点 $x_i(i=0,1,\cdots,k-1,k+1,\cdots,n)$ 是 $l_k(x)$ 的零点, 因此可设

$$l_k(x)=A_k(x-x_0)(x-x_1)\cdots(x-x_{k-1})(x-x_{k+1})\cdots(x-x_n).$$

式中, A_k 为待定系数. 由条件 $l_k(x_k)=1$ 可定 A_k, 于是

$$\begin{aligned}l_k(x)&=\frac{(x-x_0)(x-x_1)\cdots(x-x_{k-1})(x-x_{k+1})\cdots(x-x_n)}{(x_k-x_0)(x_k-x_1)\cdots(x_k-x_{k-1})(x_k-x_{k+1})\cdots(x_k-x_n)}\\&=\prod_{\substack{j=0\\j\neq k}}^{n}\frac{x-x_j}{x_k-x_j}.\end{aligned} \tag{3.6}$$

取 $k=0,1,2,\cdots,n$, 就得到 $n+1$ 个拉格朗日插值基函数.

§3.2.2 拉格朗日插值多项式

以 $l_0(x),l_1(x),\cdots,l_n(x)$ 的线性组合表示的 n 次多项式为

$$p(x)=a_0l_0(x)+a_1l_1(x)+\cdots+a_nl_n(x). \tag{3.7}$$

式中, $a_0,a_1,\cdots,a_n$ 为待定系数, 令

$$p(x_i)=\sum_{j=0}^{n}a_jl_j(x_i)=y_i,\quad i=0,1,\cdots,n.$$

利用 $l_j(x)$ 的性质得 $a_i=y_i\ (i=0,1,\cdots,n)$, 将其代入式 (3.7) 所得的多项式称为拉格朗日插值多项式, 记作 $L_n(x)$. 即

$$L_n(x)=\sum_{j=0}^{n}y_jl_j(x)=\sum_{j=0}^{n}y_j\prod_{\substack{i=0\\i\neq j}}^{n}\frac{x-x_i}{x_j-x_i}. \tag{3.8}$$

当 $n=1$ 时, 式 (3.8) 为 $L_1(x)=l_0(x)y_0+l_1(x)y_1$, 即

$$L_1(x)=\frac{x-x_1}{x_0-x_1}y_0+\frac{x-x_0}{x_1-x_0}y_1. \tag{3.9}$$

用 $L_1(x)$ 近似代替 $f(x)$ 称为线性插值, 式 (3.9) 称为线性插值多项式或一次插值多项式. 当 $n=2$ 时, 式 (3.8) 为 $L_2(x)=l_0(x)y_0+l_1(x)y_1+l_2(x)y_2$, 即

$$L_2(x)=\frac{(x-x_1)(x-x_2)}{(x_0-x_1)(x_0-x_2)}y_0+\frac{(x-x_0)(x-x_2)}{(x_1-x_0)(x_1-x_2)}y_1+\frac{(x-x_0)(x-x_1)}{(x_2-x_0)(x_2-x_1)}y_2. \tag{3.10}$$

用 $L_2(x)$ 近似代替 $f(x)$ 称为二次插值或抛物线插值, 称式 (3.10) 为二次插值多项式.

例 3.2.1 已知函数 $y=\ln x$ 的几个函数值如表 3-2 所示. 试分别用线性插值和抛物线插值求 $\ln 11.75$ 的近似值.

表 3-2 函数 $y=\ln x$ 数据表

x	10	11	12	13	14
$\ln x$	2.302 6	2.397 9	2.484 9	2.564 9	2.639 1

解: 在插值计算中, 为了减少截断误差, 在选择插值节点时, 应尽量选取与插值点 x 距离较近的一些节点. 本题中 $x=11.75$ 介于点 11 与 12 之间, 故做线性插值时应取节点 $x_0=11$, $x_1=12$, 用线性插值公式 (3.9) 有

$$L_1(x)=\frac{x-12}{11-12}\times 2.397\,9+\frac{x-11}{12-11}\times 2.484\,9,$$

将 $x=11.75$ 代入, 即得

$$\ln 11.75\approx L_1(11.75)\approx 2.463\,2.$$

类似地, 在抛物线插值时取节点 $x_0=11$, $x_1=12$, $x_2=13$, 所得 $\ln 11.75$ 的近似值为

$$\begin{aligned}\ln 11.75\approx L_2(11.75)&=\frac{(11.75-12)\times(11.75-13)}{(11-12)\times(11-13)}\times 2.397\,9\\&\quad+\frac{(11.75-11)\times(11.75-13)}{(12-11)\times(12-13)}\times 2.484\,9+\frac{(11.75-11)\times(11.75-12)}{(13-11)\times(13-12)}\times 2.564\,9\\&\approx 2.463\,8.\end{aligned}$$

查对数表得, $\ln 11.75\approx 2.463\,85$.

由此可见, 抛物线插值的精度较线性插值好.

下面我们介绍拉格朗日插值法的 MatLab 实现:

```
function yh = lagrange(x,y,xh)
   n = length(y);
   yh = zeros(size(xh));
   for k = 1:n,
       pt = ones(size(xh));
       for j = [1:k-1 k+1:n],
           pt = pt .* (xh-x(j)) / (x(k)-x(j));
       end
```

```
        yh = yh + y(k) * pt;
    end
```

例题的 MATLAB 程序如下.

线性插值:

```
>> x = [11 12];
>> y = [2.3979 2.4849];
>> xh = [11.75];
>> yh = lagrange(x,y,xh)
```

抛物线插值:

```
>> x = [11 12 13];
>> y = [2.3979 2.4849 2.5649];
>> xh = [11.75];
>> yh = lagrange(x,y,xh)
```

与准确值相比较, 发现线性插值的误差比抛物线插值的误差大. 这里提出两个问题: (1) 通常 $f(x)$ 的准确值是不知道的, 怎样估计用 $L_n(x)$ 近似代替 $f(x)$ 时所产生的误差? (2) 是不是插值多项式的次数越高, 其计算结果就越精确?

§3.2.3 插值余项

我们首先来解决上述的第一个问题, 即怎样估计用 $L_n(x)$ 近似代替 $f(x)$ 时所产生的误差? 在区间 $[a,b]$ 上用插值多项式 $L_n(x)$ 近似 $f(x)$ 时, 由插值条件, $f(x)$ 和 $L_n(x)$ 在插值节点 $x_0, x_1, \cdots, x_n$ 上的差应为 0, 设 $R_n(x) = f(x) - L_n(x)$, 则在节点 x_i 上有

$$R_n(x_i) = f(x_i) - L_n(x_i) = 0, \quad i = 0, 1, \cdots, n,$$

即 $R_n(x)$ 在 $[a,b]$ 上至少有 $n+1$ 个零点, 故设

$$R_n(x) = K(x)(x-x_0)(x-x_1)\cdots(x-x_n) = K(x)\Pi(x). \tag{3.11}$$

式中, $K(x)$ 为待定函数, $\Pi(x) = (x-x_0)(x-x_1)\cdots(x-x_n)$.

引进辅助函数 $\varphi(t) = f(t) - L_n(t) - K(x)\Pi(t)$, 视 x 为 (a,b) 上的一个固定点, 且 $x \neq x_i (i = 0, 1, \cdots, n)$. 则 $\varphi(t)$ 在 $n+2$ 个点 $x, x_0, x_1, \cdots, x_n$ 上取值为 0. 根据罗尔 (Rolle) 定理, 在 $\varphi(t)$ 的任何两个零点之间必存在一点 η, 使 $\varphi'(\eta) = 0$, 于是 $\varphi'(x)$ 在 (a,b) 上至少有 $n+1$ 个零点. 对 $\varphi'(t)$, $\varphi''(t)$, $\cdots$, $\varphi^{(n)}(t)$ 反复运用罗尔定理, 最后推出, 在 (a,b) 上至少存在一个点 ξ, 使 $\varphi^{(n+1)}(\xi) = 0$, 而

$$\varphi^{(n+1)}(\xi) = f^{(n+1)}(\xi) - L_n^{(n+1)}(\xi) - K(x)\Pi^{(n+1)}(\xi).$$

式中, $L_n(x)$ 是次数不超过 n 的多项式, $\Pi(x)$ 是 $n+1$ 次多项式, 所以 $L_n^{(n+1)}(\xi) = 0$, $\Pi^{(n+1)}(\xi) = (n+1)!$, 于是

$$f^{(n+1)}(\xi) - K(x)(n+1)! = 0,$$

$$K(x) = \frac{f^{(n+1)}(\xi)}{(n+1)!}.$$

代入式 (3.11) 得

$$R_n(x)=\frac{f^{(n+1)}(\xi)}{(n+1)!}\Pi(x). \tag{3.12}$$

式中, $\xi\in(a,b)$ 且依赖于 x. 称 $R_n(x)$ 为 n 次插值多项式的余项.

综上所述, 得到以下定理.

定理 3.2.1 设 $f(x)$ 在含节点 $\{x_i\}_{i=0}^n$ 的区间 $[a,b]$ 上 $n+1$ 次可微, $L_n(x)$ 是 $f(x)$ 关于给定的 $n+1$ 个节点的 n 次插值多项式, 则对于任意 $x\in[a,b]$, 存在与 x 有关的 $\xi\in(a,b)$, 使式 (3.12) 成立.

$R_n(x)$ 的表达式 (3.12) 中的 $f^{(n+1)}(\xi)$ 难于确定, 但 $\left|f^{(n+1)}(x)\right|$ 的上界往往可以估计, 记 $M_{n+1}=\max\limits_{a\leqslant x\leqslant b}\left|f^{(n+1)}(x)\right|$, 则

$$|R_n(x)|\leqslant\frac{M_{n+1}}{(n+1)!}|\Pi(x)|. \tag{3.13}$$

这是一个实用的插值余项估计式. 如要求估计 $|R_n(x)|$ 在 $[a,b]$ 上的最大值, 还需计算 $\max\limits_{a\leqslant x\leqslant b}|\Pi(x)|$, 并有

$$\max_{a\leqslant x\leqslant b}|R_n(x)|\leqslant\frac{M_{n+1}}{(n+1)!}\max_{a\leqslant x\leqslant b}|\Pi(x)|. \tag{3.14}$$

余项表达式 (3.13) 表示 $|R_n(x)|$ 的大小与 M_{n+1} 及 $|\Pi(x)|=|\prod_{i=0}^n(x-x_i)|$ 都有关. 对于指定的插值点 x, 当节点的个数 m 大于 $n+1$(n 为插值多项式的次数) 时, 应当选取靠近 x 的节点做插值多项式, 以使 $|\Pi(x)|$ 中的诸 $|x-x_i|$ 都较小, 从而余项 $|R_n(x)|$ 也较小.

例 3.2.2 估计上例中用线性插值和抛物线插值计算 $\ln 11.75$ 的误差.

解: 由于$R_1(x)=\dfrac{f''(\xi)}{2!}(x-x_0)(x-x_1)$, $\xi\in[x_0,x_1]$, $f(x)=\ln(x)$, $f''(x)=-\dfrac{1}{x^2}$, ξ 介于 11 与 12 之间, 所以 $|f''(\xi)|=\dfrac{1}{\xi^2}<\dfrac{1}{11^2}$. 于是,

$$|R_1(11.75)|\leqslant\frac{|(11.75-11)(11.75-12)|}{2!\times 11^2}<0.000\,8=8\times10^{-4}.$$

由于 $R_2(x)=\dfrac{f^{(3)}(\xi)}{3!}(x-x_0)(x-x_1)(x-x_2)$, $\xi\in[x_0,x_2]$, $f^{(3)}(x)=\dfrac{2}{x^3}$, $\left|f^{(3)}(\xi)\right|=\dfrac{2}{\xi^3}<\dfrac{2}{11^3}$, 于是

$$|R_2(11.75)|\leqslant\frac{2}{3!\times11^3}|(11.75-11)(11.75-12)(11.75-13)|<6\times10^{-5}.$$

可见, $L_2(11.75)$ 比 $L_1(11.75)$ 的误差小.

那么, 是否插值多项式的次数越高, 插值多项式近似原来函数的精度越高? 这个问题我们将在随后的内容中回答.

§3.3 牛顿插值

§3.3.1 差商

若将插值基函数取为

$$\begin{cases}\varphi_0(x)=1,\\ \varphi_j(x)=(x-x_0)(x-x_1)\cdots(x-x_{j-1})=\prod_{i=0}^{j-1}(x-x_i), \quad j=1,2,\cdots,n,\end{cases}$$

用它们组合成以下形式的 n 次多项式

$$N_n(x)=\sum_{j=0}^{n}a_j\varphi_j(x)=a_0+\sum_{j=1}^{n}a_j\prod_{k=0}^{j-1}(x-x_k). \tag{3.15}$$

例如

$$\begin{aligned}N_1(x)&=a_0+a_1(x-x_0),\\ N_2(x)&=a_0+a_1(x-x_0)+a_2(x-x_0)(x-x_1),\end{aligned}$$

等等, 其中 $a_0,a_1,\cdots,a_n$ 为待定系数. 为使式 (3.15) 表示的 $N_n(x)$ 成为 $f(x)$ 的插值多项式, 需要按插值条件

$$N_n(x_i)=f_i, \quad i=0,1,\cdots,n$$

确定参数 $a_i(i=0,1,\cdots,n)$. 令

$$N_n(x_i)=a_0+\sum_{j=1}^{n}a_j\prod_{k=0}^{j-1}(x_i-x_k)=f_i, \quad i=0,1,\cdots,n,$$

可以求得,

$$\begin{aligned}a_0&=f_0,\\ a_1&=\frac{f_1-f_0}{x_1-x_0},\\ a_2&=\frac{\dfrac{f_2-f_0}{x_2-x_0}-\dfrac{f_1-f_0}{x_1-x_0}}{x_2-x_1},\end{aligned}$$

等等. 为得到参数 a_i 的一般表达式, 我们来给出差商的定义.

定义 3.3.1 设 $f(x)$ 在互异的节点 $x_0,x_1,\cdots,x_n$ 上的函数值为 $f_0,f_1,\cdots,f_n$, 称 $f[x_i,x_k]=\dfrac{f_k-f_i}{x_k-x_i}$ $(k\neq i)$ 为 $f(x)$ 关于 x_i,x_k 的一阶差商, 称 $f[x_i,x_j,x_k]=\dfrac{f[x_i,x_k]-f[x_i,x_j]}{x_k-x_j}$ $(i,j,k$ 互不相等) 为 $f(x)$ 关于 x_i,x_j,x_k 的二阶差商 (一阶差商的差商).

一般地, 称

$$f[x_0,x_1,\cdots,x_{k-1},x_k]=\frac{f[x_0,x_1,\cdots,x_{k-2},x_k]-f[x_0,x_1,\cdots,x_{k-1}]}{x_k-x_{k-1}}$$

为 $f(x)$ 关于 $x_0,x_1,\cdots,x_k$ 的 k 阶差商 ($k-1$ 阶差商的差商).

差商有以下三条性质.

(1) 差商可以表示为函数值的线性组合. 用数学归纳法可以证明

$$f[x_0,x_1,\cdots,x_{k-1},x_k]=\sum_{j=0}^{k}\frac{f(x_j)}{(x_j-x_0)\cdots(x_j-x_{j-1})(x_j-x_{j+1})\cdots(x_j-x_k)}.$$

(2) 差商关于所含节点是对称的. 例如: 在 k 阶差商 $f[x_0, x_1, \cdots, x_{k-1}, x_k]$ 中, 任意调换节点 x_i 与 x_j 的次序, 其值不变, 即

$$f[x_0, \cdots, x_i, \cdots x_j, \cdots x_k] = f[x_0, \cdots, x_j, \cdots x_i, \cdots x_k].$$

(3) 设 $f(x)$ 在含有 $x_0, x_1, \cdots, x_n$ 的区间 (a, b) 上具有 n 阶导数, 则在这一区间上至少有一点 ξ, 使

$$f[x_0, x_1, \cdots, x_n] = \frac{f^{(n)}(\xi)}{n!}, \quad \xi \in (a, b).$$

这一性质揭示了差商与导数之间的关系, 我们将在后面给出它的证明.

差商可以列表计算, 以 $n = 4$ 为例, 差商表如表 3-3 所示. 表 3-3 的计算可以按照自上而下, 从低阶到高阶的顺序完成.

表 3-3　差商表

x_k	y_k	一阶差商	二阶差商	三阶差商	四阶差商
x_0	$\underline{f_0}$				
		$\underline{f[x_0, x_1]}$			
x_1	f_1		$\underline{f[x_0, x_1, x_2]}$		
		$f[x_1, x_2]$		$\underline{f[x_0, x_1, x_2, x_3]}$	
x_2	f_2		$f[x_1, x_2, x_3]$		$\underline{f[x_0, x_1, x_2, x_3, x_4]}$
		$f[x_2, x_3]$		$f[x_1, x_2, x_3, x_4]$	
x_3	f_3		$f[x_2, x_3, x_4]$		
		$f[x_3, x_4]$			
x_4	f_4				

用 MATLAB 计算差商时, 用二维数组 $P(n, n+1)$ 保存上述差商表. 其中,n 是函数表中节点的个数. 数组 P 的第 1 列为节点值 x, 第 2 列为函数值 y, 第 j 列 $(3 \leqslant j \leqslant n+1)$ 为 $j-2$ 阶差商. 一维数组 $q(n)$ 为上述差商表中带下划线的差商 (规定 $f(x_i) = y_i$ 为 x_i 处的零阶差商). MATLAB 计算差商的自定义函数如下.

```
function [p,q]=chashang(x,y)
   n = length(x);
   p(:,1) = x;
   p(:,2) = y;
   for j = 3:n+1
      p(1:n+2-j,j) = diff(p(1:n+3-j,j-1)) ./(x(j-1:n)-x(1:n+2-j));
   end
   q = p(1,2:n+1)';
```

MATLAB 中的命令 diff 给出一个向量所有相邻分量的差 (后一个分量减去前一个分量), 因此计算结果是一个比输入向量长度少 1 的向量, 例如

```
>> diff([1 3 6 10 15])
ans =
    2   3   4   5
```

§3.3.2 牛顿插值公式及其余项

有了差商的定义后, 可以证明式 (3.15) 中的系数 $a_0, a_1, \cdots, a_n$ 分别为

$$\begin{aligned} a_0 &= f(x_0), \\ a_1 &= f[x_0, x_1], \\ a_2 &= f[x_0, x_1, x_2], \\ &\vdots \\ a_n &= f[x_0, x_1, \cdots, x_n]. \end{aligned}$$

从而获得数据 $\{(x_i, f(x_i)\}_{i=0}^n$ 上的 n 次牛顿插值多项式

$$N_n(x) = f(x_0) + f[x_0, x_1](x - x_0) + \cdots + f[x_0, x_1, \cdots, x_n](x - x_0)(x - x_1)\cdots(x - x_{n-1}). \quad (3.16)$$

现在转向解决牛顿插值余项问题, 即估计用 $N_n(x)$ 近似代替 $f(x)$ 时所产生的误差.

设 $x \in [a, b]$, $x \neq x_i (i = 0, 1, \cdots, n)$, 视 x 为一个节点. 设 $N_n(t)$ 是数据 $\{(x_i, f(x_i))\}_{i=0}^n$ 上的 n 次牛顿插值多项式, $N_{n+1}(t)$ 是数据 $\{(x_0, f(x_0)), (x_1, f(x_1)), \cdots, (x_n, f(x_n)), (x, f(x))\}$ 上的 $n+1$ 次牛顿插值多项式. 则由式 (3.16), $n+1$ 次多项式 $N_{n+1}(t)$ 与 n 次多项式 $N_n(t)$ 有下列关系

$$N_{n+1}(t) = N_n(t) + f[x_0, x_1, \cdots, x_n, x](t - x_0)(t - x_1)\cdots(t - x_n). \quad (3.17)$$

由于 $N_{n+1}(t)$ 是数据 $\{(x_0, f(x_0)), (x_1, f(x_1)), \cdots, (x_n, f(x_n)), (x, f(x))\}$ 上的 $n+1$ 次牛顿插值多项式, 则在点 x 处, 一定满足插值条件

$$N_{n+1}(x) = f(x).$$

在式 (3.17) 的两边, 自变量 t 用 x 来代替, 得

$$N_{n+1}(x) = N_n(x) + f[x_0, x_1, \cdots, x_n, x](x - x_0)(x - x_1)\cdots(x - x_n),$$

即

$$f(x) = N_n(x) + f[x_0, x_1, \cdots, x_n, x](x - x_0)(x - x_1)\cdots(x - x_n),$$

从而牛顿插值多项式的余项

$$\begin{aligned} R_n(x) &= f(x) - N_n(x) \\ &= f[x_0, x_1, \cdots, x_n, x](x - x_0)(x - x_1)\cdots(x - x_n) \\ &= f[x_0, x_1, \cdots x_n, x]\Pi(x). \end{aligned}$$

根据插值多项式的唯一性, 对于同一组数据 $\{(x_i, f(x_i)\}_{i=0}^n$ 上的 n 次插值多项式 $L_n(x)$ 和 $N_n(x)$, 应有 $N_n(x) = L_n(x)$. 因此, 若 $f(x)$ 在 $[a, b]$ 上的 $n+1$ 阶导数存在, 则余项

$$R_n(x) = f[x_0, x_1, \cdots, x_n, x]\Pi(x) = \frac{f^{(n+1)}(\xi)}{(n+1)!}\Pi(x), \quad \xi \in (a, b)$$

且 ξ 依赖于 x. 同时得到差商与导数有以下关系

$$f[x_0,x_1,\cdots,x_n,x]=\frac{f^{(n+1)}(\xi)}{(n+1)!},$$

因这里视 x 为一个节点, 故可以推广到一般情形, 对于 $f[x_0,x_1,\cdots,x_k]$, $k=1,2,\cdots,n$, 必存在位于这些节点之间的 ξ, 使得

$$f[x_0,x_1,\cdots,x_k]=\frac{f^{(k)}(\xi)}{k!}. \tag{3.18}$$

式 (3.18) 即为差商的性质 3.

例 3.3.1 用牛顿线性插值和抛物线插值计算 $\ln 11.75$, 已知函数 $y=\ln x$ 的函数表如前面的表 3-2 所示.

解: 由于 11.75 位于 11 与 12 之间, 可以取节点 $x_0=11$, $x_1=12$ 做线性插值, 取节点 $x_0=11$, $x_1=12$, $x_2=13$ 做二次插值, 由给定数据做差商表 (表 3-4). 因此可得

$$\begin{aligned}N_1(x)&=2.397\,9+0.087\,0(x-11),\\ N_2(x)&=2.397\,9+0.087\,0(x-11)+(-0.003\,5)(x-11)(x-12).\end{aligned}$$

线性插值计算 $\ln 11.75\approx N_1(11.75)\approx 2.463\,2$,

二次插值计算 $\ln 11.75\approx N_2(11.75)\approx 2.463\,8$.

表 3-4 函数 $y=\ln x$ 的差商表

k	x_k	$f(x_k)$	一阶差商	二阶差商
0	11	2.397 9		
			0.087 0	
1	12	2.484 9		−0.003 5
			0.080 0	
2	13	2.564 9		

从牛顿插值公式 (3.16) 看出, 当增加一个节点时, 公式只在原来基础上增加一项, 前面计算的结果依然可以用, 因而与拉格朗日插值相比较, 牛顿插值公式具有灵活增加节点的优点.

§3.3.3 差分与等距节点的插值公式

牛顿插值公式可以应用于非等距节点的情形, 但实际应用时, 常采用等距节点. 这时, 利用差分可以进一步简化牛顿插值公式, 导出计算上更为有效的等距节点的插值公式.

设已知函数 $f(x)$ 在等距节点 $x_i=x_0+ih$ $(i=0,1,2,\cdots,n)$ 上的函数值为 $f(x_i)=f_i$, 式中 $h>0$ 称为步长.

定义 3.3.2 称 $\Delta f_i=f(x_i+h)-f(x_i)=f_{i+1}-f_i$ 为函数 $f(x)$ 在点 x_i 处步长为 h 的一阶向前差分. 称 $\Delta^2 f_i=\Delta(\Delta f_i)=\Delta f_{i+1}-\Delta f_i$ 为函数 $f(x)$ 在点 x_i 处的二阶向前差分.

一般地, 设 $n-1$ 阶差分已定义, 则称

$$\Delta^n f_i=\Delta(\Delta^{n-1}f_i)=\Delta^{n-1}f_{i+1}-\Delta^{n-1}f_i,\quad n=2,3,\cdots$$

为函数 $f(x)$ 在点 x_i 处的 n 阶向前差分, 并规定 $\Delta^0 f_i=f_i$ 为 $f(x)$ 在点 x_i 处的零阶差分.

类似地, 还可以定义向后差分和中心差分.

由差分的定义, 也可列出类似于差商表的差分表, 并可导出差分与差商的关系. 例如, k 阶差商与 k 阶差分之间有关系

$$f[x_0,x_1,\cdots,x_k]=\frac{\Delta^k f_0}{k!h^k},\quad k=1,2,\cdots,n. \tag{3.19}$$

利用差分与差商的关系式 (3.19), 在牛顿插值公式 (3.16) 中, 将差商替换为差分, 并令 $x=x_0+th(0\leqslant t\leqslant 1)$, 可得

$$N_n(x)=N_n(x_0+th)=f_0+\frac{t}{1!}\Delta f_0+\frac{t(t-1)}{2!}\Delta^2 f_0+\cdots+\frac{t(t-1)\cdots(t-n+1)}{n!}\Delta^n f_0. \tag{3.20}$$

这个用各阶向前差分表示的插值公式 (3.20) 称为牛顿向前插值公式.

§3.4 埃尔米特插值

前面介绍的代数插值, 只要求插值多项式 $p(x)$ 满足条件 (3.1), 但是, 这种插值多项式往往还不能全面反映被插值函数 $f(x)$ 的性态, 许多实际问题不但要求插值函数在某些节点或全部节点上与 $f(x)$ 的导数值也相等, 甚至要求高阶导数值也相等. 这种插值问题为埃尔米特插值问题. 本节不去讨论一般的埃尔米特插值问题, 而只讨论下面这种最简单也是最常用的情形.

§3.4.1 两点三次埃尔米特插值

定义 3.4.1 设已知函数 $f(x)$ 在插值区间 $[a,b]$ 上 $n+1$ 个互异的节点 $x_0,x_1,\cdots,x_n$ 处的函数值 $f(x_i)=f_i$ 及一阶导数值 $f'(x_i)=f'_i$, $i=0,1,\cdots,n$, 若存在函数 $H(x)$ 满足条件:
(1) $H(x)$ 是一个次数不超过 $2n+1$ 的多项式;
(2) $H(x_i)=f(x_i)$, $H'(x_i)=f'(x_i)$, $i=0,1,\cdots,n$.
则称 $H(x)$ 为埃尔米特 (Hermite) 插值多项式.

这个问题的几何意义是十分明显的, 即不仅要求代数曲线 $y=H(x)$ 与函数曲线 $y=f(x)$ 在 $n+1$ 个互异的点 (x_i,y_i) 处完全重合, 而且还要求它们有公切线.

已知函数 $f(x)$ 在节点 x_0,x_1 上的函数值以及一阶导数值如表 3-5 所示. 求一个三次埃尔米特插值多项式 $H_3(x)$, 使其满足

$$\begin{cases} H_3(x_i)=y_i, & i=0,1,\\ H'_3(x_i)=y'_i, & i=0,1. \end{cases} \tag{3.21}$$

表 3-5 两点埃尔米特插值数据

x	x_0	x_1
$f(x)$	y_0	y_1
$f'(x)$	y'_0	y'_1

设 $\alpha_0(x),\alpha_1(x),\beta_0(x),\beta_1(x)$ 都是三次多项式, 并且满足

$$\alpha_j(x_i)=\begin{cases} 0, & i\neq j,i,j=0,1,\\ 1, & i=j,i,j=0,1, \end{cases} \tag{3.22}$$

$$\alpha_j'(x_i) = 0, \quad i,j=0,1, \tag{3.23}$$

$$\beta_j'(x_i) = \begin{cases} 0, & i \neq j, i,j=0,1, \\ 1, & i=j, i,j=0,1, \end{cases} \tag{3.24}$$

$$\beta_j(x_i) = 0, \quad i,j=0,1. \tag{3.25}$$

它们的线性组合记为 $H_3(x)$, 即

$$\begin{aligned} H_3(x) &= a_0\alpha_0(x) + a_1\alpha_1(x) + b_0\beta_0(x) + b_1\beta_1(x) \\ &= \sum_{j=0}^{1}(a_j\alpha_j(x) + b_j\beta_j(x)), \end{aligned}$$

式中, a_0, a_1, b_0, b_1 为待定参数. 令 $H_3(x)$ 满足插值条件式 (3.21), 根据 $\alpha_j(x)$ 和 $\beta_j(x)$ 的性质 (3.22)~(3.25), 立即得到 $a_j = y_j\ (j=0,1)$, $b_j = y_j'\ (j=0,1)$. 于是

$$H_3(x) = \sum_{j=0}^{1}(y_j\alpha_j(x) + y_j'\beta_j(x)). \tag{3.26}$$

由 $\alpha_j(x)$ 的性质 (3.22) 和 (3.23) 可以看出, 节点 x_1, x_0 依次是 $\alpha_0(x)$ 和 $\alpha_1(x)$ 的二重零点, 并且 $\alpha_0(x_0) = \alpha_1(x_1) = 1$. 因此, $\alpha_j(x)$ 可以用一次拉格朗日插值基函数表示. 又因 $\alpha_j(x)$ 是三次多项式, 故可设

$$\alpha_j(x) = (ax+b)l_j^2(x) = (ax+b)\left(\frac{x-x_i}{x_j-x_i}\right)^2, \qquad i,j=0,1 \text{ 且 } i \neq j, \tag{3.27}$$

式中, a 和 b 为待定参数. 由 $\alpha_j(x_j) = 1$ 及 $\alpha_j'(x_j) = 0$, 解出

$$a = -\frac{2}{x_j - x_i}, \quad b = 1 + \frac{2x_j}{x_j - x_i}, \tag{3.28}$$

代入式 (3.27) 经整理得

$$\alpha_j(x) = \left(1 - 2\frac{x-x_j}{x_j-x_i}\right)\left(\frac{x-x_i}{x_j-x_i}\right)^2, \qquad i,j=0,1 \text{ 且 } i \neq j. \tag{3.29}$$

类似地, 设

$$\beta_j(x) = (cx+d)l_j^2(x) = (cx+d)\left(\frac{x-x_i}{x_j-x_i}\right)^2, \qquad i,j=0,1 \text{ 且 } i \neq j, \tag{3.30}$$

利用条件 (3.24) 和 (3.25) 得

$$c = 1, \quad d = -x_j,$$

代入式 (3.30) 得

$$\beta_j(x) = (x-x_j)\left(\frac{x-x_i}{x_j-x_i}\right)^2, \qquad i,j=0,1, i \neq j. \tag{3.31}$$

将式 (3.29) 和式 (3.31) 代入式 (3.26), 得两个节点的三次埃尔米特插值多项式

$$\begin{aligned} H_3(x) = & y_0\left(1 - 2\frac{x-x_0}{x_0-x_1}\right)\left(\frac{x-x_1}{x_0-x_1}\right)^2 + y_1\left(1 - 2\frac{x-x_1}{x_1-x_0}\right)\left(\frac{x-x_0}{x_1-x_0}\right)^2 \\ & + y_0'(x-x_0)\left(\frac{x-x_1}{x_0-x_1}\right)^2 + y_1'(x-x_1)\left(\frac{x-x_0}{x_1-x_0}\right)^2. \end{aligned} \tag{3.32}$$

§3.4.2 埃尔米特插值多项式的余项

设 $R_3(x) = f(x) - H_3(x)$, 由插值条件 (3.21) 知

$$R_3(x_i) = R_3'(x_i) = 0, \quad i = 0, 1.$$

因此, 节点 x_0, x_1 都是 $R_3(x)$ 的二重零点, 故设

$$R_3(x) = K(x)(x - x_0)^2(x - x_1)^2, \tag{3.33}$$

式中, $K(x)$ 为待定函数. 类似于拉格朗日插值余项的推导, 引进辅助函数

$$\varphi(t) = f(t) - H_3(t) - K(x)(t - x_0)^2(t - x_1)^2,$$

则 $\varphi(t)$ 至少有 5 个零点 (二重零点算 2 个), 利用罗尔定理, 至少存在一点 $\xi \in [x_0, x_1]$, 使

$$\varphi^{(4)}(\xi) = f^{(4)}(\xi) - 4!K(x) = 0.$$

于是 $K(x) = \dfrac{f^{(4)}(\xi)}{4!}$, 代入式 (3.33) 得

$$R_3(x) = \frac{f^{(4)}(\xi)}{4!}(x - x_0)^2(x - x_1)^2. \tag{3.34}$$

综上所述得到如下定理.

定理 3.4.1 设 $f^{(4)}(x)$ 在 $[x_0, x_1]$ 上存在且连续, 则对于任意的 $x \in [x_0, x_1]$, 都存在 $\xi \in [x_0, x_1]$, 使式 (3.34) 成立.

§3.4.3 $n+1$ 个点 $2n+1$ 次埃尔米特插值多项式 $H_{2n+1}(x)$ 及其余项 $R_{2n+1}(x)$

类似两点三次埃尔米特插值多项式 $H_3(x)$ 和余项 $R_3(x)$ 的推导, 我们可以得到 $n+1$ 个点 $2n+1$ 次埃尔米特插值多项式 $H_{2n+1}(x)$ 的表达式

$$H_{2n+1}(x) = \sum_{k=0}^{n}(1 - 2l_k'(x_k)(x - x_k))l_k^2(x)f_k + \sum_{k=0}^{n}(x - x_k)l_k^2(x)f_k', \tag{3.35}$$

式中, $l_k(x)$ 为节点 $\{x_i\}_{i=0}^n$ 上的拉格朗日基函数.

$2n+1$ 次埃尔米特插值多项式 $H_{2n+1}(x)$ 的余项 $R_{2n+1}(x)$ 的表达式为

$$R_{2n+1}(x) = f(x) - H_{2n+1}(x) = \frac{f^{(2n+2)}(\xi)}{(2n+2)!}\left(\Pi(x)\right)^2, \tag{3.36}$$

式中, $\Pi(x) = \prod_{j=0}^{n}(x - x_j)$, $\xi \in (a, b)$, 且 ξ 与 x 有关. (这里假定 $f(x)$ 在插值区间 $[a, b]$ 上有 $2n+2$ 阶导数.)

例 3.4.1 已知函数 $f(x)$ 在节点 0,1 上的函数值以及一阶导数值如表 3-6 所示. 求一个三次埃尔米特插值多项式 $H_3(x)$, 使其满足

$$\begin{cases} H_3(x_i) = f(x_i), & i = 0, 1, \\ H_3'(x_i) = f'(x_i), & i = 0, 1. \end{cases} \tag{3.37}$$

并估计余项.

表 3-6 两点埃尔米特插值数据

x	0	1
$f(x)$	0	1
$f'(x)$	-3	9

解: 直接将数据代入两个节点的三次埃尔米特插值多项式公式 (3.32) 得

$$\begin{aligned} H_3(x) &= \left(1-2\frac{x-0}{0-1}\right)\left(\frac{x-1}{0-1}\right)^2\times 0+\left(1-2\frac{x-1}{1-0}\right)\left(\frac{x-0}{1-0}\right)^2\times 1 \\ &+\ (x-0)\left(\frac{x-1}{0-1}\right)^2\times(-3)+(x-1)\left(\frac{x-0}{1-0}\right)^2\times 9 \\ &=4x^3-3x \end{aligned}$$

余项为

$$R_3(x)=\frac{1}{4!}f^{(4)}(\xi)x^2(x-1)^2, \xi\in(0,1)$$

最后，我们指出埃尔米特插值问题的插值条件还有其他形式. 比如已知 $(n+1)$ 个互异节点上的函数值和某几个点上的导数值. 对这类问题的求解, 常常应用所谓的” 待定系数法”. 下面举例说明.

例 3.4.2 若函数 $f(x)$ 在 $[a,b]$ 上有四阶连续导数, 且已知函数 $f(x)$ 在 $[a,b]$ 的互异的节点 x_0, x_1, x_2 上的函数值以及节点 x_1 的一阶导数值如表 3-7 所示. 求一个三次埃尔米特插值多项式 $H(x)$, 使其满足

$$\begin{cases} H(x_i)=f(x_i), \quad i=0,1,2 \\ H'(x_1)=f'(x_1). \end{cases} \tag{3.38}$$

并估计余项.

表 3-7 三点埃尔米特插值数据

x	x_0	x_1	x_2
$f(x)$	$f(x_0)$	$f(x_1)$	$f(x_2)$
$f'(x)$		$f'(x_1)$	

解: 由给定的 4 个插值条件, 可以确定一个次数不超过 3 次的埃尔米特插值多项式 $H(x)$. 函数 $f(x)$ 在节点 x_0,x_1,x_2 上的拉格朗日插值或牛顿插值多项式 $P_2(x)$ 满足插值条件 $P_2(x_i)=f(x_i)$, $i=0,1,2$. 故可设

$$H(x)-P_2(x)=A(x-x_0)(x-x_1)(x-x_2),$$

式中, A 为待定常数. 于是有

$$H(x)=P_2(x)+A(x-x_0)(x-x_1)(x-x_2).$$

为了确定常数 A, 对上式求导, 得到

$$H'(x)={P_2}'(x)+A\left((x-x_1)(x-x_2)+(x-x_0)(x-x_2)+(x-x_0)(x-x_1)\right),$$

令 $x = x_1$ 代入, 且注意插值条件 $H'(x_1) = f'(x_1)$ 得

$$H'(x_1) = {P_2}'(x_1) + A(x_1 - x_0)(x_1 - x_2) = f'(x_1),$$

于是有

$$A = \frac{f'(x_1) - {P_2}'(x_1)}{(x_1 - x_0)(x_1 - x_2)},$$

所求的插值多项式 $H(x)$ 为

$$H(x) = P_2(x) + \frac{f'(x_1) - {P_2}'(x_1)}{(x_1 - x_0)(x_1 - x_2)}(x - x_0)(x - x_1)(x - x_2).$$

式中, $P_2(x)$ 为满足插值条件 $P_2(x_i) = f(x_i), i = 0, 1, 2$ 的拉格朗日插值或牛顿插值多项式. 类似两点三次埃尔米特插值多项式 $H_3(x)$ 和余项 $R_3(x)$ 的推导, 我们可以得到埃尔米特插值多项式 $H(x)$ 的余项 $R(x)$ 表达式为

$$R(x) = f(x) - H(x) = \frac{1}{4!} f^{(4)}(\xi)(x - x_0)(x - x_1)^2(x - x_2), \xi \in (a, b).$$

§3.5 三次样条插值

§3.5.1 样条插值概念的产生

1. 插值多项式的次数问题

在例 3.2.1 中, 线性插值的误差比抛物线插值的误差大, 由此人们可能会产生这样的认识: 插值多项式的次数越高, 精度越好. 但是实际情况并非如此.

20 世纪初, 龙格 (Runge) 对函数 $f(x) = \dfrac{1}{1 + x^2}(-5 \leqslant x \leqslant 5)$, 取等距的插值节点 $x_k = -5 + kh\left(h = \dfrac{10}{n}, k = 0, 1, \cdots, n\right)$ 做拉格朗日插值多项式

$$L_n(x) = \sum_{k=0}^{n} \left(\prod_{\substack{i=0 \\ i \neq k}}^{n} \frac{x - x_i}{x_k - x_i} \right) \frac{1}{1 + x_k^2}. \tag{3.39}$$

当 $n = 10$, 观察 $L_{10}(x)$ 与 $f(x)$ 之间的差别可以用如下程序来实现.

```
>> x = [-5:1:5];
>> y = 1./(1+x.^2);
>> xh = [-5:0.25:5];
>> yh = lagrange(x,y,xh);
>> x1 = [-5:0.25:5];
>> y1 = interp1(x,y,x1);
>> x = x1;
>> y = 1./(1+x.^2);
>> plot(xh,yh,'r--',x1,y1,'go',x,y)
```

上述程序中, lagrange 函数是在 §3.2 中用 MATLAB 生成的自定义函数. 运行该程序后, 所得图形如图 3-2 所示.

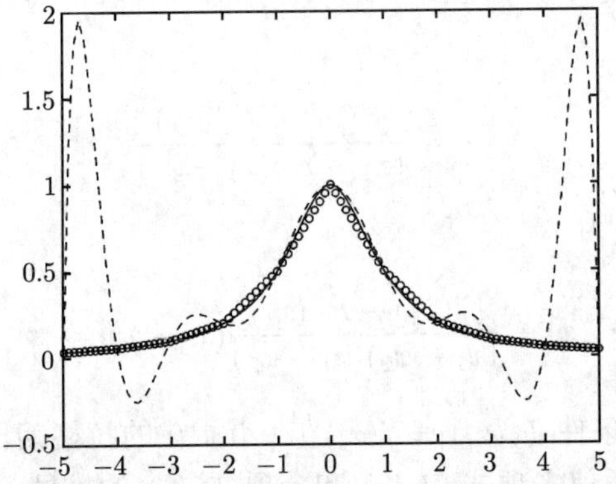

图 3-2 龙格函数及其等距节点上的 10 阶拉格朗日插值多项式与分段线性多项式

从图 3-2 看出: 在接近区间两端点附近, $L_{10}(x)$ 与 $f(x)$ 的偏离很大. 比如 $L_{10}(\pm4.8) = 1.804\ 38$, 而 $f(\pm4.8) = 0.416\ 0$.

龙格还进一步证明了: 在节点等距的条件下, 当 $n \to \infty$ 时, 由式 (3.8) 表示的插值多项式 $L_n(x)$ 只在 $|x| \leqslant 3.63$ 内收敛, 在此范围以外, 有

$$\lim_{n\to\infty} \max_{3.63<|x|\leqslant 5} |f(x) - L_n(x)| = \infty.$$

一般地, 把插值多项式不收敛的现象称作龙格现象. 龙格现象说明, 并非插值多项式的次数越高, 其精度就越高. 进一步的研究表明, 插值多项式不收敛的现象源于插值节点是等距分布的事实. 区间 $[-1,1]$ 上的 $n+1$ 个节点更好的选择是切比雪夫节点

$$x_i = \cos\left[\left(\frac{i}{n}\right)\pi\right] \quad (0 \leqslant i \leqslant n)$$

任意区间 $[a,b]$ 上的 $n+1$ 个切比雪夫节点可通过线性变换得到

$$x_i = \frac{1}{2}(a+b) + \frac{1}{2}(b-a)\cos\left[\left(\frac{i}{n}\right)\pi\right] \quad (0 \leqslant i \leqslant n)$$

对函数 $f(x) = \dfrac{1}{1+x^2}(-5 \leqslant x \leqslant 5)$, 取区间 $[-5,5]$ 上的 $n+1$ 个切比雪夫节点

$$x_i = 5\cos\left[\left(\frac{i}{n}\right)\pi\right] \quad (0 \leqslant i \leqslant n)$$

通过下列程序可观察到 $n+1$ 个切比雪夫节点上的插值多项式 $P_n(x)$ 与函数 $f(x)$ 的区别.

```
>> n=10;
>> i=0:n;
>> x =5cos[(i/n)*pi];
>> y = 1./(1+x.^2);
>> p = polyfit(x,y,n);
>> x1 = [-5:0.01:5];
```

```
>> y1 = polyval(p,x1);
>> y2 = 1./(1+x1.^2);
>> plot(x,y,'r*',x1,y1,'b',x2,y2,'k')
>> legend('interpolating datas','Chebyshev interpolating polynomial','f(x)')
```

上述程序中, $polyfit$ 和 $polyval$ 是 MATLAB 中的内部函数, 函数 $polyfit$ 有两个作用：多项式插值和多项式最小二乘拟合，它的用法如下：$\boldsymbol{p} = polyfit(x, y, n)$，其中 x, y 为要插值或拟合的数据，n 为要插值或拟合的多项式阶数；$\boldsymbol{p}$ 为一个向量，各个分量是所求的插值或拟合的多项式的幂次从高到低排列的系数. 当 n 等于给定数据点的个数减 1 时, 函数 $polyfit$ 所得的结果为插值多项式的系数; 当 n 小于数据点的个数减 1 时, 函数 $polyfit$ 所得的结果为拟合多项式的系数. 函数 $polyval$ 的作用是计算多项式在给定点处的数值，它的用法如下：$\boldsymbol{p} = polyval(p, xh)$，其中 $\boldsymbol{p}$ 为一个向量，各个分量是多项式的幂次从高到低排列的系数, xh 是给定点. 运行该程序后, 所得结果如图 3-3 所示.

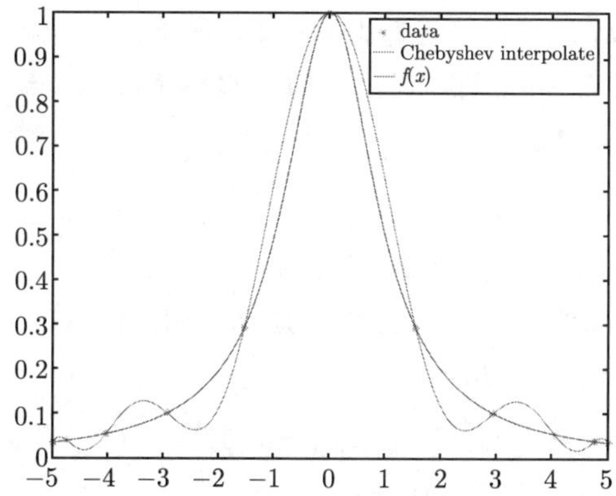

图 3-3 龙格函数及其切比雪夫节点上的 10 阶拉格朗日插值多项式

观察图 3-2 和图 3-3, 我们看到切比雪夫节点上的 10 阶拉格朗日插值多项式比均匀分布的节点上的 10 阶拉格朗日插值多项式能更好地近似函数 $f(x) = \dfrac{1}{1+x^2}(-5 \leqslant x \leqslant 5)$. 实际上产生更好近似的方法是三次样条插值. 三次样条插值的最初想法来自分段 1 次插值. 分段 1 次插值的思想是用直线将节点处的函数值连接起来. 图 3-2 中由空心圆点连接起来的折线就是分段 1 次插值多项式, 显然, 它近似 $f(x)$ 的程度比均匀分布的节点上的 10 阶拉格朗日插值多项式 $L_{10}(x)$ 近似 $f(x)$ 的效果要好. 更进一步, 人们发展了分段低次插值多项式.

2.分段低次插值

基本思想：用分段多项式来代替单个多项式作插值.

具体作法：插值时, 首先把整个区间分成若干个小区间; 其次在每个小区间上分别做低次插值多项式, 例如可用线性插值、抛物线插值、三次插值; 最后将每个小区间上的插值函数拼接在一起作为整个插值区间上的插值函数.

虽然, 分段低次插值具有公式简单、运算量节省、稳定性好、收敛性有保证等优点, 只要每一个小区间的长度取得足够小, 分段低次插值总能满足所要求的精度. 但是分段低次插值的明显的缺点是节点处的导数值不连续, 即插值多项式不光滑. 在实际问题中, 船体、飞机的外型曲线出于美观和减少阻力的要求必须保持光滑, 即提出这样一个问题：如何使用分段低次插值多项式, 同时使插值函数具有一定的光滑性. 解决这个问题的办法是使用样条插值函数.

另外, 顺便提一下, 第 5 章中的复合梯形公式实质为被积函数的分段线性插值的积分, 复合辛普森公式实质为被积函数的分段埃尔米特插值的积分.

3.样条插值函数

样条 (spline) 在英语中指的是富有弹性的细长木条. 样条曲线是指工程师制图时, 用压铁将样条固定在样点上, 其他地方让它自由弯曲, 然后画下的长条曲线. 样条函数的数学实质是由一些按照某种光滑性条件分段拼接起来的多项式组成的函数. 最常用的样条函数是三次样条. 在这个情形, 我们将三次多项式拼接在一起使得所得的样条函数处处有二阶连续导数.

§3.5.2 三次样条函数

定义 3.5.1 若函数 $s(x) \in C^2[a,b]$($C^2[a,b]$ 表示区间 $[a,b]$ 上具有二阶连续导数的函数的全体), 且在每个小区间 $[x_j, x_{j+1}]$ 上是三次多项式, 其中 $a = x_0 < x_1 < \cdots < x_n = b$ 是给定节点, 则称 $s(x)$ 是节点 $x_0, x_1, \cdots, x_n$ 上的三次样条函数. 若在节点 x_j 上给定函数值 $y_j = f(x_j)$ $(j = 0, 1, \cdots, n)$, 并使

$$s(x_j) = y_j, \quad j = 0, 1, \cdots, n.$$

则称 $s(x)$ 为 $f(x)$ 在 $[a,b]$ 上的三次样条插值函数.

下面转向用三次样条插值一个给定的函数值表, 即给定函数 $f(x)$ 在 $[a,b]$ 上的节点 $a = x_0 < x_1 < \cdots < x_n = b$ 及节点上的函数值

$$f(x_j) = y_j, \quad j = 0, 1, \cdots, n,$$

求 $f(x)$ 的三次样条插值函数 $s(x)$, 使其满足

$$s(x_j) = y_j, \quad j = 0, 1, \cdots, n.$$

在给出三次样条插值函数 $s(x)$ 的具体求法之前, 先讨论待定参数的个数与已知的条件个数是否相等, 即该问题的适定性问题.

根据三次样条插值函数的定义, $s(x)$ 是 $[a,b]$ 上的分段三次插值多项式, 即

$$s(x) = \begin{cases} s_1(x), & x \in [x_0, x_1], \\ s_2(x), & x \in [x_1, x_2], \\ \cdots & \\ s_n(x), & x \in [x_{n-1}, x_n]. \end{cases}$$

式中, $s_k(x)$ 应是子区间 $[x_{k-1}, x_k]$ 上的两点三次插值多项式, 故在每个子区间上待定参数的个数为 4, 因共有 n 个子区间, 所以待定参数的个数为 $4n$.

由于 $s(x)$ 是插值函数, 故满足插值条件

$$s_k(x_j) = y_j, \qquad j = k-1, k, \quad k = 1, 2, \cdots, n, \tag{3.40}$$

条件 (3.40) 共有 $2n$ 个, 又因为 $s(x)$ 是三次样条函数, $s(x) \in C^2[a,b]$, 故有

$$\lim_{x \to x_k^-} s^{(p)}(x) = \lim_{x \to x_k^+} s^{(p)}(x), \qquad p = 1, 2; \quad k = 1, \cdots, n-1. \tag{3.41}$$

式中, p 表示导数的阶数. 这就是说, 在 $(n-1)$ 个内节点上有条件 (3.41) 成立, 即有 $2(n-1)$ 个条件. 综合上述两条, 已知的条件个数为 $4n-2$.

已知的条件个数 $4n-2$ 小于待定参数的个数 $4n$, 该问题在数学上是不适定的. 为使该问题适定, 须补充两个条件. 在实际问题中, 常在边界上补充条件, 故补充的条件常被称为边界条件. 通常使用的边界条件有以下三类.

第一类边界条件是

$$\begin{cases} s'(x_0) = f'_0, \\ s'(x_n) = f'_n, \end{cases} \tag{3.42}$$

式中, f'_0, f'_n 为给定值.

第二类边界条件是

$$\begin{cases} s''(x_0) = f''_0, \\ s''(x_n) = f''_n, \end{cases} \tag{3.43}$$

式中, f''_0, f''_n 为给定值. 当 $s''(x_0) = s''(x_n) = 0$ 时, 样条函数在两端点不受力, 呈自然状态, 故称之为自然边界条件.

第三类边界条件是周期性条件. 设 $f(x)$ 是周期函数, 不妨设以 $x_n - x_0$ 为一个周期, 这时 $s(x)$ 也应是以 $x_n - x_0$ 为周期的周期函数, 于是 $s(x)$ 在端点处满足条件

$$\lim_{x\to x_0^+} s^{(p)}(x) = \lim_{x\to x_n^-} s^{(p)}(x), \quad p = 1, 2. \tag{3.44}$$

系统求解三次样条插值函数一般有两种方法: 三转角方法和三弯矩方法. 三转角方法是从样条函数的一阶导数出发而得到三次样条插值函数的方法, 某点的一阶导数在力学上的意义为该点对应截面处的转角, 故称该方法为三转角方法. 三弯矩方法是从样条函数的二阶导数出发而得到三次样条插值函数的方法, 某点的二阶导数在力学上的意义为该点对应截面处的弯矩, 故称该方法为三弯矩方法. 本章此处给出三弯矩方法的具体过程, 三转角方法可参考 §5.7.2 节基于样条的求导方法.

记 $h_j = x_j - x_{j-1}$, 并设 $s(x)$ 在节点 x_j 处的二阶导数值为 M_j, 即

$$s''(x_j) = M_j, \quad j = 0, 1, 2, \cdots, n.$$

由于 $s(x)$ 在每个子区间 $[x_{j-1}, x_j]$ 上是一个三次多项式 $s_j(x)$, 故 $s''_j(x)$ 在区间 $[x_{j-1}, x_j]$ 上是 x 的线性函数, 且有 $s''_j(x_{j-1}) = M_{j-1}$, $s''_j(x_j) = M_j$, 用线性插值可知其表达式为

$$s''_j(x) = \frac{x_j - x}{h_j} M_{j-1} + \frac{x - x_{j-1}}{h_j} M_j. \tag{3.45}$$

将式 (3.45) 积分两次, 得

$$s_j(x) = \frac{(x_j - x)^3}{6h_j} M_{j-1} + \frac{(x - x_{j-1})^3}{6h_j} M_j + c_1 x + c_2. \tag{3.46}$$

利用插值条件

$$s_j(x_{j-1}) = y_{j-1}, \quad s_j(x_j) = y_j,$$

确定积分常数 c_1 和 c_2, 然后代入式 (3.46) 中并整理, 得到 $s(x)$ 在 $[x_{j-1}, x_j]$ 上的表达式为

$$s_j(x)=\frac{(x_j-x)^3}{6h_j}M_{j-1}+\frac{(x-x_{j-1})^3}{6h_j}M_j+\left(y_{j-1}-\frac{M_{j-1}h_j^2}{6}\right)\frac{x_j-x}{h_j}+\left(y_j-\frac{M_jh_j^2}{6}\right)\frac{x-x_{j-1}}{h_j}. \tag{3.47}$$

式中, $j=1,2,\cdots,n$. 由此可知, 只要确定 $M_0, M_1, \cdots, M_n$ 这 $n+1$ 个待定参数, 所求的三次样条插值函数 $s(x)$ 在各个子区间上的表达式就由式 (3.47) 确定, 从而就求得了在整个 $[a,b]$ 上的三次样条插值函数 $s(x)$. 并由以上构造过程知, 这时的 $s(x)$ 保证了逐段三次插值在 $[a,b]$ 上的连续性, 并保证了 $s''(x)$ 在内节点的连续性.

为了确定 $M_0, M_1, \cdots, M_n$, 可利用函数 $s(x)$ 在插值区间 $[a,b]$ 上各内节点 x_j $(j=1,2,\cdots,n-1)$ 处有一阶导数连续的条件 $s_j'(x_j-0)=s_{j+1}'(x_j+0)$, 在区间 $[x_{j-1},x_j]$ 上对 $s_j(x)$ 求导, 由式 (3.47) 得

$$s_j'(x)=-\frac{(x_j-x)^2}{2h_j}M_{j-1}+\frac{(x-x_{j-1})^2}{2h_j}M_j+\frac{y_j-y_{j-1}}{h_j}-\frac{M_j-M_{j-1}}{6}h_j.$$

从而在右端点 x_j 上有

$$s_j'(x_j-0)=\frac{h_j}{2}M_j+\frac{y_j-y_{j-1}}{h_j}-\frac{M_j-M_{j-1}}{6}h_j=\frac{h_j}{6}M_{j-1}+\frac{h_j}{3}M_j+\frac{y_j-y_{j-1}}{h_j}. \tag{3.48}$$

在左端点 x_{j-1} 上有

$$s_j'(x_{j-1}+0)=-\frac{h_j}{2}M_{j-1}+\frac{y_j-y_{j-1}}{h_j}-\frac{M_j-M_{j-1}}{6}h_j=-\frac{h_j}{3}M_{j-1}-\frac{h_j}{6}M_j+\frac{y_j-y_{j-1}}{h_j}. \tag{3.49}$$

将式 (3.49) 中的 $j-1$ 改为 j, 即得

$$s_{j+1}'(x_j+0)=-\frac{h_{j+1}}{3}M_j-\frac{h_{j+1}}{6}M_{j+1}+\frac{y_{j+1}-y_j}{h_{j+1}}. \tag{3.50}$$

利用 $s'(x)$ 在内节点连续的条件 $s_j'(x_j-0)=s_{j+1}'(x_j+0)$, 就得到在 $n-1$ 个内节点 x_j $(j=1,2,\cdots,n-1)$ 处关于 $n+1$ 个参数 M_j $(j=0,1,2,\cdots,n)$ 的方程

$$\mu_jM_{j-1}+2M_j+\lambda_jM_{j+1}=d_j,\quad j=1,2,\cdots,n-1, \tag{3.51}$$

其中

$$\begin{cases}\lambda_j=\dfrac{h_{j+1}}{h_j+h_{j+1}},\\ \mu_j=1-\lambda_j=\dfrac{h_j}{h_j+h_{j+1}},\\ d_j=\dfrac{6}{h_j+h_{j+1}}\left(\dfrac{y_{j+1}-y_j}{h_{j+1}}-\dfrac{y_j-y_{j-1}}{h_j}\right)=6f\left[x_{j-1},x_j,x_{j+1}\right].\end{cases} \tag{3.52}$$

因式 (3.51) 是关于 $n+1$ 个参数 M_j 的 $n-1$ 个方程, 所以有无穷多组解, 要唯一确定 $n+1$ 个未知数 M_j, 尚需附加边界条件, 补充两个方程.

例如, 对第一种边界条件, 已知插值区间两端的一阶导数值

$$\begin{cases}s'(x_0)=f_0',\\ s'(x_n)=f_n',\end{cases}$$

利用式 (3.48) 和式 (3.50), 可得到以下两个方程

$$2M_0 + M_1 = \frac{6}{h_1}\left(\frac{y_1 - y_0}{h_1} - y_0'\right) \triangleq d_0, \tag{3.53}$$

$$M_{n-1} + 2M_n = \frac{6}{h_n}\left(y_n' - \frac{y_n - y_{n-1}}{h_n}\right) \triangleq d_n. \tag{3.54}$$

将方程 (3.51)、方程 (3.53)、方程 (3.54) 合在一起, 构成了确定 $n+1$ 个参数 $M_0, M_1, \cdots, M_n$ 的 $n+1$ 阶线性方程组

$$\begin{pmatrix} 2 & 1 & & & & \\ \mu_1 & 2 & \lambda_1 & & & \\ & \mu_2 & 2 & \lambda_2 & & \\ & & \ddots & \ddots & \ddots & \\ & & & \mu_{n-1} & 2 & \lambda_{n-1} \\ & & & & 1 & 2 \end{pmatrix} \begin{pmatrix} M_0 \\ M_1 \\ M_2 \\ \vdots \\ M_{n-1} \\ M_n \end{pmatrix} = \begin{pmatrix} d_0 \\ d_1 \\ d_2 \\ \vdots \\ d_{n-1} \\ d_n \end{pmatrix}. \tag{3.55}$$

它的系数矩阵是严格对角占优的, 故有唯一解, 并可用追赶法求解.

对第二种边界条件, $s''(x_0) = y''(x_0)$, $s''(x_n) = y''(x_n)$, 即已知 $M_0 = y_0''$, $M_n = y_n''$, 所以, 方程组 (3.51) 只含有 $n-1$ 个未知元 $M_1, M_2, \cdots, M_{n-1}$, 可以表示成

$$\begin{pmatrix} 2 & \lambda_1 & & & \\ \mu_2 & 2 & \lambda_2 & & \\ & \ddots & \ddots & \ddots & \\ & & \mu_{n-2} & 2 & \lambda_{n-2} \\ & & & \mu_{n-1} & 2 \end{pmatrix} \begin{pmatrix} M_1 \\ M_2 \\ \vdots \\ M_{n-2} \\ M_{n-1} \end{pmatrix} = \begin{pmatrix} d_1 - \mu_1 y_0'' \\ d_2 \\ \vdots \\ d_{n-2} \\ d_{n-1} - \lambda_{n-1} y_n'' \end{pmatrix}. \tag{3.56}$$

特别当 $M_0 = M_n = 0$ 为自然边界条件时, 方程组 (3.56) 的右端成为 $(d_1, d_2, \cdots, d_{n-1})^{\mathrm{T}}$, 其形式特别简单.

对第三种边界条件, $s''(x_0 + 0) = s''(x_n - 0)$, $s'(x_0 + 0) = s'(x_n - 0)$, 可以导出方程 $M_0 = M_n$ 和方程 $\lambda_n M_1 + \mu_n M_{n-1} + 2M_n = d_n$, 其中

$$\lambda_n = \frac{h_1}{h_1 + h_n}, \quad \mu_n = 1 - \lambda_n = \frac{h_n}{h_1 + h_n}, \quad d_n = \frac{6}{h_1 + h_n}\left(\frac{y_1 - y_0}{h_1} - \frac{y_n - y_{n-1}}{h_n}\right),$$

与式 (3.51) 合在一起, 构成以 $M_1, M_2, \cdots, M_n$ 为未知元的线性代数方程组

$$\begin{pmatrix} 2 & \lambda_1 & & & \mu_1 \\ \mu_2 & 2 & \lambda_2 & & \\ & \ddots & \ddots & \ddots & \\ & & \mu_{n-1} & 2 & \lambda_{n-1} \\ \lambda_n & & & \mu_n & 2 \end{pmatrix} \begin{pmatrix} M_1 \\ M_2 \\ \vdots \\ M_{n-1} \\ M_n \end{pmatrix} = \begin{pmatrix} d_1 \\ d_2 \\ \vdots \\ d_{n-1} \\ d_n \end{pmatrix}. \tag{3.57}$$

容易证明，方程组 (3.57) 的系数矩阵也是非奇异的, 因而此方程组也有唯一解.

综上所述, 对于给定的函数表 $(x_i, f(x_i))$ $(i=0,1,2,\cdots,n)$, 满足第一 (第二或第三) 种边界条件的三次样条插值函数 $s(x)$ 是存在且唯一的, 且其计算过程可归纳如下.

(1) 根据给定的数据 $(x_i, f(x_i))$ $(i=0,1,2,\cdots,n)$ 及相应的边界条件建立方程组 (3.55) [(3.56) 或 (3.57)].

(2) 解上述线性方程组, 求出 $M_0, M_1, \cdots, M_n$.

(3) 把求出的 $M_0, M_1, \cdots, M_n$ 代入 $s_j(x)$ 的表达式 (3.47), 即得 $s(x)$ 在每一个小区间 $[x_{j-1}, x_j]$ 上的分段表达式.

(4) 整个区间 $[a,b]$ 上的三次样条插值函数可表示为

$$s(x)=\begin{cases} s_1(x), & x\in[x_0,x_1],\\ s_2(x), & x\in[x_1,x_2],\\ \vdots & \\ s_n(x), & x\in[x_{n-1},x_n]. \end{cases}$$

例 3.5.1　设 $f(x)$ 为定义在区间 $[0,3]$ 上的函数, 剖分节点为 $x_i=i$ $(i=0,1,2,3)$, 并给出 $f(x_0)=0$, $f(x_1)=0.5$, $f(x_2)=2.0$, $f(x_3)=1.5$, $f'(x_0)=0.2$, $f'(x_3)=-1$. 试求区间 $[0,3]$ 上满足上述条件的三次样条插值函数 $s(x)$.

解: 利用三弯矩方程组 (3.55) 进行求解, 易知 $h_i=1, i=0,1,2$.

$$\lambda_1=\lambda_2=\mu_1=\mu_2=\frac{1}{2},$$

$$\begin{aligned} d_0&=6\left(f\left[x_0,x_1\right]-f'(x_0)\right)/h_0=1.8,\\ d_1&=6f[x_0,x_1,x_2]=3,\\ d_2&=6f[x_1,x_2,x_3]=-6,\\ d_3&=6\left(f'(x_3)-f\left[x_2,x_3\right]\right)/h_2=-3. \end{aligned}$$

于是三弯矩方程组为

$$\begin{pmatrix} 2 & 1 & & \\ 0.5 & 2 & 0.5 & \\ & 0.5 & 2 & 0.5\\ & & 1 & 2 \end{pmatrix}\begin{pmatrix} M_0\\ M_1\\ M_2\\ M_3 \end{pmatrix}=\begin{pmatrix} 1.8\\ 3\\ -6\\ -3 \end{pmatrix}.$$

求解此方程组, 得 $M_0=-0.36$, $M_1=2.52$, $M_2=-3.72$, $M_3=0.36$, 代入式 (3.47), 经简化得到

$$s(x)=\begin{cases} 0.48x^3-0.18x^2+0.2x, & x\in[0,1],\\ -1.04(x-1)^3+1.26(x-1)^2+1.28(x-1)+0.5, & x\in[1,2],\\ 0.68(x-2)^3-1.86(x-2)^2+0.68(x-2)+2.0, & x\in[2,3]. \end{cases}$$

用 MatLab 做此题, 程序为

```
>> x = [0 1 2 3];
>> y = [0.2 0 0.5 2.0 1.5 -1];
>> pp = csape(x,y,'complete')
>> [breaks,coefs,npolys,ncoefs,dim] = unmkpp(pp)
```

运行结果如下:

```
pp =
      form: 'pp'
    breaks: [0 1 2 3]
     coefs: [3x4 double]
    pieces: 3
     order: 4
       dim: 1
breaks =
     0     1     2     3
coefs =
    0.4800   -0.1800    0.2000         0
   -1.0400    1.2600    1.2800    0.5000
    0.6800   -1.8600    0.6800    2.0000
npolys =
     3
ncoefs =
     4
dim =
     1
```

其中, coefs 即为 $s(x)$ 的三个分段三次多项式的系数.

上述程序中, 函数 csape(x,y,'complete') 是指定边界条件的样条插值函数, csape 返回一个包含三次样条插值的 pp 形, 或者说是分段多项式形的结构. 这个结构包含了我们希望的任何插值点数值的三次样条值需要的所有信息. 字符串 'complete' 表示所给边界条件是第一边界条件: 若将字符串 'complete' 换作 'second', 表示所给边界条件是第二边界条件; 若将字符串 'complete' 换作 'periodic', 表示所给边界条件是第三边界条件. 在第一边界条件和第二边界条件中, 边界条件值放在 y 的第一个分量和最后一个分量的位置上, 即 y 的分量个数比 x 的分量个数多 2. 比如例题 3.5.1 中, x 与 y 的取法为

```
>> x = [0 1 2 3];
>> y = [0.2 0 0.5 2.0 1.5 -1];
```

周期边界条件中, 无须指定边界条件值, x 和 y 即为要插值的函数的节点值及其对应的函数值. 在计算一个三次样条表达式的时候, 必须将 pp 形中的不同域提取出来进行计算, 这个过程可以由函数 unmkpp 很方便地完成. 函数 unmkpp 的使用方法为

```
>> [breaks,coefs,npolys,ncoefs,dim] = unmkpp(pp)
```

其中输入变量 pp 是样条插值函数 csape 的输出变量, pp 是分段多项式形的结构; unmkpp 的输出变量有 5 个: breaks, coefs, nploys, ncoefs, dim. breaks 包含了插值节点; coefs 是一个矩阵, 其第 i 行是第 i 个三次多项式的系数; npolys 是多项式的个数; ncoefs 是每个多项式的系数的个数; dim 是样条的维数. 注意: coefs 中的第 i 个三次多项式的系数是指形如

$$s_i(x) = a_0(x - x_{i-1})^3 + a_1(x - x_{i-1})^2 + a_2(x - x_{i-1}) + a_3, \quad x \in [x_{i-1}, x_i]$$

中的系数 $a_j(j=0,\cdots,3)$.

如果想观察三次样条插值多项式近似被插值函数的效果, 可以借助 MATLAB 中的内部函数 *ppval*, 函数 ppval 的使用方法为

```
>> yy = ppval(pp,xx)
```

其中, *pp* 为分段多项式形的结构, *yy* 为数据点 *xx* 处的分段段多项式的值. 用 MATLAB 进行三次样条插值的更详细内容请参看 MATLAB 使用手册.

例 3.5.2　已知函数表 (表 3-8), 在区间 $[1,5]$ 上求满足表 3-6 所给出的插值条件的三次自然样条插值函数, 并画出该三次自然样条插值函数.

表 3-8　例 3.5.2 的数据表

x_i	1	2	4	5
$y_i=f(x_i)$	1	3	4	2

解: 因为这是在第二种边界条件下的插值问题, 故确定 M_0,M_1,M_2,M_3 的方程组形如式 (3.56), 由已知自然边界条件, 有 $M_0=M_3=0$, 则得求解 M_1,M_2 的方程组为

$$\begin{pmatrix} 2 & \lambda_1 \\ \mu_2 & 2 \end{pmatrix}\begin{pmatrix} M_1 \\ M_2 \end{pmatrix}=\begin{pmatrix} d_1 \\ d_2 \end{pmatrix}.$$

为确定方程组的右端项 d_1,d_2, 先做差商表 (表 3-9) 得

$$d_1=6f[x_0,x_1,x_2]=6\times\left(-\frac{1}{2}\right)=-3,$$

$$d_2=6f[x_1,x_2,x_3]=6\times\left(-\frac{5}{6}\right)=-5,$$

表 3-9　例 3.5.2 的差商表

x_i	$f(x_i)$	一阶差商	二阶差商
1	1		
		2	
2	3		−1/2
		1/2	
4	4		−5/6
		−2	
5	2		

再由$x_0=1,x_1=2,x_2=4,x_3=5$ 得 $h_1=x_1-x_0=1,h_2=2,h_3=1$. 所以, $\lambda_1=\dfrac{h_2}{h_1+h_2}=\dfrac{2}{3}$, $\mu_2=\dfrac{h_2}{h_2+h_3}=\dfrac{2}{3}$, 代入方程组 (3.56), 得

$$\begin{cases} 2M_1+\dfrac{2}{3}M_2=-3, \\ \dfrac{2}{3}M_1+2M_2=-5. \end{cases}$$

解得 $M_1=-\frac{3}{4}$, $M_2=-\frac{9}{4}$, 代入式 (3.47), 经整理所求得三次自然样条插值函数 $s(x)$ 在区间

[1,5] 上的表达式为

$$s(x)=\begin{cases}-\dfrac{1}{8}(x-1)^3+\dfrac{17}{8}(x-1)+1, & 1\leqslant x\leqslant 2,\\ -\dfrac{1}{8}(x-2)^3-\dfrac{3}{8}(x-2)^2+\dfrac{7}{4}(x-2)+3, & 2\leqslant x\leqslant 4,\\ \dfrac{3}{8}(x-4)^3-\dfrac{9}{8}(x-4)^2-\dfrac{5}{4}(x-4)+4, & 4\leqslant x\leqslant 5.\end{cases}\tag{3.58}$$

用 MATlAB 完成此题的程序如下:

```
>> x = [1 2 4 5];
>> y = [0 1 3 4 2 0];
>> pp = csape(x,y,'second')
>> xx = 1:0.01:5;
>> yy = ppval(pp,xx);
>> plot(xx,yy,x,y(2:end-1),'r*');
>> legend('Natural cubic spline','Interpolating datas')
>> [breaks,coefs,npolys,ncoefs,dim] = unmkpp(pp)
pp =
      form: 'pp'
    breaks: [1 2 4 5]
     coefs: [3x4 double]
    pieces: 3
     order: 4
       dim: 1
breaks =
     1     2     4     5
coefs =
   -0.1250         0    2.1250    1.0000
   -0.1250   -0.3750    1.7500    3.0000
    0.3750   -1.1250   -1.2500    4.0000
npolys =
     3
ncoefs =
     4
dim =
     1
```

其中 coefs 的第 i 行为式 (3.58) 中 $s(x)$ 的第 i 个多项式的系数. 图 3-4 为三次自然样条插值函数 $s(x)$ 在区间 [1,5] 上的图形.

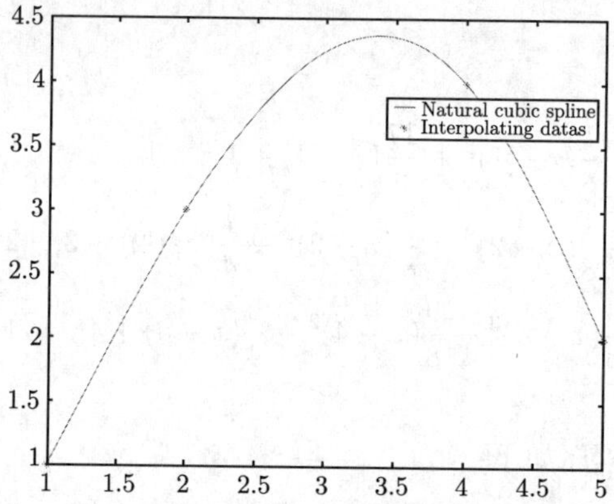

图 3-4　例 3.5.2 的三次自然样条插值函数 $s(x)$

评　注

插值是数值计算中最基础的部分, 本身又有广泛的应用. 本章除了介绍基本的算法理论外, 还重点介绍了算法产生的思想及算法的 MATLAB 实现. 在商业软件越来越流行的今天, 数值数学教学的目的应从单纯的算法理论的教学转为注重算法思想及算法的软件实现.

习　题　三

1. 设有数据表如表 3-10 所示, 用线性插值找出 $\sin 0.705$ 和 $\cos 0.702$ 的近似值.

表 3-10　习题 1 的数据

x	$\sin x$	$\cos x$
0.70	0.644 217 687 2	0.764 842 187 2
0.71	0.651 833 771 0	0.758 361 875 9

2. 设给定数值表如表 3-11 所示.

表 3-11　习题 2 的数据

x	0	1	2	4	6
$f(x)$	1	9	23	3	259

(1) 构造出差商表;

(2) 用 4 次牛顿插值多项式求出 $f(4.2)$ 的近似值.

3. 多项式 $p(x) = x^4 - x^3 + x^2 - x + 1$ 有数值表如表 3-12 所示.

表 3-12　习题 3 中 $p(x)$ 的数据

x	-2	-1	0	1	2	3
$p(x)$	31	5	1	1	11	61

试找一次数不大于 5 的多项式 $q(x)$, 它取数值表如表 3-13 所示.

表 3-13 习题 3 中 $q(x)$ 的数据

x	-2	-1	0	1	2	3
$q(x)$	31	5	1	1	11	30

4. 如果用一个 20 次的插值多项式在 $[0,2]$ 上逼近 e^{-x}, 那么精确性如何?
5. 设用在区间 $[1,2]$ 上 10 个均匀分布节点的 9 次插值多项式逼近函数 $f(x)=\ln x$, 误差界是多少?
6. 设 $l_0(x), l_1(x), \cdots, l_n(x)$ 是以 $x_0, x_1, \cdots, x_n$ 为节点的 n 次拉格朗日插值基函数, 证明

$$\sum_{i=0}^{n} x_i^k \cdot l_i(x) = x^k, \quad k=0,1,2,\cdots,n.$$

7. 假设对函数 $f(x)$ 在步长为 h 的等距点上造表, 且 $|f''(x)| \leqslant M$, 证明: 在表中任意相邻两点间做线性插值, 误差不超过 $Mh^2/8$. 设 $f(x)=\sin x$, 问 h 应取多大才能保证线性插值的误差不大于 $10^{-6}/2$.
8. 已知 $f(x)=x^8+x^5-32$, 求 $f[3^0,3^1,\cdots,3^8]$, $f[3^0,3^1,\cdots,3^9]$.
9. 设 $l_0(x), l_1(x), \cdots, l_n(x)$ 是以 $x_0, x_1, \cdots, x_n$ 为节点的 n 次拉格朗日插值基函数, 对 $n=1$ 直接验证

$$\sum_{i=0}^{n} l_i(x) = 1,$$

然后对任意 n 值建立上述等式.

10. 若函数 $f(x)$ 在 $[a,b]$ 上有四阶连续导数, 且已知函数 $f(x)$ 在 $[a,b]$ 的互异的节点 x_0,x_1,x_2 上的函数值以及节点 x_0 的一阶导数值如表 3-14 所示. 求一个三次埃尔米特插值多项式 $H(x)$, 使其满足

$$\begin{cases} H(x_i)=f(x_i), & i=0,1,2, \\ H'(x_0)=f'(x_0). \end{cases} \tag{3.59}$$

并估计余项.

表 3-14 习题 10 中埃尔米特插值数据

x	0	1	2
$f(x)$	0	1	1
$f'(x)$	-3		

11. 若函数 $f(x)$ 在 $[a,b]$ 上有五阶连续导数, 且已知函数 $f(x)$ 在 $[a,b]$ 的互异的节点 x_0,x_1,x_2 上的函数值以及节点 x_0,x_1 的一阶导数值如表 3-15 所示. 求一个四次埃尔米特插值多项式 $H(x)$, 使其满足

$$\begin{cases} H(x_i)=f(x_i), & i=0,1,2, \\ H'(x_i)=f'(x_i), & i=0,1. \end{cases} \tag{3.60}$$

并估计余项.

表 3-15 习题 11 中埃尔米特插值数据

x	0	1	2
$f(x)$	0	1	1
$f'(x)$	-3	9	

12. 确定 a, b, c, d, 使得 f 是一个三次样条函数, 且 $\int_0^2 (f''(x))^2\,\mathrm{d}x$ 最小:

$$f(x)=\begin{cases} 3+x-9x^3, & 0\leqslant x\leqslant 1,\\ a+b(x-1)+c(x-1)^2+d(x-1)^3, & 1\leqslant x\leqslant 2. \end{cases}$$

13. 用笔算找出表 3-16 中的自然三次样条插值.

表 3-16 习题 13 中给定的三次样条数据

x	1	2	3	4	5
y	0	1	0	1	0

14. 找出节点 -1, 0, 1 上的三次样条 $s(x)$, 使得 $s''(-1)=s''(1)=0$, $s(-1)=s(1)=0$ 和 $s(0)=1$.

数值实验三

1. 找出函数 $\arctan x$ 在区间 $[1,6]$ 的 11 个等距点上插值的 10 次多项式, 打印出这个多项式的牛顿形式中的系数. 计算并打印出这个多项式与 $\arctan x$ 之差在区间 $[0,8]$ 的 33 个等距点上的值. 由此能得出什么结论?
2. 检验正文中给出的决定差商表的程序. 例如, 计算出表 3-17 的差商, 并由此找出表 3-17 的插值多项式.

表 3-17 实验题 2 给定的数据

x	1	2	3	-4	5
y	2	48	272	1182	2262

3. 使用区间 $[-5,5]$ 上的 21 个等距节点, 找出函数 $f(x)=(x^2+1)^{-1}$ 的 20 阶插值多项式 $p(x)$. 打印出 $f(x)$ 和 $p(x)$ 的图形, 观察 $f(x)$ 和 $p(x)$ 的最大偏差.
4. 在计算机上, 对上一题使用切比雪夫节点 $x_i=5\cos(i\pi/20)$, $0\leqslant i\leqslant 20$, 找出函数 $f(x)=(x^2+1)^{-1}$ 的 20 阶插值多项式 $q(x)$. 打印出 $f(x)$ 和 $q(x)$ 的图形. 由上一题和本题, 你能得出什么结论?
5. 找出函数 $f(x)=(x^2+1)^{-1}$ 在区间 $[-5,5]$ 上的 41 个等距节点的三次样条函数 $s(x)$, 打印出 $f(x)$ 和 $s(x)$ 的图形.

第4章　函数逼近

现在我们要回答第 3 章开始时提出的第二个问题和第三个问题, 即函数的逼近问题. 函数逼近问题根据度量逼近函数 $p(x)$ 与被逼近函数 $f(x)$ 的近似程度的标准不同, 可分为一致逼近和平方逼近.

用函数 $f(x)$ 和 $p(x)$ 的最大误差 $\|p-f\|_\infty=\max\limits_{a\leqslant x\leqslant b}|p(x)-f(x)|$ 作为度量逼近函数 $p(x)$ 对被逼近函数 $f(x)$ 的逼近程度. 若存在一个函数序列 $p_n(x)$, 满足 $\lim\limits_{n\to\infty}\|p_n(x)-f(x)\|_\infty=0$, 则意味着序列 $\{p_n(x)\}$ 在区间 $[a,b]$ 上一致收敛到 $f(x)$. 序列 $\{p_n(x)\}$ 对 $f(x)$ 的逼近称为一致逼近.

也可以用积分 $\|p-f\|_2=\left(\int_a^b(p(x)-f(x))^2\mathrm{d}x\right)^{\frac{1}{2}}$ 作为度量逼近函数 $p(x)$ 与被逼近函数 $f(x)$ 的近似程度. 若存在一个函数序列 $\{p_n(x)\}$, 满足 $\lim\limits_{n\to\infty}\|p_n(x)-f(x)\|_2=0$, 则称序列 $\{p_n(x)\}$ 在区间 $[a,b]$ 上平方收敛到 $f(x)$. 序列 $\{p_n(x)\}$ 对 $f(x)$ 的逼近称为平方逼近.

数值上求函数 $f(x)$ 的一致逼近函数和平方逼近函数是困难的, 并且实际问题中人们感兴趣的是最佳一致逼近函数和最佳平方逼近函数. “最佳” 的意思是什么? 将在本章相应的地方做介绍.

§4.1　内积与正交多项式

§4.1.1　权函数和内积

定义 4.1.1　设 $[a,b]$ 为有限或无限区间, $\rho(x)$ 是定义在 $[a,b]$ 上的非负函数, $\int_a^b x^k\rho(x)\mathrm{d}x$ 对 $k=0,1,\cdots$ 都存在, 且对非负的 $f(x)\in C[a,b]$, 若 $\int_a^b f(x)\rho(x)\mathrm{d}x=0$, 则 $f(x)\equiv 0$, 称 $\rho(x)$ 为 $[a,b]$ 上的权函数.

x 处的权函数值 $\rho(x)$ 刻划的是点 x 在 $[a,b]$ 上所处的重要性.

常见的权函数有

$$\begin{aligned}&\rho(x)=1,-1\leqslant x\leqslant 1; &&\rho(x)=\frac{1}{\sqrt{1-x^2}},-1<x<1;\\&\rho(x)=\mathrm{e}^{-x},0\leqslant x<+\infty; &&\rho(x)=\mathrm{e}^{-x^2},-\infty<x<+\infty.\end{aligned}\tag{4.1}$$

定义 4.1.2　设 $f(x),g(x)\in C[a,b]$, $\rho(x)$ 为 $[a,b]$ 上的权函数, 定义

$$(f,g)=\int_a^b\rho(x)f(x)g(x)\mathrm{d}x\tag{4.2}$$

为函数 $f(x)$ 与 $g(x)$ 的内积.

注　定义 4.1.2 是 $\mathbb{R}^n$ 中向量 $\boldsymbol{x}=(x_1,\cdots,x_n)^{\mathrm{T}}$ 与向量 $\boldsymbol{y}=(y_1,\cdots,y_n)^{\mathrm{T}}$ 的数量积 $(\boldsymbol{x},\boldsymbol{y})=\sum\limits_{i=1}^n x_iy_i$ 定义的推广.

一般地，赋予了加法运算及数乘运算的非空的函数集合，若该函数集合满足对加法运算及数乘运算封闭，则称该函数集合为线性空间. 定义了内积的线性空间就称为内积空间, 连

续函数空间 $C[a,b]$($C[a,b]$ 表示区间 $[a,b]$ 上连续函数的全体) 定义了内积 (f,g) 后就是一个内积空间. 可以验证内积满足以下基本法则:

(1) $(f,g)=(g,f)$;

(2) $(c_1f+c_2g,h)=c_1(f,h)+c_2(g,h)$, c_1,c_2 是常数;

(3) $(f,f)\geqslant 0$, 并且当且仅当 $f\equiv 0$ 时, $(f,f)=0$.

现在介绍一下范数的概念. 对内积空间 $C[a,b]$ 中的每一个函数 $f(x)$, 都赋予一个数值

$$\|f\|=\sqrt{\int_a^b \rho(x)[f(x)]^2\mathrm{d}x}$$

并称它为 f 的范数. 由此

$$\|f-g\|=\sqrt{\int_a^b \rho(x)[f(x)-g(x)]^2\mathrm{d}x}$$

便给出了两个函数之间的接近程度的度量.

可以证明上述定义的函数的范数满足下列 3 条性质:

(1) $\|f\|\geqslant 0$, 并且当且仅当 $f\equiv 0$ 时,$\|f\|=0$;

(2)$\|cf\|=|c|\cdot\|f\|$, c 是常数;

(3) $\|f+g\|\leqslant\|f\|+\|g\|$.

定义了范数的线性空间就称为赋范空间. 当然, 连续函数空间 $C[a,b]$ 中的每一个函数 $f(x)$ 也可以定义其他的范数, 比如 $\|f\|=\max\limits_{a\leqslant x\leqslant b}|f(x)|$, 原因是这样定义的量也是满足范数的上述 3 条性质的. 为了区分这两个范数, 我们将前面定义的范数称为 2- 范数, 后面定义的范数称之为 ∞- 范数, 记号如下

$$\|f\|_2=\sqrt{\int_a^b \rho(x)[f(x)]^2\mathrm{d}x}$$

$$\|f\|_\infty=\max_{a\leqslant x\leqslant b}|f(x)|$$

当然, 对于连续函数空间 $C[a,b]$ 我们还可以定义其他范数, 只要定义的量满足范数的 3 条性质就可以了, 这里不再详细论述.

§4.1.2 正交函数系

定义 4.1.3 设 $f(x)$, $g(x)\in C[a,b]$, $\rho(x)$ 为 $[a,b]$ 上的权函数, 若内积

$$(f,g)=\int_a^b \rho(x)f(x)g(x)\mathrm{d}x=0,$$

则称 $f(x)$, $g(x)$ 在 $[a,b]$ 上带权 $\rho(x)$ 正交.

定义 4.1.4 设函数系 $\{\varphi_0(x),\varphi_1(x),\cdots,\varphi_n(x),\cdots\}$, 每个 $\varphi_i(x)$ 是 $[a,b]$ 上的连续函数, 若满足条件

$$(\varphi_i,\varphi_j)=\int_a^b \rho(x)\varphi_i(x)\varphi_j(x)\mathrm{d}x=\begin{cases}0, & i\neq j,\\ A_j>0, & i=j,\end{cases}\quad (i,j=0,1,2,\cdots)$$

则称函数系 $\{\varphi_k(x)\}$ 是 $[a,b]$ 上带权 $\rho(x)$ 的正交函数系.

例 4.1.1 三角函数系 $1, \sin x, \cos x, \sin 2x, \cos 2x, \cdots$ 在 $[0, 2\pi]$ 上是正交函数系 (权 $\rho(x) \equiv 1$). 实际上

$$(\sin nx, \sin mx) = \int_0^{2\pi} \sin nx\ \sin mx\ dx = \begin{cases} \pi, & m = n, \\ 0, & m \neq n, \end{cases} \qquad n, m = 1, 2, \cdots.$$

$$(\cos nx, \cos mx) = \int_0^{2\pi} \cos nx\ \cos mx\ dx = \begin{cases} \pi, & m = n, \\ 0, & m \neq n, \end{cases} \qquad n, m = 0, 1, 2, \cdots.$$

$$(\cos nx, \sin mx) = \int_0^{2\pi} \cos nx \sin\ mx\ dx = 0, \quad n = 0, 1, 2, \cdots; m = 1, 2, \cdots.$$

定义 4.1.5 设 $\varphi_n(x)$ 是首项系数 $a_n \neq 0$ 的 n 次多项式, 如果多项式序列 $\{\varphi_n(x)\}_0^\infty$ 满足

$$(\varphi_i, \varphi_j) = \int_a^b \rho(x)\varphi_i(x)\varphi_j(x)dx = \begin{cases} 0, & i \neq j, \\ A_j > 0, & i = j, \end{cases} \tag{4.3}$$

则称多项式序列 $\{\varphi_n(x)\}_{m=0}^\infty$ 为在区间 $[a, b]$ 上带权 $\rho(x)$ 的 n 次正交多项式系.

可以证明在给定的权函数 $\rho(x)$ 的情形下, 正交多项式系在相差非零常数倍的意义下是唯一的. 下面给出几个常见的且十分重要的正交多项系.

§4.1.3 勒让德多项式

勒让德 (Legendre) 多项式的表达式为式 (4.4), 它是在区间 $[-1, 1]$ 上权函数 $\rho(x) = 1$ 的正交多项式

$$P_0(x) = 1, \quad P_n(x) = \frac{1}{2^n n!} \frac{d^n}{dx^n} \left\{(x^2 - 1)^n\right\}, \quad n = 1, 2, \cdots. \tag{4.4}$$

$P_n(x)$ 的首项 x^n 的系数为 $\frac{(2n)!}{2^n (n!)^2}$, 记

$$\widetilde{P}_0(x) = 1, \quad \widetilde{P}_n(x) = \frac{n!}{(2n)!} \frac{d^n}{dx^n} \left\{(x^2 - 1)^n\right\}, \quad n = 1, 2, \cdots. \tag{4.5}$$

则 $\widetilde{P}_n(x)$ 是首项 x^n 系数为 1 的勒让德多项式.

勒让德多项式有许多重要性质, 特别有以下 3 条.

(1) 正交性

$$(P_n, P_m) = \int_{-1}^1 P_n(x)P_m(x)dx = \begin{cases} 0, & m \neq n, \\ \dfrac{2}{2n+1}, & m = n. \end{cases} \tag{4.6}$$

只要令 $\varphi(x) = (x^2 - 1)^n$, 则 $\varphi^{(k)}(\pm 1) = 0, k = 0, 1, \cdots, n-1$, 且 $P_n(x) = \frac{1}{2^n n!}\varphi^{(n)}(x)$. 设多项式 $Q(x)$ 为次数 $\leqslant n$ 的多项式, 用分部积分得

$$\begin{aligned} \int_{-1}^1 P_n(x)Q(x)dx &= \frac{1}{2^n n!} \int_{-1}^1 Q(x)\varphi^{(n)}(x)dx = -\frac{1}{2^n n!} \int_{-1}^1 Q^{(1)}(x)\varphi^{(n-1)}(x)dx \\ &= \cdots = \frac{(-1)^n}{2^n n!} \int_{-1}^1 Q^{(n)}(x)\varphi(x)dx. \end{aligned}$$

当 $Q(x)$ 为次数不超过 $n-1$ 的多项式时 $Q^{(n)}(x) = 0$, 于是有

$$\int_{-1}^1 P_n(x)P_m(x)dx = 0, \quad m \neq n.$$

当 $Q(x)=P_n(x)$ 时 $Q^{(n)}(x)=P_n^{(n)}(x)=\dfrac{(2n)!}{2^n n!}$, 于是有

$$\int_{-1}^{1}P_n^2(x)\mathrm{d}x=\frac{(-1)^n(2n)!}{2^{2n}(n!)^2}\int_{-1}^{1}(x^2-1)^n\mathrm{d}x=\frac{2}{2n+1}.$$

这就证明了式 (4.6) 的正确性.

(2) 递推公式

$$(n+1)P_{n+1}(x)=(2n+1)xP_n(x)-nP_{n-1}(x),\quad n=1,2,\cdots \tag{4.7}$$

式中, $P_0(x)=1$, $P_1(x)=x$.

式 (4.7) 可直接利用正交性证明. 由式 (4.7) 可得

$$\begin{aligned}P_2(x)&=\frac{1}{2}(3x^2-1),\\ P_3(x)&=\frac{1}{2}(5x^3-3x),\\ P_4(x)&=\frac{1}{8}(35x^4-30x^2+3),\\ P_5(x)&=\frac{1}{8}(63x^5-70x^3+15x).\end{aligned}$$

图 4-1 给出了 $P_0(x),P_1(x),P_2(x),P_3(x)$ 的图形.

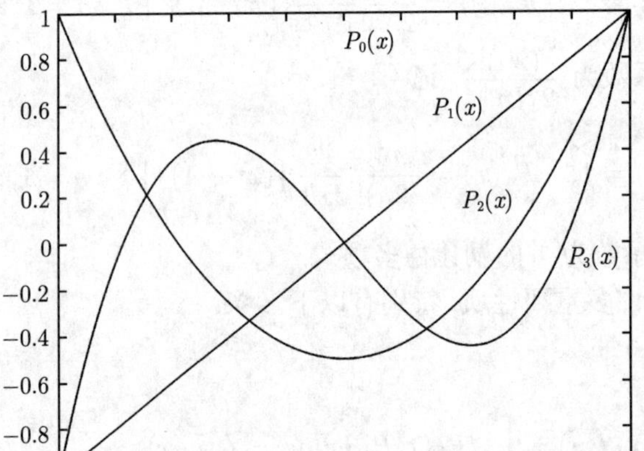

图 4-1 勒让德多项式的图形, $n=0,1,2,3$

(3) 奇偶性

$$P_n(-x)=(-1)^nP_n(x).$$

§4.1.4 切比雪夫多项式

切比雪夫 (Chebyshev) 多项式定义为 (4.8), 它是在区间 $[-1,1]$ 上关于权函数 $\rho(x)=\dfrac{1}{\sqrt{1-x^2}}$ 的正交多项式

$$T_n(x)=\cos(n\ \arccos x),\quad n=0,1,\cdots. \tag{4.8}$$

若令 $x=\cos\theta$, 则 $T_n(x)=\cos(n\theta)$, $0\leqslant\theta\leqslant\pi$, 这是 $T_n(x)$ 的参数表示. 利用三角公式可将 $\cos n\theta$ 展成 $\cos\theta$ 的一个 n 次多项式, 故式 (4.8) 是 x 的 n 次多项式. 下面给出 $T_n(x)$ 的主要性质.

(1) 正交性

$$(T_n,T_m)=\int_{-1}^{1}\frac{T_n(x)T_m(x)}{\sqrt{1-x^2}}\mathrm{d}x=\begin{cases}0, & m\neq n,\\ \dfrac{\pi}{2}, & m=n\neq 0,\\ \pi, & m=n=0.\end{cases}\tag{4.9}$$

只要对积分做变换 $x=\cos\theta$, 利用三角函数的正交性就可得到式 (4.9) 的结果.

(2) 递推公式

$$T_{n+1}(x)=2xT_n(x)-T_{n-1}(x),\quad n=1,2,\cdots\tag{4.10}$$

式中, $T_0(x)=1$, $T_1(x)=x$.

由 $x=\cos\theta$, $T_{n+1}(x)=\cos(n+1)\theta$, 用三角公式

$$\cos(n+1)\theta+\cos(n-1)\theta=2\cos\theta\cos n\theta,$$

则得式 (4.10). 由式 (4.10) 可推出 $T_2(x)\sim T_8(x)$ 如下:

$$\begin{aligned}
T_2(x)&=2x^2-1,\\
T_3(x)&=4x^3-3x,\\
T_4(x)&=8x^4-8x^2+1,\\
T_5(x)&=16x^5-20x^3+5x,\\
T_6(x)&=32x^6-48x^4+18x^2-1,\\
T_7(x)&=64x^7-112x^5+56x^3-7x,\\
T_8(x)&=128x^8-256x^6+160x^4-32x^2+1.
\end{aligned}$$

图 4-2 给出了 $T_0(x),T_1(x),T_2(x),T_3(x),T_4(x)$ 的图形.

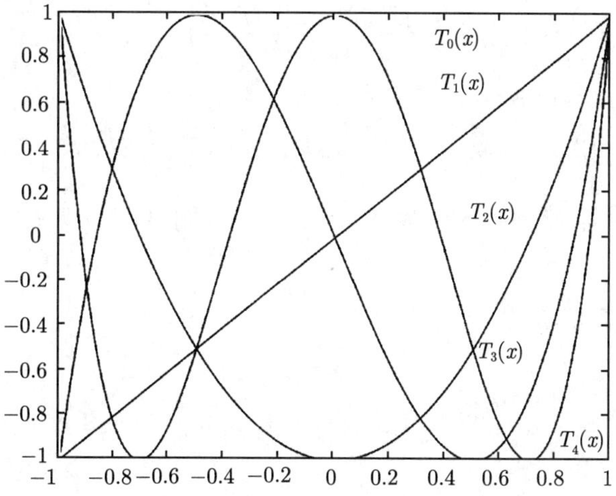

图 4-2 切比雪夫多项式的图形, $n=0,1,2,3,4$

(3) 奇偶性

$$T_n(-x) = (-1)^n T_n(x).$$

(4) $T_n(x)$ 在 $(-1,1)$ 内的 n 个零点为 $x_k = \cos\frac{2k-1}{2n}\pi$, $k = 1,2,\cdots,n$, 在 $[-1,1]$ 上有 $n+1$ 个极值点 $y_k = \cos\frac{k}{n}\pi$, $k = 0,1,\cdots,n$.

(5) $T_n(x)$ 的最高次幂 x^n 的系数为 $2^{n-1}, n \geqslant 1$.

§4.1.5 其他正交多项式

除上述两个最常用的正交多项式外, 较重要的还有如下两个无穷区间的正交多项式.

(1) 拉盖尔 (Laguerre) 多项式

拉盖尔多项式定义为 (4.11), 它是在区间 $[0,\infty)$ 上权函数 $\rho(x) = \mathrm{e}^{-x}$ 的正交多项式系

$$L_n(x) = \mathrm{e}^x \frac{\mathrm{d}^n}{\mathrm{d}x^n}(x^n \mathrm{e}^{-x}), \quad n = 0,1,\cdots. \tag{4.11}$$

它的递推公式为

$$L_{n+1}(x) = (1+2n-x)L_n(x) - n^2 L_{n-1}(x), \quad n = 1,2,\cdots. \tag{4.12}$$

式中, $L_0(x) = 1$, $L_1(x) = 1-x$. 正交性为

$$(L_n, L_m) = \int_0^\infty L_n(x)L_m(x)\mathrm{e}^{-x}\mathrm{d}x = \begin{cases} 0, & m \neq n, \\ (n!)^2, & m = n. \end{cases}$$

(2) 埃尔米特 (Hermite) 多项式

埃尔米特多项式定义为 (4.13), 它是在区间 $(-\infty,+\infty)$ 上带权函数 $\rho(x) = \mathrm{e}^{-x^2}$ 的正交多项式系

$$H_n(x) = (-1)^n \mathrm{e}^{x^2} \frac{\mathrm{d}^n}{\mathrm{d}x^n}\mathrm{e}^{-x^2}, \quad n = 0,1,2,\cdots. \tag{4.13}$$

它的递推公式为

$$H_{n+1}(x) = 2xH_n(x) - 2nH_{n-1}(x), \quad n = 1,2,\cdots. \tag{4.14}$$

其中 $H_0(x) = 1$, $H_1(x) = 2x$. 正交性为

$$(H_n, H_m) = \int_{-\infty}^\infty H_n(x)H_m(x)\mathrm{e}^{-x^2}\mathrm{d}x = \begin{cases} 0, & m \neq n, \\ 2^n n!\sqrt{\pi}, & m = n. \end{cases}$$

§4.2 最佳一致逼近与切比雪夫展开

在数值计算中, 人们感兴趣的是最佳一致逼近. 我们将在本节中讨论最佳的含义, 以及一些相应的逼近方法.

§4.2.1 最佳一致逼近多项式

(1) 一致逼近的定义

定义 4.2.1 设 $f(x) \in C[a,b]$, 以及有多项式序列 $p_n(x)$, 若对任意 ε, 存在 N, 使得对任意 $n > N$, 不等式

$$\max_{a \leqslant x \leqslant b} |p_n(x) - f(x)| < \varepsilon$$

成立, 则称多项式 $p_n(x)$ 在 $[a,b]$ 上一致逼近于 $f(x)$.

(2) 一致逼近多项式的存在性

对于 $[a,b]$ 上的连续函数 $f(x)$, 是否存在多项式 $p(x)$ 一致逼近 $f(x)$ 呢? 德国数学家魏尔斯特拉斯 (Weierstrass) 在 1885 年给出下述著名定理.

定理 4.2.1 (魏尔斯特拉斯定理) 设 $f(x)\in C[a,b]$, 那么对于任意给定的 $\varepsilon>0$, 都存在这样的多项式 $p(x)$, 使得 $\max\limits_{a\leqslant x\leqslant b}|p(x)-f(x)|<\varepsilon$.

魏尔斯特拉斯定理从理论上证明了存在多项式 $p(x)$ 可以以任意的精度逼近闭区间上的连续函数, 同时从伯恩斯坦 (Bernstein) 的构造性证明中知道: 若给定的逼近精度高, 则找到的多项式次数就高. 在实际计算中, 人们对下面两类问题感兴趣.

问题 1: 若多项式次数 n 固定, 求一个多项式 $p_n^*(x)$, 使 $\max\limits_{a\leqslant x\leqslant b}|p_n^*(x)-f(x)|$ 最小. 该问题中的多项式即称为最佳一致逼近多项式.

问题 2: 若给定逼近精度, 求次数较低的逼近多项式.

(3) 最佳一致逼近多项式

定义 4.2.2 记 P_n 为次数不超过 n 的多项式全体, 设 $f(x)\in C[a,b]$, $p(x)\in P_n$, 记

$$\|p-f\|_\infty=\max_{a\leqslant x\leqslant b}|p(x)-f(x)|=\mu, \tag{4.15}$$

称为 $p(x)$ 与 $f(x)$ 的偏差. 若存在 $x_0\in[a,b]$, 使

$$|p(x_0)-f(x_0)|=\mu,$$

则称 x_0 是 $p(x)$ 关于 $f(x)$ 的偏差点. 若 $p(x_0)-f(x_0)=\mu$, 则称 x_0 为正偏差点, 若 $p(x_0)-f(x_0)=-\mu$, 则称 x_0 为负偏差点.

定义 4.2.3 设 $f(x)\in C[a,b]$, n 为给定的自然数, 若存在 $p_n^*(x)\in P_n$, 使

$$\|p_n^*-f\|_\infty=\min_{p\in P_n}\|p-f\|_\infty, \tag{4.16}$$

则称 $p_n^*(x)$ 为 $f(x)$ 在 P_n 上的最佳一致逼近多项式.

可以证明最佳一致逼近多项式存在且唯一.

定理 4.2.2 若 $f(x)\in C[a,b]$, 则存在唯一的 $p_n^*(x)\in P_n$, 使得

$$\|p_n^*-f\|_\infty=\min_{p\in P_n}\|p-f\|_\infty .$$

证明略. 进一步可以证明下面的重要定理.

定理 4.2.3(切比雪夫定理) $p_n^*(x)\in P_n$ 是 $f(x)\in C[a,b]$ 的最佳一致逼近多项式的充分必要条件是: 在 $[a,b]$ 上至少有 $n+2$ 个交替为正负的偏差点, 即至少有 $n+2$ 个点 $a\leqslant x_1<x_2<\cdots<x_{n+2}\leqslant b$, 使得

$$p_n^*(x_k)-f(x_k)=(-1)^k\sigma\|f-p_n^*\|_\infty,\quad \sigma=\pm1,\quad k=1,2,\cdots,n+2. \tag{4.17}$$

上述点 $\{x_k\}_1^{n+2}$ 称为切比雪夫交错点组.

定理证明可见参考书目 [11]. 这个定理给出了最佳一致逼近多项式的基本特性, 它是求最佳一致逼近多项式的主要依据, 但最佳一致逼近多项式的计算是困难的, 下面只对 $n=1$ 的情形进行讨论.

§4.2.2 线性最佳一致逼近多项式的求法

本小节讨论问题: 设 $f(x)$ 在 $[a,b]$ 上有二阶导数, 且 $f''(x)$ 在 $[a,b]$ 上不变号, 求 $f(x)$ 的线性最佳一致逼近多项式 $p_1(x)=a_0+a_1x$.

由于 $f(x)\in C[a,b]$ 且 $f''(x)$ 在 $[a,b]$ 上不变号, 由定理 4.2.3 可知, 存在点 $a\leqslant x_1<x_2<x_3\leqslant b$ 使

$$p_1(x_k)-f(x_k)=(-1)^k\sigma\max_{a\leqslant x\leqslant b}|p_1(x)-f(x)|,\quad \sigma=\pm1,\quad k=1,2,3.$$

由于 $f''(x)\neq 0$, 故 $f'(x)$ 在 $[a,b]$ 上单调, 于是 $f'(x)-p_1'(x)=f'(x)-a_1=0$ 在 $[a,b]$ 上只有一个根 x_2, 故 $p_1(x)$ 对 $f(x)$ 的另两个偏差点只能在 $[a,b]$ 的端点, 故有 $x_1=a$, $x_3=b$. 由此可得 $p_1(a)-f(a)=-[p_1(x_2)-f(x_2)]=p_1(b)-f(b)$ 或

$$a_0+a_1a-f(a)=a_0+a_1b-f(b), \tag{4.18}$$

$$a_0+a_1a-f(a)=-[a_0+a_1x_2-f(x_2)]. \tag{4.19}$$

由式 (4.18) 得

$$a_1=\frac{f(b)-f(a)}{b-a}, \tag{4.20}$$

代入式 (4.19) 得

$$a_0=\frac{1}{2}\left(f(a)+f(x_2)\right)-\frac{a+x_2}{2}\frac{f(b)-f(a)}{b-a}. \tag{4.21}$$

式中, x_2 由求解方程 $f'(x_2)=a_1$ 得到, 由此则得 $f(x)$ 在 $[a,b]$ 上的最佳一次一致逼近多项式 $p_1(x)=a_0+a_1x$, 其几何意义如图 4-3 所示. 用文字表述即为函数 $f(x)$ 在区间 $[a,b]$ 上具有二阶导数, 且它在 $[a,b]$ 上或为凸函数或为凹函数, 则函数 $f(x)$ 在区间 $[a,b]$ 上的线性最佳一致逼近多项式一定与曲线 $f(x)$ 在区间 $[a,b]$ 上的割线相平行, 且通过左端点 $(a,f(a))$ 和点 $(x_2,f(x_2))$ 的中点, 其中点 $(x_2,f(x_2))$ 处的切线与曲线 $f(x)$ 在区间 $[a,b]$ 上的割线相平行.

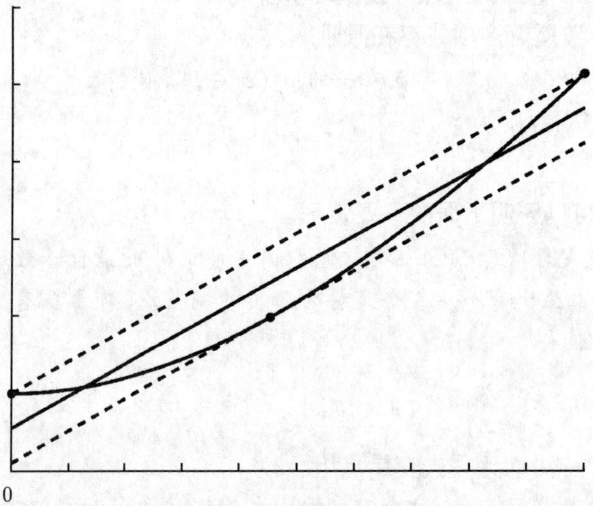

图 4-3 最佳一次一致逼近多项式的几何意义

例 4.2.1 设 $f(x)=\sqrt{x}$, 在 $[0,1]$ 上求 $f(x)$ 的最佳一致一次逼近多项式 $p_1(x)=a_0+a_1x$.

解: 由式 (4.20) 求得 $a_1 = 1$, 由 $f'(x) = \frac{1}{2\sqrt{x}}$, 得到 $f'(x_2) = \frac{1}{2\sqrt{x_2}} = 1$, 于是 $x_2 = 0.25, f(x_2) = \sqrt{x_2} = 0.5$. 由式 (4.21) 可求得 $a_0 = 0.125$, 于是得 $f(x)$ 的最佳一致一次逼近多项式为 $p_1(x) = 0.125 + x$.

§4.2.3 切比雪夫展开与近似最佳一致逼近多项式

求连续函数的最佳一致逼近多项式是一件困难的事, 在实际计算中, 人们常利用切比雪夫多项式的性质, 求近似最佳逼近多项式. 由切比雪夫多项式 $T_n(x)$ 的性质 (5) 知, $T_n(x)$ 的最高次幂 x^n 的系数为 $2^{n-1}(n \geqslant 1)$, 于是 $\widetilde{T_n}(x) = T_n(x)/(2^{n-1})$ 是最高项系数为 1 的 n 次多项式. 对于多项式 $\widetilde{T_n}(x)$ 有如下结论.

定理 4.2.4 *在所有最高项系数为 1 的 n 次多项式中, 在区间 $[-1,1]$ 上与零偏差最小的多项式是 $\widetilde{T_n}(x)$.*

证: 由于 $\widetilde{T_n}(x) = \frac{1}{2^{n-1}}T_n(x) = x^n - p_{n-1}^*(x)$, 当 $x_k = \cos\frac{k}{n}\pi\ (k = 0, 1, \cdots, n)$ 时, 有

$$\widetilde{T_n}(x_k) = \frac{1}{2^{n-1}}\cos(n\arccos x_k) = \frac{1}{2^{n-1}}\cos k\pi, \quad k = 0, 1, \cdots, n.$$

这表明 $p_{n-1}^*(x)$ 与 $f(x) = x^n$ 有 $n+1$ 个交替为正负的偏差点, 根据定理 4.2.3 可知, $p_{n-1}^*(x) \in P_{n-1}$ 是 $f(x) = x^n$ 的最佳一致逼近多项式, 即

$$\max_{-1\leqslant x\leqslant 1}\left|\widetilde{T_n}(x)\right| = \min_{p_{n-1}(x)\in P_{n-1}}\|x^n - p_{n-1}(x)\|_\infty .$$

所以 $\widetilde{T}_n(x)$ 是 $[-1,1]$ 上与零偏差最小的多项式.

这个定理给出了切比雪夫多项式的一个非常重要的性质, 它表明以 $\widetilde{T}_n(x)$ 为余项的误差在整个区间 $[-1,1]$ 上的分布是均匀的, 因此这一性质在求函数的近似最佳一致逼近多项式中被广泛应用.

例 4.2.2 *设 $f(x) = x^4$, 在 $[-1,1]$ 上求 $f(x)$ 在 P_3 中的最佳一致逼近多项式.*

解: 根据定理 4.2.3, 已知 $\widetilde{T}_4(x) = \frac{1}{8}\left(8x^4 - 8x^2 + 1\right) = x^4 - \left(x^2 - \frac{1}{8}\right)$, 于是可知所求最佳逼近多项式为 $p_3^*(x) = \left(x^2 - \frac{1}{8}\right)$.

根据定理 4.2.3, 实际上只要误差 $f(x) - p_{n-1}^*(x) = aT_n(x)$, 则 $p_{n-1}^*(x) \in P_{n-1}$ 是区间 $[-1,1]$ 上多项式 $f(x)$ 的最佳一致逼近多项式, 因此有 $n+1$ 个交替为正负的偏差点. 更一般地, 若在 $[-1,1]$ 上 $f(x) - p_n(x) \approx aT_{n+1}(x)$, 那么 $p_n(x) \in P_n$ 可作为 $f(x)$ 在 P_n 中的近似最佳一致逼近多项式. 例如, 设 $f(x) \in C[-1,1]$ 的拉格朗日插值多项式为 $L_n(x)$, 其余项可表示为

$$R_n(x) = f(x) - L_n(x) \approx a_{n+1}\omega_{n+1}(x).$$

若取 $\omega_{n+1}(x) = (x - x_0)(x - x_1)\cdots(x - x_n) = \widetilde{T}_{n+1}(x)$. 这时插值节点为 $\widetilde{T}_{n+1}(x)$ 的 $n+1$ 个零点

$$x_k = \cos\frac{(2k+1)\pi}{2(n+1)}, \quad k = 0, 1, \cdots, n. \tag{4.22}$$

这样构造的插值多项式 $L_n(x)$ 也可作为最佳一致逼近多项式的近似.

更常用和可行的方法是将 $f(x) \in C[a,b]$ 直接按 $\{T_k(x)\}_0^\infty$ 展开, 并用它的前 $n+1$ 项部分和逼近 $f(x)$, 由于 $\{T_k(x)\}_0^\infty$ 是在区间 $[-1,1]$ 上带权 $\rho(x) = (1 - x^2)^{-1/2}$ 正交的多项式,

构造 n 次多项式 $c_n^*(x)$, 其表达式为

$$c_n^*(x) = \frac{a_0^*}{2} + \sum_{k=1}^{n} a_k^* T_k(x), \tag{4.23}$$

其中

$$a_k^* = \frac{2}{\pi}\int_{-1}^{1} \frac{f(x)T_k(x)}{\sqrt{1-x^2}}\mathrm{d}x, \quad k = 0, 1, \cdots, n. \tag{4.24}$$

可以证明, 如果 $f(x) \in C[a,b]$, 则 $\lim\limits_{n\to\infty} \|f(x) - c_n^*(x)\|_\infty = 0$, 由此可得

$$f(x) - c_n^*(x) \approx a_{n+1}^* T_{n+1}(x).$$

这表明用 $c_n^*(x)$ 逼近 $f(x)$ 的误差近似于 $a_{n+1}^* T_{n+1}(x)$, 是均匀分布的, 故 $c_n^*(x)$ 是 $f(x)$ 在 $[-1,1]$ 上近似最佳一致逼近多项式.

例 4.2.3　设 $f(x) = \mathrm{e}^x$, 在 $[-1,1]$ 上按切比雪夫多项式 $\{T_k(x)\}_0^\infty$ 展开, 并计算到 $n = 3$.

解: 由式 (4.24) 可得出

$$a_k^* = \frac{2}{\pi}\int_{-1}^{1} \frac{\mathrm{e}^x T_k(x)}{\sqrt{1-x^2}}\mathrm{d}x.$$

此积分可用数值积分计算得表 4-1.

表 4-1　切比雪夫展开多项式系数

k	0	1	2	3	4
a_k^*	2.532 132	1.130 318	0.271 495	0.044 336 9	0.005 474 24

于是可得到

$$\begin{aligned} c_3^*(x) &= \frac{a_0^*}{2} + \sum_{k=1}^{3} a_k^* T_k(x) \\ &= 1.266\ 066 + 1.130\ 318 T_1(x) + 0.271\ 495 T_2(x) + 0.044\ 336\ 9 T_3(x) \\ &= 0.994\ 571 + 0.997\ 30x + 0.542\ 991x^2 + 0.177\ 347x^3. \end{aligned}$$

直接计算可得

$$\max_{-1\leqslant x\leqslant 1} |\mathrm{e}^x - c_3^*(x)| = 0.006\ 07.$$

这与 $f(x) = \mathrm{e}^x$ 的最佳一致逼近多项式 $p_3^*(x) \in P_3$ 的误差

$$\max_{-1\leqslant x\leqslant 1} |\mathrm{e}^x - p_3^*(x)| = 0.005\ 53.$$

相差很小, 而计算 $p_3^*(x)$ 通常是相当困难的, 它是根据定理 4.2.3 用逐次迭代求得, 但计算 $c_3^*(x)$ 则容易得多了, 并且效果很好.

§4.3　最佳平方逼近

§4.3.1　预备知识

为讨论最佳平方逼近函数的求法, 我们回忆以下两个线性代数知识.

① 设 $\varphi_0(x), \varphi_1(x), \cdots, \varphi_n(x)$ 是 $[a,b]$ 上的线性无关的连续函数, $a_0, a_1, \cdots, a_n$ 是任意实数, 则 $\Phi = \{s(x) \mid s(x) = a_0\varphi_0(x) + \cdots + a_n\varphi_n(x),\ a_i \in \mathbb{R},\ i = 0, 1, \cdots, n\}$, 并称集合 Φ 是

由 $\varphi_0(x),\varphi_1(x),\cdots,\varphi_n(x)$ 所生成的线性空间, $\varphi_0(x),\varphi_1(x),\cdots,\varphi_n(x)$ 是生成空间 Φ 的一个基底.

② 设 $\varphi_0(x),\varphi_1(x),\cdots,\varphi_n(x)\in C[a,b]$, 则 $\varphi_0(x),\varphi_1(x),\cdots,\varphi_n(x)$ 在 $[a,b]$ 上线性无关的充分必要条件是 $|G_n|\neq 0$, 其中矩阵

$$\boldsymbol{G}_n=\boldsymbol{G}(\varphi_0,\varphi_1,\cdots,\varphi_n)=\begin{pmatrix}(\varphi_0,\varphi_0) & (\varphi_0,\varphi_1) & \cdots & (\varphi_0,\varphi_n)\\ (\varphi_1,\varphi_0) & (\varphi_1,\varphi_1) & \cdots & (\varphi_1,\varphi_n)\\ \vdots & \vdots & \ddots & \vdots\\ (\varphi_n,\varphi_0) & (\varphi_n,\varphi_1) & \cdots & (\varphi_n,\varphi_n)\end{pmatrix},$$

这里 $(\cdot,\cdot)$ 表示内积.

证: 注意到 $|G_n|\neq 0$ 等价于齐次方程组

$$\sum_{i=0}^{n}c_i(\varphi_j,\varphi_i)=0,\quad j=0,1,\cdots,n$$

只有零解.

当 $\varphi_0(x),\varphi_1(x),\cdots,\varphi_n(x)$ 线性无关时, 有 $|G_n|\neq 0$. 否则的话, 存在非零向量 $\boldsymbol{c}=(c_0,c_1,\cdots,c_n)^{\mathrm{T}}\in\mathbb{R}^{n+1}$ 使得 $\boldsymbol{G}_n\boldsymbol{c}=\boldsymbol{0}$, 从而 $\left(\sum\limits_{i=0}^{n}c_i\varphi_i(x),\sum_{i=0}^{n}c_i\varphi_i(x)\right)=\boldsymbol{c}^{\mathrm{T}}\boldsymbol{G}_n\boldsymbol{c}=0$. 因此, $\sum\limits_{i=0}^{n}c_i\varphi_i(x)=0$ 有非零解, 与假设矛盾.

反之, 若 $|G_n|\neq 0$, 则由 $\sum\limits_{i=0}^{n}c_i\varphi_i(x)=0$, 可得

$$\left(\sum_{i=0}^{n}c_i\varphi_i(x),\varphi_j(x)\right)=\sum_{i=0}^{n}c_i(\varphi_i,\varphi_j)=\sum_{i=0}^{n}c_i(\varphi_j,\varphi_i)=0,\quad j=0,1,\cdots,n.$$

故 $c_0=c_1=\cdots=c_n=0$, 由线性无关的定义知 $\varphi_0(x),\varphi_1(x),\cdots,\varphi_n(x)$ 线性无关.

§4.3.2 最佳平方逼近

定义 4.3.1 设 $f(x)\in C[a,b]$, 如果存在 $s^*(x)\in\Phi$, 使

$$\int_a^b\rho(x)[f(x)-s^*(x)]^2\mathrm{d}x=\min_{s(x)\in\Phi}\int_a^b\rho(x)[f(x)-s(x)]^2\mathrm{d}x,\tag{4.25}$$

则称 $s^*(x)$ 是 $f(x)$ 在集合 Φ 中的**最佳平方逼近函数**.

若 $\Phi=P_n=span\{1,x,\cdots,x^n\}$,

则满足上述定义的 $s^*(x)$ 是 $f(x)$ 的 n 次最佳平方逼近多项式.

那么最佳平方逼近函数是否存在呢? 下面的定理回答了这个问题.

定理 4.3.1 设 $f(x)\in C[a,b]$, 则 $f(x)$ 在 Φ 中存在唯一的最佳平方逼近函数 $s^*(x)$.

证: 此定理的证明分成两部分, 第一部分利用已知的条件借助多元函数求极值, 构造出唯一的函数 $s^*(x)$; 第二部分证明 $s^*(x)$ 即是 $f(x)$ 在 Φ 中的最佳平方逼近函数.

先构造函数 $s^*(x)$. 由定义知, 求 $s^*(x)\in\Phi$ 等价于求多元函数 $I(a_0,a_1,\cdots,a_n)$ 的极小值, 其中

$$I(a_0,a_1,\cdots,a_n)=\int_a^b\rho(x)\left(\sum_{j=0}^{n}a_j\varphi_j(x)-f(x)\right)^2\mathrm{d}x$$

是关于 $a_0, a_1, \cdots, a_n$ 的二次函数. 由多元函数取极值的必要条件得

$$\frac{\partial I}{\partial a_k} = 2\int_a^b \rho(x)\left(\sum_{j=0}^{n} a_j\varphi_j(x) - f(x)\right)\varphi_k(x)\mathrm{d}x = 0, \quad k = 0, 1, \cdots, n.$$

于是有

$$\sum_{j=0}^{n}(\varphi_j, \varphi_k)a_j = (f, \varphi_k), \quad k = 0, 1, \cdots, n. \tag{4.26}$$

这是关于 $a_0, a_1, \cdots, a_n$ 的线性方程组, 称为**法方程**. 由于 $\varphi_0(x), \varphi_1(x), \cdots, \varphi_n(x)$ 线性无关, 由预备知识中的定理知, 方程组 (4.26) 的系数矩阵 $\boldsymbol{G}_n$ 非奇异, 故此方程组有唯一解 $a_k = a_k^*$, $k = 0, 1, \cdots, n$, 于是有

$$s^*(x) = a_0^*\varphi_0(x) + a_1^*\varphi_1(x) + \cdots + a_n^*\varphi_n(x). \tag{4.27}$$

下面证明由此得到的 $s^*(x)$ 满足式 (4.25), 即对任何 $s(x) \in \Phi$ 有

$$\int_a^b \rho(x)[f(x) - s^*(x)]^2\mathrm{d}x \leqslant \int_a^b \rho(x)[f(x) - s(x)]^2\mathrm{d}x. \tag{4.28}$$

由于 a_j^* $(j = 0, 1, \cdots, n)$ 是式 (4.26) 的解, 因此有

$$\left(\sum_{j=0}^{n} a_j^*\varphi_j - f, \varphi_k\right) = 0, \quad k = 0, 1, \cdots, n.$$

于是对任何 $s(x) \in \Phi$, 有 $(f - s^*, s) = 0$ 及 $(f - s^*, s^* - s) = 0$, 由此可得

$$\begin{aligned}
&\int_a^b \rho(x)[f(x) - s(x)]^2\mathrm{d}x - \int_a^b \rho(x)[f(x) - s^*(x)]^2\mathrm{d}x \\
=&\int_a^b \rho(x)(s^*(x) - s(x))[2f(x) - (s(x) + s^*(x))]\mathrm{d}x \\
=&\int_a^b \rho(x)[s^*(x) - s(x)]^2\mathrm{d}x + 2\int_a^b \rho(x)[s^*(x) - s(x)][f(x) - s^*(x)]\mathrm{d}x \\
=&\int_a^b \rho(x)[s^*(x) - s(x)]^2\mathrm{d}x + 2(f - s^*, s^* - s) \\
=&\int_a^b \rho(x)[s^*(x) - s(x)]^2\mathrm{d}x \\
\geqslant& 0.
\end{aligned}$$

这就证明了式 (4.28). 从而也证明了 $f(x)$ 在 Φ 中存在唯一的最佳平方逼近函数 $s^*(x)$. 此时作为特例, 若取 $\varphi_k(x) = x^k$, $k = 0, 1, \cdots, n$, 区间取为 $[0, 1]$, $\rho(x) = 1$, $f(x) \in C[0, 1]$, 在 $\Phi = P_n = span\{1, x, \cdots, x^n\}$ 上的最佳平方逼近多项式为

$$p_n^*(x) = a_0^* + a_1^*x + \cdots + a_n^*x^n. \tag{4.29}$$

此时由于

$$(\varphi_j, \varphi_k) = \int_0^1 x^{j+k}\mathrm{d}x = \frac{1}{j + k + 1}, \quad j, k = 0, 1, \cdots, n,$$

$$(f,\varphi_k)=\int_0^1 f(x)x^k\mathrm{d}x=d_k,\quad k=0,1,\cdots,n,$$

相应于法方程 (4.26) 的系数矩阵 $\boldsymbol{G}_n$ 记为 $\boldsymbol{H}_{n+1}=\boldsymbol{G}(1,x,\cdots,x^n)$, 即

$$\boldsymbol{H}_{n+1}=\begin{pmatrix} 1 & \frac{1}{2} & \cdots & \frac{1}{n+1} \\ \frac{1}{2} & \frac{1}{3} & \cdots & \frac{1}{n+2} \\ \vdots & \vdots & \ddots & \vdots \\ \frac{1}{n+1} & \frac{1}{n+2} & \cdots & \frac{1}{2n+1} \end{pmatrix}\equiv (h_{ij})_{(n+1)\times(n+1)},$$

其中 $h_{ij}=\frac{1}{i+j-1}$. $\boldsymbol{H}_{n+1}$ 称为希尔伯特 (Hilbert) 矩阵.

若记 $\boldsymbol{a}=(a_0,a_1,\cdots,a_n)^{\mathrm{T}}$, $\boldsymbol{d}=(d_0,d_1,\cdots,d_n)^{\mathrm{T}}$, 此时法方程为

$$\boldsymbol{H}_{n+1}\boldsymbol{a}=\boldsymbol{d},\tag{4.30}$$

它的解为 $a_k=a_k^*$, $k=0,1,\cdots,n$, 由此则得最佳平方逼近多项式 $p_n^*(x)$.

例 4.3.1 设 $f(x)=\sqrt{1+x^2}$, 求 $[0,1]$ 上的一次最佳平方逼近多项式 $p_1^*(x)=a_0^*+a_1^*x$.

解:

$$d_0=\int_0^1\sqrt{1+x^2}\mathrm{d}x=\frac{1}{2}\ln(1+\sqrt{2})+\frac{\sqrt{2}}{2}\approx 1.147,$$

$$d_1=\int_0^1 x\sqrt{1+x^2}\mathrm{d}x=\frac{2\sqrt{2}-1}{3}\approx 0.609,$$

法方程为

$$\begin{pmatrix} 1 & \frac{1}{2} \\ \frac{1}{2} & \frac{1}{3} \end{pmatrix}\begin{pmatrix} a_0 \\ a_1 \end{pmatrix}=\begin{pmatrix} 1.147 \\ 0.609 \end{pmatrix}.$$

求得解为 $a_0^*=0.934$, $a_1^*=0.426$, 于是得

$$p_1^*(x)=0.934+0.426x.$$

由于 $\boldsymbol{H}_{n+1}$ 是病态矩阵, 在 $n\geqslant 8$ 时直接解法方程 (4.30) 的误差很大, 因此此时可用正交多项式作 Φ 的基的方法来求解最佳平方逼近多项式.

设 $f(x)\in C[a,b]$, $\Phi=span\{\varphi_0,\varphi_1,\cdots,\varphi_n\}$, 若 $\varphi_0(x),\varphi_1(x),\cdots,\varphi_n(x)$ 是正交函数系, 则当 $i\neq j$ 时, $(\varphi_i,\varphi_j)=0$, 而 $(\varphi_j,\varphi_j)>0$, 于是法方程 (4.26) 的系数矩阵 $\boldsymbol{G}_n$ 为非奇异对角阵, 方程的解为

$$a_k^*=\frac{(f,\varphi_k)}{(\varphi_k,\varphi_k)},\quad k=0,1,\cdots,n.\tag{4.31}$$

于是 $f(x)$ 在 Φ 中的最佳平方逼近函数为

$$s^*(x)=\sum_{k=0}^{n}\frac{(f,\varphi_k)}{(\varphi_k,\varphi_k)}\varphi_k(x).\tag{4.32}$$

称式 (4.32) 为 $f(x)$ 的广义傅里叶 (Fourier) 展开, 相应式 (4.31) 的系数 a_k^* 称为 $f(x)$ 的广义傅里叶系数.

下面考虑特殊情形, 设 $[a,b]=[-1,1]$, $\rho(x)=1$, 此时正交多项式为勒让德多项式, 取 $\Phi = span\{P_0(x), P_1(x), \cdots, P_n(x)\}$, 根据式 (4.32) 可得 $f(x)$ 的最佳平方逼近多项式为

$$s_n^*(x)=\sum_{k=0}^{n} a_k^* P_k(x), \tag{4.33}$$

其中

$$a_k^*=\frac{(f,P_k)}{(P_k,P_k)}=\frac{2k+1}{2}\int_{-1}^{1} f(x)P_k(x)\mathrm{d}x. \tag{4.34}$$

这样得到的最佳平方逼近多项式 $s_n^*(x)$ 与直接由 $\{1, x, \cdots, x^n\}$ 为基得到的 $p_n^*(x)$ 是一致的, 但此处不用解病态的法方程 (4.30). 关于病态的概念, 参见 §6.1 节.

例 4.3.2 用勒让德正交多项式求 $f(x)=\mathrm{e}^x$ 在 $[-1,1]$ 上的最佳平方逼近多项式 (取 $n=1,3$).

解: 先计算

$$\begin{aligned}
(f,P_0)&=\int_{-1}^{1}\mathrm{e}^x\mathrm{d}x=\mathrm{e}-\mathrm{e}^{-1}\approx 2.350\,4,\\
(f,P_1)&=\int_{-1}^{1}x\mathrm{e}^x\mathrm{d}x=2\mathrm{e}^{-1}\approx 0.735\,8,\\
(f,P_2)&=\int_{-1}^{1}\left(\frac{3}{2}x^2-\frac{1}{2}\right)\mathrm{e}^x\mathrm{d}x=\mathrm{e}-7\mathrm{e}^{-1}\approx 0.143\,1,\\
(f,P_3)&=\int_{-1}^{1}\left(\frac{5}{2}x^3-\frac{3}{2}x\right)\mathrm{e}^x\mathrm{d}x=37\mathrm{e}^{-1}-5\mathrm{e}\approx 0.020\,13.
\end{aligned}$$

由 (4.34) 可算出

$$a_0^*=1.175\,2,\quad a_1^*=1.103\,6,\quad a_2^*=0.357\,8,\quad a_3^*=0.070\,46.$$

于是由 (4.33) 可求得

$$\begin{aligned}
s_1^*(x)&=1.175\,2+1.103\,6x,\\
s_3^*(x)&=0.996\,3+0.997\,9x+0.536\,7x^2+0.176\,1x^3.
\end{aligned}$$

如果所给的区间不是 $[-1,1]$, 而是一般的有限区间 $[a,b]$, 那么, 可以通过变量替换 $x=\frac{a+b}{2}+\frac{b-a}{2}t$ 将它转化为区间 $[-1,1]$ 上的情况来处理.

例 4.3.3 求函数 $f(x)=\sqrt{x}$ 在 $[0,1]$ 上的一次最佳平方逼近多项式.

解: 先做变换 $x=\frac{1}{2}(1+t)$, 则

$$f(x)=\sqrt{\frac{1+t}{2}}=g(t),\quad -1\leqslant t\leqslant 1.$$

下面求 $g(t)$ 在区间 $[-1,1]$ 上的一次最佳平方逼近多项式 $q_1(t)$.

由

$$a_0^*=\frac{1}{2}(g,P_0)=\frac{1}{2}\int_{-1}^{1}\frac{1}{\sqrt{2}}\sqrt{1+t}\mathrm{d}t=\frac{2}{3},$$

$$a_1^*=\frac{3}{2}(g,P_1)=\frac{3}{2}\int_{-1}^{1}\frac{t}{\sqrt{2}}\sqrt{1+t}\mathrm{d}t=\frac{6}{15},$$

可知

$$q_1(t)=\frac{2}{3}P_0(t)+\frac{6}{15}P_1(t)=\frac{2}{3}+\frac{6}{15}t,\quad -1\leqslant t\leqslant 1.$$

再把 $t=2x-1$ 代入 $q_1(t)$ 就得到 $f(x)=\sqrt{x}$ 在 $[0,1]$ 上的一次最佳平方逼近多项式为 $s^*(x)=\frac{2}{3}+\frac{6}{15}(2x-1)=\frac{4}{15}+\frac{4}{5}x$.

§4.4 曲线拟合的最小二乘法

§4.4.1 最小二乘法

若 $f(x)$ 是由实验或观测得到的, 则其函数通常由函数表 $(x_i,f(x_i))$ $(i=0,1,\cdots,m)$ 给出. 由前面叙述的内容, 由函数表给出函数关系通常有以下两个方法: 方法一, 使用多项式插值; 方法二, 三次样条插值. 使用多项式插值会带来两个问题: 问题之一, 当所给的数值点较多时, 多项式次数要高, 会出现数值震荡, 即所谓的龙格现象; 问题之二, 由于数值本身带有误差, 使用插值条件来确定函数关系不合理. 三次样条插值克服了多项式插值的第一个缺点, 但求三次样条插值带来了大的计算量. 曲线拟合的最小二乘方法可以克服数值震荡, 同时不引起大的计算量. 那么, 什么是曲线拟合的最小二乘方法呢?

在函数空间 Φ 中求 $s^*(x)$, 使

$$\sum_{i=0}^{m}\omega_i\left[s^*(x_i)-f(x_i)\right]^2=\min_{s(x)\in\Phi}\sum_{i=0}^{m}\omega_i\left[s(x_i)-f(x_i)\right]^2,$$

就是曲线拟合的最小二乘问题, 其中 ω_i 是测量点 x_i 处的权. 这个问题的实质是 $f(x)$ 为离散情形的最佳平方逼近问题. 这样求连续函数的最佳平方逼近的方法可以用到曲线拟合的最小二乘问题上来. 具体做法简述如下.

求 $s^*(x)$ 的问题等价于求多元函数

$$I(a_0,a_1,\cdots,a_n)=\sum_{i=0}^{m}\omega_i\left(\sum_{j=0}^{n}a_j\varphi_j(x_i)-f(x_i)\right)^2 \tag{4.35}$$

的极小值, 由取极值的必要条件可得法方程

$$\sum_{j=0}^{n}(\varphi_j,\varphi_k)a_j=(f,\varphi_k),\quad k=0,1,\cdots,n, \tag{4.36}$$

其中内积 $(\cdot,\cdot)$ 表示和式, 即

$$\begin{cases}(\varphi_j,\varphi_k)=\displaystyle\sum_{i=0}^{m}\omega_i\varphi_j(x_i)\varphi_k(x_i),\\ (f,\varphi_k)=\displaystyle\sum_{i=0}^{m}\omega_i f(x_i)\varphi_k(x_i).\end{cases} \tag{4.37}$$

由于 $\varphi_0(x),\varphi_1(x),\cdots,\varphi_n(x)$ 线性无关, 可以证明法方程 (4.36) 的系数矩阵非奇异, 于是求解法方程得 $a_k=a_k^*$, $k=0,1,\cdots,n$, 从而得到 $s^*(x)$, 它是存在的且唯一的. 称 $s^*(x)$ 是 $f(x)$ 在 Φ 中的最小二乘逼近函数.

在最小二乘逼近中如何选择数学模型是很重要的, 即如何根据给定的 $f(x)$ 来选择 Φ. 通常要根据物理定义或 $f(x_i)(i=0,1,\cdots,n)$ 数据分布的大致图形选择相应的数学模型.

例 4.4.1　给定数据 (表 4-2), 试选择适当模型, 求最小二乘拟合函数 $s^*(x)$.

表 4-2　给定的数据表

x_i	0.24	0.65	0.95	1.24	1.73	2.01	2.23	2.52	2.77	2.99
y_i	0.23	−0.26	−1.10	−0.45	0.27	0.10	−0.29	0.24	0.56	1.00

解: 在坐标平面上描出数据表中的点 $(x_i, y_i)(i = 0, 1, \cdots, 9)$, 根据点的分布情况, 所求函数可用 $y = \ln x, y = \cos x$ 和 $y = \mathrm{e}^x$ 的线性组合表示, 因此选拟合函数为

$$s^*(x) = a \ln x + b \cos x + c\mathrm{e}^x,$$

其中 a, b, c 为待定参数, 基底为

$$\varphi_0(x) = \ln x, \quad \varphi_1(x) = \cos x, \quad \varphi_2(x) = \mathrm{e}^x.$$

利用公式 (4.36) 和式 (4.37), 建立法方程如下:

$$\begin{pmatrix} 6.794\,1 & -5.347\,5 & 63.259 \\ -5.347\,5 & 5.108\,4 & -49.009 \\ 63.259 & -49.009 & 1\,002.5 \end{pmatrix} \begin{pmatrix} a \\ b \\ c \end{pmatrix} = \begin{pmatrix} 1.613\,1 \\ -2.382\,7 \\ 26.773 \end{pmatrix},$$

其解为

$$a = -1.041\,0, \quad b = -1.261\,3, \quad c = 0.030\,73.$$

所以

$$s^*(x) = -1.041\,0 \ln x - 1.261\,3 \cos x + 0.030\,73\mathrm{e}^x$$

为所要求的最小二乘解.

此题若借助 MATLAB 求解, 程序如下:

```
>> x = [0.24   0.65   0.95   1.24  1.73  2.01   2.23  2.52  2.77  2.99]';
>> y = [0.23  -0.26  -1.10  -0.45  0.27  0.10  -0.29  0.24  0.56  1.00]';
>> A = [log(x) cos(x) exp(x)];
>> Z = A \ y
```

则 $a = Z(1), b = Z(2), c = Z(3)$.

读者运行上述程序后, 将会发现 MATLAB 的结果与上述计算的结果一致, 但显然 MATLAB 解决问题更加方便、简洁.

作为曲线拟合的一种常见情况, 一般讨论代数多项式拟合, 即取

$$\{\varphi_0, \varphi_1, \cdots, \varphi_n\} = \{1, x, \cdots, x^n\}.$$

那么相应的法方程 (4.36) 就是

$$\begin{pmatrix} \sum\limits_{i=0}^m \omega_i & \sum\limits_{i=0}^m \omega_i x_i & \cdots & \sum\limits_{i=0}^m \omega_i x_i^n \\ \sum\limits_{i=0}^m \omega_i x_i & \sum\limits_{i=0}^m \omega_i x_i^2 & \cdots & \sum\limits_{i=0}^m \omega_i x_i^{n+1} \\ \vdots & \vdots & \ddots & \vdots \\ \sum\limits_{i=0}^m \omega_i x_i^n & \sum\limits_{i=0}^m \omega_i x_i^{n+1} & \cdots & \sum\limits_{i=0}^m \omega_i x_i^{2n} \end{pmatrix} \begin{pmatrix} a_0 \\ a_1 \\ \vdots \\ a_n \end{pmatrix} = \begin{pmatrix} \sum\limits_{i=0}^m \omega_i f_i \\ \sum\limits_{i=0}^m \omega_i x_i f_i \\ \vdots \\ \sum\limits_{i=0}^m \omega_i x_i^n f_i \end{pmatrix}. \tag{4.38}$$

此时 $s^*(x)=\sum_{k=0}^{n} a_k^* x^k$, 称它为数据拟合多项式, 上述拟合称为多项式拟合.

例 4.4.2 求数据表 (见表 4-3) 的二次最小二乘拟合多项式.

表 4-3 二次最小二乘拟合数据

x_i	0	0.25	0.50	0.75	1.00
$f(x_i)$	1.000 0	1.284 0	1.648 7	2.117 0	2.718 3

解: 设二次拟合多项式为

$$p_2(x)=a_0+a_1x+a_2x^2.$$

将数据表代入式 (4.28), 得此问题的法方程为

$$\begin{cases} 5a_0+\quad 2.5a_1+\quad 1.875a_2=8.768\,0 \\ 2.5a_0+\quad 1.875a_1+1.562\,5a_2=5.451\,4 \\ 1.875a_0+1.562\,5a_1+1.382\,8a_2=4.401\,5 \end{cases}$$

该方程组的解为

$$a_0=1.005\,2,\quad a_1=0.864\,1,\quad a_2=0.843\,7.$$

所以, 此数据组的最小二乘拟合二次多项式为

$$p_2(x)=1.005\,2+0.864\,1x+0.843\,7x^2.$$

注意: 此问题没有给出各点的权函数值 ω_i. 一般情形下, 若没有给出各点权函数值 ω_i, 视各点权函数值为 1.

此题借助 MATLAB 求解, 有两个方法.

方法一:

```
>> x = [0      0.25    0.50    0.75    1.00  ]';
>> y = [1.00   1.284   1.6487  2.1170  2.7183]';
>> x1 = ones(5,1);
>> A = [x1 x x.^2];
>> Z = A \ y
```

此时 $a_0=Z(1)$, $a_1=Z(2)$, $a_2=Z(3)$.

方法二:

```
>> x = [0      0.25    0.50    0.75    1.00];
>> y = [1.00   1.284   1.6487  2.1170  2.7183];
>> p = polyfit(x,y,2)
```

此时 $a_2=p(1)$, $a_1=p(2)$, $a_0=p(3)$.

函数 `polyfit` 是最小二乘多项式拟合函数, 它的用法如下: `p=polyfit(x,y,n)`, 其中 x, y 为要拟合的数据; n 为要拟合的多项式的阶数; $\boldsymbol{p}$ 为一个向量, 各个分量是所求的拟合多项式的幂次从高到低排列的系数. 当要拟合的多项式的阶数等于给定数据点的个数减 1 时, 函数 `polyfit` 所得的结果即为插值多项式的系数.

实际计算与理论分析表明, 用多项式做最小二乘的基函数, 当 n 较大时, 方程组 (4.38) 的解对初始数据的微小变化非常敏感, 属于 "病态" 问题.

§4.4.2　利用正交多项式做最小二乘拟合

在用多项式做拟合函数时, 为避开求解法方程 (4.38), 考虑选择正交多项式做基底.

定义 4.4.1　设给定点集 $\{x_i\}_{i=0}^m$ 以及各点的权系数 $\{\omega_i\}_{i=0}^m$, 如果多项式系 $\{p_k(x)\}_{k=0}^n$ 满足

$$(p_k, p_j) = \sum_{i=0}^m \omega_i p_k(x_i) p_j(x_i) = \begin{cases} 0, & j \neq k, \\ A_k > 0, & j = k. \end{cases}$$

则称 $\{p_k(x)\}_{k=0}^n$ 为关于点集 $\{x_i\}_{i=0}^m$ 的带权 $\{\omega_i\}_{i=0}^m$ 正交的多项式系.

若已给数据 (x_i, f_i) 及权 $\omega_i (i = 0, 1, \cdots, m)$, 可以构造出带权 $\{\omega_i\}_{i=0}^m$ 的正交多项式, 用递推关系可表示为

$$\begin{cases} p_0(x) = 1, \\ p_1(x) = (x - \alpha_0) p_0(x) = x - \alpha_0, \\ p_{k+1}(x) = (x - \alpha_k) p_k(x) - \beta_{k-1} p_{k-1}(x), \end{cases} \tag{4.39}$$

其中 α_k, β_{k-1} 为

$$\begin{cases} \alpha_k = \dfrac{\sum_{i=0}^m \omega_i x_i p_k^2(x_i)}{\sum_{i=0}^m \omega_i p_k^2(x_i)}, \quad k = 0, 1, \cdots, n, \\ \\ \beta_{k-1} = \dfrac{\sum_{i=0}^m \omega_i p_k^2(x_i)}{\sum_{i=0}^m \omega_i p_{k-1}^2(x_i)}, \quad k = 1, 2, \cdots, n. \end{cases} \tag{4.40}$$

当取关于点集 $\{x_i\}_{i=0}^m$ 带权 $\{\omega_i\}_{i=0}^m$ 的正交的多项式系 $p_0(x), p_1(x), \cdots, p_n(x)$ 作为拟合多项式的基底时, 法方程组 (4.38) 便化简为

$$(p_k, p_k) a_k = (f, p_k), \quad k = 0, 1, \cdots, n. \tag{4.41}$$

求解可得

$$a_k = \frac{(f, p_k)}{(p_k, p_k)}, \quad k = 0, 1, \cdots, n, \tag{4.42}$$

则 n 次多项式

$$g_n(x) = \sum_{k=0}^n a_k p_k(x) \tag{4.43}$$

为拟合给定的数据点 $\{(x_i, y_i)\}_{i=0}^m$ 的最小二乘解.

利用正交多项式作最小二乘拟合时, 可以将构造正交多项式系 $\{p_k(x)\}_{k=0}^n$ 与解法方程求 a_k 以及形成拟合多项式 $g_n(x)$ 穿插进行, 见下面的例题.

例 4.4.3　给定数据点 (x_i, y_i) 及 ω_i 如表 4-4 所示. 试用最小二乘法求拟合这组数据的多项式.

表 4-4　多项式拟合数据表

x_i	0	0.5	0.6	0.7	0.8	0.9	1.0
y_i	1	1.75	1.96	2.19	2.44	2.71	3.00
ω_i	1	1	1	1	1	1	1

解: 为确定拟合多项式的次数, 首先描点, 如图 4-4 所示. 根据数据点的分布情况, 用二次多项式拟合这组数据. 函数类的基底取正交多项式 $p_0(x)$, $p_1(x)$, $p_2(x)$, 所以拟合函数为 $g(x) = a_0 p_0(x) + a_1 p_1(x) + a_2 p_2(x)$. 以下计算一律取 6 位有效数字.

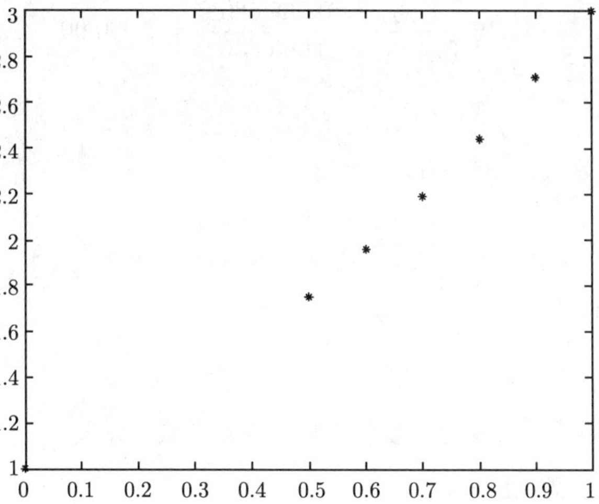

图 4-4 例 4.4.3 数据点的分布情况

取 $p_0(x)=1$, 则 $p_0(x_i)=1,\ i=0,1,\cdots,6$.

$$
\begin{aligned}
(p_0,p_0)&=\sum_{i=0}^{6}\omega_i p_0^2(x_i)=7,\\
(f,p_0)&=\sum_{i=0}^{6}\omega_i y_i p_0(x_i)=15.050\,0,\\
a_0&=\frac{(f,p_0)}{(p_0,p_0)}=2.150\,00,\\
g_0(x)&=a_0p_0(x)=a_0,\\
g_0(x_i)&=a_0=2.150\,00,\quad i=0,1,\cdots,6,\\
\alpha_0&=\frac{(xp_0,p_0)}{(p_0,p_0)}=\frac{4.5}{7}=0.642\,875,\\
p_1(x)&=x-0.642\,875,
\end{aligned}
$$

$$\{p_1(x_i)\}_{i=0}^{6}=\{-0.642\,857,-0.142\,857,-0.042\,857\,1,0.057\,142\,8,0.157\,143,0.257\,143,0.357\,143\},$$

$$a_1=\frac{(f,p_1)}{(p_1,p_1)}=\frac{1.3}{0.657\,143}=1.978\,26,$$

$$g_1(x)=g_0(x)+a_1p_1(x)=2.150\,00+1.978\,26(x-0.642\,857),$$

$$\{g_1(x_i)\}_{i=0}^{6}=\{0.879\,391,1.868\,52,2.066\,35,2.264\,17,2.462\,00,2.659\,83,2.857\,65\},$$

$$
\begin{aligned}
\alpha_1&=\frac{(xp_1,p_1)}{(p_1,p_1)}=\frac{0.220\,408}{0.657\,143}=0.335\,404,\\
\beta_0&=\frac{(p_1,p_1)}{(p_0,p_0)}=\frac{0.657\,143}{7}=0.093\,877\,5.
\end{aligned}
$$

则

$$p_2(x)=(x-0.335\,404)p_1(x)-\beta_0p_0(x)=x^2-0.978\,261x+0.121\,739,$$

$$\{p_2(x_i)\}_{i=0}^{6}=\{0.121\,739,-0.117\,392,-0.105\,218,-0.073\,043\,7,-0.020\,869\,8,0.051\,304\,1,\ 0.143\,478\},$$

$$a_2 = \frac{(f, p_2)}{(p_2, p_2)} = \frac{0.068\,660\,9}{0.068\,660\,9} = 1.000\,00.$$

从而拟合多项式为

$$g_2(x) = g_1(x) + a_2 p_2(x) = x^2 + x + 1.$$

用 MATLAB 工具解决此问题的方法如下:

```
>> x = [0  0.5   0.6   0.7   0.8   0.9   1.0];
>> y = [1  1.75  1.96  2.19  2.44  2.71  3.00];
>> p = polyfit(x,y,2)
```

则运行该程序的结果为

```
p = [1  1  1]
```

显然借助 MATLAB 工具, 求数据的最小二乘拟合多项式非常简单.

§4.4.3 非线性最小二乘问题

有时需要用指数函数 $s(x) = ae^{bx}$、幂函数 $g(x) = ax^b$ 或三角函数 $h(x) = a\sin bx$ 等非多项式函数拟合给定的一组数据, 这时拟合函数是关于待定参数的非线性函数, 按最小二乘准则, 用极值原理建立的法方程组将是关于待定参数的非线性方程组, 称这类数据拟合问题为非线性最小二乘问题, 其中某些特殊的情形可以转化为线性最小二乘问题求解.

例 4.4.4 设给定数据 $(x_i, f_i)(i = 0, 1, 2, 3, 4)$(见表 4-5), 试用最小二乘法求拟合这组数据的函数.

表 4-5 未知函数数据表

x_i	1.00	1.25	1.50	1.75	2.00
$f(x_i)$	5.10	5.79	6.53	7.45	8.46

解: 所给数据接近一个指数曲线, 因而可选择数学模型为指数函数 $y = ae^{bx}$ $(a, b$ 为待定常数). 这是一个关于 a, b 的非线性模型, 为此对 $y = ae^{bx}$ 两边取对数得 $\ln y = \ln a + bx$, 令 $u = \ln y$, $A = \ln a$, 于是有 $u = A + bx$, 这是一个线性模型, 可用最小二乘求解.

取 $\varphi_0 = 1$, $\varphi_1 = x$, 要求 $u = A + bx$ 与 $(x_i, u_i)(i = 0, 1, 2, 3, 4)$ 做最小二乘拟合, 由式 (4.38) 得法方程

$$\begin{cases} 5A + \ \ 7.50b = 9.404, \\ 7.50A + 11.875b = 14.422, \end{cases}$$

解得 $A = 1.122$, $b = 0.505\,6$, 从而 $a = e^A = 3.071$, 于是得最小二乘拟合曲线方程为

$$y = 3.071e^{0.5056x}.$$

对某些问题, 不能将非线性问题转化为线性最小二乘问题, 而只能按最小二乘原则, 用极值原理建立法方程组. 这里得到的法方程组将是关于待定参数的非线性方程组. 用合适的求解非线性方程组的方法求解即可得非线性最小二乘问题的解. 下面是非线性最小二乘问题的简单例子.

例 4.4.5 用函数 $y = a\sin bx$ 拟合数据 (见表 4-6).

表 4-6 函数 $y = a\sin bx$ 拟合数据

x	0.1	0.2	0.3	0.4	0.5	0.6	0.7	0.8
y	0.6	1.1	1.6	1.8	2.0	1.9	1.7	1.3

解: 这是一个非线性最小二乘问题, 按照最小二乘原理, 应选取参数 a,b 使得表达式 $I = \sum_{i=1}^{8}(a\sin bx_i - y_i)^2$ 达到极小值. 通过对 I 关于 a 和 b 求偏导数, 并置这些偏导数等于 0 得

$$\begin{cases} \dfrac{\partial I}{\partial a} = \sum\limits_{i=1}^{8} 2(a\sin bx_i - y_i)\sin bx_i = 0, \\ \dfrac{\partial I}{\partial b} = \sum\limits_{i=1}^{8} 2(a\sin bx_i - y_i)a(\cos bx_i)x_i = 0. \end{cases}$$

从上述两个方程中分别解出 a 并置这两个值相等, 得方程

$$\frac{\sum\limits_{i=1}^{8} y_i \sin bx_i}{\sum\limits_{i=1}^{8}(\sin bx_i)^2} = \frac{\sum\limits_{i=1}^{8} x_i y_i \cos bx_i}{\sum\limits_{i=1}^{8} x_i \sin bx_i \cos bx_i},$$

再从这个方程中用非线性方程求根的数值方法 (如弦截法) 解出参数 b. 最后可以计算这个方程的任一边作为 a 的值.

不借助计算机, 上述问题得不到具体的 a 和 b 的值. 用 MATLAB 解决此问题时, 需要借助函数 `fminsearch` (求多元函数的极小值) 来求 $I = \sum_{i=1}^{8}(a\sin bx_i - y_i)^2$ 的极小值. 具体做法分两步: 第一步创建函数 `fitfun`, `fitfun` 实际上返回 I 的值; 第二步用 `fminsearch` 求 `fitfun` 的极小值. 函数 `fminsearch` 的使用方法如下:

```
>> [xmin,value,flag,output] = fminsearch(f,x0)
```

其中 f 是向量参数 x 的标量函数, x0是搜索开始的向量. 输出参数有 4 个: 最小值出现的点 $x$min, 在最小值点的函数值 value, 一个表明运行成功的标志符 flag, 以及一个算法统计结构 output.

函数 `fitfun` 以向量 $(a,b)^{\mathrm{T}}$ 作为自变量, 以计算的 x 和 y 值为参数值, 返回误差.

```
function [err,a,b] = nlfit(x,y)
  if nargin<2,
     x = [1:8]'/10;
     y = [0.6 1.1 1.6 1.8 2.0 1.9 1.7 1.3]';
  end
  c = fminsearch(@fitfun,[0;0],optimset,x,y);
  fprintf('The nonlinear least square fitting y=a*sin(b*x) for data\n\n');
  fprintf('%6.1f',x);
  fprintf('\n');
  fprintf('%6.1f',y);
  fprintf('\n\n is\n\t y = %7.4f * sin( %7.4f * x )\n\n',c(1),c(2));
  z = linspace(x(1),x(end),100);
  plot(x,y,'r+',z,c(1)*sin(c(2)*z),'b-.')

function err = fitfun(c,x,y)
```

```
   a = c(1);                             % coefficients
   b = c(2);
   err = y - a * sin(b*x);
   err = err'*err;
```

运算结果如下:

```
>> nlfit
The nonlinear least square fitting y=a*sin(b*x) for data


   0.1   0.2   0.3   0.4   0.5   0.6   0.7   0.8
   0.6   1.1   1.6   1.8   2.0   1.9   1.7   1.3


 is
     y =  1.9751 * sin(  3.0250 * x )
```

图 4-5 就是利用 fminsearch 进行非线性最小二乘拟合的结果, '0' 为原始数据点, 虚线为拟合得到的曲线 $y = a\sin bx = 1.975\,1\sin 3.025\,0x$, 由图 4-5 可以看出, 它的拟合结果是相当好的.

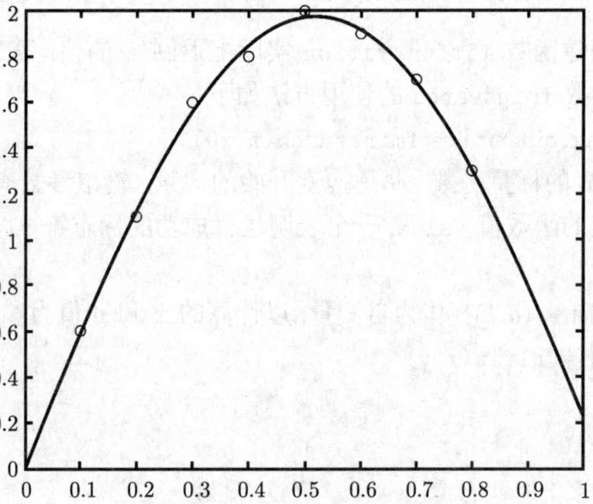

图 4-5　非线性最小二乘拟合

也可以用 MATLAB 函数 nlinfit(非线性拟合函数), 具体程序如下:

```
function [err,a,b] = nlfitb(x,y)
   if nargin<2,
      x = [1:8]'/10;
      y = [0.6 1.1 1.6 1.8 2.0 1.9 1.7 1.3]';
   end
   beta0 = [1 1]';
   beta  = nlinfit(x,y,@mymodel,beta0);
```

```
    fprintf('The nonlinear least square fitting y=a*sin(b*x) for data\n\n');
    fprintf('%6.1f',x);
    fprintf('\n');
    fprintf('%6.1f',y);
    fprintf('\n\n is\n\t y = %7.4f * sin( %7.4f * x )\n\n',beta);
    z = linspace(x(1),x(end),100);
    plot(x,y,'ro',z,beta(1)*sin(beta(2)*z),'b-.')

function yb = mymodel(beta, xb)
    yb = beta(1) * sin( beta(2) * xb );
```

§4.4.4 矛盾方程组

在实际问题中, 人们会碰到矛盾方程组, 即形式如下的方程组

$$\sum_{j=1}^{n} a_{kj}x_j = b_k, \quad 1 \leqslant k \leqslant m. \tag{4.44}$$

如果将给定的 n 元组 $(x_1, x_2, \cdots, x_n)$ 代入式 (4.44) 的左边, 第 k 个方程的两边之差称为第 k 个残差. 理想中所有的残差都应该是 0. 如果不可能取到 $(x_1, x_2, \cdots, x_n)$ 使所有的残差都是 0, 则方程组 (4.44) 为矛盾的或不相容的. 在这种情况下, 取而代之的是要求残差的平方和极小. 于是, 我们要做的就是适当选取 $(x_1, x_2, \cdots, x_n)$, 使表达式

$$I(x_1, x_2, \cdots, x_n) = \sum_{k=1}^{m}\left(\sum_{j=1}^{n} a_{kj}x_j - b_k\right)^2$$

取到极小值, 对 x_i 取偏导数, 并令其等于 0, 就得到法方程

$$\sum_{j=1}^{n}\left(\sum_{k=1}^{m} a_{ki}a_{kj}\right)x_j = \sum_{k=1}^{m} b_k a_{ki}. \tag{4.45}$$

这是 n 个未知数 $x_1, x_2, \cdots, x_n$ 的 n 个方程的线性方程组. 可以证明, 如果原始系数矩阵中的列向量是线性无关的, 则这个方程组是相容的, 从而可以解出方程组式 (4.45).

例 4.4.6 *确定矛盾方程组*

$$\begin{cases} 2x + 3y = 1 \\ x - 4y = -9 \\ 2x - y = -1 \end{cases}$$

在最小二乘意义下的最佳近似解.

解: 令 $I = (2x+3y-1)^2 + (x-4y+9)^2 + (2x-y+1)^2$, 求使得 I 达到极小的 x 和 y 的值. 由

$$\begin{cases} \dfrac{\partial I}{\partial x} = 4(2x+3y-1) + 2(x-4y+9) + 4(2x-y+1) = 0, \\ \dfrac{\partial I}{\partial y} = 6(2x+3y-1) + (-8)(x-4y+9) + (-2)(2x-y+1) = 0, \end{cases}$$

得

$$\begin{cases} x = -1, \\ y = \dfrac{20}{13}. \end{cases}$$

借助 MATLAB 完成此题, 其做法如下:

```
>> A = [2 3; 1 -4;2 -1];
>> b = [1 -9 -1]';
>> c = A \ b
```

则 $x = c(1)$, $y = c(2)$. 也即 MATLAB 中运算 "\", 既可以对相容方程组给出其唯一解, 也可以对矛盾方程组求出最小二乘解.

§4.5 周期函数逼近与快速傅里叶变换

§4.5.1 周期函数的最佳平方逼近

当 f 为周期函数时, 用三角多项式逼近比用代数多项式更合适. 现假定 $f(x) \in C(-\infty, +\infty)$, 并且 $f(x+2\pi) = f(x)$, 在 $\Phi = span\{1, \cos x, \sin x, \cdots, \cos nx, \sin nx\}$ 上求最佳平方逼近函数

$$s_n(x) = \frac{a_0}{2} + \sum_{j=1}^{n}(a_j \cos jx + b_j \sin jx). \tag{4.46}$$

由于函数族 $\{1, \cos x, \sin x, \cdots, \cos nx, \sin nx\}$ 在 $[0, 2\pi]$ 上是正交函数族 (见例 4.1.1), 因此由式 (4.31) 可得, $f(x)$ 在 $[0, 2\pi]$ 上的最佳平方逼近函数 (4.46) 中的系数为

$$\begin{cases} a_j = \dfrac{1}{\pi}\displaystyle\int_0^{2\pi} f(x) \cos jx \mathrm{d}x, \quad j = 0, 1, \cdots, n, \\ b_j = \dfrac{1}{\pi}\displaystyle\int_0^{2\pi} f(x) \sin jx \mathrm{d}x, \quad j = 1, 2, \cdots, n, \end{cases} \tag{4.47}$$

a_j, b_j 称为 $f(x)$ 的傅里叶系数. 借助最佳平方逼近的性质可得下列贝塞尔 (Bessel) 不等式

$$\frac{1}{2}a_0^2 + \sum_{k=1}^{n}(a_k^2 + b_k^2) \leqslant \frac{1}{\pi}\int_0^{2\pi} f^2(x) \mathrm{d}x. \tag{4.48}$$

由于右边不依赖 n, 故正项级数 $\frac{1}{2}a_0^2 + \sum\limits_{k=1}^{\infty}(a_k^2 + b_k^2)$ 收敛, 并有 $\lim\limits_{k\to\infty} a_k = \lim\limits_{k\to\infty} b_k = 0$. 显然三角多项式 (4.46) 是 $f(x)$ 的傅里叶级数

$$\frac{a_0}{2} + \sum_{k=1}^{\infty}(a_k \cos kx + b_k \sin kx) \tag{4.49}$$

的部分和. 当 $f(x)$ 连续并以 2π 为周期, 则由系数 (4.47) 定义的 $s_n(x)$ 平方收敛于 $f(x)$. 若还假定 $f(x)$ 在 x 处可微, 则 $s_n(x)$ 在 x 处收敛到 $f(x)$.

实际问题中, 有时 $f(x)$ 仅在离散点集 $\left\{x_k = \frac{2\pi}{N}k\right\}_0^{N-1}$ 上给出函数值 $f\left(\frac{2\pi}{N}k\right)$, $k = 0, 1, \cdots, N-1$. 可以证明, 当 $2n+1 \leqslant N$ 时, 三角函数族 $\{1, \cos x, \sin x, \cdots, \cos nx, \sin nx\}$

为离散点集 $\left\{x_k=\frac{2\pi}{N}k\right\}_0^{N-1}$ 的正交函数族, 即对任何 $k,l=0,1,\cdots,n$ 有

$$\sum_{j=0}^{N-1}\sin l\frac{2\pi j}{N}\sin k\frac{2\pi j}{N}=\begin{cases}0, & l\neq k,\\ \dfrac{N}{2}, & l=k\neq 0,\end{cases}\qquad l,k=1,2,\cdots,n,$$

$$\sum_{j=0}^{N-1}\cos l\frac{2\pi j}{N}\sin k\frac{2\pi j}{N}=0,$$

$$\sum_{j=0}^{N-1}\cos l\frac{2\pi j}{N}\cos k\frac{2\pi j}{N}=\begin{cases}0, & l\neq k,\\ \dfrac{N}{2}, & l=k\neq 0,\\ N, & l=k=0.\end{cases}$$

于是由离散点集 $\left\{x_k=\frac{2\pi}{N}k\right\}_0^{N-1}$ 给出的 $f(x)$ 在三角函数族

$$\Phi=span\{1,\cos x,\sin x,\cdots,\cos nx,\sin nx\}$$

中的最小二乘解, 仍可用式 (4.46) 中的 $s_n(x)$ 表示, 其中系数为

$$\begin{cases}a_k=\dfrac{2}{N}\displaystyle\sum_{j=0}^{N-1}f\left(\frac{2\pi j}{N}\right)\cos\frac{2\pi kj}{N}, & k=0,1,\cdots,n,\\ b_k=\dfrac{2}{N}\displaystyle\sum_{j=0}^{N-1}f\left(\frac{2\pi j}{N}\right)\sin\frac{2\pi kj}{N}, & k=1,2,\cdots,n.\end{cases}\tag{4.50}$$

这里 $2n+1\leqslant N$. 当 $2n+1=N$ 时, 则有

$$s_n(x_j)=f(x_j),\quad j=0,1,\cdots,N-1.$$

此时 $s_n(x)$ 就是三角插值多项式.

更一般的情形, 假定 $f(x)$ 是以 2π 为周期的复值函数, 在 N 个节点 $\left\{x_k=\frac{2\pi}{N}k\right\}_0^{N-1}$ 上的函数值 $f\left(\frac{2\pi}{N}k\right)$ 已知, 令 $\psi_k(x)=\mathrm{e}^{ikx}=\cos kx+i\sin kx$, $i=\sqrt{-1}$ 是虚根, $k=0,1,\cdots,N-1$, 则 $\{\psi_k\}_0^{N-1}$ 关于节点集 $\{x_j\}_0^{N-1}$ 正交, 即

$$(\psi_l,\psi_k)=\sum_{j=0}^{N-1}\psi_l(x_j)\bar{\psi}_k(x_j)=\sum_{j=0}^{N-1}\mathrm{e}^{i(l-k)\frac{2\pi}{N}j}=\begin{cases}0, & l\neq k,\\ N, & l=k.\end{cases}\tag{4.51}$$

因此 $f(x)$ 在点集 $\left\{x_k=\frac{2\pi}{N}k\right\}_0^{N-1}$ 上的最小二乘解为

$$s_n(x)=\sum_{k=0}^{n}C_k\mathrm{e}^{ikx},\quad n<N,\tag{4.52}$$

其中,

$$C_k=\frac{1}{N}\sum_{j=0}^{N-1}f(x_j)\mathrm{e}^{-ikj\frac{2\pi}{N}},\quad k=0,1,\cdots,n.\tag{4.53}$$

如果取 $n = N-1$, 则 $s_n(x)$ 为 $f(x)$ 在点 x_j $(j=0,1,\cdots,N-1)$ 上的插值函数, 即有 $s_n(x_j)=f(x_j)$, $j=0,1,\cdots,N-1$, 利用式 (4.52) 有

$$f(x_j)=\sum_{k=0}^{N-1} C_k \mathrm{e}^{ikx_j},\quad j=0,1,\cdots,N-1. \tag{4.54}$$

式 (4.53) 是由 $\{f(x_j)\}_0^{N-1}$ 求 $\{C_k\}_0^{N-1}$ 的过程, 称为 f 的离散傅里叶变换 (Discrete Fourier Transformation), 简称 DFT, 而式 (4.54) 是由 $\{C_k\}_0^{N-1}$ 求 $\{f(x_j)\}_0^{N-1}$ 的过程, 称为 DFT 的逆变换. 它们是用计算机进行频谱分析的主要方法, 在数字信号处理、全息技术、光谱和声谱分析等领域都有广泛的应用.

§4.5.2 快速傅里叶变换 (FFT)

由 $\{f(x_j)\}_0^{N-1}$ 求 $\{C_k\}_0^{N-1}$ 的式 (4.53) 可以当作傅里叶变换

$$F(s)=\int_{-\infty}^{\infty} f(x)\mathrm{e}^{-i2\pi sx}\mathrm{d}x$$

的离散近似, 其逆变换是式 (4.54), 这两个表达式的计算在傅里叶分析中非常重要, 它们都可以归结为计算

$$C_j=\sum_{k=0}^{N-1} B_k W^{kj},\quad j=0,1,\cdots,N-1, \tag{4.55}$$

其中 $\{B_k\}_0^{N-1}$ 是给定的复数序列, $W=\mathrm{e}^{-i\frac{2\pi}{N}}$(正变换) 或 $W=\mathrm{e}^{i\frac{2\pi}{N}}$(逆变换). 由式 (4.55) 看到, 直接计算一个 C_j 需要 N 次复数乘法和 $N-1$ 次复数加法, 计算全部 $\{C_j\}_0^{N-1}$ 需要 N^2 次复数乘法和 $N(N-1)$ 次复数加法. 当 N 很大时, 计算 N^2 个乘法很费时, 很多问题用高速计算机也无法完成. 20 世纪 60 年代中期产生了 FFT 算法, 减少了计算量, 才使 DFT 的计算得以实现. FFT 的思想是尽量减少式 (4.55) 中乘法的次数. 由于 W 是 N 等分复平面单位圆上的一点, 且 $W^N=1$, 所以 $\left\{W^{jk}\right\}_{j,k=0}^{N-1}$ 实际上仍是单位圆上的 N 个点, 用 N 去除 jk, 可得 $jk=qN+r(0\leqslant r\leqslant N-1)$, 故 $W^{jk}=W^r$ 只有 N 个不同的值 $W^0,W^1,\cdots,W^{N-1}$, 特别当 $N=2^m$ 时, 只有 $N/2$ 个不同值, 因此可把同一个 W^r 对应的 B_k 相加后再乘 W^r, 这就能大量减少乘法的次数.

下面仅介绍 $N=2^m$ 时的算法. 把 k,j 分别用二进制表示为

$$k=k_{m-1}2^{m-1}+\cdots+k_1 2^1+k_0 2^0=(k_{m-1}\cdots k_1k_0),$$

$$j=j_{m-1}2^{m-1}+\cdots+j_1 2^1+j_0 2^0=(j_{m-1}\cdots j_1j_0),$$

其中 $k_r,j_r(r=0,1,\cdots,m-1)$ 只能取 0 或 1, 相应地令

$$\begin{aligned}C_j&=C(j)=C(j_{m-1}\cdots j_1j_0),\\ B_k&=B_0(k)=B_0(k_{m-1}\cdots k_1k_0),\\ W^{kj}&=W^{(k_{m-1}\cdots k_1k_0)(j_{m-1}\cdots j_1j_0)}\\ &=W^{j_0(k_{m-1}\cdots k_1k_0)+j_1(k_{m-2}\cdots k_00)+\cdots j_{m-1}(k_00\cdots 0)}.\end{aligned}$$

于是式 (4.55) 可分解为 m 层求和, 即

$$
\begin{aligned}
C(j)=&\sum_{k=0}^{N-1} B_0(k)W^{kj}\\
=&\sum_{k_0=0}^{1} W^{j_{m-1}(k_0 0\cdots 0)}\sum_{k_1=0}^{1} W^{j_{m-2}(k_1k_0\cdots 0)}\cdots\sum_{k_{m-1}=0}^{1} W^{j_0(k_{m-1}\cdots k_0)}B_0(k_{m-1}\cdots k_1k_0).
\end{aligned}
\tag{4.56}
$$

上式的 m 层求和由里往外, 分别引入记号

$$
B_1(k_{m-2}\cdots k_0j_0)=\sum_{k_{m-1}=0}^{1} B_0(k_{m-1}\cdots k_1k_0)W^{j_0(k_{m-1}\cdots k_0)},
$$

$$
B_2(k_{m-3}\cdots k_0j_1j_0)=\sum_{k_{m-2}=0}^{1} B_1(k_{m-2}\cdots k_0j_0)W^{j_1(k_{m-2}\cdots k_0 0)},
$$

$$\cdots\cdots$$

$$
B_m(j_{m-1}\cdots j_1j_0)=\sum_{k_0=0}^{1} B_{m-1}(k_0j_{m-2}\cdots j_0)W^{j_{m-1}(k_0 0\cdots 0)}.
$$

由此看到

$$
B_m(j_{m-1}\cdots j_1j_0)=C(j_{m-1}\cdots j_1j_0)=C(j).
$$

为简化每个和式的计算, 利用 $W^{j_0 2^{m-1}}=W^{j_0\frac{N}{2}}=(-1)^{j_0}$, 并将二进制 $(0k_{m-2}\cdots k_0)_2=k$ 表示为 $k=k_{m-2}2^{m-2}+\cdots k_0 2^0$, 即为十进制数, 于是

$$
\begin{aligned}
&B_1(k_{m-2}\cdots k_0j_0)\\
=&B_0(0k_{m-2}\cdots k_0)W^{j_0(0k_{m-2}\cdots k_0)}+B_0(1k_{m-2}\cdots k_0)W^{j_0 2^{m-1}}\times W^{j_0(0k_{m-2}\cdots k_0)}\\
=&\left[B_0(0k_{m-2}\cdots k_0)+(-1)^{j_0}B_0(1k_{m-2}\cdots k_0)\right]W^{j_0(0k_{m-2}\cdots k_0)}.
\end{aligned}
$$

由于 $j_0=0$ 或 1, 并将上式中的二进制数表示为十进制数可得, 对于 $k=0,1,\cdots,2^{m-1}-1$ 有

$$
\begin{cases}
B_1(2k)=B_1(k_{m-2}\cdots k_0 0)=B_0(k)+B_0(k+2^{m-1}),\\
B_1(2k+1)=B_1(k_{m-2}\cdots k_0 1)=\left[B_0(k)-B_0(k+2^{m-1})\right]W^k.
\end{cases}
\tag{4.57}
$$

同理可推出, 对于 $j=0,1$ 以及 $k=0,1,\cdots,2^{m-2}-1$ 有

$$
\begin{cases}
B_2(k2^2+j)=B_1(2k+j)+B_1(2k+j+2^{m-1}),\\
B_2(k2^2+j+2)=\left[B_1(2k+j)-B_1(2k+j+2^{m-1})\right]W^{2k}.
\end{cases}
\tag{4.58}
$$

一般情况可得, 对于 $l=1,2,\cdots,m$, $j=0,1,\cdots,2^{l-1}-1$ 以及 $k=0,1,\cdots,2^{m-l}-1$, 有

$$
\begin{cases}
B_l(k2^l+j)=B_{l-1}(k2^{l-1}+j)+B_{l-1}(k2^{l-1}+j+2^{m-1}),\\
B_l(k2^l+j+2^{l-1})=\left[B_{l-1}(k2^{l-1}+j)-B_{l-1}(k2^{l-1}+j+2^{m-1})\right]W^{k2^{l-1}}.
\end{cases}
\tag{4.59}
$$

式 (4.59) 就是计算 DFT 的快速算法公式, 它比原始的 DFT 算法 (相应于公式 (4.53)) 有所改进, 方法的详细推导见 [14]. 此方法计算全部 $\{C_j\}_0^{N-1}$ 共用 $N(m-1)/2$ 次复数乘法和 Nm 次加法运算, 当 $N=2^{10}$ 时, 它是非快速算法运算量的 1/230.

在 MATLAB 软件中, $\texttt{FFT}(f)$ 是一个内部函数, 其值是向量 f 的离散傅里叶系数的 N 倍, 在数字信号处理、全息技术、光谱和声谱分析等领域称该值为向量 f 的离散谱 C. $\texttt{IFFT}(C)$ 也是一个内部函数, 它是 DFT 的逆变换.

例 4.5.1 给出一张记录 $\{f_j\} = (2, 1, 0, 1)$, 用式 (4.55) 和 MATLAB 软件计算 $\{f_j\}$ 的离散谱 $\{C_j\}$.

解: 此时式 (4.55) 中的 $N = 4, W = \mathrm{e}^{-i\frac{2\pi}{4}} = -i$, 故

$$C_0 = \sum_{k=0}^{3} f_k = 4,$$

$$C_1 = \sum_{k=0}^{3} f_k(-i)^k = 2 + 1 \times (-i) + 0 \times (-i)^2 + 1 \times (-i)^3 = 2,$$

$$C_2 = \sum_{k=0}^{3} f_k(-i)^{2k} = 2 + 1 \times (-i)^2 + 0 \times (-i)^4 + 1 \times (-i)^6 = 0,$$

$$C_3 = \sum_{k=0}^{3} f_k(-i)^{3k} = 2 + 1 \times (-i)^3 + 0 \times (-i)^6 + 1 \times (-i)^9 = 2.$$

用 MATLAB 计算该题的命令为

```
>> f = [2 1 0 1]
>> C = fft(f)
C =
   4   2   0   2
```

评 注

数值逼近是数值计算中的基本问题, 有着广泛的应用背景. 本章除介绍最佳一致逼近和最佳平方逼近的基本思想及算法外, 还介绍了非线性最小二乘问题和矛盾方程组的求解. 我们认为对此问题的介绍有助于更好地理解线性最小二乘问题. 另外, 考虑到傅里叶变换在工程中的广泛应用, 本章对周期函数的最佳平方逼近多项式与周期函数的傅里叶级数之间的关系、周期的离散数据的最小二乘解、快速傅里叶变换的算法思想做了简要的介绍.

习 题 四

1. 求下列函数在区间 $[-1, 1]$ 上的线性最佳一致逼近多项式:

   (1)$f(x) = x^2 + 3x - 5$;

   (2)$f(x) = \mathrm{e}^x$.

2. 令 M 和 m 分别代表连续函数 $f(x)$ 在区间 $[a, b]$ 上的最大值和最小值. 证明 $f(x)$ 在区间 $[a, b]$ 上的零次最佳一致逼近多项式是 $p(x) = \frac{1}{2}(M + m)$.

3. 试分别求函数 $f(x) = \sqrt{1 + x}$ 在区间 $[0, 1]$ 上的一次最佳一致逼近多项式和一次最佳平方逼近多项式.

4. 求函数 $f(x) = \sin(\pi x)$ 在区间 $[0, 1]$ 上的二次最佳平方逼近多项式.

5. 用最小二乘法, 找出形如 $y = ax^2 + b$ 的抛物线方程, 使之最佳地代表表 4-7 中的数据.

表 4-7　习题 5 中给定的拟合数据

x	-1	0	1
y	3.1	0.9	2.9

6. 证明如果用最小二乘法使一条直线拟合数据表 (x_i, y_i), 那么这条直线必通过点 (x^*, y^*), 这里 x^* 和 y^* 分别是 x_i 和 y_i 的平均值.
7. 已知液体的粘性度 V 随温度按照 $V = a + bT + cT^2$ 变化, 利用表 4-8 的数值, 找出 a,b 和 c 的最佳值.

表 4-8　习题 7 中给定的粘度—温度数据

T	1	2	3	4	5	6	7
V	2.31	2.01	1.80	1.66	1.55	1.47	1.41

8. 找出形如 $a\sin\pi x + b\cos\pi x$ 的函数, 使之在最小二乘意义下拟合表 4-9 中的数据点.

表 4-9　习题 8 中给定的拟合数据

x	-1	$-\frac{1}{2}$	0	$\frac{1}{2}$	1
y	-1	0	1	2	1

数值实验四

1. 已知液体的表面张力 s 是温度 T 的线性函数 $s = aT + b$, 对某种液体有表 4-10 的实验数据. 试用最小二乘法确定系数 a, b.

表 4-10　表面张力—温度数据

T	0	10	20	30	40	80	90	95
s	68.0	67.1	66.4	65.6	64.6	61.8	61.0	60.0

并通过图形来展示拟合的效果.

2. 拟合形如 $f(x) \approx \dfrac{a+bx}{1+cx}$ 的函数的一种快速方法是将最小二乘法用于下列问题：$f(x)(1+cx) \approx a + bx$, 试用这一方法拟合表 4-11 给出的中国人口数据.

表 4-11　中国人口数据

次序	年份	人口 (亿)
第一次	1953	5.82
第二次	1964	6.95
第三次	1982	10.08
第四次	1990	11.34
第五次	2000	12.66

并通过图形来展示拟合的效果.

3. 给出一张记录 $\{f_k\} = (4,3,2,1,0,1,2,3)$, 用 FFT 算法求出 $\{f_k\}$ 离散谱 $\{C_k\}$.

第 5 章　数值积分与数值微分

本章我们研究各种求积分的数值方法. 主要讨论有限区间上的单重积分, 无穷区间上的积分以及高维数值积分的蒙特卡罗 (Monte Carlo) 方法.

由高等数学中的牛顿–莱布尼茨 (Newton-Leibniz) 公式, 若函数 $f(x)$ 在区间 $[a,b]$ 上连续, 则有积分

$$I[f]=\int_a^b f(x)\mathrm{d}x=F(b)-F(a),$$

式中, $F(x)$ 为 $f(x)$ 的原函数, 即 $F'(x)=f(x)$. 由此可见, 只要求出原函数, 积分值即可求出. 但在许多实际问题中, $f(x)$ 的原函数很难求出, 甚至根本无法写出表达式. 例如 $f(x)=\mathrm{e}^{-x^2}$, $\dfrac{\sin x}{x}$ 等. 另外, 有时函数是以在一系列离散点上值的形式出现的, 如表 5-1 所示.

表 5-1　函数值表

x	x_1	x_2	x_3	$\cdots$	x_n
$f(x)$	$f(x_1)$	$f(x_2)$	$f(x_3)$	$\cdots$	$f(x_n)$

我们的目的就是合理利用上述信息, 构造适当的算法, 从而求出积分的近似值.

设在区间 $[a,b]$(不妨先设 a,b 为有限数) 上, $f(x)\approx P_n(x)$, $P_n(x)$ 为某个较 “简单” 的函数, 则显然有

$$\int_a^b f(x)\mathrm{d}x\approx\int_a^b P_n(x)\mathrm{d}x. \tag{5.1}$$

误差为

$$\begin{aligned}\left|\int_a^b f(x)\mathrm{d}x-\int_a^b P_n(x)\mathrm{d}x\right| &\leqslant \int_a^b |f(x)-P_n(x)|\,\mathrm{d}x\\ &\leqslant (b-a)\max_{a\leqslant x\leqslant b}|f(x)-P_n(x)|.\end{aligned}$$

因此只要 $\max\limits_{a\leqslant x\leqslant b}|f(x)-P_n(x)|\leqslant\varepsilon$, 就有误差估计

$$\left|\int_a^b f(x)\mathrm{d}x-\int_a^b P_n(x)\mathrm{d}x\right|\leqslant (b-a)\varepsilon.$$

本章的数值求积分方法, 除了蒙特卡罗方法以外, 其他方法都可以看成是按照这一思路构造的.

§5.1　几个常用积分公式及其复合积分公式

§5.1.1　几个常用积分公式

对函数 $f(x)$, 如果用它 $x=\dfrac{a+b}{2}$ 上的函数值近似代替, 即得**中点公式**

$$\int_a^b f(x)\mathrm{d}x\approx\int_a^b f\left(\frac{a+b}{2}\right)\mathrm{d}x=(b-a)f\left(\frac{a+b}{2}\right). \tag{5.2}$$

误差公式的推导如下. 设 $f(x) \in C^2[a,b]$, 由泰勒公式,

$$f(x)=f\left(\frac{a+b}{2}\right)+f'\left(\frac{a+b}{2}\right)\left(x-\frac{a+b}{2}\right)$$
$$+\frac{1}{2}f''(\eta(x))\left(x-\frac{a+b}{2}\right)^2, \quad \eta(x) \in (a,b).$$

从而,

$$\int_a^b f(x)\mathrm{d}x=\int_a^b f\left(\frac{a+b}{2}\right)\mathrm{d}x+f'\left(\frac{a+b}{2}\right)\int_a^b\left(x-\frac{a+b}{2}\right)\mathrm{d}x$$
$$+\frac{1}{2}\int_a^b f''(\eta(x))\left(x-\frac{a+b}{2}\right)^2\mathrm{d}x.$$

上面等式中积分 $\int_a^b\left(x-\frac{a+b}{2}\right)\mathrm{d}x=0$, 而利用积分第二中值定理, 可得

$$\int_a^b f''(\eta(x))\left(x-\frac{a+b}{2}\right)^2\mathrm{d}x=f''(\xi)\int_a^b\left(x-\frac{a+b}{2}\right)^2\mathrm{d}x$$
$$=\frac{1}{12}(b-a)^3f''(\xi),\ \xi \in (a,b).$$

因此,

$$\int_a^b f(x)\mathrm{d}x-(b-a)f\left(\frac{a+b}{2}\right)=\frac{1}{24}(b-a)^3f''(\xi). \tag{5.3}$$

下面我们通过插值节点 $x_0=a$ 和 $x_1=b$ 作线性插值函数 $L_1(x)$, 利用 $f(x)\approx L_1(x)$, 得**梯形公式**

$$\begin{aligned}\int_a^b f(x)\mathrm{d}x&\approx\int_a^b L_1(x)\mathrm{d}x=\int_a^b\left[\frac{x-b}{a-b}f(a)+\frac{x-a}{b-a}f(b)\right]\mathrm{d}x\\&=\frac{1}{2}(b-a)\left[f(a)+f(b)\right].\end{aligned} \tag{5.4}$$

上面求积公式的右端值可看成是由线段 $x=a$, $x=b$, 过点 $(a,f(a)),(b,f(b))$ 的直线以及 x 轴围成的梯形面积. 如果 $f(x)\in C^2[a,b]$, 则由线性插值函数的误差公式 (见第 3 章) 以及积分中值定理得

$$\begin{aligned}&\int_a^b f(x)\mathrm{d}x-\frac{1}{2}(b-a)\left[f(a)+f(b)\right]\\&=\int_a^b f(x)\mathrm{d}x-\int_a^b L_1(x)\mathrm{d}x\\&=\frac{1}{2}\int_a^b f''(\eta(x))(x-a)(x-b)\mathrm{d}x\\&=-\frac{1}{12}(b-a)^3f''(\xi),\ \xi\in(a,b).\end{aligned} \tag{5.5}$$

若 $f(x)$ 用通过节点 $x_0=a$, $x_1=\frac{a+b}{2}$, $x_2=b$ 的二次插值多项式 $L_2(x)$ 代替,

$$\begin{aligned}f(x)&\approx L_2(x)\\&=\frac{(x-x_1)(x-x_2)}{(x_0-x_1)(x_0-x_2)}f(x_0)+\frac{(x-x_0)(x-x_2)}{(x_1-x_0)(x_1-x_2)}f(x_1)+\frac{(x-x_0)(x-x_1)}{(x_2-x_0)(x_2-x_1)}f(x_2),\end{aligned}$$

则得**辛普森 (Simpson) 公式**, 或称**抛物型公式**

$$\int_a^b f(x)\mathrm{d}x \approx \int_a^b L_2(x)\mathrm{d}x = \frac{1}{6}(b-a)\left[f(a)+4f\left(\frac{a+b}{2}\right)+f(b)\right]. \tag{5.6}$$

可以证明: 若 $f(x)\in C^4[a,b]$, 则有误差公式 (证明过程见 5.1.2 节):

$$\int_a^b f(x)\mathrm{d}x - \frac{1}{6}(b-a)\left[f(a)+4f\left(\frac{a+b}{2}\right)+f(b)\right] = -\frac{(b-a)^5}{2880}f^{(4)}(\xi), \quad \xi\in(a,b). \tag{5.7}$$

一般地, 若已知函数 $f(x)$ 在区间 $[a,b]$ 内节点 $x_0, x_1, \cdots, x_n$ 上的值 $f(x_0)$, $f(x_1)$, $\cdots$, $f(x_n)$, 则称形如

$$\int_a^b f(x)\mathrm{d}x \approx \sum_{i=0}^n \omega_i f(x_i) \tag{5.8}$$

的式子为**求积公式**, 其中 x_i 称为**求积节点**, ω_i 称为**求积系数**. 求积节点及求积系数不依赖于被积函数 $f(x)$ 的具体形式.

通常记求积公式 (5.8) 的右端为 $Q[f]$, 即

$$Q[f] = \sum_{i=0}^n \omega_i f(x_i), \tag{5.9}$$

而误差记为 (也称为余项)

$$R[f] = I[f] - Q[f].$$

§5.1.2 代数精度

由上面的讨论可知, 求积公式有许多种, 为了判别各种公式的优劣, 需要一个标准, 为此, 我们提出了代数精度的概念.

定义 5.1.1 如果对所有次数小于等于 m 的多项式 $f(x)$, 等式

$$\int_a^b f(x)\mathrm{d}x = \sum_{i=0}^n \omega_i f(x_i) \tag{5.10}$$

成立, 但对某个次数为 $m+1$ 的多项式 $f(x)$, 式 (5.10) 不精确成立, 则称求积公式 (5.8) 的代数精度为 m 次.

我们称一个数值积分公式不精确成立是指, 等式两边不相等, 即等式不成立, 但是我们可以用这个不成立的公式来近似计算积分. 显然一个求积公式的代数精度为 m 次的等价条件为: 式 (5.10) 对 $f(x)=1, x, \cdots, x^m$ 精确成立, 但对于 $f(x)=x^{m+1}$ 等式不成立.

代数精度是判别求积公式好坏的标准之一. 例如考虑求积公式 (5.2), 由于误差为

$$R[f] = \frac{1}{12}(b-a)^3 f''(\xi), \quad \xi\in(a,b), \tag{5.11}$$

因此当 $f(x)$ 的次数为零次或一次多项式时, $R[f]=0$. 当 $f(x)$ 取二次多项式时 $R[f]\neq 0$(例如 $f(x)=x^2$), 从而由代数精度定义可知求积公式 (5.2) 的代数精度为 1 次. 同理可证求积公式 (5.4) 和 (5.6) 的代数精度分别为 1 次和 3 次.

例 5.1.1 试确定系数 $\omega_i(i=0,1,2)$, 使求积公式

$$\int_a^b f(x)\mathrm{d}x \approx \omega_0 f(a) + \omega_1 f(\frac{a+b}{2}) + \omega_2 f(b)$$

有尽可能高的代数精度, 并求出此求积公式的代数精度.

解: 分别令 $f(x)=1, x-\frac{a+b}{2}, (x-\frac{a+b}{2})^2$, 代入求积公式使之精确成立, 则可得线性方程组

$$\begin{cases} \omega_0+\omega_1+\ \ \omega_2 &= \int_a^b 1\mathrm{d}x = b-a \\ -\frac{b-a}{2}\omega_0+\ \frac{b-a}{2}\omega_2 &= \int_a^b \left(x-\frac{a+b}{2}\right)\mathrm{d}x = 0 \\ (\frac{b-a}{2})^2\omega_0+(\frac{b-a}{2})^2\omega_2 &= \int_a^b (x-\frac{a+b}{2})^2\mathrm{d}x = \frac{1}{12}(b-a)^3. \end{cases}$$

解得 $\omega_0=\omega_2=\frac{1}{6}(b-a)$, $\omega_1=\frac{2}{3}(b-a)$. 从而求积公式即为辛普森公式

$$\int_a^b f(x)\mathrm{d}x \approx \frac{(b-a)}{6}\left[f(a)+4f(\frac{a+b}{2})+f(b)\right].$$

为确定上述辛普森公式的代数精度, 将 $f(x)=(x-\frac{a+b}{2})^3$ 代入, 此时左边 = 右边 = 0; 但当将 $f(x)=(x-\frac{a+b}{2})^4$ 代入时, 左边 $=\frac{1}{90}(b-a)^5$, 右边 $=\frac{1}{48}(b-a)^5$, 左边 $\neq$ 右边, 所以辛普森公式的代数精度为 3.

上面例 5.1.1 可推广为一般的问题：已知节点 $x_i(i=0,1,\cdots,n)$ 需确定求积系数, 使其代数精度最高. 类似地, 此问题最后化为关于求积系数 $\omega_0,\omega_1,\cdots,\omega_n$ 的线性方程组.

下面证明辛普森公式的误差估计式 (5.7). 直接计算可得

$$\begin{aligned}\int_a^b f(x)\mathrm{d}x-\frac{1}{6}(b-a)\left[f(a)+4f\left(\frac{a+b}{2}\right)+f(b)\right] &= \int_a^b (f(x)-L_2(x))\mathrm{d}x \\ &= \int_a^b \frac{f^{(3)}(\xi)}{3!}(x-a)(x-\frac{a+b}{2})(x-b)\mathrm{d}x,\end{aligned}$$

因为此时函数 $(x-a)(x-\frac{a+b}{2})(x-b)$ 在区间 $[a,b]$ 内变号，所以不能直接运用积分中值定理来讨论. 为此构造 $f(x)$ 的三次埃尔米特插值多项式 $H_3(x)$, 使其满足

$$H_3(a)=f(a), H_3(b)=f(b),$$
$$H_3(\frac{a+b}{2})=f(\frac{a+b}{2}),\ H_3^{'}(\frac{a+b}{2})=f^{'}(\frac{a+b}{2}).$$

由第 3 章例 3.4.2 的结论，若 $f(x)\in C^4[a,b]$, 其插值余项为

$$f(x)-H_3(x)=\frac{f^{(4)}(\xi_1)}{4!}(x-a)(x-\frac{a+b}{2})^2(x-b),\quad \xi_1\in(a,b).$$

由于辛普森求积公式的代数精度为 3, 因而对三次多项式 $H_3(x)$ 精确成立

$$\begin{aligned}\int_a^b H_3(x)\mathrm{d}x &= \frac{(b-a)}{6}\left[H_3(a)+4H_3\left(\frac{a+b}{2}\right)+H_3(b)\right] \\ &= \frac{(b-a)}{6}\left[f(a)+4f\left(\frac{a+b}{2}\right)+f(b)\right],\end{aligned}$$

所以辛普森求积公式的余项为

$$\begin{aligned}\int_a^b f(x)\mathrm{d}x-\frac{(b-a)}{6}\left[f(a)+4f\left(\frac{a+b}{2}\right)+f(b)\right] &= \int_a^b (f(x)-H_3(x))\mathrm{d}x \\ &= \int_a^b \frac{f^4(\xi_1)}{4!}(x-a)(x-\frac{a+b}{2})^2(x-b)\mathrm{d}x\end{aligned}$$

而函数 $(x-a)(x-\frac{a+b}{2})^2(x-b)$ 在区间 $[a,b]$ 内不变号，故由积分中值定理得辛普森求积公式的余项为

$$\frac{f^4(\xi)}{4!}\int_a^b(x-a)(x-\frac{a+b}{2})^2(x-b)\mathrm{d}x=-\frac{(b-a)^5}{2880}f^{(4)}(\xi).$$

公式 (5.7) 得证.

设 $H=b-a$, 由误差公式可知当 H 很小时, 求积公式 (5.2)、(5.4)、(5.6) 的误差分别为 $O(H^3)$、$O(H^3)$、$O(H^5)$. 然而在通常情况下, 积分区间 $[a,b]$ 的长度 $b-a$ 不是非常小, 因此为了确保计算精度, 通常采用复合求积公式.

§5.1.3 积分公式的复合

复合积分, 就是将积分区间分为若干份, 在每一个 “小区间” 上用低阶求积公式 (5.2)、(5.4) 或 (5.6) 进行计算, 再将计算值相加即得原积分的近似值. 具体过程如下.

将积分区间 $[a,b]$ 分为 n 等分, 记步长 $h=\frac{b-a}{n}$, 节点为 $x_i=a+ih(i=0,1,\cdots,n)$, 并记 $x_{i+\frac{1}{2}}=\frac{1}{2}(x_i+x_{i+1})$. 由定积分性质,

$$\int_a^b f(x)\mathrm{d}x=\sum_{i=0}^{n-1}\int_{x_i}^{x_{i+1}}f(x)\mathrm{d}x, \tag{5.12}$$

对于上面每个区间 $[x_i,x_{i+1}]$ 上的积分 $\int_{x_i}^{x_{i+1}}f(x)\mathrm{d}x$, 由于此时区间长度为 $x_{i+1}-x_i=h$, 因此当 n 很大时, h 是一个**很小的数**. 如果在每一个区间上采用求积公式 (5.2)、公式 (5.4) 或公式 (5.6), 即得相应的复合求积公式.

复合中点公式

由公式 (5.2) 及公式 (5.12),

$$\int_a^b f(x)\mathrm{d}x\approx\sum_{i=0}^{n-1}hf\left(x_{i+\frac{1}{2}}\right)\triangleq M_n. \tag{5.13}$$

基于复合中点公式的 MATLAB 计算程序如下：

```
function I = fmid(fun,a,b,n)
  h = (b-a)/n;
  x = linspace(a+h/2, b-h/2, n);
  y = feval(fun,x);
  I = h * sum(y);
```

实际计算时, 还需编写函数 fun 的程序.

复合梯形公式

由公式 (5.4) 及公式 (5.12),

$$\begin{aligned}\int_a^b f(x)\mathrm{d}x&\approx\sum_{i=0}^{n-1}\frac{h}{2}\left[f(x_i)+f(x_{i+1})\right]\\&=\frac{h}{2}\left[f(a)+2\sum_{i=1}^{n-1}f\left(x_i\right)+f(b)\right]\triangleq T_n.\end{aligned} \tag{5.14}$$

基于复合梯形公式的 MATLAB 计算程序如下:

```
function I = ftrapz(fun,a,b,n)
  h = (b-a)/n;
  x = linspace(a,b,n+1);
  y = feval(fun,x);
  I = h * (0.5*y(1) + sum(y(2:n)) + 0.5*y(n+1) );
```

复合辛普森公式

由公式 (5.6) 及公式 (5.12),

$$\begin{aligned}\int_a^b f(x)\mathrm{d}x &\approx \sum_{i=0}^{n-1}\frac{h}{6}\left[f(x_i)+4f(x_{i+\frac{1}{2}})+f(x_{i+1})\right]\\ &=\frac{h}{6}\left[f(a)+4\sum_{i=0}^{n-1}f(x_{i+\frac{1}{2}})+2\sum_{i=1}^{n-1}f(x_i)+f(b)\right]\triangleq S_n.\end{aligned} \tag{5.15}$$

基于复合辛普森公式的 MATLAB 计算程序如下:

```
function I = fsimpson(fun,a,b,n)
  h = (b-a)/n;
  x = linspace(a,b,2*n+1);
  y = feval(fun,x);
  I = (h/6) * ( y(1)+2*sum(y(3:2:2*n-1))+4*sum(y(2:2:2*n))+y(2*n+1) );
```

为分析上述复合求积公式 M_n, T_n, S_n 的误差, 先给出一个定理.

定理 5.1.1 设 $g(y)\in C[a,b]$, $a\leqslant y_0<y_1<\cdots<y_m\leqslant b$, $\omega_i\geqslant 0$, 则存在 $\eta\in[a,b]$, 使得

$$\sum_{i=0}^{m}\omega_i g(y_i)=g(\eta)\sum_{i=0}^{m}\omega_i.$$

证: 设

$$g^*=\max_{0\leqslant i\leqslant m} g(y_i)=g(y^*),$$

$$g_*=\min_{0\leqslant i\leqslant m} g(y_i)=g(y_*),$$

其中 $y^*, y_*\in[a,b]$. 则有

$$g(y_*)\sum_{i=0}^{m}\omega_i\leqslant\sum_{i=0}^{m}\omega_i g(y_i)\leqslant g(y^*)\sum_{i=0}^{m}\omega_i.$$

利用连续函数的中值定理, 存在 $\eta\in[a,b]$, 满足

$$\sum_{i=0}^{m}\omega_i g(y_i)=g(\eta)\sum_{i=0}^{m}\omega_i.$$

设 $f(x)\in C^2[a,b]$, 下面推导复合中点公式 (5.13) 的误差. 首先由公式 (5.12), 公式 (5.13) 及误差公式 (5.3), 得

$$\begin{aligned}R_M=&\int_a^b f(x)\mathrm{d}x-M_n=\sum_{i=0}^{n-1}\int_{x_i}^{x_{i+1}}f(x)\mathrm{d}x-\sum_{i=0}^{n-1}hf(x_{i+\frac{1}{2}})\\ =&\sum_{i=0}^{n-1}\frac{1}{24}h^3f''(\xi_i).\end{aligned}$$

利用定理 5.1.1, 便有

$$\int_a^b f(x)\mathrm{d}x - M_n = \frac{1}{24}nh^3 f''(\eta) = \frac{b-a}{24}h^2 f''(\eta). \tag{5.16}$$

如果 $|f''(x)| \leqslant M_2$, $x \in [a,b]$, 则有结论

$$\left|\int_a^b f(x)\mathrm{d}x - M_n\right| \leqslant \frac{1}{24}(b-a)M_2h^2. \tag{5.17}$$

同理可推得复合梯形公式、复合辛普森公式的误差估计

$$R_T = \int_a^b f(x)\mathrm{d}x - T_n = -\frac{1}{12}(b-a)h^2 f''(\eta), \quad \eta \in (a,b), \tag{5.18}$$

$$R_S = \int_a^b f(x)\mathrm{d}x - S_n = -\frac{1}{2880}(b-a)h^4 f^{(4)}(\eta), \quad \eta \in (a,b). \tag{5.19}$$

例 5.1.2 分别用梯形公式和辛普森公式计算积分 $\int_0^1 \mathrm{e}^{-x}\mathrm{d}x$, 并估计误差.

解: 记 $a=0$, $b=1$, $f(x)=\mathrm{e}^{-x}$. 分别用梯形公式 (5.4) 及辛普森公式 (5.6) 计算得

$$T = \frac{b-a}{2}[f(a)+f(b)] = \frac{1-0}{2}\left[\mathrm{e}^0 + \mathrm{e}^{-1}\right] = 0.685\,9,$$

$$S = \frac{b-a}{6}\left[f(a) + 4f\left(\frac{a+b}{2}\right) + f(b)\right] = \frac{1-0}{6}\left[\mathrm{e}^0 + 4\mathrm{e}^{-0.5} + \mathrm{e}^{-1}\right] = 0.632\,3.$$

与积分的精确值 $I = 0.632\,1\cdots$ 相比较知, 两者的误差分别为 0.051 8 及 0.000 2.

例 5.1.3 设 $f(x) = \dfrac{\sin x}{x}$, $f(x)$ 在 9 个节点处的值由表 5-2 给出, 分别用复合梯形公式和复合辛普森公式计算积分 $I = \int_0^1 \dfrac{\sin x}{x}\mathrm{d}x$.

表 5-2 函数值表

x	0	$\frac{1}{8}$	$\frac{1}{4}$	$\frac{3}{8}$	
$f(x)$	1	0.997 397 8	0.989 615 8	0.976 726 7	
x	$\frac{1}{2}$	$\frac{5}{8}$	$\frac{3}{4}$	$\frac{7}{8}$	1
$f(x)$	0.953 851 0	0.935 155 6	0.908 851 6	0.877 192 5	0.842 470 9

解: 将积分区间 [0,1] 八等分, 由复合梯形公式 (5.14)$\left(\text{此时 } h = \frac{1}{8}\right)$ 计算得

$$\begin{aligned} T_8 = &\frac{1}{16}\left\{f(0) + 2\left[f\left(\frac{1}{8}\right) + f\left(\frac{1}{4}\right) + f\left(\frac{3}{8}\right) + f\left(\frac{1}{2}\right)\right.\right. \\ &\left.\left. + f\left(\frac{5}{8}\right) + f\left(\frac{3}{4}\right) + f\left(\frac{7}{8}\right)\right] + f(1)\right\} \\ = &\ 0.945\,690\,9. \end{aligned}$$

如果将积分区间 [0,1] 四等分, 由复合辛普森公式 (5.15)$\left(\text{此时 } h = \frac{1}{4}\right)$ 计算得

$$\begin{aligned} S_4 = &\frac{1}{24}\left\{f(0) + 4\left[f\left(\frac{1}{8}\right) + f\left(\frac{3}{8}\right) + f\left(\frac{5}{8}\right) + f\left(\frac{7}{8}\right)\right]\right. \\ &\left. + 2\left[f\left(\frac{1}{4}\right) + f\left(\frac{1}{2}\right) + f\left(\frac{3}{4}\right)\right] + f(1)\right\} \\ = &\ 0.946\,083\,2. \end{aligned}$$

比较计算结果 T_8 和 S_4, 由于它们都用到了 9 个节点上的函数值, 因而计算量可以认为是相同的, 然而计算精度却相差很大. 与积分的精确值 $I = 0.946\,083\,1\cdots$ 相比较, 复合梯形公式只有两位有效数字, 而用复合辛普森公式却有六位有效数字!

从误差估计公式 (5.18) 及公式 (5.19) 可看出, 若被积函数 $f(x)$ 具有 4 阶连续导数, 则复合梯形公式及复合辛普森公式的误差数量级分别为 $O(h^2)$ 及 $O(h^4)$. 由于 $O(h^2) \gg O(h^4)$, 由此可见, 对于充分光滑的函数, 复合辛普森公式的计算精度要比复合梯形公式高.

例 5.1.4 分别使用复合中点公式 (5.13)、复合梯形公式 (5.14) 和复合辛普森公式 (5.15) 计算下列积分值

$$I = \int_0^{2\pi} x\mathrm{e}^{-x}\cos(2x)\mathrm{d}x.$$

并分别取 $n = 2^k (k = 0, 1, \cdots, 8)$, 比较三种不同算法的收敛速度. 积分的精确值为

$$I = \frac{3(\mathrm{e}^{-2\pi} - 1) - 10\pi\mathrm{e}^{-2\pi}}{25} \approx -0.122\,122\,499\cdots.$$

解: 由复合中点公式、复合梯形公式、复合辛普森公式计算, 并分别记 R_M、R_T、R_S 为三者计算的误差, 则计算结果如表 5-3 所示.

表 5-3 三种不同方法的计算结果

n	R_M	R_T	R_S
1	0.975 1	0.158 9	0.703 0
2	1.037 0	0.567 0	0.502 1
4	0.122 2	0.234 8	3.139×10^{-3}
8	2.980×10^{-2}	5.635×10^{-2}	1.085×10^{-3}
16	6.748×10^{-3}	1.327×10^{-2}	7.381×10^{-5}
32	1.639×10^{-3}	3.263×10^{-3}	4.682×10^{-6}
64	4.066×10^{-4}	8.123×10^{-4}	2.936×10^{-7}
128	1.014×10^{-4}	2.028×10^{-4}	1.836×10^{-8}
256	2.535×10^{-5}	5.070×10^{-5}	1.148×10^{-9}

为更清楚地比较三者的收敛速度, 将计算结果画成图 5-1, 其中横坐标为 $\log_{10} n$, 纵坐标为 $\log_{10} R(n)$. 从图中可看出三种计算公式的误差分别为三条不同折线,

$$R_M \approx Ch^2, \quad R_T \approx Ch^2, \quad R_S \approx Ch^4,$$

与理论误差估计相当吻合.

假设被积函数 $f(x)$ 不满足两阶连续可导或四阶连续可导的条件, 此时误差估计公式 (5.16)、(5.18) 及公式 (5.19) 无法得到. 但是我们可以证明, 只要被积函数 $f(x)$ 在区间 $[a, b]$ 连续甚至 Riemann 可积, 则当 $h \to 0$(或 $n \to \infty$) 时, 由定积分的定义, 仍可得到收敛性结果 (见习题 7), 即当 $h \to 0$ 时,

$$M_n \to I, \quad T_n \to I, \quad S_n \to I.$$

对于给定的节点 $a = x_0 < x_1 < \cdots < x_n = b$ 及相应的函数值 $f(x_i)(i = 0, 1, \cdots, n)$, 分别定义区间 $[a, b]$ 上的三个分段函数 $f_n^{(0)}(x), f_n^{(1)}(x), f_n^{(2)}(x)$, 当 $x \in [x_{i-1}, x_i](i = 1, 3, \cdots, n)$ 时,

$$
\begin{aligned}
f_n^{(0)}(x) &= f(x_{i-\frac{1}{2}}),\\
f_n^{(1)}(x) &= \frac{x-x_i}{x_{i-1}-x_i}f(x_{i-1})+\frac{x-x_{i-1}}{x_i-x_{i-1}}f(x_i),\\
f_n^{(2)}(x) &= \frac{(x-x_{i-\frac{1}{2}})(x-x_i)}{(x_{i-1}-x_{i-\frac{1}{2}})(x_{i-1}-x_i)}f(x_{i-1})+\frac{(x-x_{i-1})(x-x_i)}{(x_{i-\frac{1}{2}}-x_{i-1})(x_{i-\frac{1}{2}}-x_i)}f(x_{i-\frac{1}{2}})\\
&\quad+\frac{(x-x_{i-\frac{1}{2}})(x-x_{i-1})}{(x_i-x_{i-\frac{1}{2}})(x_i-x_{i-1})}f(x_i),
\end{aligned}
$$

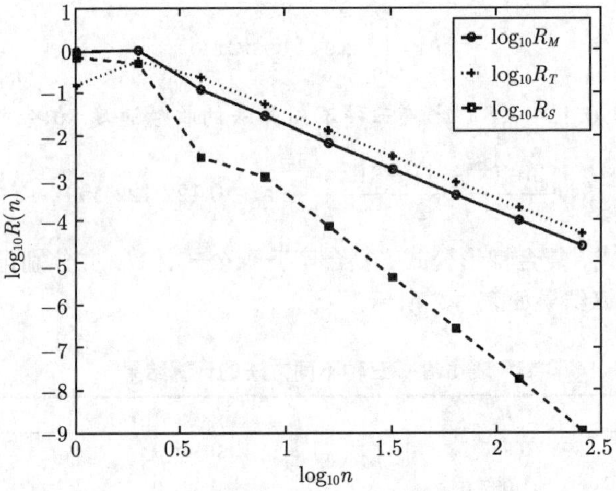

图 5-1　三种不同方法的收敛速度的比较

则三个函数都可看成是 $f(x)$ 的某种逼近, 故复合中点公式、复合梯形公式和复合辛普森公式可看成被积函数 $f(x)$ 用 $f_n^{(j)}(x)$ $(j=0,1,2)$ 代替后的近似积分值, 即

$$
\begin{aligned}
\int_a^b f(x)\mathrm{d}x &\approx \int_a^b f_n^{(0)}(x)\mathrm{d}x = M_n, \quad j=0,\\
\int_a^b f(x)\mathrm{d}x &\approx \int_a^b f_n^{(1)}(x)\mathrm{d}x = T_n, \quad j=1,\\
\int_a^b f(x)\mathrm{d}x &\approx \int_a^b f_n^{(2)}(x)\mathrm{d}x = S_n. \quad j=2.
\end{aligned}
$$

易证, 当 $f(x)$ 为区间 $[a,b]$ 上的连续函数时, $f_n^{(j)}(x)\to f(x)(n\to\infty)$. 从而有

$$
\int_a^b f_n^{(j)}(x)\mathrm{d}x \to \int_a^b f(x)\mathrm{d}x, \quad n\to\infty.
$$

下面以公式 (5.14) 为例讨论复合求积公式的稳定性, 即积分值误差对于函数值误差的敏感程度.

设 $f(x)$ 在节点 x_i 处的精确值为 $f(x_i)$, 而实际得到的值为 $\bar{f}(x_i)$. 由此得到节点 x_i 处的误差为

$$
\varepsilon_i = f(x_i) - \bar{f}(x_i).
$$

记由数值 $f(x_i)$ 及公式 (5.14) 计算所得的值为 T_n, 而由 $\bar{f}(x_i)$ 及公式 (5.14) 计算所得的值为 $\bar{T}_n$. 则有

$$T_n - \bar{T}_n = \frac{h}{2}\left(\varepsilon_0 + 2\sum_{i=1}^{n-1}\varepsilon_i + \varepsilon_n\right).$$

设 $\varepsilon = \max\limits_{0\leqslant i\leqslant n}|\varepsilon_i|$, 则

$$|T_n - \bar{T}_n| \leqslant \frac{h}{2}(\varepsilon + 2(n-1)\varepsilon + \varepsilon) = (b-a)\varepsilon.$$

这表明复合梯形公式 (5.14) 是稳定的. 同理可证复合中点公式以及复合辛普森公式也是稳定的.

§5.2　变步长方法与外推加速技术

上节给出的复合中点公式、梯形公式以及辛普森公式都是有效的求积方法, 步长 h 越小, 计算精度越高. 但在实际运用上述求积公式进行计算时须事先选取一个合适的步长 h, 如果步长取得太大, 计算精度就难以保证, 而如果步长取得太小, 则会增加不必要的计算开销. 因此在给定计算精度的情形下, 往往通过不断调整或减小步长的方式进行计算.

§5.2.1　变步长梯形法

在实际计算中往往会采用让步长逐次折半的方式, 反复使用复合求积公式进行计算, 直至相邻两次计算结果之差的绝对值小于给定的计算精度为止. 这种方法即称为变步长算法. 下面以变步长的梯形公式 (5.14) 加以说明.

由求积公式误差估计公式 (5.18),

$$I - T_n = -\frac{1}{12}(b-a)h^2 f''(\eta_1), \quad \eta_1 \in (a,b),$$

故

$$I - T_{2n} = -\frac{1}{12}(b-a)\left(\frac{h}{2}\right)^2 f''(\eta_2), \quad \eta_2 \in (a,b).$$

若 $f''(\eta_1) \approx f''(\eta_2)$, 则有

$$\begin{aligned} I - T_{2n} &\approx \tfrac{1}{4}(I - T_n), \\ I - T_{2n} &\approx \tfrac{1}{3}(T_{2n} - T_n). \end{aligned} \tag{5.20}$$

由上式可知, 只要以步长分别为 h 及 $h/2$ 的积分计算值 T_n 和 T_{2n} 充分接近, 就能保证最后一次计算值 T_{2n} 与积分精确值的误差很小, 且误差约为 $(T_{2n} - T_n)/3$. 可将以上的分析过程归纳成算法 5.2.1.

算法 5.2.1 (区间折半法)

(1) 取初始步长 $h = b - a$;

(2) 计算 T_n;

(3) 取步长 $h_1 = \dfrac{h}{2}$, 计算出相应的积分值 T_{2n};

(4) 若条件 $|T_{2n} - T_n| \leqslant \varepsilon$ 满足, 则取 T_{2n} 为最后积分计算的近似值, 否则让步长再次折半, 回到第 (3) 步.

在计算 T_{2n} 时, 为避免一些重复的计算, 提高计算效率, 可以采用下面的方法: 由于

$$T_n = \frac{h}{2}\left[f(a) + 2\sum_{i=1}^{n-1} f(x_i) + f(b)\right],$$

故

$$\begin{aligned}T_{2n} &= \frac{h}{4}\sum_{i=0}^{n-1}\left[f(x_i) + 2f\left(x_{i+\frac{1}{2}}\right) + f(x_{i+1})\right]\\ &= \frac{h}{4}\sum_{i=0}^{n-1}[f(x_i) + f(x_{i+1})] + \frac{h}{2}\sum_{i=0}^{n-1} f\left(x_{i+\frac{1}{2}}\right)\\ &= \frac{1}{2}T_n + \frac{h}{2}\sum_{i=0}^{n-1} f\left(x_{i+\frac{1}{2}}\right).\end{aligned} \tag{5.21}$$

上面最后一个等式中第二部分为新增加的计算量, 而第一部分为上一次计算值的 1/2, 可不必再重复计算.

例 5.2.1 用变步长梯形公式计算积分 $I = \int_0^1 \frac{\sin x}{x}\mathrm{d}x$ 的近似值, 要求满足精度

$$|T_{2n} - T_n| \leqslant 10^{-7}.$$

解: 若补充定义函数 $f(x) = \frac{\sin x}{x}$ 在 $x = 0$ 处的值 $f(0) = 1$, 则 $f(x)$ 为区间 $[0,1]$ 上的光滑函数, 因此复合梯形公式误差估计公式 (5.18) 成立. 在区间 $[0,1]$ 上直接用梯形公式计算得

$$T_2 = \frac{1}{2}T_1 + \frac{1}{2}f\left(\frac{1}{2}\right) = 0.937\ 993\ 3.$$

将区间 $[0,1]$ 分成二等份, 利用关系公式 (5.21) 计算得

$$T_4 = \frac{1}{2}T_2 + \frac{1}{2}\left[f\left(\frac{1}{4}\right) + f\left(\frac{3}{4}\right)\right] = 0.944\ 513\ 5.$$

如此计算下去, 可得表 5-4 中的结果 (k 代表积分近似值的计算次数, $n = 2^k$ 表示区间等分数).

表 5-4 区间折半法的计算结果

k	T_n	k	T_n
0	0.920 735 5	6	0.946 076 9
1	0.939 793 3	7	0.946 081 5
2	0.944 513 5	8	0.946 082 7
3	0.945 690 9	9	0.946 083 0
4	0.945 985 0	10	0.946 083 0
5	0.946 059 6		

由此可见, 将积分区间 $[0,1]$ 等分了 2^{10} 份时, 复合梯形公式的计算值才满足给定的计算精度 $\varepsilon = 10^{-7}$(积分的精确值为 $0.946\ 083\ 1\cdots$).

变步长梯形方法的优点是算法简单, 编程容易, 缺点是收敛速度较慢. 可以利用下节将要介绍的加速技术进行改进.

§5.2.2 外推加速技术与龙贝格求积方法

本节我们介绍 Richardson 外推加速收敛技术, 其实质是利用不同步长的复合梯形公式以及外推技术加速收敛速度. 通常也称为**龙贝格 (Romberg) 求积方法**.

由式 (5.20) 知道积分计算值 T_{2n} 与积分精确值的误差约为 $(T_{2n}-T_n)/3$，将此式作为计算值 T_{2n} 的一种补偿，可以期望得到相应的值

$$I \approx T_{2n} + \frac{1}{3}(T_{2n}-T_n) = \frac{4}{3}I_{2n} - \frac{1}{3}I_n \tag{5.22}$$

比 T_{2n} 有更好的计算精度.

例如上例 5.2.2 中, 计算值 $T_4 = 0.944\,513\,5, T_8 = 0.945\,690\,9$ 分别有二位和三位有效数字，然后它们的线性组合 $\frac{4}{3}I_8 - \frac{1}{3}I_4 = 0.946\,083\,3$ 却有六位有效数字. 为了说明其中的道理，我们先给出外推技术的理论基础 (证明过程见参考文献 [3],pp106-111).

定理 5.2.1 (欧拉–麦克劳林 (Euler-MacLaurin) 公式) 设 $f(x) \in C^{2k+2}[a,b]$(k 为非负整数), $a_0 = \int_a^b f(x)\mathrm{d}x$, $h = \dfrac{b-a}{n}$. 则存在**伯努利 (Bernoulli)**数 B_{2i} $(i=1,2,\cdots,2k+2)$, 使得下面关系成立

$$T_n = a_0 + \sum_{i=1}^{k} \frac{B_{2i}}{(2i)!}h^{2i}\left[f^{(2i-1)}(b) - f^{(2i-1)}(a)\right] + \frac{B_{2k+2}}{(2k+2)!}(b-a)h^{2k+2}f^{(2k+2)}(\eta), \quad \eta \in (a,b).$$

由上述定理可知复合梯形公式的误差为

$$T_n - I = a_1h^2 + a_2h^4 + \cdots + a_kh^{2k} + R_{k+1}(h), \tag{5.23}$$

其中 $a_i(i=1,2,\cdots,k)$ 是与 h 无关的常数, 高阶余项 $R_{k+1}(h)$ 满足

$$|R_{k+1}(h)| \leqslant C_{k+1}h^{2k+2},$$

C_{k+1} 也是与 h 无关的常数. 由此可见, $T_n - I = O(h^2)$, $h \to 0$.

在式 (5.23) 中以 $h/2$ 代替 h, 得

$$T_{2n} - I = a_1\left(\frac{h}{2}\right)^2 + a_2\left(\frac{h}{2}\right)^4 + \cdots + a_k\left(\frac{h}{2}\right)^{2k} + R_{k+1}\left(\frac{h}{2}\right),$$

再将公式 (5.23) 的两边同时乘以 1/4, 与上式相减, 经整理可得

$$T_n^{(2)} - I = \tilde{a}_2h^4 + \tilde{a}_3h^6 + \cdots + \tilde{a}_kh^{2k} + \tilde{R}_{k+1}(h),$$

其中

$$T_n^{(2)} = \frac{T_{2n} - 2^{-2}T_n}{1-2^{-2}}, \quad \tilde{a}_i = \frac{2^{-2i}-2^{-2}}{1-2^{-2}}a_i, \quad \tilde{R}_{k+1}(h) = \frac{R_{k+1}(\frac{h}{2}) - 2^{-2}R_{k+1}(h)}{1-2^{-2}}.$$

由此可见, T_n 的计算精度为 $O(h^2)$, 而 $T_n^{(2)}$ 的计算精度为 $O(h^4)$. 一般地, 记 $T_n \equiv T_n^{(1)}$, 若定义

$$T_n^{(m)} = \frac{T_{2n}^{(m-1)} - 2^{-2((m-1)}T_n^{(m-1)}}{1-2^{-2(m-1)}}, \tag{5.24}$$

则可证明 $T_n^{(m)}(m \leqslant n)$ 的计算精度为 $O(h^{2m})$. 上述由公式 (5.24) 确定的计算过程即称为**龙贝格方法**.

例 5.2.2 用龙贝格方法求积分 $I = \int_0^1 \dfrac{\sin x}{x}\mathrm{d}x$, 要求计算精度为 $\varepsilon = 10^{-7}$.

解: 按照公式 (5.24) 及不同的步长 (初始步长 $h=1$), 计算结果如表 5-5 所示. 其中 i 表示积分区间 $[0,1]$ 的等分数, 节点数为 $n = 2^i + 1$.

上述龙贝格方法最后采用的步长为 $h = 2^{-3}$. 而例 5.2.1 的普通变步长方法的步长为 $h = 2^{-10}$, 计算量约为龙贝格方法的 2^7 倍, 而两者的计算精度大致相同. 因此龙贝格加速收敛的效果是非常明显的.

表 5-5　龙贝格方法计算结果

i	$T_n^{(1)}$	$T_n^{(2)}$	$T_n^{(3)}$	$T_n^{(4)}$
0	0.920 735 5	0.946 145 9	0.946 083 0	0.946 083 1
1	0.939 793 3	0.946 086 9	0.946 083 1	
2	0.944 513 5	0.946 083 4		
3	0.945 690 9			

§5.3　牛顿–科茨公式

由 5.1 节可知，中点公式、梯形公式及辛普森公式可分别看成是 $f(x)$ 用常数、线性插值函数和抛物型插值函数代替再积分所得. 若将此想法进一步推广，将 $f(x)$ 用 $n+1$ 个等距节点上的 n 次拉格朗日插值多项式代替，即得所谓的**牛顿–科茨 (Newton-Cotes) 公式**. 具体推导过程如下.

设 $x_i=a+ih$, $h=\dfrac{b-a}{n}$, 作 $f(x)$ 的 n 次拉格朗日插值多项式 $L_n(x)$. 为方便起见，令 $x=a+th$, $t\in[0,n]$, 则 $L_n(x)$ 可表示为

$$\begin{aligned}L_n(x)&=\sum_{i=0}^{n}\left(\prod_{j=0,j\neq i}^{n}\frac{x-x_j}{x_i-x_j}\right)f(x_i)\\&=\sum_{i=0}^{n}\left(\prod_{j=0,j\neq i}^{n}\frac{t-j}{i-j}\right)f(x_i)\\&=\sum_{i=0}^{n}\frac{(-1)^{n-i}}{i!(n-i)!}\prod_{j=0,j\neq i}^{n}(t-j)f(x_i),\end{aligned}$$

从而

$$\begin{aligned}\int_a^b f(x)\mathrm{d}x&\approx\int_a^b L_n(x)\mathrm{d}x\\&=(b-a)\sum_{i=0}^{n}\frac{(-1)^{n-i}}{ni!(n-i)!}\left(\int_0^n\prod_{j=0,j\neq i}^{n}(t-j)\mathrm{d}t\right)f(x_i)\qquad(5.25)\\&=\sum_{i=0}^{n}\omega_i f(x_i).\end{aligned}$$

上面推导过程中利用了关系式 $\mathrm{d}x=h\mathrm{d}t=\dfrac{b-a}{n}\mathrm{d}t$, 而求积系数 ω_i 可表示为

$$\begin{aligned}\omega_i&=(b-a)\frac{(-1)^{n-i}}{ni!(n-i)!}\int_0^n\prod_{j=0,j\neq i}^{n}(t-j)\mathrm{d}t\\&=(b-a)C_i^{(n)},\end{aligned}$$

即 ω_i 可看成是积分区间长度与 $C_i^{(n)}$ 的乘积，其中

$$C_i^{(n)}=\frac{(-1)^{n-i}}{ni!(n-i)!}\int_0^n\prod_{j=0,j\neq i}^{n}(t-j)\mathrm{d}t,$$

称为**科茨系数**. 显然 $C_i^{(n)}$ 仅与区间节点数目及第 i 个节点有关，而与积分区间无关，因此可事先计算出结果. $n=1$ 到 $n=8$ 时的部分**科茨系数**见表 5-6.

可以看到科茨系数具有以下特点:

(1) $\sum\limits_{i=0}^{n} C_i^{(n)} = 1$;

(2) $C_i^{(n)}$ 对 i 具有对称性: $C_i^{(n)} = C_{n-i}^{(n)}$;

表 5-6 科茨系数

n	$C_i^{(n)}$								
1	$\frac{1}{2}$	$\frac{1}{2}$							
2	$\frac{1}{6}$	$\frac{2}{3}$	$\frac{1}{6}$						
3	$\frac{1}{8}$	$\frac{3}{8}$	$\frac{3}{8}$	$\frac{1}{8}$					
4	$\frac{7}{90}$	$\frac{16}{45}$	$\frac{2}{15}$	$\frac{16}{45}$	$\frac{7}{90}$				
5	$\frac{19}{288}$	$\frac{25}{96}$	$\frac{25}{144}$	$\frac{25}{144}$	$\frac{25}{96}$	$\frac{19}{288}$			
6	$\frac{41}{840}$	$\frac{9}{35}$	$\frac{9}{280}$	$\frac{34}{105}$	$\frac{9}{280}$	$\frac{9}{35}$	$\frac{41}{840}$		
7	$\frac{751}{17\,280}$	$\frac{3\,577}{17\,280}$	$\frac{1\,323}{17\,280}$	$\frac{2\,989}{17\,280}$	$\frac{2\,989}{17\,280}$	$\frac{1\,323}{17\,280}$	$\frac{3\,577}{17\,280}$	$\frac{751}{17\,280}$	
8	$\frac{989}{28\,350}$	$\frac{5\,888}{28\,350}$	$\frac{-928}{28\,350}$	$\frac{10\,496}{28\,350}$	$\frac{-4\,540}{28\,350}$	$\frac{10\,496}{28\,350}$	$\frac{-928}{28\,350}$	$\frac{5\,888}{28\,350}$	$\frac{989}{28\,350}$

(3) $n \geqslant 8$ 时科茨系数有正有负, 此时对应的求积公式的稳定性得不到保证. 且由于对等分节点的高次插值多项式来说, 收敛性一般不成立, 故在实际计算中一般不采用高阶的牛顿–科茨公式 ($n \geqslant 8$).

显然 $n = 1$ 和 $n = 2$ 时的牛顿–科茨公式分别为梯形公式 (5.4) 和辛普森公式 (5.6). 它们分别具有一次和三次代数精度. 一般地, 我们有以下结论.

定理 5.3.1 *当 n 为奇数时, 牛顿–科茨公式 (5.25) 的代数精度至少为 n 次; 而当 n 为偶数时, 代数精度至少为 $n+1$ 次.*

证: 由拉格朗日插值多项式的余项公式

$$R_n(x) = f(x) - L_n(x) = \frac{f^{(n+1)}(\xi)}{(n+1)!}\Pi(x), \quad \xi \in (a, b),$$

其中 $\Pi(x) = \prod\limits_{i=0}^{n}(x - x_i)$, 故对应求积公式 (5.25) 的误差为

$$R[f] = \int_a^b f(x) - L_n(x)\mathrm{d}x = \int_a^b \frac{f^{(n+1)}(\xi)}{(n+1)!}\Pi(x)\mathrm{d}x. \tag{5.26}$$

若 $f(x)$ 为次数不超过 n 的多项式, 则 $f^{(n+1)}(x) = 0$, 从而 $R[f] = 0$. 定理的第一个结论成立. 为证明第二个结论, 我们设 n 是任意偶数, 只须证明当 $f(x) = x^{n+1}$ 时, 误差公式 (5.26) 中 $R[f] = 0$ 即可. 显然此时

$$R[f] = \int_a^b \Pi(x)\mathrm{d}x.$$

做变量替换 $x = a + th$, 则 $x_i = a + ih$, 从而

$$R[f] = h^{n+2}\int_0^n \prod_{i=0}^{n}(t - i)\mathrm{d}t.$$

对上述积分再做变量代换 $n-t=s$, 得

$$\begin{aligned}R[f]=&h^{n+2}\int_0^n\prod_{i=0}^n(n-i-s)\mathrm{d}s\\=&(-1)^{n+1}h^{n+2}\int_0^n\prod_{i=0}^n[s-(n-i)]\mathrm{d}s.\end{aligned}$$

观察到 $\prod\limits_{i=0}^n[s-(n-i)]=\prod\limits_{i=0}^n(S-i)$, 以及此时 $n+1$ 为奇数, 故

$$R[f]=-R[f],$$

所以 $R[f]=0$. 这样便证明了求积公式 (5.25) 的代数精度至少为 $n+1$.

下面考虑形如公式 (5.9) 的求积公式的稳定性. 显然本章到目前为止讨论的求积公式, 例如公式 (5.13), 公式 (5.14), 公式 (5.15) 以及公式 (5.25) 都属于此种类型, 且求积系数 ω_i 满足关系式

$$\sum_{i=0}^n\omega_i=b-a. \tag{5.27}$$

在实际计算中, 由于计算误差或测量的原因, 不一定能提供准确的数据 $f_i=f(x_i)$, 而只能给出有误差的数据 $\bar{f}_i$, 实际计算得到的积分值为

$$Q[\bar{f}]=\sum_{i=0}^n\omega_i\bar{f}_i.$$

如果求积系数 $\omega_i\geqslant 0$, 记 $\varepsilon_i=f_i-\bar{f}_i$, $(i=0,1,\cdots,n)$, $\varepsilon=\max\limits_{0\leqslant i\leqslant n}|\varepsilon_i|$, 则

$$Q[f]-Q[\bar{f}]=\sum_{i=0}^n(f_i-\bar{f}_i).$$

所以

$$|Q[f]-Q[\bar{f}]|\leqslant\sum_{i=0}^n\omega_i|f_i-\bar{f}_i|\leqslant\varepsilon\sum_{i=0}^n\omega_i=(b-a)\varepsilon,$$

即积分的误差不超过 f_i 最大误差的 $b-a$ 倍. 我们称此时的求积公式是稳定的. 由此可知这些求积公式都是稳定的. 而当 $n>7$ 时, 由于求积系数 ω_i 有正有负, 因此稳定性一般不成立, 收敛性一般也不成立 (见数值实验题 3). 因此对高阶牛顿–科茨公式, 尽管它具有较高的代数精度, 一般不采用. 常用的是复合中点公式、复合梯形公式和复合抛物型公式以及下节将要介绍的采用特殊的非等分节点的**高斯 (Gauss) 公式**.

§5.4 高 斯 公 式

§5.4.1 高斯公式的定义及性质

本节我们将考虑带权函数的求积公式

$$I[f]=\int_a^b\rho(x)f(x)\mathrm{d}x\approx\sum_{i=0}^n\omega_if(x_i), \tag{5.28}$$

其中函数 $\rho(x) \geqslant 0$ 为已知函数, 称为权函数. 与 §5.2 节类似, 我们可以定义求积公式 (5.28) 的代数精度: 若求积公式 (5.28) 对任何次数小于等于 m 的多项式 $f(x)$ 成立等式, 但对于某一个次数为 $m+1$ 的多项式不成立, 则称积分公式 (5.28) 的代数精度为 m 次. 显然 $\rho(x) \equiv 1$ 时上述定义与定义 5.1.1 一致, 因此可以将这里的代数精度的概念看成 §5.2 节中代数精度的概念的推广.

由定理 5.3.1 可看出, 对于等分节点的牛顿–科茨公式, 代数精度一般为 n 或 $n+1$, 而如果采用非等分节点, 即节点 x_i 与求积系数 ω_i 都待定的话, 能否提高代数精度呢? 形式上, 要使求积公式具有 m 次代数精度, 应对 $f(x) = 1, x, \cdots, x^m$ 成立下列等式 (为叙述简单起见, 以 $\rho(x) \equiv 1$ 为例加以说明):

$$\sum_{i=0}^{n} \omega_i x_i^k = \frac{1}{k+1}(b^{k+1} - a^{k+1}), \quad k = 0, 1, \cdots, 2m+1.$$

上述问题是一个关于未知量 x_i 与 ω_i 的非线性代数方程组, 求解非常困难. 下面先看一个简单的情形: $a=-1$, $b=1$, $\rho(x) \equiv 1$, $n=1$. 此时未知量为 x_0, x_1, ω_0 和 ω_1. 为使方程组有唯一解, 我们取 $m=3$, 即要求解下列非线性方程组

$$\begin{cases} \omega_0 + \omega_1 = 2 \\ \omega_0 x_0 + \omega_1 x_1 = 0 \\ \omega_0 x_0^2 + \omega_1 x_1^2 = \dfrac{2}{3} \\ \omega_0 x_0^3 + \omega_1 x_1^3 = 0. \end{cases} \tag{5.29}$$

将方程组 (5.29) 中的第二式乘以 x_0^2 并减去第四式, 得

$$\omega_1 x_1 (x_0^2 - x_1^2) = 0.$$

考虑到 $\omega_1 x_1 \neq 0$(否则从方程组 (5.29) 第二式得 $\omega_0 x_0 = 0$, 与方程组 (5.29) 第三式矛盾), 以及 $x_0 \neq x_1$(否则变成只有一个节点的求积公式), 得

$$x_1 = -x_0 \neq 0.$$

代入方程组 (5.29) 第二式, 利用方程组 (5.29) 第一式, 得

$$\omega_0 = \omega_1 = 1.$$

再代入方程组 (5.29) 第三式得 $x_1 = -x_0 = \dfrac{1}{\sqrt{3}}$. 相应的求积公式为

$$\int_{-1}^{1} f(x)\mathrm{d}x \approx f\left(-\frac{1}{\sqrt{3}}\right) + f\left(\frac{1}{\sqrt{3}}\right). \tag{5.30}$$

下面确定求积公式 (5.30) 的代数精度. 将 $f(x) = x^4$ 代入, 可以验证此时等式不精确成立, 故它的代数精度为 3.

定义 5.4.1 *若对于节点 $x_i \in [a,b]$ 及求积系数 ω_i, 求积公式 (5.28) 的代数精度为 $2n+1$, 则称节点 x_i 为***高斯点***, ω_i 为***高斯系数***, 相应的求积公式 (5.28) 称为带权的***高斯公式***.

由上面的定义, 公式 (5.30) 即为两个高斯点的高斯公式. 如果用同样的方法来推导任意个节点的高斯公式是非常困难的. 然而一旦确定了高斯点, 由于它的代数精度为 $2n+1$, 因

此仍然可用待定系数法来确定系数 ω_i. 特别地, 若在高斯公式 (5.28) 中令 $f(x) = l_j(x)$ ($l_j(x)$ 是关于节点 $x_0, x_1, \cdots, x_n$ 的插值基函数), 则有

$$\omega_j = \int_a^b \rho(x) l_j(x) \mathrm{d}x.$$

因此高斯公式仍可看成是一种插值型求积公式, 即高斯公式可看成是 $f(x)$ 用高斯点上的 n 次插值多项式代替所得积分值. 下面的定理确定了高斯点的求解思路.

定理 5.4.1　$x_i (i = 0, 1, \cdots, n)$ 是求积公式 (5.28) 的高斯点的充分必要条件是, 多项式 $\Pi(x) = \prod\limits_{i=0}^{n} (x - x_i)$ 与任意次数不超过 n 的多项式 $q(x)$ 关于权函数 $\rho(x)$ 正交:

$$\int_a^b \rho(x) \Pi(x) q(x) \mathrm{d}x = 0. \tag{5.31}$$

证: 先证必要性. 设 x_i 为高斯点, $q(x)$ 为任意次数不超过 n 的多项式, 则 $\Pi(x)q(x)$ 的次数不超过 $2n+1$. 由高斯公式的定义, 将 $f(x) = \Pi(x)q(x)$ 代入公式 (5.28) 时成立等式, 即

$$\int_a^b \rho(x) \Pi(x) q(x) \mathrm{d}x = \sum_{i=0}^{n} \omega_i \Pi(x_i) q(x_i) = 0,$$

故式 (5.31) 成立.

再证充分性. 设 $f(x)$ 是任意次数不超过 $2n+1$ 的多项式, 利用多项式带余除法, 可得

$$f(x) = q(x)\Pi(x) + r(x),$$

其中 $\Pi(x)$ 为除式, $f(x)$ 为被除式, $q(x)$ 和 $r(x)$ 分别为商式和余式, $r(x)$ 的次数小于 $\Pi(x)$ 的次数 ($\Pi(x)$ 的次数为 $n+1$), $q(x)$ 的次数也不超过 n. 令

$$\omega_i = \int_a^b \rho(x) l_i(x) \mathrm{d}x,$$

则

$$\int_a^b \rho(x) f(x) \mathrm{d}x = \int_a^b \rho(x) q(x) \Pi(x) \mathrm{d}x + \int_a^b \rho(x) r(x) \mathrm{d}x.$$

对于 $r(x)$, 由于其次数小于等于 n, 故与它的拉格朗日插值多项式相等, 即

$$r(x) = \sum_{i=0}^{n} r(x_i) l_i(x).$$

从而

$$\int_a^b \rho(x) r(x) \mathrm{d}x = \sum_{i=0}^{n} r(x_i) \int_a^b \rho(x) l_i(x) \mathrm{d}x = \sum_{i=0}^{n} \omega_i r(x_i).$$

由于 $\Pi(x)$ 与任意次数不超过 n 的多项式正交, 故

$$\int_a^b \rho(x) q(x) \Pi(x) \mathrm{d}x = 0,$$

从而

$$\int_a^b \rho(x) f(x) \mathrm{d}x = \int_a^b \rho(x) r(x) \mathrm{d}x = \sum_{i=0}^{n} \omega_i r(x_i) = \sum_{i=0}^{n} \omega_i f(x_i).$$

由于对给定的区间 $[a,b]$ 及权函数 $\rho(x)$, 正交多项式在相差一个常数倍数的意义下唯一, 从而由定理 5.4.1 知, $\Pi(x)$ 与区间 $[a,b]$ 上的 $n+1$ 次正交多项式相差一个常数倍, 即 x_i 为 $[a,b]$ 上的 $n+1$ 次正交多项式的零点. 由正交多项式的零点的性质知, 这些零点都在区间 $[a,b]$ 内. 求出零点后, 再用待定系数法或证明过程中得到的公式, 即可求出高斯系数 ω_i. 下面的定理说明任意 $n+1$ 个节点的插值型求积公式的代数精度不超过 $2n+1$, 即高斯求积公式是给定节点数下的代数精度最高的求积公式, 且求积系数 $\omega_i>0$, 故高斯求积公式是一种稳定的求积公式.

定理 5.4.2 插值型求积公式

$$\int_a^b \rho(x)f(x)\mathrm{d}x \approx \sum_{i=0}^{n} \omega_i f(x_i)$$

的代数精度最高不超过 $2n+1$, 且当达到最高代数精度 $2n+1$ 时, 所有求积系数 $\omega_i>0$.

证: 用反证法证明第一个结论, 即取一个次数为 $2n+2$ 的多项式, 使求积公式不能精确成立. 令

$$f(x)=\Pi^2(x)=(x-x_0)^2(x-x_1)^2\cdots(x-x_n)^2.$$

显然 $f(x)$ 是一个次数为 $2n+2$ 的多项式且满足条件 $f(x_i)=0,\ i=0,1,\cdots,n$. 故

$$\sum_{i=0}^{n} \omega_i f(x_i)=0.$$

另一方面,

$$\int_a^b \rho(x)f(x)\mathrm{d}x=\int_a^b \rho(x)\Pi^2(x)\mathrm{d}x>0.$$

因此求积公式对上述 $f(x)$ 不精确成立, 从而求积公式的代数精度不超过 $2n+1$.

为证定理的第二个结论, 对任意的 $0\leqslant j\leqslant n$, 我们只要令 $f(x)=l_j^2(x)$, 其中 $l_j(x)$ 为关于求积节点 $x_i(i=0,1,\cdots,n)$ 的第 j 个插值基函数. 由于高斯公式的代数精度为 $2n+1$, 而此时 $f(x)$ 是一个次数为 $2n$ 的多项式, 因此有

$$\int_a^b \rho(x)l_j^2(x)\mathrm{d}x=\sum_{i=0}^{n} \omega_i l_j^2(x_i)=\sum_{i=0}^{n} \omega_i\delta_{ij}=\omega_j,$$

从而证明了对任意的 $0\leqslant j\leqslant n, \omega_j>0$. 其中, 若 $i=j,\ \delta_{ij}=1$, 否则 $\delta_{ij}=0$.

若在高斯公式中特别取 $f(x)\equiv 1$, 则有关系式

$$\int_a^b \rho(x)\mathrm{d}x=\sum_{i=0}^{n} \omega_i,$$

利用 $\omega_i>0$ 的性质以及上节关于稳定性的讨论可知, 高斯公式 (5.28) 对任意 n 都是稳定的. 下面的定理还说明随着 n 的增大, 高斯公式是收敛的 (证明过程可见参考文献 [1]).

定理 5.4.3 设 a,b 是有限数, 则对任意连续函数 $f(x)\in C[a,b]$, 当 $n\to\infty$ 时, 高斯公式 (5.28) 收敛, 即

$$\lim_{n\to\infty}\sum_{i=0}^{n} \omega_i f(x_i)=\int_a^b \rho(x)f(x)\mathrm{d}x.$$

§5.4.2 常用高斯型公式

下面介绍几种常见的高斯公式.

(1) $\rho(x)\equiv 1$, $[a,b]=[-1,1]$. 此时关于权函数 $\rho(x)\equiv 1$ 的区间 $[-1,1]$ 上的正交多项式为**勒让德 (Legendre) 正交多项式**. 由定理 5.4.2 知, **高斯点**x_i 即为 $n+1$ 次勒让德正交多项式的零点, 即 $P_{n+1}(x_i)=0$, $i=0,1,\cdots,n$. 因此这类求积公式称为**高斯–勒让德公式**. 例如 $n=0$ 时的高斯–勒让德公式为

$$\int_{-1}^{1} f(x)\mathrm{d}x \approx 2f(0), \tag{5.32}$$

即为中点公式. $n=1$ 时的高斯–勒让德公式为

$$\int_{-1}^{1} f(x)\mathrm{d}x \approx f\left(-\frac{1}{\sqrt{3}}\right)+f\left(\frac{1}{\sqrt{3}}\right). \tag{5.33}$$

$n=2$ 时的高斯–勒让德公式为

$$\int_{-1}^{1} f(x)\mathrm{d}x \approx \frac{5}{9}f\left(-\sqrt{\frac{3}{5}}\right)+\frac{8}{9}f(0)+\frac{5}{9}f\left(\sqrt{\frac{3}{5}}\right). \tag{5.34}$$

一些常用的高斯点及高斯系数见表 5-7，其中数字前的 '±' 号表示有两个关于原点对称的高斯点，而相应的高斯系数相同.

表 5-7 勒让德高斯点及高斯系数

节点个数 $n+1$	高斯点 x_i	高斯系数 ω_i
1	0.000 000 0	2.000 000 0
2	±0.577 350 3	1.000 000 0
3	±0.774 596 7	0.555 555 6
	0.000 000 0	0.888 888 9
4	±0.861 136 3	0.347 854 8
	±0.339 981 0	0.652 145 2
5	±0.906 179 8	0.236 926 9
	±0.538 469 3	0.478 628 7
	0.000 000 0	0.568 888 9
6	±0.932 469 51	0.171 324 49
	±0.661 209 39	0.360 761 57
	±0.238 619 19	0.467 913 93

一般地, **勒让德高斯系数**可用下列公式再结合数值方法计算得到

$$\omega_i=\frac{2}{(1-x_i^2)[P'_{n+1}(x_i)]^2},\quad i=0,1,2,\cdots,n.$$

而高斯点（正交多项式 $P_{n+1}(x)$ 的零点）由下列定理确定.

定理 5.4.4 $n+1$ 次正交多项式 $Q_{n+1}(x)$ 的零点 $\{x_j\}_{j=0}^{n}$ 是下列对称三对角矩阵的特征值

$$\boldsymbol{A}=\begin{bmatrix} a_0 & \sqrt{b_1} & & & \\ \sqrt{b_1} & a_1 & \sqrt{b_2} & & \\ & \sqrt{b_2} & a_2 & \ddots & \\ & & \ddots & \ddots & \sqrt{b_n} \\ & & & \sqrt{b_n} & a_n \end{bmatrix}$$

式中, $a_j = \dfrac{\beta_j}{\alpha_j}(j \geqslant 0), b_j = \dfrac{\gamma_j}{\alpha_{j-1}\alpha_j}(j \geqslant 1)$. 参数 $\{\alpha_k, \beta_k, \gamma_k\}$ 是正交多项式 $Q_{k+1}(x)$ 的三项递推公式

$$Q_{k+1}(x) = (\alpha_k x - \beta_k)Q_k(x) - \gamma_k Q_{k-1}(x), \quad k \geqslant 0$$

中的系数, 这里规定 $Q_{-1}(x) \equiv 0$.

对于一般区间 $[a,b]$ 上的积分, 我们可以先做变量代换

$$x = \frac{a+b}{2} + \frac{b-a}{2}t$$

将积分区间化为 $[-1,1]$,

$$\int_a^b f(x)\mathrm{d}x = \frac{b-a}{2}\int_{-1}^1 f\left(\frac{a+b}{2} + \frac{b-a}{2}t\right)\mathrm{d}t,$$

然后再用相应的高斯–勒让德公式来计算

$$\int_a^b f(x)\mathrm{d}x \approx \frac{b-a}{2}\sum_{i=0}^n \omega_i f\left(\frac{a+b}{2} + \frac{b-a}{2}x_i\right),$$

其中 x_i 为高斯点, ω_i 为高斯系数.

计算勒让德多项式对应的三对角矩阵元素的 MATLAB 程序如下:

```
function [a,b] = coeflege(n)
   a = zeros(n,1);
   b = a;
   b(1) = 2;
   k = [2:n];
   b(k) = 1./(4-1./(k-1).^2);
```

任意个高斯点及高斯系数的计算程序如下:

```
function [x,w] = gauss_lege(n)
  [a,b] = coeflege(n);
  JacM  = diag(a) + diag(sqrt(b(2:n)),1) + diag(sqrt(b(2:n)),-1);
  [w,x] = eig(JacM);
  x = diag(x);
  scal = 2;
  w = w(1,:)'.^2*scal;
  [x,ind] = sort(x);
  w = w(ind);
```

(2) $\rho(x) = \dfrac{1}{\sqrt{1-x^2}}$, $[a,b] = [-1,1]$. 同样由定理 5.4.1 知, 此时的高斯点为区间 $[-1,1]$ 上关于权函数 $\rho(x) = \dfrac{1}{\sqrt{1-x^2}}$ 的正交多项式 ——切比雪夫正交多项式$T_{n+1}(x)$ 的零点, 因而得高斯点

$$x_i = \cos\frac{2i+1}{2(n+1)}\pi, \quad i = 0, 1, \cdots, n.$$

可以证明对应的高斯系数为

$$\omega_i = \frac{\pi}{n+1}.$$

我们称此时的求积公式为**高斯 – 切比雪夫公式**

$$\int_{-1}^{1}\frac{1}{\sqrt{1-x^2}}f(x)\mathrm{d}x\approx\frac{\pi}{n+1}\sum_{i=0}^{n}f\left(\cos\frac{2i+1}{2(n+1)}\pi\right).$$

例如 $n=1$ 时的高斯–切比雪夫公式为

$$\int_{-1}^{1}\frac{1}{\sqrt{1-x^2}}f(x)\mathrm{d}x\approx\frac{\pi}{2}\left[f\left(-\frac{\sqrt{2}}{2}\right)+f\left(\frac{\sqrt{2}}{2}\right)\right]. \tag{5.35}$$

$n=2$ 时的高斯–切比雪夫公式为

$$\int_{-1}^{1}\frac{1}{\sqrt{1-x^2}}f(x)\mathrm{d}x\approx\frac{\pi}{3}\left[f\left(-\frac{\sqrt{3}}{2}\right)+f(0)+f\left(\frac{\sqrt{3}}{2}\right)\right]. \tag{5.36}$$

(3) $\rho(x)=\mathrm{e}^{-x}$, $[a,b]=[0,\infty)$. 此时的高斯点应为区间 $[0,\infty)$ 上关于权函数 $\rho(x)=\mathrm{e}^{-x}$ 正交的多项式 ——$n+1$ 次**拉盖尔正交多项式**$L_{n+1}(x)$ 的零点, 高斯系数为

$$\omega_i=\frac{(n!)^2x_i}{[(n+1)L_n(x_i)]^2},\quad i=0,1,\cdots,n.$$

相应的求积公式

$$\int_{0}^{\infty}\mathrm{e}^{-x}f(x)\mathrm{d}x\approx\sum_{i=0}^{n}\omega_if(x)$$

称为**高斯 – 拉盖尔公式**. 例如 $n=0$ 时的高斯–拉盖尔公式为

$$\int_{0}^{\infty}\mathrm{e}^{-x}f(x)\mathrm{d}x\approx f(1). \tag{5.37}$$

$n=1$ 时的高斯–拉盖尔公式为

$$\int_{0}^{\infty}\mathrm{e}^{-x}f(x)\mathrm{d}x\approx\frac{2+\sqrt{2}}{4}f(2-\sqrt{2})+\frac{2-\sqrt{2}}{4}f(2+\sqrt{2}). \tag{5.38}$$

$n=2,3,4$ 时的高斯点及高斯系数见表 5-8.

表 5-8　部分拉盖尔高斯点及高斯系数

n	i	x_i	ω_i
2	0	0.415 774	0.711 093
	1	2.294 280	0.278 518
	2	6.289 945	0.010 389
3	0	0.322 548	0.603 154
	1	1.745 761	0.357 419
	2	4.536 620	0.038 888
	3	9.395 071	0.000 539
4	0	0.263 560	0.521 756
	1	1.413 403	0.398 667
	2	3.596 425	0.075 942
	3	7.085 810	0.003 612
	4	12.64 0801	0.000 023

对于形如 $\int_{\alpha}^{\infty} \mathrm{e}^{-\beta x} f(x) \mathrm{d}x\ (\beta > 0)$ 的积分, 可通过变量替换

$$x = \frac{1}{\beta}t + \alpha$$

化为标准的高斯–拉盖尔公式计算,

$$\begin{aligned}\int_{\alpha}^{\infty} \mathrm{e}^{-\beta x} f(x) \mathrm{d}x &= \frac{1}{\beta}\mathrm{e}^{-\alpha\beta}\int_{0}^{\infty} \mathrm{e}^{-t} f\left(\frac{1}{\beta}t + \alpha\right) \mathrm{d}t \\ &\approx \frac{1}{\beta}\mathrm{e}^{-\alpha\beta}\sum_{i=0}^{n} \omega_i f\left(\frac{x_i}{\beta} + \alpha\right).\end{aligned}$$

而对于形如 $\int_{0}^{\infty} g(x) \mathrm{d}x$ 的积分, $g(x)$ 须满足一定的条件, 以保证无穷积分的收敛性, 例如可以假设 $|g(x)| \leqslant \frac{1}{(1+x)^{1+\gamma}} (\gamma > 0)$, 同样可通过变换 $g(x) = \mathrm{e}^{-x} f(x)$, 化为标准高斯–拉盖尔公式计算

$$\begin{aligned}\int_{0}^{\infty} g(x) \mathrm{d}x &= \int_{0}^{\infty} \mathrm{e}^{-x} f(x) \mathrm{d}x \approx \sum_{i=0}^{n} \omega_i f(x_i) \\ &= \sum_{i=0}^{n} \omega_i \mathrm{e}^{x_i} g(x_i).\end{aligned}$$

计算高斯–拉盖尔公式中高斯点及高斯系数的 MATLAB 计算程序如下:

```
function [x,w] = gauss_laguerre(n)
% Nodes and weights for Gauss-Laguerre quadrature of
% arbitrary order
% Input: n =numbers of nodes of quadrature rule
% Output: x= vector of nodes, w = vector of weights
J = diag(1:2:2*n-1)- diag(1:n-1,1) - diag([1:n-1],-1);
% Jacobi  matrix
[V,D] = eig(J); [x,ix] = sort(diag(D));
% nodes are eigenvalues, which are on diagonal of D
w= 1*V(1,ix)'.^2;
% V(1,ix)' is column vector of first row of sorted V
```

(4) $\rho(x) = \mathrm{e}^{-x^2}$, $(a, b) = (-\infty, +\infty)$. 此时的高斯点应为区间 $(-\infty, +\infty)$ 上关于权函数 $\rho(x) = \mathrm{e}^{-x^2}$ 正交的多项式 —— $n+1$ 次**埃尔米特正交多项式**$H_{n+1}(x)$ 的零点. 高斯系数 ω_i的计算公式为

$$\omega_i = \frac{2^{n+2}(n+1)!\sqrt{\pi}}{[H_{n+2}(x_i)]^2}, \quad i = 0, 1, \cdots, n.$$

此时的求积公式为

$$\int_{-\infty}^{+\infty} \mathrm{e}^{-x^2} f(x) \mathrm{d}x \approx \sum_{i=0}^{n} \omega_i f(x_i),$$

称为**高斯–埃尔米特 (Gauss-Hermite) 公式**.

例如 $n = 1$ 时的高斯–埃尔米特公式为

$$\int_{-\infty}^{+\infty} \mathrm{e}^{-x^2} f(x) \mathrm{d}x \approx \frac{\sqrt{\pi}}{2} f\left(-\frac{\sqrt{2}}{2}\right) + \frac{\sqrt{\pi}}{2} f\left(\frac{\sqrt{2}}{2}\right). \tag{5.39}$$

$n=2$ 时的高斯–埃尔米特公式为

$$\int_{-\infty}^{+\infty} \mathrm{e}^{-x^2} f(x)\mathrm{d}x \approx \frac{\sqrt{\pi}}{6} f\left(-\frac{\sqrt{6}}{2}\right) + \frac{2\sqrt{\pi}}{3} f(0) + \frac{\sqrt{\pi}}{6} f\left(\frac{\sqrt{6}}{2}\right). \tag{5.40}$$

高斯–埃尔米特公式的另一形式为

$$\int_{-\infty}^{+\infty} g(x)\mathrm{d}x \approx \sum_{i=0}^{n} \omega_i \mathrm{e}^{x_i^2} g(x_i).$$

上述积分中需对 $g(x)$ 附加一些条件, 以保证积分的收敛性, 例如当 $g(x)$ 满足 $|g(x)| \leqslant \dfrac{C}{(1+|x|)^{1+\gamma}}$ $(\gamma>0)$ 时, 广义积分 $\int_{-\infty}^{+\infty} g(x)\mathrm{d}x$ 收敛.

表 5-9 给出了 $n=1,2,3,4$ 时的高斯点和高斯系数.

表 5-9 埃尔米特高斯点及高斯系数

n	i	x_i	ω_i
1	0	−0.707 107	0.886 227
	1	0.707 107	0.886 227
2	0	−1.224 745	0.295 409
	1	0	1.181 636
	2	1.224 745	0.295 409
3	0	−1.650 680	0.081 313
	1	−0.524 648	0.804 914
	2	0.524 648	0.804 914
	3	1.650 680	0.081 313
4	0	−2.020 183	0.019 953
	1	−0.958 572	0.393 519
	2	0	0.945 309
	3	0.958 572	0.393 619
	4	2.020 183	0.019 953

计算高斯–埃尔米特公式中各高斯点及高斯系数的 MATLAB 计算程序如下:

```
function [x,w] = gauss_her(n)
% The function [x,w]=gauss-her(n)computes the Hermite-Gauss
% nodes x and the weight coefficients w
% n---degree of Hermite polynomial
% x----the zeros of H_n(x)
% w-the coefficients of quadrature rule
J = diag(sqrt([1:n-1]),1)+diag(sqrt([1:n-1]),-1);
% Jacobi matrix
x = sort(eig(sparse(J)))/sqrt(2);
% Compute eigenvalues
 Hn = herval(n+1,x);
% Compute the value of Hermite with order n+1 at points x
w=sqrt(pi)* 2^{(n+1)}* factorial(n)./Hn.^2;
% Compute the Gauss coefficients w,
```

```
% factorial(n)=n!
```

应用上述程序时用到计算 n 次埃尔米特多项式的函数值, 须事先在工作目录中建立文件 herval.m, 程序如下:

```
function yy = herval(n,x)
%Compute the values of Hermite polynomial with order n at  x
if size(x, 1) == 1;
  x = x'; rot = 1;
end; ytem = zeros(length(x), 1); ytem(:,1) = ones(length(x), 1);
ytem(:,2) = 2*x;
  if n == 0; y = ytem(:,1);
    yy = y;
    return
  end
  if n == 1; y = ytem(:,2);
     yy = y;
     return
  end
  if n > 1; m = 1; p = 2;
  for i = 2:n;
    ynew = 2*x.*ytem(:,p)-2*(i-1)*ytem(:,m);
    tem = m;
    m = p;
    p = tem;
    ytem(:,p) = ynew;
  end
   y = ynew;
   yy = y;
  end;
```

§5.4.3 高斯型公式的应用

下面我们通过举例来说明, 如何应用高斯型公式进行近似计算以及计算的效果.

例 5.4.1 用高斯–勒让德公式计算积分

$$I=\int_0^1 \frac{\sin x}{x}\mathrm{d}x.$$

解: 做变换 $x=\frac{1}{2}(1+t)$, 将原积分区间 $[0,1]$ 化为标准区间 $[-1,1]$,

$$\int_0^1 \frac{\sin x}{x}\mathrm{d}x=\int_{-1}^1 \frac{\sin\frac{1}{2}(t+1)}{t+1}\mathrm{d}t.$$

利用两点高斯–勒让德公式(5.33), 计算得

$$I \approx \frac{\sin\frac{1}{2}(-0.573\,503+1)}{-0.573\,503+1}+\frac{\sin\frac{1}{2}(0.573\,503+1)}{0.573\,503+1}$$
$$=0.946\,041\,1.$$

利用三点高斯–勒让德公式(5.34), 计算得

$$I \approx 0.555\,555\,6\times\frac{\sin\frac{-0.774\,596\,7+1}{2}}{-0.774\,596\,7+1}+0.888\,888\,9\times\frac{\sin\frac{1}{2}}{0+1}+0.555\,555\,6\times\frac{\sin\frac{0.774\,596\,7+1}{2}}{0.774\,596\,7+1}$$
$$=0.946\,083\,1.$$

与积分的精确值 $I=0.946\,083\,1\cdots$ 相比, 可知二点高斯–勒让德公式的计算值有 4 位有效数字, 三点高斯–勒让德公式的计算值有 7 位有效数字. 而如果用复合梯形公式 (见例 5.2.2) 需要求出 $2^{10}+1$ 个点上的函数值, 才能达到同样的精度. 这说明对于采用同样数目节点的求积公式, 用高斯–勒让德公式的计算精度更高, 而计算量则相同. 其他高斯型公式也有类似的性质. 因此高斯型公式 (包括高斯–勒让德、高斯–切比雪夫等) 又称为高精度的求积公式.

高斯型求积公式的另一个优点是可以计算一些无穷区间上的积分 (例如见公式 (5.37)~公式 (5.40)) 以及带奇性被积函数的积分 (例如见公式 (5.35), 公式 (5.36)). 高斯型求积公式的主要缺点是节点和系数没有明显的规律（除了高斯–切比雪夫公式以外），需事先计算出高斯点及高斯系数, 特别是当 n 很大时, 一般需用数值方法进行计算. 且当积分精度不满足要求而需要增加节点时, 所有的节点上的函数值需重新计算.

例 5.4.2　用高斯–勒让德公式计算下列积分

$$\int_{-1}^{1}|x|^{\alpha+\frac{3}{5}}\mathrm{d}x.$$

分别取 $\alpha=0,1,2$, 观察误差随高斯点数的变化规律.

解:　首先可看出当 $\alpha=0,1,2$ 时, 函数 $f(x)=|x|^{\alpha+\frac{3}{5}}$ 在 $x=0$ 处分别为连续、一阶连续可导以及二阶连续可导的. 其次令误差

$$R_n=\left|\int_{-1}^{1}f(x)\mathrm{d}x-Q[f]\right|.$$

为方便观察误差 R_n 随着高斯点数的变化规律, 分别用 $\lg n$, $\lg R_n$ 表示横坐标和纵坐标, 则计算结果如图 5-2 所示.

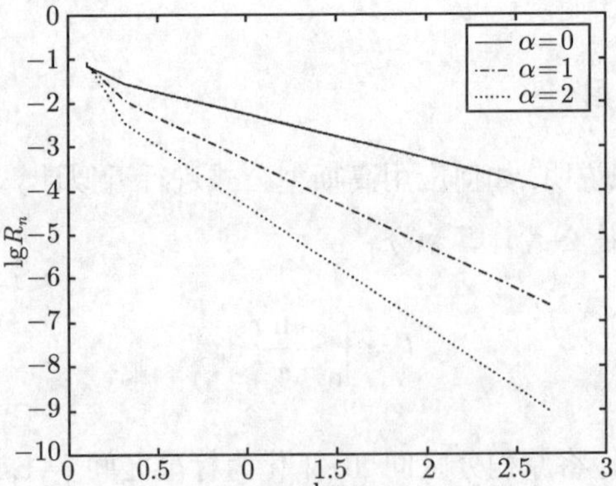

图 5-2　被积函数的光滑性与高斯公式收敛速度的关系

从图 5-2 可看到, 无论 α 取 0, 1 或 2, 随着高斯点的增加, 误差也相应的减小, 即高斯公式是收敛的. 且当 n 较大时, 误差 R_n 有近似表达式

$$R_n \approx Cn^{-s},$$

式中, C 为与 n 无关的正常数. 刻划收敛速度的指标 s 随着被积函数 $f(x)$ 的光滑性的提高而自动变大. 从而可知高斯公式的收敛速度与被积函数的光滑性有关. 而前面的等分节点的复合梯形公式和复合辛普森公式的收敛速度是固定的. 当函数为无穷次可微的解析函数时, 可以证明此时误差为指数收敛 (或称为无穷次收敛速度，因为比任何代数型收敛速度还要快), 即

$$R_n \approx C_1 \mathrm{e}^{-C_2 n},$$

式中, C_1, C_2 为正常数 (见下面的例 5.4.3).

例 5.4.3 用五点高斯–埃尔米特公式计算下列积分

$$I = \int_{-\infty}^{+\infty} \mathrm{e}^{-x^2} \cos x \mathrm{d}x,$$

计算精确值为 1.380 388 447 0···.

解: 利用表 5-9, 可得

$$\begin{aligned} I &\approx \omega_2 \cos x_2 + 2(\omega_3 \cos x_3 + \omega_4 \cos x_4) \\ &= 0.945\ 309 + 2 \times (0.393\ 619 \times 0.574\ 689 - 0.019\ 953 \times 0.434\ 413) \\ &= 1.380\ 390. \end{aligned}$$

误差约为 1.6296e − 006. 计算程序如下:

```
>> [x,w] = gauss_her(5); y = cos(x); In = w'*y
```

节点数 n 取其他值时的误差见图 5-3.

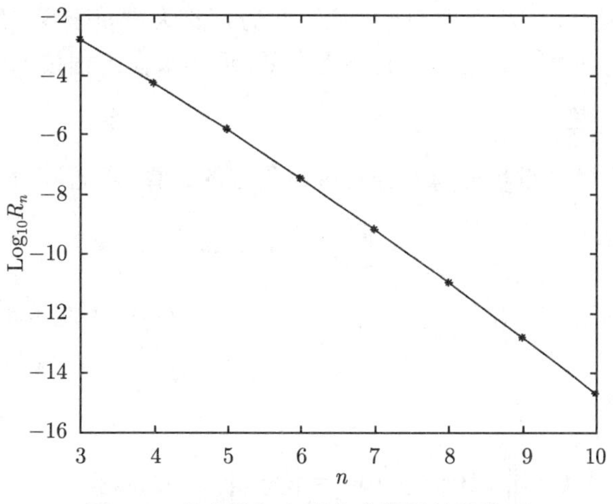

图 5-3 节点数与高斯公式的误差的关系

从图 5-3 可看出误差与高斯公式节点数有近似关系: $R_n \approx C_1 \mathrm{e}^{-C_2 n}$, C_1, C_2 为正常数.

附注 1 计算无穷区域上的积分, 除了用无穷区域上的高斯–拉盖尔公式或高斯–埃尔米特公式之外, 还可用下面例 5.4.4 中的截断方法处理.

例 5.4.4　计算无穷区间上的积分

$$I=\int_2^{\infty}\frac{1}{1+x^3}\mathrm{d}x,$$

要求精确到 10^{-2}.

解:　首先对任意正数 M, 将无穷区间上的积分分为两部分:

$$I=\int_2^{\infty}\frac{1}{1+x^3}\mathrm{d}x=\int_2^{M}\frac{1}{1+x^3}\mathrm{d}x+\int_M^{\infty}\frac{1}{1+x^3}\mathrm{d}x=I_1+I_2.$$

选 M 使得上面最后一个等式的第二部分

$$I_2=\int_M^{\infty}\frac{1}{1+x^3}\mathrm{d}x<\frac{1}{2}\times 10^{-2},$$

显然

$$\int_M^{\infty}\frac{1}{1+x^3}\mathrm{d}x<\int_M^{\infty}\frac{1}{x^3}\mathrm{d}x=\frac{1}{2M^2},$$

只要选 M 使得 $\frac{1}{2M^2}<\frac{1}{2}\times 10^{-2}$ 即可, 解出 $M=10$. 其次在有限区间上求积分 $\int_2^{10}\frac{1}{1+x^3}\mathrm{d}x$. 选适当大的步长 h, 再用复合辛普森公式进行计算.

$$h=2,\quad I_1=0.120\,6,$$

$$h=1,\quad I_1=0.115\,9.$$

由于 $|0.120\,6-0.115\,9|<\frac{1}{2}\times 10^{-2}$, 因此 $I\approx I_1\approx 0.12$.

§5.5　多重积分的计算

本节考虑多重积分的两种计算方法. 第一种方法可看成前面几节关于单重积分的推广, 它在计算重数较小 (低维) 的积分时有效. 第二种方法称为**蒙特卡罗 (Monte Carlo) 方法**, 是一种随机的算法, 它在处理高维积分时特别有效, 近年来在工程技术中得到了广泛的应用.

§5.5.1　二重积分的计算

为方便起见, 我们以二重积分为例介绍多重积分的计算. 考虑积分

$$I=\iint_{\Omega}f(x,y)\mathrm{d}x\mathrm{d}y,$$

Ω 为平面上的一个区域, $\Omega=\{a\leqslant x\leqslant b,\varphi_1(x)\leqslant y\leqslant\varphi_2(x)\}$, 如图 5-4 所示, $f(x,y)$ 在区域 Ω 上连续.

由二重积分的性质

$$I=\iint_{\Omega}f(x,y)\mathrm{d}x\mathrm{d}y=\int_a^b\mathrm{d}x\int_{\varphi_1(x)}^{\varphi_2(x)}f(x,y)\mathrm{d}y.$$

令

$$F(x)=\int_{\varphi_1(x)}^{\varphi_2(x)}f(x,y)\mathrm{d}y,$$

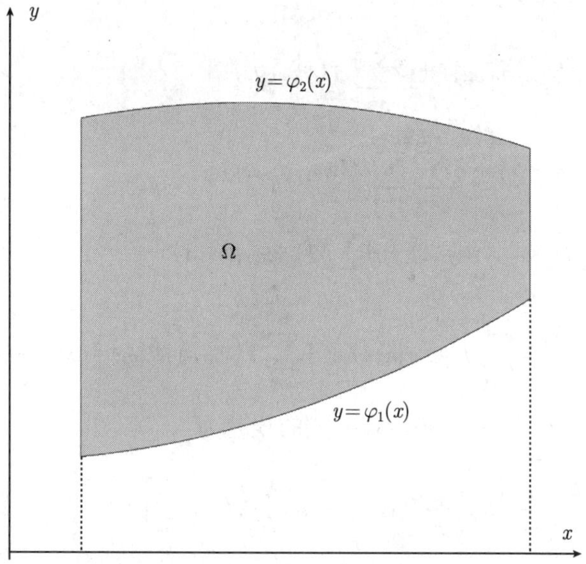

图 5-4 二重积分求积区域

则利用前几节介绍的单重积分的求积公式得

$$I=\int_a^b F(x)\mathrm{d}x\approx\sum_{i=0}^{n}\omega_i^{(1)}F(x_i).$$

为了求出 $F(x_i)$, 将区间 $[\varphi_1(x),\varphi_2(x)]$ 分为 m 份，利用单重积分求积公式得

$$F(x_i)=\int_{\varphi_1(x_i)}^{\varphi_2(x_i)}f(x_i,y)\mathrm{d}y\approx\sum_{j=0}^{m}\omega_j^{(2)}f(x_i,y_j).$$

上面的系数 $\omega_i^{(1)}$ 和 $\omega_j^{(2)}$ 分别是 x 方向和 y 方向的求积系数. 若记 $\omega_{ij}=\omega_i^{(1)}\cdot\omega_j^{(2)}$, 则得到二重积分的求积公式

$$I=\iint_\Omega f(x,y)\mathrm{d}x\mathrm{d}y\approx\sum_{i=0}^{n}\sum_{j=0}^{m}\omega_{ij}f(x_i,y_j).$$

顺着上述思路, 可得到积分区域为 $\Omega=\{a\leqslant x\leqslant b,c\leqslant y\leqslant d\}$ 的复合辛普森公式. 将 x 方向和 y 方向分别分成 $2n$ 份和 $2m$ 份, 记

$$h_x=\frac{b-a}{2n},\quad x_i=a+ih_x,\qquad i=0,1,\cdots,2n,$$

$$h_y=\frac{d-c}{2m},\quad y_j=c+jh_y,\qquad j=0,1,\cdots,2m,$$

则计算二重积分的**复合辛普森公式**为

$$\begin{aligned}I=&\iint_\Omega f(x,y)\mathrm{d}x\mathrm{d}y\\ \approx&\frac{h_xh_y}{9}\Bigg[f(x_0,y_0)+2\sum_{i=1}^{n-1}f(x_{2i},y_0)+4\sum_{i=1}^{n}f(x_{2i-1},y_0)+f(x_{2n},y_0)\\ &+2\sum_{j=1}^{m-1}f(x_0,y_{2j})+4\sum_{j=1}^{m-1}\sum_{i=1}^{n-1}f(x_{2i},y_{2j})\end{aligned}$$

$$
\begin{aligned}
&+8\sum_{j=1}^{m-1}\sum_{i=1}^{n} f(x_{2i-1},y_{2j})+2\sum_{j=1}^{m-1} f(x_{2n},y_{2j})\\
&+4\sum_{j=1}^{m} f(x_0,y_{2j-1})+8\sum_{j=1}^{m}\sum_{i=1}^{n-1} f(x_{2i},y_{2j-1})\\
&+16\sum_{j=1}^{m}\sum_{i=1}^{n} f(x_{2i-1},y_{2j-1})+4\sum_{j=1}^{m} f(x_{2n},y_{2j-1})\\
&\left.+f(x_0,y_{2m})+2\sum_{i=1}^{n-1} f(x_{2i},y_{2m})+4\sum_{i=1}^{n} f(x_{2i-1},y_{2m})+f(x_{2n},y_{2m})\right].
\end{aligned}
\tag{5.41}
$$

如果 $f(x,y)\in C^4(\Omega)$, 则上述复合辛普森公式的误差为

$$
R=-\frac{(d-c)(b-a)}{180}\left[h_x^4\frac{\partial^4 f}{\partial x^4}(\xi_1,\eta_1)+h_y^4\frac{\partial^4 f}{\partial y^4}(\xi_2,\eta_2)\right],\quad (\xi_i,\eta_i)\in\Omega,\quad i=1,2.
$$

例 5.5.1 用复合辛普森公式计算积分

$$
I=\int_0^{\pi/2}\mathrm{d}x\int_0^{\pi/4}\sin(x+y)\mathrm{d}y.
$$

解: 由复合辛普森公式 (5.41)(取 $n=2,m=2$), 计算得

$$
I=\int_0^{\pi/2}\mathrm{d}x\int_0^{\pi/4}\sin(x+y)\mathrm{d}y\approx 1.000\ 28.
$$

此二重积分的精确值为 $I=1$, 故实际误差为 2.8×10^{-4}.

上述复合辛普森公式 (5.41) 原则上可推广至任何有界区域上的多重积分. 设 Ω 为任何 d 维有界区域, 取 d 维长方体

$$
\Omega^*=[a_1,b_1]\times[a_2,b_2]\times\cdots\times[a_d,b_d]\supset\Omega.
$$

将被积函数 $f(x_1,x_2,\cdots,x_d)$ 延拓为 Ω^* 上的函数 $f^*(x_1,x_2,\cdots,x_d)$:

$$
f^*(x_1,x_2,\cdots,x_d)=\begin{cases} f(x_1,x_2,\cdots,x_d), & (x_1,x_2,\cdots,x_d)\in\Omega,\\ 0, & (x_1,x_2,\cdots,x_d)\in\Omega^*\setminus\Omega,\end{cases}
$$

则积分 $I=\int_\Omega f(x_1,x_2,\cdots,x_d)\mathrm{d}x_1\mathrm{d}x_2\cdots\mathrm{d}x_d$ 化为 d 维长方体上的积分:

$$
I=\int_\Omega f(x_1,x_2,\cdots,x_d)\mathrm{d}x_1\mathrm{d}x_2\cdots\mathrm{d}x_d=\int_{\Omega^*} f^*(x_1,x_2,\cdots,x_d)\mathrm{d}x_1\mathrm{d}x_2\cdots\mathrm{d}x_d.
$$

由于区域 Ω^* 为 d 维长方体, 因此可以对每一个方向 x_i 用复合辛普森公式计算, 这样便可得积分 I 的值.

下面考虑多重积分的计算误差与计算节点数之间的关系, 不妨以复合辛普森公式为例, 并设被积函数 $f(x_1,x_2,\cdots,x_d)$ 充分光滑. 假设对上面每个积分用复合辛普森公式计算 (每个方向取 n 个点), 则每个方向的计算误差约为 $\dfrac{C_1}{n^4}$, 而总的求积误差 $R\approx\dfrac{C}{n^4}$, C 及 C_1 均为

正常数. 一般地, $C > C_1$ 且随着维数 d 的增加而增大. 由于区域是 d 维, 因此总的节点数为 $m = n^d$. 由此可见 d 维复合辛普森公式的误差 R 与节点数 m 的关系为

$$R \approx Cm^{-4/d}.$$

随着维数 d 的增大, 节点数 $m = n^d$ 急剧增多, 随之而来的是计算量大大增加了. 然而计算的误差 R 的减少却很缓慢. 因此一般来说, 计算高维数值积分用复合辛普森公式以及前几节介绍的方法都失效. 目前使用广泛的且行之有效方法即是我们将要介绍的蒙特卡罗方法.

§5.5.2 蒙特卡罗模拟求积法简介

一般地, 我们将随机数序列的模拟方法称为蒙特卡罗方法. 它目前已成为解决许多工程、物理、金融等领域中问题的重要数学工具. 本小节介绍用蒙特卡罗方法数值求积分, 其计算结果随着不同的实验方案以及实验模拟次数的不同而取不同的值. 因此计算结果具有某种 "波动性". 为方便说明, 我们考虑区间 $[0,1]$ 上的积分 $I[f] = \int_0^1 f(x)\mathrm{d}x$, 其方法可直接推广到多维情形.

设随机变量 X 服从 $[0,1]$ 上的均匀分布, 即 $X \sim U(0,1)$. $f(x)$ 为任意可积函数, 则

$$\mathrm{E}[f(X)] = \int_0^1 f(x)\mathrm{d}x. \tag{5.42}$$

因此随机变量 X 的函数 $f(X)$ 的数学期望可以化为函数 $f(x)$ 在区间 $[0,1]$ 上的积分值. 反之, 若有方法算出数学期望 $\mathrm{E}[f(X)]$ 的值, 则等价于求出了积分 $\int_0^1 f(x)\mathrm{d}x$ 的值. 为此设 $X_i(i = 1,2,\cdots,N)$ 为相互独立的服从区间 $[0,1]$ 上均匀分布的随机变量, 记

$$I_N[f] = \frac{1}{N}\sum_{i=1}^{N} f(X_i). \tag{5.43}$$

显然 $I_N[f]$ 是随机变量, 满足

$$\mathrm{E}[I_N[f]] = \frac{1}{N}\sum_{i=1}^{N}\mathrm{E}[f(X_i)] = \frac{1}{N}\sum_{i=1}^{N}\int_0^1 f(x)\mathrm{d}x = I[f]. \tag{5.44}$$

因此 $I_N[f]$ 可看成是 $I[f]$ 的无偏估计量, X_i 可通过 N 次独立实验得到. 由概率论中的大数定理, 当 $N \to \infty$ 时, $I_N[f]$ 依概率收敛于 $I[f]$, 即

$$I_N[f] \xrightarrow{\mathrm{P}} I[f]. \tag{5.45}$$

下面估计误差 $R_N[f] = I_N[f] - I[f]$. 由于 $R_N[f]$ 仍为随机变量, 我们估计其方差 (一般认为均方差即是误差).

以 $\mathrm{Var}(f)$ 表示随机变量 $f(X_i)$ 的方差, 由于 $\mathrm{E}[R_N[f]] = 0$, 所以

$$\begin{aligned}\mathrm{Var}[R_N[f]] &= \mathrm{E}[R_N^2[f]] = \mathrm{E}[(I_N[f] - I[f])^2]\\ &= \frac{1}{N^2}\mathrm{E}\left\{\sum_{i=1}^{N}(f(X_i) - I[f])\sum_{j=1}^{N}(f(X_j) - I[f])\right\}.\end{aligned}$$

由于 $X_i, X_j (i \neq j)$ 相互独立, 可推出当 $i \neq j$ 时,

$$\mathrm{E}\left\{(f(X_i) - I[f])(f(X_j) - I[f])\right\} = \mathrm{E}(f(X_i) - I[f])\mathrm{E}(f(X_j) - I[f]) = 0.$$

因此

$$\mathrm{Var}[R_N[f]] = \frac{1}{N^2}\sum_{i=1}^{N}\mathrm{E}[(f(X_i)-I[f])^2] = \frac{1}{N}\mathrm{Var}(f). \tag{5.46}$$

从而我们得出结论：若 $f(x)$ 为平方可积函数 (此时 $\mathrm{Var}(f)<\infty$), 误差随着 N 的增大以速度 $N^{-\frac{1}{2}}$ 趋于零. 上述由式 (5.43) 给出的数值模拟方法即称为数值求积的**蒙特卡罗方法**.

附注 2 有时我们需估计 f 的方差 $\mathrm{Var}(f)$. 只需取随机变量 X 的 N 个样本值 $X_1, X_2, \cdots, X_N$, 令

$$\overline{I}_N = \frac{1}{N}\sum_{i=1}^{N} f(X_i).$$

再利用 $f(X)$ 的标准方差估计方法即可：

$$\sigma = \sqrt{\mathrm{Var}(f)} \approx \sqrt{\frac{1}{N}\sum_{i=1}^{N}(f(X_i)-\overline{I}_N)^2}. \tag{5.47}$$

下面讨论高维区域积分

$$I = \int_0^1\cdots\int_0^1 f(x_1, x_2, \cdots, x_d)\mathrm{d}x_1\mathrm{d}x_2\cdots\mathrm{d}x_d,$$

仍可取 N 次独立样本值的算术平均

$$I_N[f] = \frac{1}{N}\sum_{i=1}^{N} f(x_1^{(i)}, x_2^{(i)}, \cdots, x_d^{(i)}) \tag{5.48}$$

作为积分 I 的无偏估计量, 其方差仍为 $\dfrac{\mathrm{Var}(f)}{N}$, 即收敛速度不受积分区域维数 d 的影响! 蒙特卡罗方法正因为具有这个特性, 才能成为计算高维积分的有效数值方法. 另外我们可以看出, 蒙特卡罗方法的收敛速度为 $N^{-\frac{1}{2}}$, 与被积函数的光滑性无关. 这一性质与插值型积分公式, 特别是高斯公式性质大不相同.

附注 3 在实际计算中, 真正服从于均匀分布 $U(0,1)$ 的随机数 $x_i(i=1,2,\cdots,N)$ 是无法取到的, 而只能找到很“接近”于随机的数. 通常用数论方法产生, 也称为“伪随机数”(pseudo random numbers). 在 MATLAB 语言中, 用函数`rand( )` 可以产生服从均匀分布 $U(0,1)$ 的随机数 (实际上是伪随机数).

例 5.5.2 用蒙特卡罗方法计算积分

$$I = \int_0^2 \frac{\sin x}{x}\mathrm{d}x,$$

I 的精确值为 1.605 412 975 $\cdots$.

解: 首先将积分化为标准区间 $[0,1]$, 只需做变换 $t=\frac{x}{2}$,

$$I = \int_0^1 \frac{\sin 2t}{t}\mathrm{d}t.$$

取 x_i 为 N 次相互独立的均匀分布 $U(0,1)$ 的样本, 则

$$I \approx I_N = \frac{1}{N}\sum_{i=1}^{N}\frac{\sin 2x_i}{x_i}.$$

分别取 $N = 10, 20, 50, \cdots, 50\ 000$, 计算出积分的近似值 I_N. 程序如下:

```
>> x = [10 20 50 100 200 500 1000 2000 5000 10000 20000 50000];
>> I = quad('sin(x)./x',0,2,1.e-16);
>> for i = 1:length(x)
      z = rand(x(i),1);
      In = sin(2*z)./z;
      In = mean(In);
      y(i) = abs(In-I);
   end
>> x = log(x); y=log(y); plot(x,y,'.-');
>> xlabel('ln N'); ylabel('ln R_N');
```

误差 $R_N = |I_N - I|$ 随 N 的变换规律见图 5-5. 其中横坐标取 $\ln N$, 纵坐标取 $\ln R_N$.

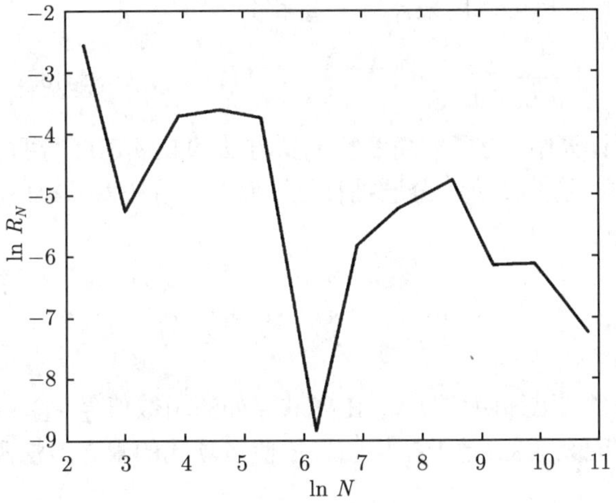

图 5-5 误差 R_N 随节点 N 的变化规律

从图 5-5 可看出蒙特卡罗方法的收敛性与收敛速度, 即当随机数个数为 N 时, 误差正比于 $N^{-1/2}$, 因此蒙特卡罗方法称为"半阶收敛"的. 与复合辛普森公式相比较, 在计算一维或低维区域上的定积分时蒙特卡罗方法没有任何优势, 蒙特卡罗方法的价值只有在计算高维积分 (一般维数大于 4) 时才能体现出来. 限于篇幅限制, 这里不再细述, 有兴趣者可参阅有关文献 (例如 [7], [12] 等).

上面介绍的蒙特卡罗方法可进一步推广. 例如可以考虑积分

$$\int_a^b f(x)\mathrm{d}x,$$

式中, a, b 可以为无限大, 被积函数 $f(x) = g(x)h(x)$, $g(x) \geqslant 0$ 且 $\int_a^b g(x)\mathrm{d}x = 1$. 此时 $g(x)$ 可看成某个随机变量 X 的密度函数, 由概率论知识

$$\mathrm{E}[h(X)] = \int_a^b g(x)h(x)\mathrm{d}x,$$

即积分 $\int_a^b f(x)\mathrm{d}x = \int_a^b g(x)h(x)\mathrm{d}x$ 可看成某个随机变量 X 函数 $h(X)$ 的数学期望.

例如, 若 $g(x) \equiv 1$, $[a,b]=[0,1]$, 这就是我们上面介绍的蒙特卡罗方法. 若 $g(x)=\frac{1}{\sqrt{2\pi}}\mathrm{e}^{-\frac{x^2}{2}}$, $[a,b]=(-\infty,+\infty)$, 则积分 $\frac{1}{\sqrt{2\pi}}\int_{-\infty}^{+\infty}\mathrm{e}^{-\frac{x^2}{2}}h(x)\mathrm{d}x$ 可看成是服从于正态分布随机变量 X 函数 $h(X)$ 的数学期望, 可以通过正态分布的 N 次独立取样 X_i $(i=1,2,\cdots,N)$ 的算术平均近似计算积分

$$I \approx I_N = \frac{1}{N}\sum_{i=1}^{N} h(X_i). \tag{5.49}$$

并且由于

$$\begin{aligned}\mathrm{E}[I_N]=&\frac{1}{N}\sum_{i=1}^{N}\mathrm{E}[h(X_i)] = \frac{1}{N}\sum_{i=1}^{N}\int_{-\infty}^{+\infty} h(x)g(x)\mathrm{d}x\\ =&\int_{-\infty}^{+\infty} f(x)\mathrm{d}x,\end{aligned}$$

上面的估计量是无偏的. 在 MATLAB 中可用函数 `randn()` 产生服从于标准正态分布 $N(0,1)$ 的随机数. 推广到高维情形可以用来计算 d 重积分

$$(\frac{1}{\sqrt{2\pi}})^d\int_{-\infty}^{+\infty}\mathrm{e}^{-\frac{x_1^2+x_2^2+\cdots+x_d^2}{2}}h(x_1,x_2,\cdots,x_d)\mathrm{d}x.$$

附注 4 在实际计算中, 为了提高蒙特卡罗方法的收敛速度, 可以采用各种加速收敛方法, 例如可用重点取样、控制方差、分层抽样法、舍去采用法以及拟蒙特卡罗等技巧. 有兴趣者可查阅文献 [7], [12].

§5.6 数值微分

本节讨论以下问题: 已知函数 $f(x)$ 在离散点处的函数值 $f(x_i)(i=1,2,\cdots,n)$, 求 $f(x)$ 导数. 我们介绍两种近似方法: 基于拉格朗日插值多项式的求导方法和基于样条函数的求导方法.

§5.6.1 基于拉格朗日插值多项式的求导方法

由插值理论, 如果已知 $f(x)$ 在离散点处的函数值 $f(x_i)(i=1,2,\cdots,n)$, 可以做出 n 次拉格朗日插值多项式 $L_n(x)$, 再利用 $L_n(x)$ 的导数来近似代替 $f(x)$ 的导数, 此方法称为基于拉格朗日插值多项式的数值求导方法. 其插值余项为

$$R_n(x)=f(x)-L_n(x)=\frac{f^{(n+1)}(\xi)}{(n+1)!}\Pi(x),\quad \xi\in(a,b),$$

式中, $\Pi(x)=\prod_{i=0}^{n}(x-x_i)$, 注意到 ξ 通常依赖于 x, 故可记 $\xi=\xi(x)$. 在上式两边对 x 求导,

$$f'(x)-L_n'(x)=\frac{f^{(n+1)}(\xi)}{(n+1)!}\Pi'(x)+\frac{\Pi(x)}{(n+1)!}\frac{\mathrm{d}}{\mathrm{d}x}f^{(n+1)}(\xi(x)). \tag{5.50}$$

因为 $\xi(x)$ 的具体表达式无法写出, 故上面等式右端的第二部分一般无法求出. 但在 $x=x_i$ 处, 由于 $\Pi(x_i)=0$, 因而

$$f'(x_i)-L_n'(x_i)=\frac{f^{(n+1)}(\xi)}{(n+1)!}\Pi'(x_i)=\frac{f^{(n+1)}(\xi)}{(n+1)!}\prod_{j=0,j\neq i}^{n}(x_i-x_j). \tag{5.51}$$

由于高次插值会产生龙格现象，因此实际应用中多采用低次拉格朗日插值型求导公式. 下面我们在等距节点的情况下，具体推导几个低阶求导计算公式.

§5.6.1.1 两点公式

做 $f(x)$ 的线性插值公式

$$L_1(x)=\frac{x-x_1}{x-x_0}f(x_0)+\frac{x-x_0}{x_1-x_0}f(x_1),$$

对上式求导，并令 $x=x_0$, $x_1-x_0=h$, 得

$$L_1'(x_0)=\frac{f(x_1)-f(x_0)}{h}.$$

由式 (5.51) 知求导的余项为 $\frac{f''(\xi)}{2}(x_0-x_1)$, 即

$$f'(x_0)=\frac{f(x_1)-f(x_0)}{h}-\frac{h}{2}f''(\xi),\quad \xi\in(x_0,x_1). \tag{5.52}$$

同理可得

$$f'(x_1)=\frac{f(x_1)-f(x_0)}{h}+\frac{h}{2}f''(\xi),\quad \xi\in(x_0,x_1). \tag{5.53}$$

略去余项，称式 (5.52) 和式 (5.53) 为计算导数的**二点公式**，分别称为**向前差商公式**和**向后差商公式**，由于误差为 $O(h)$，因此精度都是一阶的.

§5.6.1.2 三点及五点公式

做 $f(x)$ 的二次插值多项式

$$L_2(x)=\frac{(x-x_1)(x-x_2)}{(x_0-x_1)(x_0-x_2)}f(x_0)+\frac{(x-x_0)(x-x_1)}{(x_1-x_0)(x_1-x_2)}f(x_1)+\frac{(x-x_0)(x-x_1)}{(x_2-x_0)(x_2-x_1)}f(x_2).$$

令 $x=x_0+th$, $x_i=x_0+ih$, 则上式变成

$$L_2(x_0+th)=\frac{1}{2}(t-1)(t-2)f(x_0)-t(t-2)f(x_1)+\frac{1}{2}t(t-1)f(x_2),$$

两端对 t 求导，得

$$L_2'(x_0+th)=\frac{1}{2h}\left[(2t-3)f(x_0)-4(t-1)f(x_1)+(2t-1)f(x_2)\right].$$

分别令 $t=0,1,2$, 得

$$\begin{aligned}L_2'(x_0)&=\frac{1}{2h}[-3f(x_0)+4f(x_1)-f(x_2)],\\ L_2'(x_1)&=\frac{1}{2h}[-f(x_0)+f(x_2)],\\ L_2'(x_2)&=\frac{1}{2h}[f(x_0)-4f(x_1)+3f(x_2)].\end{aligned}$$

利用式 (5.51), 即得带余项的**三点求导公式**

$$f'(x_0)=\frac{1}{2h}[-3f(x_0)+4f(x_1)-f(x_2)]+\frac{h^2}{3}f^{(3)}(\xi), \tag{5.54}$$

$$f'(x_1)=\frac{1}{2h}[-f(x_0)+f(x_2)]-\frac{h^2}{6}f^{(3)}(\xi), \tag{5.55}$$

$$f'(x_2)=\frac{1}{2h}[f(x_0)-4f(x_1)+3f(x_2)]+\frac{h^2}{3}f^{(3)}(\xi). \tag{5.56}$$

上面计算公式的精度均为二阶, 其中第二式又称为中心差商公式. 类似方法可得**五点求导公式**

$$f'(x_0)=\frac{1}{12h}(-25f_0+48f_1-36f_2+16f_3-3f_4)+\frac{h^4}{5}f^{(5)}(\xi), \tag{5.57}$$

$$f'(x_1)=\frac{1}{12h}(-3f_0-10f_1+18f_2-6f_3+f_4)-\frac{h^4}{20}f^{(5)}(\xi), \tag{5.58}$$

$$f'(x_2)=\frac{1}{12h}(f_0-8f_1+8f_3-f_4)-\frac{h^4}{30}f^{(5)}(\xi), \tag{5.59}$$

$$f'(x_3)=\frac{1}{12h}(-f_0+6f_1-18f_2+10f_3+3f_4)-\frac{h^4}{20}f^{(5)}(\xi), \tag{5.60}$$

$$f'(x_4)=\frac{1}{12h}(3f_0-16f_1+36f_2-48f_3+25f_4)+\frac{h^4}{5}f^{(5)}(\xi). \tag{5.61}$$

例 5.6.1 给定函数 $f(x)=\mathrm{e}^x$ 的下列数据表 (见表 5-10), 试分别用二点和三点求导公式计算 $x=2.7$ 处的一阶导数值.

表 5-10 函数 $f(x)$ 数据表

x	2.5	2.6	2.7	2.8	2.9
$f(x)$	12.182 5	13.463 7	14.879 7	16.444 6	18.174 1

解: 由于本题没有指明用哪些节点来计算 $f'(2.7)$, 因此取不同的节点, 会得到不同的计算结果.

在二点公式 (5.53) 中取 $x_0=2.6$, $x_1=2.7$, $h=0.1$, 则

$$f'(2.7)\approx\frac{1}{0.1}[f(2.7)-f(2.6)]=14.160\,0.$$

若在公式 (5.52) 中取 $x_0=2.7$, $x_1=2.8$, $h=0.1$, 得

$$f'(2.7)\approx\frac{1}{0.1}[f(2.8)-f(2.7)]=15.649\,0.$$

在三点公式 (5.55) 中, 取 $x_0=2.6$, $x_1=2.7$, $x_2=2.8$, $h=0.1$, 得

$$f'(2.7)\approx\frac{1}{2\times0.1}[f(2.8)-f(2.6)]=14.904\,5.$$

另外, 若在二点公式 (5.53) 中取 $x_0=2.7$, $x_1=2.9$, $h=0.2$, 则

$$f'(2.7)\approx\frac{1}{0.2}[f(2.7)-f(2.5)]=13.486\,0.$$

若在公式 (5.52) 中取 $x_0=2.7$, $x_1=2.9$, $h=0.2$, 得

$$f'(2.7)\approx\frac{1}{0.2}[f(2.9)-f(2.7)]=16.472\,0.$$

在三点公式 (5.55) 中, 取 $x_0=2.5$, $x_1=2.7$, $x_2=2.9$, $h=0.2$, 得

$$f'(2.7)\approx\frac{1}{2\times0.2}[f(2.9)-f(2.5)]=14.979\,0.$$

最后在五点公式 (5.59) 中取 $x_0=2.5$, $x_1=2.6$, $x_2=2.7$, $x_3=2.8$, $x_4=2.9$, $h=0.1$, 计算得

$$f'(2.7)\approx\frac{1}{12\times0.1}[f(2.5)-8f(2.6)+8f(2.7)-f(2.8)]=14.879\,7.$$

将上述结果与 $f'(2.7)$ 的精确值 14.879 730 相比较可知, 步长越小, 一般误差也越小; 五点公式一般比三点公式精确, 三点公式一般比两点公式精确.

从上例可以看到 h 越小, 一般精度越高. 但在实际计算中, 由于数据 f_i 有误差, 并不是 h 越小计算效果越好. 理由如下, 在式 (5.51) 中设 $L_n'(x_i)=\frac{1}{h}\sum\limits_{j=0}^{n}A_jf(x_j)$, 并令 $f(x)\equiv 1$, 则可得

$$\sum_{j=0}^{n}A_j=0.$$

由此可见系数 A_j 有正数, 也有负数. 并且当数据 $f(x_j)$ 有一定误差以及 h 很小时, 由于 $L_n'(x_i)$ 的表达式中会出现分母为 "小数"h, 因此会造成较大的数值误差, 即算法不稳定. 因此实际应用中步长 h 不要取得太小. 以上基于拉格朗日插值的求导方法的另一个缺点是只能求出节点处的导数, 否则误差无法得到估计 (见公式 (5.50)). 下一小节我们将介绍处理数值求导数问题的稳定较精确的算法 —— 基于样条的求导方法.

§5.6.2 基于样条函数的求导方法

本节我们将用样条函数 $S(x)$ 代替拉格朗日插值多项式 $L_n(x)$ 作为函数 $f(x)$ 的近似. 若 $f(x)\in C^4[a,b]$, 则有估计

$$\max_{a\leqslant x\leqslant b}|f^{(k)}(x)-S^{(k)}(x)|\leqslant Ch^{4-k},\quad k=0,1,2,3, \tag{5.62}$$

式中, $h=\max\limits_{0\leqslant i\leqslant n-1}h_i$. 即此时不但 $f(x)$ 与 $S(x)$ 的函数值很 "接近", 它们的导数值也很 "接近". 计算三次样条函数的三弯矩方法已在第 3 章介绍, 下面我们将推导直接以节点处的导数值 $S'(x_i)=m_i$ 作为未知量的**三转角方程组**. 该方法称为三转角方法.

设 $a=x_0<x_1<\cdots<x_n=b$, $h_i=x_{i+1}-x_i(i=0,1,\cdots,n-1)$. 假定样条函数 $S(x)$ 在 x_i 处的导数值 $S'(x_i)=m_i$, 则在区间 $[x_i,x_{i+1}]$ 上, $S(x)$ 为三次多项式. 利用埃尔米特插值公式, 可得

$$\begin{aligned}S(x)=&\frac{h_i+2(x-x_i)}{h_i^3}(x-x_{i+1})^2f_i+\frac{h_i-2(x-x_{i+1})}{h_i^3}(x-x_i)^2f_{i+1}\\&+\frac{(x-x_i)(x-x_{i+1})^2}{h_i^2}m_i+\frac{(x-x_{i+1})(x-x_{i+1})^2}{h_i^2}m_{i+1}.\end{aligned} \tag{5.63}$$

为求出 $m_i(i=0,1,\cdots,n)$ 的值, 需要 $S''(x)$ 在 $x=x_i$ 处的连续性条件

$$S''(x_i-0)=S''(x_i+0),\quad i=1,2,\cdots,n-1,$$

以及在区间 $[a,b]$ 端点 $x=a$ 及 $x=b$ 处附加的边界条件.

(1) 设 $S'(x_0)=f_0'=m_0$, $S'(x_n)=f_n'=m_n$ 为已知. 使用与第 3 章类似的方法可知 m_i 满足方程组

$$\begin{pmatrix}2&\mu_1&0&\cdots&0&0&0\\\lambda_2&2&\mu_2&\cdots&0&0&0\\\vdots&\vdots&\vdots&\ddots&\vdots&\vdots&\vdots\\0&0&0&\cdots&\lambda_{n-2}&2&\mu_{n-2}\\0&0&0&\cdots&0&\lambda_{n-1}&2\end{pmatrix}\begin{pmatrix}m_1\\m_2\\\vdots\\m_{n-2}\\m_{n-1}\end{pmatrix}=\begin{pmatrix}g_1-\lambda_1f_0'\\g_2\\\vdots\\g_{n-2}\\g_{n-1}-\mu_{n-1}f_n'\end{pmatrix}, \tag{5.64}$$

其中

$$\lambda_i = \frac{h_i}{h_{i-1}+h_i}, \quad \mu_i = \frac{h_{i-1}}{h_{i-1}+h_i}, \tag{5.65}$$

$$g_i = \frac{3h_i}{h_{i-1}+h_i}\frac{f_i - f_{i-1}}{h_{i-1}} + \frac{3h_{i-1}}{h_{i-1}+h_i}\frac{f_{i+1}-f_i}{h_i}, \qquad i = 1,2,\cdots,n-1. \tag{5.66}$$

特别当 $h_{i+1} = h_i = h(i = 1,2,\cdots,n-1)$ 时, 方程组 (5.64) 变为

$$\begin{cases} m_{i-1} + 4m_i + m_{i+1} = \dfrac{3}{h}(f_{i+1} - f_i), \quad i = 1,2,\cdots,n-1, \\ m_0 = f_0', \quad m_n = f_n'. \end{cases}$$

(2) 若 $S''(x_0) = f_0'', S''(x_n) = f_n''$ 已知, 则方程组为

$$\begin{pmatrix} 2 & 1 & 0 & \cdots & 0 & 0 & 0 \\ \lambda_2 & 2 & \mu_2 & \cdots & 0 & 0 & 0 \\ \vdots & \vdots & \vdots & \ddots & \vdots & \vdots & \vdots \\ 0 & 0 & 0 & \cdots & \lambda_{n-1} & 2 & \mu_{n-1} \\ 0 & 0 & 0 & \cdots & 0 & \lambda_n & 2 \end{pmatrix} \begin{pmatrix} m_0 \\ m_1 \\ \vdots \\ m_{n-1} \\ m_n \end{pmatrix} = \begin{pmatrix} g_0 \\ g_1 \\ \vdots \\ g_{n-1} \\ g_n \end{pmatrix}, \tag{5.67}$$

其中

$$g_0 = \frac{3(f_1 - f_0)}{h_0}, \quad g_n = \frac{3(f_n - f_{n-1})}{h_n},$$

$g_i(1 \leqslant i \leqslant n-1)$ 的定义同式 (5.66).

(3) 若满足周期性条件 $S(x_0) = S(x_n)$, $S'(x_0) = S'(x_n)$, $S''(x_0) = S''(x_n)$, 则方程组变为

$$\begin{pmatrix} 2 & \mu_1 & 0 & \cdots & 0 & 0 & \lambda_1 \\ \lambda_2 & 2 & \mu_2 & \cdots & 0 & 0 & 0 \\ \vdots & \vdots & \vdots & \ddots & \vdots & \vdots & \vdots \\ 0 & 0 & 0 & \cdots & \lambda_{n-1} & 2 & \mu_{n-1} \\ \mu_n & 0 & 0 & \cdots & 0 & \lambda_n & 2 \end{pmatrix} \begin{pmatrix} m_1 \\ m_2 \\ \vdots \\ m_{n-1} \\ m_n \end{pmatrix} = \begin{pmatrix} g_1 \\ g_2 \\ \vdots \\ g_{n-1} \\ g_n \end{pmatrix}, \tag{5.68}$$

其中

$$\lambda_n = \frac{h_0}{h_0 + h_{n+1}}, \quad \mu_n = \frac{h_{n-1}}{h_0 + h_{n-1}},$$

λ_i, $\mu_i(i = 1,2,\cdots,n-1)$ 的定义同公式 (5.65), $g_i(1 \leqslant i \leqslant n-1)$ 的定义同公式 (5.66),

$$g_n = \frac{3h_{n-1}}{h_0 + h_{n-1}}\frac{f_1 - f_0}{h_0} + \frac{3h_0}{h_0 + h_{n-1}}\frac{f_n - f_{n-1}}{h_{n-1}}.$$

上述方程组 (5.64), (5.67),(5.68) 称为**三转角方程组**. 其中线性方程组 (5.64) 及 (5.67) 可用追赶法进行求解. 再将计算结果代入式 (5.63) 中便得 $S(x)$ 以及 $S(x)$ 在任意点 x 处的导数值.

由于上述求导数的方法需要求解线性方程组, 因此也称为隐式求导格式. 它具有数值计算稳定的特点, 可以求出任意点 (不一定为节点) 的导数值, 而且精度较高.

在实际计算中, 数据 f_i 通常是有误差的, 设 $|f_i - \overline{f}_i| \leqslant \delta$, $\overline{f}_i$ 为实际所得数据, f_i 为理论值, $f_i = f(x_i)$. 文献 [6] 中提出了一个基于正则化的求导方法, 减弱了对函数 $f(x)$ 的光滑

性要求, 给出了一个稳定的求新的样条函数 $S(x)$ 的算法, 且满足下列误差结果: 若 $f''(x)$ 在 $[0,1]$ 平方可积 ($f(x)$ 不一定满足四次连续可导的条件), 则

$$\int_0^1 (S'(x)-f'(x))^2\mathrm{d}x \leqslant \left(2h+4\sqrt{\delta}+\frac{h}{\pi}\right)\left(\int_0^1 (f''(x))^2\mathrm{d}x\right)^{1/2}+h+2\sqrt{\delta}.$$

评　注

本章讨论的各种数值积分方法, 大都是基于对被积函数做多项式插值或分段多项式插值的积分而得到的. 其中基于等距节点的复合梯形公式、复合辛普森公式及其龙贝格算法, 由于算法简单, 程序编制容易, 因此得到了广泛的应用. 而等距节点的高次牛顿–科茨公式由于不具有收敛性而不被采用. 高斯公式可看成节点数相同情况下, 代数精度最高的插值型求积公式 (可以证明在 $f(x)$ 满足适当光滑性条件下，随着节点数的增加，此时相应的拉格朗日插值多项式是收敛的，详见文献 [9]), 因此在节点数相同的情况下, 高斯公式一般提供了最好的计算效果. 另外, 用高斯方法计算一些奇异积分和无限区间的积分更方便和有效. 高斯公式的缺点是节点无简单的规律, 且在给定计算精度的条件下, 用高斯方法多次计算时每次需要重新计算节点的位置及相应的函数值. 蒙特卡罗方法是计算高维积分的有效方法. 由于课时的限制, 关于蒙特卡罗的各种加速收敛方法、拟蒙特卡罗方法以及蒙特卡罗方法在其他计算领域的应用就不介绍了. 有兴趣的读者可以参阅有关书籍. 对于数值微分, 我们介绍了常用的二点公式、三点公式以及五点公式, 这些公式除了用于数值求导以外, 在微分方程数值解中起着重要的作用. 基于样条的数值方法是近年来精确求导的有效方法.

MATLAB 程序中有多个函数提供了积分的计算, 如 `quad` 和 `quadl`. 计算二重积分的函数有 `dblquad`. 利用某个函数的数据表求函数导数近似值的函数有 `diff`. 它们的基本格式为

```
>> quad('fun',a,b,tol)
```

`fun` 为求积函数, 可以直接写出表达式或事先定义 `fun.m`. `a,b` 分别表示积分的下限和上限, `tol` 为计算精度, 缺省值为 10^{-6}. 例如计算积分

$$\int_0^2 \frac{1}{x^3-2x-5}\mathrm{d}x$$

可用方式

```
>> I = quad(inline('1./(x.^3-2*x-5)'),0,2);
```

也可以用以下方式

```
>> f = inline('1./(x.^3-2*x-5)');
>> I = quad(f, 0, 2);
```

以及用句柄函数方式

```
>> I = quad(@myfun,0,2)
```

最后一种方式应事先在工作目录中建立 m 文件 `myfun.m`:

```
function y = myfun(x)
   y = 1./(x.^3-2*x-5);
```

`quadl` 的使用格式与 `quad` 类似.

计算二重积分的函数 dblquad 格式为

```
>> dblquad(fun, a, b, c, d)
```

fun 为二元求积函数, a,b,c,d 分别表示二重积分的 x 方向和 y 方向的积分下限与积分上限.

计算导数的基本函数为

```
>> diff(y)./diff(x)
```

diff(x) 和 diff(y) 分别计算出数组 x 的元素之间的差值和数组 y 的元素之间的差值. 由于微分对于函数值的任何微小变化非常敏感, 如果需要较精确地计算导数, 最好使用样条方法处理.

习 题 五

1. 确定下列求积公式中的待定参数, 使其代数精度尽量高, 并指出所得求积公式的代数精度:

(1) $\int_0^1 f(x)\,\mathrm{d}x \approx A_0 f\left(\frac{1}{4}\right) + A_1 f\left(\frac{1}{2}\right) + A_2 f\left(\frac{3}{4}\right)$;

(2) $\int_0^{2h} f(x)\,\mathrm{d}x \approx A_0 f(0) + A_1 f(h) + A_2 f(2h)$;

(3) $\int_{-1}^1 f(x)\,\mathrm{d}x \approx A[f(-1) + 2f(x_1) + 3f(x_2)]$;

(4) $\int_0^2 f(x)\,\mathrm{d}x \approx A_0 f(0) + \frac{4}{3} f(x_1) + A_2 f(x_2)$.

2. 推导下列三种求积公式及相应误差:

(1) $\int_a^b f(x)\,\mathrm{d}x = (b-a)f(a) + \frac{1}{2}f'(\xi)(b-a)^2$;

(2) $\int_a^b f(x)\,\mathrm{d}x = (b-a)f(b) - \frac{1}{2}f'(\zeta)(b-a)^2$;

(3) $\int_a^b f(x)\,\mathrm{d}x = (b-a)f\left(\frac{a+b}{2}\right) + \frac{1}{24}f''(\eta)(b-a)^3$.

3. 设 $f(x) \in C^6[-1,1]$, $p(x)$ 为 $f(x)$ 的 5 次埃尔米特插值多项式, 它满足:

$$p(x_i) = f(x_i), \quad p'(x_i) = f'(x_i), \quad x_i = -1, 0, 1.$$

(1) 证明

$$\int_{-1}^1 p(x)\,\mathrm{d}x = \frac{7}{15}f(-1) + \frac{16}{15}f(0) + \frac{7}{15}f(1) + \frac{1}{15}f'(-1) - \frac{1}{15}f'(1);$$

(2) 证明积分公式

$$\int_{-1}^1 f(x)\,\mathrm{d}x \approx \frac{7}{15}f(-1) + \frac{16}{15}f(0) + \frac{7}{15}f(1) + \frac{1}{15}f'(-1) - \frac{1}{15}f'(1)$$

具有 5 次代数精度, 并推导误差;

(3) 对给定的区间 $[a,b]$, 做划分: $x_i = a + ih$, $i = 0, 1, \cdots, 2n$, $h = \frac{b-a}{2n}$, 利用 (2) 中的求积公式推导相应的复合求积公式及误差.

4. 设 $C_i^{(n)}$ 为牛顿–科茨系数, 证明关系式:

$$\sum_{i=0}^{n} C_i^{(n)} = 1.$$

5. 分别用复合梯形公式、辛普森公式计算下列积分, 并估计每种方法的误差:

(1) $\int_0^1 \mathrm{e}^x \,\mathrm{d}x, \quad n=4$; (2) $\int_{-1}^1 \sqrt{x+1.5}\,\mathrm{d}x, \quad n=2$.

6. 由教材式 (5.20),

(1) 证明下列式子成立

$$I - T_{2^k} \approx \left(\frac{1}{4}\right)^{k-m}(I - T_{2^m}), \quad (k \geqslant m),$$
$$I - T_{2^k} \approx \frac{1}{3}\left(\frac{1}{4}\right)^{k-m}(T_{2^m} - T_{2^{m-1}});$$

(2) 对于例子 5.2.2, 取 $m=2$, 利用上面 (1) 中第二个结论，以及 $T_4 - T_2$ 的值，说明 k 取何值才能保证误差不超过 $\frac{1}{3}\times 10^{-7}$? 此结论与例子 5.2.2 的结论有何不同?

(3) 对于复合辛普森公式是否成立与上面 (1)-(2) 类似的估计式?

7. 若 $f(x)$ 在区间 $[a,b]$ 上 Riemann 可积. 证明：当 $h\to 0$ 时, 5.1.3 节中的复合中点公式 M_n、复合梯形公式 T_n 和复合辛普森公式 S_n 均收敛于积分 $\int_a^b f(x)\mathrm{d}x$.

8. 试分别用下列方法计算积分 $\int_1^3 \frac{1}{x}\,\mathrm{d}x$:

(1) 三点及五点高斯–勒让德公式;

(2) 用龙贝格算法 (二分三次).

9. 用高斯–切比雪夫公式计算积分 $(n=4)$:

$$I = \int_{-1}^{1} \frac{\mathrm{d}x}{\sqrt{1-x^4}},$$

准确值 $I = 2.622\,057\,554\,292\,13$.

10. 用泰勒级数展开 e^{-x^2} 的方法求积分 $\int_0^1 \mathrm{e}^{-x^2}\,\mathrm{d}x$, 要求计算精度为 10^{-4}.

11. 分别利用变量代换和泰勒级数展开方法计算积分 $\int_0^1 \frac{\mathrm{d}x}{(4-x)\sqrt{x}}$, 要求精度 10^{-4}.

12. 分别用高斯–拉盖尔求积公式和高斯–埃尔米特求积公式计算下列积分.

(1) $\int_0^\infty \frac{x\mathrm{e}^{-x}}{x+2}\,\mathrm{d}x \quad (n=4)$; (2) $\int_{-\infty}^{+\infty} \frac{1}{x^2+1}\mathrm{e}^{-x^2}\mathrm{d}x \quad (n=4)$.

13. 已知积分

$$\int_{-\infty}^{+\infty} \exp(-x^2)\cos x\mathrm{d}x = \sqrt{\pi}\exp\left(-\frac{1}{4}\right),$$

可以用以下两种方法求积:

(1) 截断积分区间方法

$$\int_{-\infty}^{+\infty} \exp(-x^2)\cos x\mathrm{d}x \approx \int_{-M}^{+M} \exp(-x^2)\cos x\mathrm{d}x,$$

M 为某个正数. 再分别取 $M = 102\,050$ 计算积分的近似值并估计误差;

(2) 用 4 点高斯–埃尔米特公式求解.

14. 验证高斯型求积公式

$$\int_0^{\infty} e^{-x} f(x)\,dx \approx \omega_0 f(x_0) + \omega_1 f(x_1)$$

的高斯–拉盖尔点及高斯系数分别为

$$x_0 = 2-\sqrt{2}, \quad \omega_0 = \frac{1}{4}(2+\sqrt{2}),$$

$$x_1 = 2+\sqrt{2}, \quad \omega_1 = \frac{1}{4}(2-\sqrt{2}).$$

15. 构造高斯型积分公式

$$\int_0^1 \frac{f(x)}{1+x^2}\,dx \approx \omega_0 f(x_0) + \omega_1 f(x_1),$$

并计算积分 $\int_0^1 \frac{\sin x}{1+x^2}\,dx$, $\int_0^1 \frac{e^{-x}}{1+x^2}\,dx$.

16. 分别用复合辛普森公式 ($m=n=4$) 及高斯–勒让德公式 ($m=n=4$) 计算下列积分

(1) $\int_3^4 \int_1^2 \frac{1}{(x+y)^2}\,dy dx$;　　(2) $\int_0^1 \int_1^2 \frac{\sin(x^2+y^2)}{1+0.5x+0.5y}\,dy dx$.

17. 设已知函数 $f(x)=\frac{1}{(1+x)^2}$ 的数据 (见表 5-11), 试用三点公式计算导数 $f'(x)$ 在 $x=1.0$, 1.1, 1.2 处的近似值, 并估计误差.

表 5-11　习题 17 给定数据表

x	1.0	1.1	1.2
$f(x)$	0.250 0	0.226 8	0.206 6

18. 用泰勒展开方法证明二阶导数的三点数值微分公式

$$f''(x_1) \approx \frac{1}{h^2}[f(x_0) - 2f(x_1) + f(x_2)]$$

的截断误差是 $O(h^2)$.

数值实验五

1. 利用等式

$$\pi = 4\int_0^1 \frac{1}{1+x^2}dx$$

计算圆周率 π. 要求误差小于 10^{-8}.

(1) 用复合辛普森求积公式计算;

(2) 用龙贝格方法计算;

(3) 推导复合三点高斯勒让德公式, 并进行圆周率的计算.

2. 计算积分 $I=\int_0^{\pi/4} \sqrt{4-\sin^2 x}dx$ ($I \approx 1.534\,391\,97$). 要求误差小于 10^{-6}.

3. 分别对 $n=1,2,\cdots,50$, 应用牛顿–科茨公式计算积分

$$\int_{-5}^{5} \frac{1}{x^2+1}dx \quad (\text{精确值为 } 2\arctan 5)$$

的值. 并观察 R_n 随 n 的变化情况. 是否收敛? 请说明理由.

4. 当 $\alpha = 0, 1, 2, 3, 4$ 时，仿照教材例 5.1.4，分别使用复合梯形公式和复合辛普森公式编程求积分 $\int_0^1 |x|^{\alpha+\frac{3}{5}}\mathrm{d}x$，积分公式是否收敛？收敛速度分别是什么？请说明理由.
5. 已知 20 世纪美国人口的统计数字如表 5-12 所示 (单位：百万)：

表 5-12　美国人口统计数据

年份	1900	1910	1920	1930	1940	1950	1960	1970	1980	1990
人口	76.0	92.0	106.5	123.2	131.7	150.7	179.3	204.0	226.5	251.4

试分别用两点公式和三点公式计算美国人口 20 世纪的年增长率.
6. 分别取样本数 $N = 100\ 100\ 010\ 000$, 用蒙特卡罗方法计算积分

$$(\frac{1}{\sqrt{2\pi}})^2 \int_{-\infty}^{+\infty}\int_{-\infty}^{+\infty} \mathrm{e}^{-\frac{x_1^2+x_2^2}{2}} \frac{1}{1+x_1^2+x_2^2}\mathrm{d}x_1\mathrm{d}x_2.$$

7. 用下面所给的步骤求解积分方程

$$\int_0^1 (x^2+s^2)^{1/2}u(s)\mathrm{d}s = \frac{(x^2+1)^{3/2}-x^3}{3}, \quad x \in [0,1].$$

(1) 将区间 $[0,1]$ 等距离散：$0 = x_0 < x_1 < \cdots < x_n = 1$, 并设 $u(x_i) \approx u_i, (i = 0, 1, \cdots, n)$, 记 $\boldsymbol{U} = (u_0, u_1, \cdots, u_n)^{\mathrm{T}}$.

(2) 对每一个节点 x_i，由积分方程可得

$$\int_0^1 (x_i^2+s^2)^{1/2}u(s)\mathrm{d}s = \frac{(x_i^2+1)^{3/2}-x_i^3}{3}, \quad i = 0, 1, \cdots, n,$$

再用复合辛普森公式离散上面右端的积分, 从而得线性方程组 $\boldsymbol{AU} = \boldsymbol{Y}$, 其中 $\boldsymbol{A}$ 为一个 $(n+1)\times(n+1)$ 矩阵. 求解此方程组, 并考察当 $n = 4, 8, 16, 32$ 时近似解 u_i 与精确解 $u(x) = x$ 的误差变化规律, 误差的定义为 $e_n = \max\limits_{0\leqslant i\leqslant n} |u(x_i) - u_i|$.

(3) 计算上面方程组系数矩阵的条件数, 考察条件数与 n 的关系.
8. 在每一个离散节点 $a = x_0 < x_1 < \cdots x_n < x_{n+1}$ 上分别采用两点公式 (5.52) 和公式 (5.53) 离散微分方程初值问题

$$\begin{cases} y' = f(x,y), & x > a, \\ y(a) = y_0. \end{cases}$$

中的导数 y', 从而推导出求解微分方程初值问题的两个不同的计算格式 —— 显格式和隐格式，分别说明其计算步骤.

第 6 章　线性方程组的迭代解法

随着计算技术的发展, 计算机的存储量日益增大, 计算速度也迅速提高. 可是, 需要求解的问题的规模也越来越大, 对计算存储和速度的要求也越来越大. 譬如, 从地球物理和大气预测等问题中来的线性方程组的未知量有十几亿 (10^9) 个, 甚至更多. 用直接法求解这样的问题需要很大的内存空间, 而且计算量也非常大, 计算时间通常需要几天, 甚至几个月.

因此, 在现有的计算条件下, 针对应用问题设计一个高效稳定的算法便显得至关重要. 在实际应用中, 迭代法是目前求解大规模稀疏线性方程组的主要方法之一. 它能够充分利用系数矩阵的稀疏性质, 占用内存少, 运算方便, 计算程序也较为简单.

目前, 迭代法可以分为定常迭代法和不定常迭代法两大类. 定常迭代法的迭代矩阵通常保持不变, 包括雅可比 (Jacobi) 迭代法、高斯–赛德尔 (Gauss-Seidel) 迭代法和超松弛 (SOR) 迭代法等. 不定常迭代法一般指基于变分方法来最小化线性方程组的残量 ($\boldsymbol{r} = \boldsymbol{b} - \boldsymbol{A}\boldsymbol{x}$) 的一大类迭代方法, 通常没有明显的迭代矩阵, 包括求解对称正定线性方程组的共轭梯度法和求解不对称线性方程组的广义极小残量 (GMRES) 法等.

本章主要讨论这些基本的迭代方法, 包括如何建立迭代格式, 迭代收敛的条件, 误差估计和收敛速度等课题.

§6.1　范数和条件数

线性方程组的解是一个向量, 称为解向量. 近似解向量与精确解向量之差成为近似解的误差向量. 为了估计误差的大小, 分析方程组接的性质, 需要引入衡量向量和矩阵大小的度量概念 —— 范数. 其中向量的范数见第 1 章, 下面给出矩阵范数的概念。

§6.1.1　矩阵范数

定义 6.1.1　对任意 n 阶方阵 $\boldsymbol{A}$, 若对应一个非负实数 $\|\boldsymbol{A}\|$, 满足:

(1) $\|\boldsymbol{A}\| \geqslant 0$, 当且仅当 $\boldsymbol{A} = 0$ 时等号成立;

(2) 对任意实数 α, $\|\alpha\boldsymbol{A}\| = |\alpha| \cdot \|\boldsymbol{A}\|$;

(3) 对任意两个 n 阶方阵 $\boldsymbol{A}$ 和 $\boldsymbol{B}$, $\|\boldsymbol{A}+\boldsymbol{B}\| \leqslant \|\boldsymbol{A}\| + \|\boldsymbol{B}\|$;

(4) 对任意两个 n 阶方阵 $\boldsymbol{A}$ 和 $\boldsymbol{B}$, $\|\boldsymbol{A}\boldsymbol{B}\| \leqslant \|\boldsymbol{A}\| \cdot \|\boldsymbol{B}\|$.

则称 $\|\boldsymbol{A}\|$ 为方阵 $\boldsymbol{A}$ 的**矩阵范数**.

与向量范数定义相比较, 前三个性质只是向量范数定义的推广, 而第四个性质则是矩阵乘法的要求.

定义 6.1.2　设 $\boldsymbol{A}$ 是 n 阶矩阵, 则称 $\rho(\boldsymbol{A}) = \max\limits_{1 \leqslant i \leqslant n} |\lambda_i|$ 为 $\boldsymbol{A}$ 的谱半径, 这里, λ_i 为 $\boldsymbol{A}$ 的特征值 $(1 \leqslant i \leqslant n)$.

对于 n 阶方阵 $\boldsymbol{A}$, 定义

$$\|\boldsymbol{A}\|_1 = \max_{1 \leqslant j \leqslant n} \sum_{i=1}^{n} |a_{ij}|,$$

$$\|\boldsymbol{A}\|_2 = \sqrt{\rho(A^{\mathrm{T}}A)},$$

$$\|\boldsymbol{A}\|_\infty = \max_{1\leqslant i\leqslant n}\sum_{j=1}^{n}|a_{ij}|,$$

$$\|\boldsymbol{A}\|_F = \sqrt{\sum_{i=1}^{n}\sum_{j=1}^{n}|a_{ij}|^2},$$

分别为矩阵的**1 范数**、**2 范数**、**无穷范数**和**F 范数**.

注意, 矩阵的 F 范数是向量 2 范数的直接推广, 矩阵的 2 范数的计算是 $\boldsymbol{A}^{\mathrm{T}}\boldsymbol{A}$ 的谱半径的开方, 所以又称为谱范数. 可以证明, 这些范数都满足矩阵范数的定义要求.

在误差估计中, 我们希望不等式

$$\|\boldsymbol{Ax}\| \leqslant \|\boldsymbol{A}\| \cdot \|\boldsymbol{x}\|$$

成立. 但是, 对于任意的向量范数和矩阵范数, 上述不等式不一定成立.

因此, 我们特别把满足上述关系的向量范数和矩阵范数称为相容的. 在使用范数时, 注意保持矩阵范数与向量范数相容是很重要的.

就常用范数而言, 有下列一些相容关系:

$$\begin{aligned}
\|\boldsymbol{Ax}\|_1 &\leqslant \|\boldsymbol{A}\|_1 \cdot \|\boldsymbol{x}\|_1,\\
\|\boldsymbol{Ax}\|_\infty &\leqslant \|\boldsymbol{A}\|_\infty \cdot \|\boldsymbol{x}\|_\infty,\\
\|\boldsymbol{Ax}\|_2 &\leqslant \|\boldsymbol{A}\|_2 \cdot \|\boldsymbol{x}\|_2,\\
\|\boldsymbol{Ax}\|_2 &\leqslant \|\boldsymbol{A}\|_F \cdot \|\boldsymbol{x}\|_2.
\end{aligned}$$

§6.1.2 扰动分析和条件数

线性方程组

$$\boldsymbol{Ax} = \boldsymbol{b} \tag{6.1}$$

的解是由它的系数矩阵 $\boldsymbol{A}$ 和它的右端项 $\boldsymbol{b}$ 决定的. 而在实际问题中, 数据 $\boldsymbol{A}$ 和 $\boldsymbol{b}$ 由于各种各样的原因都带有一些误差. 譬如观测时引入的测量误差, 数学模型时引入的离散误差, 存储到计算机上运算时的舍入误差等.

通常, 通过观察或者计算引入 $\boldsymbol{A}$ 和 $\boldsymbol{b}$ 的误差相对于精确数据都是微小的, 我们称为小的扰动, 分别记为 $\delta\boldsymbol{A}$ 和 $\delta\boldsymbol{b}$.

那么, 自然要问: $\boldsymbol{A}$ 和 $\boldsymbol{b}$ 的微小扰动将对计算线性方程组的解有何影响? 很自然的想法认为, 既然 $\boldsymbol{A}, \boldsymbol{b}$ 受到的扰动是微小的, 那么对应的方程组的解 $\boldsymbol{x}$ 的变化也应该是微小的. 然而, 实际上这是不对的. 请看下例.

考察线性方程组

$$\begin{pmatrix} 2.000\,2 & 1.999\,8 \\ 1.999\,8 & 2.000\,2 \end{pmatrix}\begin{pmatrix} x_1 \\ x_2 \end{pmatrix} = \begin{pmatrix} 4 \\ 4 \end{pmatrix}.$$

它的解为 $\boldsymbol{x} = (1,1)^{\mathrm{T}}$, 若方程组右端有扰动 $\delta\boldsymbol{b} = (2\times10^{-4}, -2\times10^{-4})^{\mathrm{T}}$, 则原方程组变为

$$\begin{pmatrix} 2.000\,2 & 1.999\,8 \\ 1.999\,8 & 2.000\,2 \end{pmatrix}\begin{pmatrix} \tilde{x}_1 \\ \tilde{x}_2 \end{pmatrix} = \begin{pmatrix} 4.000\,2 \\ 3.999\,8 \end{pmatrix},$$

其解为 $\boldsymbol{x}=(1.5,0.5)^{\mathrm{T}}$. 这样, 就有

$$\frac{\|\boldsymbol{x}-\tilde{\boldsymbol{x}}\|_\infty}{\|\boldsymbol{x}\|_\infty}=\frac{1}{2},\quad \frac{\|\delta\boldsymbol{b}\|_\infty}{\|\boldsymbol{b}\|_\infty}=\frac{1}{20\,000},$$

即解的相对误差是右端项相对误差的 10 000 倍.

这个例子表明, 确实有一些线性方程组, 其系数的微小变化会引起解的巨大变化. 下面就一般的非奇异线性方程组 $\boldsymbol{Ax}=\boldsymbol{b}$ 来讨论其扰动后的性态问题.

一方面, 如果方程组右端 $\boldsymbol{b}$ 有一个小扰动 $\delta\boldsymbol{b}$, 则解 $\boldsymbol{x}$ 产生一个扰动 $\delta\boldsymbol{x}$, 即

$$\boldsymbol{A}(\boldsymbol{x}+\delta\boldsymbol{x})=\boldsymbol{b}+\delta\boldsymbol{b}.$$

于是有

$$\delta\boldsymbol{x}=\boldsymbol{A}^{-1}\delta\boldsymbol{b}.$$

两边取范数, 可得

$$\|\delta\boldsymbol{x}\|\leqslant\|\boldsymbol{A}^{-1}\|\|\delta\boldsymbol{b}\|. \tag{6.2}$$

另一方面, 在方程组 (6.1) 两边取范数可得

$$\|\boldsymbol{b}\|\leqslant\|\boldsymbol{A}\|\|\boldsymbol{x}\|. \tag{6.3}$$

将式 (6.2) 和式 (6.3) 的两边分别相乘, 不等式依然成立, 经整理可得

$$\frac{\|\delta\boldsymbol{x}\|}{\|\boldsymbol{x}\|}\leqslant\|\boldsymbol{A}\|\|\boldsymbol{A}^{-1}\|\frac{\|\delta\boldsymbol{b}\|}{\|\boldsymbol{b}\|}. \tag{6.4}$$

如果系数矩阵 $\boldsymbol{A}$ 有一个小扰动 $\delta\boldsymbol{A}$, 则解 $\boldsymbol{x}$ 相应产生一个扰动 $\delta\boldsymbol{x}$, 即

$$(\boldsymbol{A}+\delta\boldsymbol{A})(\boldsymbol{x}+\delta\boldsymbol{x})=\boldsymbol{b},$$

于是有

$$\delta\boldsymbol{x}=[(\boldsymbol{A}+\delta\boldsymbol{A})^{-1}-\boldsymbol{A}^{-1}]\boldsymbol{b}=-\boldsymbol{A}^{-1}\delta\boldsymbol{A}(\boldsymbol{x}+\delta\boldsymbol{x}).$$

两边取范数, 可得

$$\|\delta\boldsymbol{x}\|\leqslant\|\boldsymbol{A}^{-1}\|\|\delta\boldsymbol{A}\|\|\boldsymbol{x}+\delta\boldsymbol{x}\|. \tag{6.5}$$

对式 (6.5) 进行整理, 可得

$$\frac{\|\delta\boldsymbol{x}\|}{\|\boldsymbol{x}+\delta\boldsymbol{x}\|}\leqslant\|\boldsymbol{A}\|\|\boldsymbol{A}^{-1}\|\frac{\|\delta\boldsymbol{A}\|}{\|\boldsymbol{A}\|}. \tag{6.6}$$

观察式 (6.4) 和式 (6.6) 可以得出, 无论方程组 (6.1) 中的系数矩阵 $\boldsymbol{A}$ 有扰动, 还是右端 $\boldsymbol{b}$ 有扰动, 解 $\boldsymbol{x}$ 的相对误差除了受相应扰动的相对误差以外, 还与 $\|\boldsymbol{A}\|\|\boldsymbol{A}^{-1}\|$ 的大小有关. 实际上, 这个数 $\|\boldsymbol{A}\|\|\boldsymbol{A}^{-1}\|$ 在问题中起到了放大倍数的作用, 对方程组的解的相对误差起了关键的控制作用. 于是, 有以下定义.

定义 6.1.3 设 $\boldsymbol{A}$ 为 n 阶非奇异矩阵, 称数 $\mathrm{cond}(\boldsymbol{A})=\|\boldsymbol{A}\|\|\boldsymbol{A}^{-1}\|$ 为线性方程组 $\boldsymbol{Ax}=\boldsymbol{b}$ 的条件数, 或者称为矩阵 $\boldsymbol{A}$ 的**条件数**.

条件数的大小与所取的范数有关, 最常用的是

$$\mathrm{cond}_\infty(\boldsymbol{A})=\|\boldsymbol{A}\|_\infty\|\boldsymbol{A}^{-1}\|_\infty,$$
$$\mathrm{cond}_2(\boldsymbol{A})=\|\boldsymbol{A}\|_2\|\boldsymbol{A}^{-1}\|_2.$$

如果 $\boldsymbol{A}$ 对称正定, 则有

$$\text{cond}_2(\boldsymbol{A}) = \lambda_1(\boldsymbol{A})/\lambda_n(\boldsymbol{A}).$$

式中, $\lambda_1(\boldsymbol{A})$ 和 $\lambda_n(\boldsymbol{A})$ 分别是最大特征值和最小特征值.

条件数有以下 4 条性质.

(1) 对于任意的 n 阶非奇异矩阵 $\boldsymbol{A}$, $\text{cond}(\boldsymbol{A}) \geqslant 1$ 成立;

(2) 对于任意的 n 阶非奇异矩阵 $\boldsymbol{A}$ 及任意非零常数 c, $\text{cond}(c\boldsymbol{A}) = \text{cond}(\boldsymbol{A})$ 成立;

(3) 对于任意的正交矩阵 $\boldsymbol{A}$, 有 $\text{cond}_2(\boldsymbol{A}) = 1$;

(4) 对于任意的 n 阶非奇异矩阵 $\boldsymbol{A}$ 及任意 n 阶正交矩阵 $\boldsymbol{P}$, 有 $\text{cond}_2(\boldsymbol{PA}) = \text{cond}_2(\boldsymbol{AP}) = \text{cond}_2(\boldsymbol{A})$.

在实际计算中, 由于观测误差和运算过程的舍入误差, 线性方程组的系数矩阵和右端项总会带来一些扰动. 因此, 实际求解的对象总是有扰动的方程组, 得到的解是一个近似方程组的解. 这个解的好坏与条件数有极其密切的关系. 因而, 系数矩阵的条件数刻画了线性方程组的性态.

对于一个确定的线性方程组, 若系数矩阵的条件数相对的小, 就称这个方程组是良态的, 矩阵为良态矩阵; 反之, 条件数相对的大, 就称方程组是病态的, 矩阵为病态矩阵. 用一个稳定的方法去解一个良态的方程组, 必然得到较为准确的结果; 用一个稳定的方法去解一个病态的方程组, 结果就有可能很差.

一类十分典型的病态矩阵是希尔伯特 (Hilbert) 矩阵, 其定义为

$$\boldsymbol{H}_n = \begin{pmatrix} 1 & \dfrac{1}{2} & \cdots & \dfrac{1}{n} \\ \dfrac{1}{2} & \dfrac{1}{3} & \cdots & \dfrac{1}{n+1} \\ \vdots & \vdots & \ddots & \vdots \\ \dfrac{1}{n} & \dfrac{1}{n+1} & \cdots & \dfrac{1}{2n-1} \end{pmatrix}$$

其条件数 $\text{cond}_2(\boldsymbol{H}_n) \approx \text{e}^{3.5n}$, 随着 n 的增大, 条件数非常迅速地增加. 因而, 希尔伯特矩阵阶数越高, 病态程度就越为严重.

§6.2 基本迭代法

设给定一个线性方程组

$$\boldsymbol{Ax} = \boldsymbol{b}, \tag{6.7}$$

其中 $\boldsymbol{A} \in \mathbb{R}^{n\times n}$ 和 $\boldsymbol{b} \in \mathbb{R}^n$ 已知, $\boldsymbol{x} \in \mathbb{R}^n$ 未知. 现在, 我们来考虑如何构造迭代法求方程组 (6.7) 的解.

一般来说, 假定 $\boldsymbol{A}$ 有分裂

$$\boldsymbol{A} = \boldsymbol{M} - \boldsymbol{N}, \tag{6.8}$$

其中 $\boldsymbol{M}$ 是非奇异方阵. 那么, 方程组 (6.7) 可以改写成

$$\boldsymbol{Mx} = \boldsymbol{Nx} + \boldsymbol{b}$$

或者

$$\boldsymbol{x} = \boldsymbol{B}\boldsymbol{x} + \boldsymbol{g},$$

其中 $\boldsymbol{B} = \boldsymbol{M}^{-1}\boldsymbol{N}$ 且 $\boldsymbol{g} = \boldsymbol{M}^{-1}\boldsymbol{b}$.

从而, 我们建立迭代公式

$$\boldsymbol{x}^{(k+1)} = \boldsymbol{B}\boldsymbol{x}^{(k)} + \boldsymbol{g}. \tag{6.9}$$

给定一个初始向量 $\boldsymbol{x}^{(0)}$, 按公式 (6.9) 进行迭代, 就可以得到一个向量序列 $\{\boldsymbol{x}^{(k)}\}$. 若 $\boldsymbol{x}^{(k)}$ 收敛于确定的向量 $\boldsymbol{x}^*$, 则 $\boldsymbol{x}^* = \boldsymbol{B}\boldsymbol{x}^* + \boldsymbol{g}$, 亦即 $\boldsymbol{A}\boldsymbol{x}^* = \boldsymbol{b}$, 则 $\boldsymbol{x}^*$ 就是方程组 (6.7) 的解. 这种方法就是解线性方程组的基本迭代解法.

在公式 (6.9) 中, 为了避免 $\boldsymbol{M}^{-1}\boldsymbol{N}$ 和 $\boldsymbol{M}^{-1}\boldsymbol{b}$ 的计算, 我们可以按以下方式进行迭代

$$\boldsymbol{M}\boldsymbol{x}^{(k+1)} = \boldsymbol{N}\boldsymbol{x}^{(k)} + \boldsymbol{b}. \tag{6.10}$$

但这样一来, 每次迭代需要求解一个系数矩阵为 $\boldsymbol{M}$ 的线性方程组. 因此, 我们自然希望 $\boldsymbol{M}$ 应具有某种特殊性质, 使得这样的方程组易于求解. 譬如, $\boldsymbol{M}$ 是对角矩阵或者上三角矩阵等.

令

$$\boldsymbol{A} = \boldsymbol{D} - \boldsymbol{L} - \boldsymbol{U}, \tag{6.11}$$

其中

$$\boldsymbol{D} = \mathrm{diag}(a_{11}, a_{22}, \cdots, a_{nn}), \tag{6.12}$$

$$\boldsymbol{L} = -\begin{pmatrix} 0 & 0 & \cdots & 0 \\ a_{21} & 0 & \cdots & 0 \\ \vdots & \ddots & \ddots & \vdots \\ a_{n1} & \cdots & a_{n,n-1} & 0 \end{pmatrix}, \tag{6.13}$$

$$\boldsymbol{U} = -\begin{pmatrix} 0 & a_{12} & \cdots & a_{1n} \\ \vdots & \ddots & \ddots & \vdots \\ 0 & \ddots & \ddots & a_{n-1,n} \\ 0 & 0 & \cdots & 0 \end{pmatrix}, \tag{6.14}$$

分别为对角矩阵、严格下三角矩阵和严格上三角矩阵.

下面, 我们介绍三种基本迭代解法：雅可比迭代法、高斯 – 赛德尔迭代法和 SOR 迭代法, 并对它们的适用性、收敛性质和收敛速度做简要的分析.

§6.2.1　雅可比迭代法

在迭代公式 (6.10) 中, 取 $\boldsymbol{M} = \boldsymbol{D}$ 和 $\boldsymbol{N} = \boldsymbol{L} + \boldsymbol{U}$, 则得到雅可比迭代法. 其迭代公式为

$$\boldsymbol{D}\boldsymbol{x}^{(k+1)} = (\boldsymbol{L} + \boldsymbol{U})\boldsymbol{x}^{(k)} + \boldsymbol{b}. \tag{6.15}$$

算法 6.2.1 (雅可比迭代算法)

(1) 选定初值 x_0;

(2) 对 $k = 0, 1, 2, \cdots$, 计算:

(3) $x_i^{(k+1)} = \frac{1}{a_{ii}}\Big(b_i - \sum\limits_{j=1, j\neq i}^{n} a_{ij}x_j^{(k)}\Big)$;

(4) 如果近似解达到收敛条件, 退出; 否则, 继续第 (2)~(3) 步的计算.

此时, 迭代矩阵为

$$\boldsymbol{B}_J = \boldsymbol{D}^{-1}(\boldsymbol{L}+\boldsymbol{U}) = \boldsymbol{I} - \boldsymbol{D}^{-1}\boldsymbol{A}.$$

MATLAB 程序 jacobi.m 如下:

```
function [x,iter] = jacobi(A,b,tol)
 D = diag(diag(A));
 L = D-tril(A);
 U = D-triu(A);
 x = zeros(size(b));
 for iter=1:500
    x = D\(b+L*x+U*x);
    error  = norm( b-A*x ) / norm(b);
    if ( error < tol )
        break;
    end
 end
```

§6.2.2 高斯–赛德尔迭代法

如果雅可比迭代法是收敛的, 那么在雅可比迭代算法的第三步中, 将计算出来的 $\boldsymbol{x}^{(k+1)}$ 的分量马上投入到下一个迭代方程中使用, 这样可能会收到更好的效果.

按这样的方式建立起来的迭代格式成为高斯–赛德尔迭代法, 简称 GS 迭代, 其迭代格式为

$$\boldsymbol{D}\boldsymbol{x}^{(k+1)} = \boldsymbol{L}\boldsymbol{x}^{(k+1)} + \boldsymbol{U}\boldsymbol{x}^{(k)} + \boldsymbol{b}. \tag{6.16}$$

或者

$$(\boldsymbol{D}-\boldsymbol{L})\boldsymbol{x}^{(k+1)} = \boldsymbol{U}\boldsymbol{x}^{(k)} + \boldsymbol{b}. \tag{6.17}$$

算法 6.2.2 (高斯–赛德尔迭代算法)

(1) 选定初值 $\boldsymbol{x}^{(0)}$;

(2) 对 $k = 0, 1, 2, \cdots$, 计算;

(3) $x_i^{(k+1)} = \frac{1}{a_{ii}}(b_i - \sum_{j=1}^{i-1} a_{ij}x_j^{(k+1)} - \sum_{j=i+1}^{n} a_{ij}x_j^{(k)})$;

(4) 如果近似解达到收敛条件, 退出; 否则, 继续第 (2)~(3) 步的计算.

MATLAB 程序 gs.m 如下:

```
function [x,iter] = gs(A,b,tol)
 D = diag(diag(A));
 L = D-tril(A);
 U = D-triu(A);
 x = zeros(size(b));
 for iter=1:500
    x = (D-L)\(b+U*x);
    error  = norm( b-A*x ) / norm(b);
    if ( error < tol )
```

```
        break;
    end
end
```

此时, 迭代矩阵为

$$B_G=(D-L)^{-1}U=I-(D-L)^{-1}A.$$

§6.2.3 超松弛 (SOR) 迭代法

GS 迭代格式可以改写成

$$\begin{aligned}x^{(k+1)}&=D^{-1}(Lx^{(k+1)}+Ux^{(k)}+b)\\&=x^{(k)}+D^{-1}(Lx^{(k+1)}+Ux^{(k)}-Dx^{(k)}+b).\end{aligned}$$

为了加快迭代的收敛速度, 我们将上式等号右端的第二项看成是修正量, 为了获得更快的收敛效果, 在修正量前乘以一个参数 ω, 即得所谓的逐次超松弛迭代法, 简称 SOR 迭代法, 其中, ω 称为松弛因子. SOR 迭代法的迭代格式为

$$x^{(k+1)}=x^{(k)}+\omega D^{-1}(Lx^{(k+1)}+Ux^{(k)}-Dx^{(k)}+b), \tag{6.18}$$

即

$$x^{(k+1)}=(D-\omega L)^{-1}[(1-\omega)D+\omega U]x^{(k)}+\omega(D-\omega L)^{-1}b. \tag{6.19}$$

算法 6.2.3 (SOR 迭代算法)

(1) 选定初值 $x^{(0)}$;

(2) 对 $k=0,1,2,\cdots$, 计算:

(3) $x_i^{(k+1)}=x_i^{(k)}+\frac{\omega}{a_{ii}}(b_i-\sum_{j=1}^{i-1}a_{ij}x_j^{(k+1)}-\sum_{j=i}^{n}a_{ij}x_j^{(k)})$;

(4) 如果近似解达到收敛条件, 退出; 否则, 继续第 (2)~(3) 步的计算.

MATLAB 程序 sor.m 如下:

```
function [x,iter] = sor(A,b,omega,tol)
 D = diag(diag(A));
 L = D-tril(A);
 U = D-triu(A);
 x = zeros(size(b));
 for iter=1:500
    x = (D-omega*L)\(omega*b+(1-omega)*D*x+omega*U*x);
    error  = norm( b-A*x ) / norm(b);
    if ( error < tol )
        break;
    end
 end
```

此时, 迭代矩阵为

$$B_{SOR}=(D-\omega L)^{-1}[(1-\omega)D+\omega U].$$

注意到, 当 $\omega=1$ 时, SOR 迭代法其实就是 GS 迭代法.

下面来看一个数值试验的例子.

例 6.2.1 取初值为 $\boldsymbol{x}^{(0)}=(0,0,0)^{\mathrm{T}}$, 试用雅可比迭代、GS 迭代以及 SOR 迭代分别求解线性方程组

$$\begin{pmatrix} 2 & -1 & 0 \\ -1 & 3 & -1 \\ 0 & -1 & 2 \end{pmatrix}\begin{pmatrix} x_1 \\ x_2 \\ x_3 \end{pmatrix}=\begin{pmatrix} 1 \\ 8 \\ -5 \end{pmatrix},$$

迭代过程保留 5 位有效数字 (精确解 $\boldsymbol{x}^*=(2,3,-1)^{\mathrm{T}}$).

解: 建立雅可比迭代格式

$$\begin{cases} x_1^{(k+1)}=\dfrac{1}{2}(1+x_2^{(k)}), \\ x_2^{(k+1)}=\dfrac{1}{3}(8+x_1^{(k)}+x_3^{(k)}), \\ x_3^{(k+1)}=\dfrac{1}{2}(-5+x_2^{(k)}), \end{cases}$$

取 $x_1^{(0)}=x_2^{(0)}=x_3^{(0)}=0$, 对 $k=0,1,2,\cdots$ 计算可得

$$\begin{aligned} \boldsymbol{x}^{(1)}&=(0.500\,0,2.666\,7,-2.500\,0)^{\mathrm{T}}, \\ \boldsymbol{x}^{(2)}&=(1.833\,3,2.000\,0,-1.166\,7)^{\mathrm{T}}, \\ &\vdots \\ \boldsymbol{x}^{(21)}&=(2.000\,0,3.000\,0,-1.000\,0)^{\mathrm{T}}. \end{aligned}$$

这里, 雅可比方法迭代 21 步就得到了保留 5 位有效数字的近似解.

建立 GS 迭代格式

$$\begin{cases} x_1^{(k+1)}=\dfrac{1}{2}(1+x_2^{(k)}), \\ x_2^{(k+1)}=\dfrac{1}{3}(8+x_1^{(k+1)}+x_3^{(k)}), \\ x_3^{(k+1)}=\dfrac{1}{2}(-5+x_2^{(k+1)}), \end{cases}$$

取 $x_1^{(0)}=x_2^{(0)}=x_3^{(0)}=0$, 对 $k=0,1,2,\cdots$ 计算可得

$$\begin{aligned} \boldsymbol{x}^{(1)}&=(0.500\,0,2.833\,3,-1.083\,3)^{\mathrm{T}}, \\ \boldsymbol{x}^{(2)}&=(1.916\,7,2.944\,4,-1.027\,8)^{\mathrm{T}}, \\ &\vdots \\ \boldsymbol{x}^{(9)}&=(2.000\,0,3.000\,0,-1.000\,0)^{\mathrm{T}}. \end{aligned}$$

这里, GS 方法迭代 9 步就得到了保留 5 位有效数字的近似解. 对于这个例子而言, GS 迭代的收敛速度大约是雅可比迭代的 2 倍.

选取 $\omega=1.1$, 建立 SOR 迭代格式

$$\begin{cases} x_1^{(k+1)}=x_1^{(k)}+\dfrac{11}{20}(1-2x_1^{(k)}+x_2^{(k)}), \\ x_2^{(k+1)}=x_2^{(k)}+\dfrac{11}{30}(8+x_1^{(k+1)}-3x_2^{(k)}+x_3^{(k)}), \\ x_3^{(k+1)}=x_3^{(k)}+\dfrac{11}{20}(-5+x_2^{(k+1)}-2x_3^{(k)}), \end{cases}$$

取 $x_1^{(0)} = x_2^{(0)} = x_3^{(0)} = 0$, 对 $k = 0, 1, 2, \cdots$ 计算可得

$$\begin{aligned} x^{(1)} &= (0.550\,0, 3.135\,0, -1.025\,7)^{\mathrm{T}}, \\ x^{(2)} &= (2.219\,3, 3.057\,4, -0.965\,8)^{\mathrm{T}}, \\ &\vdots \\ x^{(7)} &= (2.000\,0, 3.000\,0, -1.000\,0)^{\mathrm{T}}. \end{aligned}$$

这里, SOR 方法迭代 7 步就得到了保留 5 位有效数字的近似解. 对于这个例子而言, $\omega = 1.1$ 时, SOR 迭代法的收敛速度比 GS 迭代法要快.

虽然上述数值实验中所使用的三种基本迭代法都是收敛的, 但对于一般的系数矩阵而言, 这三种基本迭代的收敛性是无法得到保证的.

§6.2.4　迭代的收敛性分析和误差估计

讨论线性方程组的迭代解法的收敛性问题, 要用到与迭代解法相关的一些矩阵的基本概念和性质, 首先引进两个重要的概念.

定义 6.2.1　一个每行每列仅有唯一的非零元 1 的方阵称为排列矩阵. 设 $\boldsymbol{A}$ 是 n 阶矩阵 $(n \geqslant 2)$, 如果存在 n 阶排列矩阵 $\boldsymbol{P}$, 使 $\boldsymbol{P}^{\mathrm{T}}\boldsymbol{A}\boldsymbol{P}$ 有以下形状:

$$\boldsymbol{P}^{\mathrm{T}}\boldsymbol{A}\boldsymbol{P} = \begin{pmatrix} \boldsymbol{A}_{11} & \boldsymbol{A}_{12} \\ 0 & \boldsymbol{A}_{22} \end{pmatrix}, \tag{6.20}$$

式中, $\boldsymbol{A}_{11}$ 和 $\boldsymbol{A}_{22}$ 分别为 r 阶和 $n-r$ 阶方阵 $(1 \leqslant r \leqslant n-1)$, 则称 $\boldsymbol{A}$ 为**可约矩阵**, 如果不存在这样的排列阵, 则称 $\boldsymbol{A}$ 为**不可约阵**.

一个排列矩阵左乘或右乘一个矩阵, 相当于对这个矩阵进行行或列的相互调换. 设线性方程组 $\boldsymbol{A}\boldsymbol{x} = \boldsymbol{b}$ 的系数矩阵 $\boldsymbol{A}$ 是一个可约矩阵, 利用排列阵 $\boldsymbol{P}$ 将方程组变换为等价的线性方程组

$$(\boldsymbol{P}^{\mathrm{T}}\boldsymbol{A}\boldsymbol{P})(\boldsymbol{P}^{\mathrm{T}}\boldsymbol{x}) = \boldsymbol{P}^{\mathrm{T}}\boldsymbol{b}. \tag{6.21}$$

这里的系数矩阵 $\boldsymbol{P}^{\mathrm{T}}\boldsymbol{A}\boldsymbol{P}$ 有分块形式 (6.21), 若令 $\boldsymbol{y} = \boldsymbol{P}^{\mathrm{T}}\boldsymbol{x}$, $\boldsymbol{f} = \boldsymbol{P}^{\mathrm{T}}\boldsymbol{b}$, 将式 (6.21) 按式 (6.20) 写为分块形式, 则有

$$\begin{cases} \boldsymbol{A}_{11}\boldsymbol{y}_1 + \boldsymbol{A}_{12}\boldsymbol{y}_2 = \boldsymbol{f}_1, \\ \qquad\qquad\ \ \boldsymbol{A}_{22}\boldsymbol{y}_2 = \boldsymbol{f}_2, \end{cases}$$

先从第二个方程中解出 $\boldsymbol{y}_2$, 再从第一个方程中解出 $\boldsymbol{y}_1$, 最后按排列阵 $\boldsymbol{P}$ 对 $\boldsymbol{y}$ 的分量重新排列即可得到原方程组的解. 这样, 就将求解方程组的问题化为求解两个阶数更低的方程组的问题. 在实际计算中, 后者往往比前者容易处理, 计算工作量也大大减少.

定义 6.2.2　设 $\boldsymbol{A}$ 是 n 阶矩阵, 若 $\boldsymbol{A}$ 满足

$$|a_{ii}| \geqslant \sum_{j=1, j\neq i}^{n} |a_{ij}|, \quad i = 1, 2, \cdots, n, \tag{6.22}$$

且其中至少有一个严格不等式成立, 称 $\boldsymbol{A}$ 是**弱对角占优**; 若式 (6.22) 中的每一个不等式都是严格不等式, 则称 $\boldsymbol{A}$ 是 (行)**严格对角占优**.

引理 6.2.1　设 n 阶矩阵 $\boldsymbol{A}$ 是严格对角占优或不可约弱对角占优矩阵, 则 $\boldsymbol{A}$ 是非奇异矩阵.

证： 用反证法, 仅对第一个结论给出证明. 假定 $\boldsymbol{A}$ 是奇异矩阵, 则存在非零向量 $\boldsymbol{v}$, 使 $\boldsymbol{Av}=\boldsymbol{0}$. 不失一般性, 可设 $\|\boldsymbol{v}\|_\infty=1$. 若令 $|v_r|=1$, 则 $|v_j|\leqslant|v_r|=1, j=1,\cdots,n$, 由 $\boldsymbol{Av}=\boldsymbol{0}$ 的第 r 个方程立即得到

$$|a_{rr}|\leqslant\sum_{j=1,j\neq r}^{n}|a_{rj}||v_j|\leqslant\sum_{j=1,j\neq r}^{n}|a_{rj}|. \tag{6.23}$$

若 $\boldsymbol{A}$ 是严格对角占优的, 则式 (6.23) 不可能成立, 因此, $\boldsymbol{A}$ 一定是非奇异矩阵.

利用矩阵的 Jordan 标准型, 可以得出下述引理.

引理 6.2.2 设 $\boldsymbol{A}$ 是任意 n 阶矩阵, 则 $\boldsymbol{A}$ 的 k 次幂 $\boldsymbol{A}^k\to\boldsymbol{0}$(当 $k\to\infty$) 的充要条件为谱半径 $\rho(\boldsymbol{A})<1$.任意一个矩阵的谱半径与其范数是有关系的.

定理 6.2.1 任一矩阵 $\boldsymbol{A}$ 的谱半径均不大于 $\boldsymbol{A}$ 的任一与某一向量范数相容的矩阵范数, 即

$$\rho(\boldsymbol{A})\leqslant\|\boldsymbol{A}\|. \tag{6.24}$$

证： 按照谱半径的定义 $\rho(\boldsymbol{A})=\max\limits_{1\leqslant i\leqslant n}|\lambda_i|$, 其中, $\lambda_i(i=1,2,\cdots,n)$ 为 n 阶方阵 $\boldsymbol{A}$ 的特征值. 设 $\boldsymbol{x}$ 为对应于 λ 的 $\boldsymbol{A}$ 的特征向量, 则有 $\lambda\boldsymbol{x}=\boldsymbol{Ax}$, 两边取范数可得

$$|\lambda|\|\boldsymbol{x}\|\leqslant\|\boldsymbol{A}\|\|\boldsymbol{x}\|.$$

因为 $\boldsymbol{x}$ 为非零向量, $\|\boldsymbol{x}\|\neq 0$, 故有

$$|\lambda|\leqslant\|\boldsymbol{A}\|.$$

上述这个不等式对 $\boldsymbol{A}$ 的任何特征值均成立, 即可得

$$\rho(\boldsymbol{A})\leqslant\|\boldsymbol{A}\|.$$

定理 6.2.2 对于迭代格式 (6.9), 给定任意的初值 $\boldsymbol{x}^{(0)}$, 有下列收敛结果和误差估计:

(1) 迭代格式 (6.9) 收敛的充要条件为谱半径 $\rho(\boldsymbol{B})<1$;

(2) 如果 $\|\boldsymbol{B}\|<1$, 则有估计

$$\|\boldsymbol{x}^{(k)}-\boldsymbol{x}^*\|\leqslant\frac{\|\boldsymbol{B}\|^k}{1-\|\boldsymbol{B}\|}\|\boldsymbol{x}^{(1)}-\boldsymbol{x}^{(0)}\| \tag{6.25}$$

和

$$\|\boldsymbol{x}^{(k)}-\boldsymbol{x}^*\|\leqslant\frac{\|\boldsymbol{B}\|}{1-\|\boldsymbol{B}\|}\|\boldsymbol{x}^{(k)}-\boldsymbol{x}^{(k-1)}\|, \tag{6.26}$$

式中, $\boldsymbol{x}^*$ 为式 (6.1) 的真解.

证： (1) 迭代格式 (6.9) 为 $\boldsymbol{x}^{(k+1)}=\boldsymbol{Bx}^{(k)}+\boldsymbol{g}$, 而真解 $\boldsymbol{x}^*$ 满足 $\boldsymbol{x}^*=\boldsymbol{Bx}^*+\boldsymbol{g}$, 两式相减可得

$$\boldsymbol{x}^{(k+1)}-\boldsymbol{x}^*=\boldsymbol{B}(\boldsymbol{x}^{(k)}-\boldsymbol{x}^*),\quad k=1,2,\cdots, \tag{6.27}$$

进而递推得

$$\boldsymbol{x}^{(k+1)}-\boldsymbol{x}^*=\boldsymbol{B}(\boldsymbol{x}^{(k)}-\boldsymbol{x}^*)=\cdots=\boldsymbol{B}^{k+1}(\boldsymbol{x}^{(0)}-\boldsymbol{x}^*),$$

也就是

$$\boldsymbol{x}^{(k)}-\boldsymbol{x}^*=\boldsymbol{B}^k(\boldsymbol{x}^{(0)}-\boldsymbol{x}^*). \tag{6.28}$$

必要性设迭代收敛, 则有 $\boldsymbol{x}^{(k)}-\boldsymbol{x}^*\to 0(k\to\infty)$. 在式 (6.28) 两边取极限可得

$$\boldsymbol{B}^k(\boldsymbol{x}^{(0)}-\boldsymbol{x}^*)\to\boldsymbol{0},\quad k\to+\infty.$$

由 $\boldsymbol{x}^{(0)}$ 的任意性可得

$$\boldsymbol{B}^k\to\boldsymbol{0},\quad k\to+\infty,$$

即 $\boldsymbol{B}^k$ 的任意元素都随着 $k\to\infty$ 趋向于 0. 由引理 6.2.8 可得 $\rho(\boldsymbol{B})<1$.

充分性设 $\rho(\boldsymbol{B})<1$, 则由引理 6.2.8 可得 $\boldsymbol{B}^k\to\boldsymbol{0}(k\to+\infty)$, 再由式 (6.28), 可得 $\boldsymbol{x}^{(k)}-\boldsymbol{x}^*\to\boldsymbol{0}(k\to+\infty)$, 即迭代收敛.

(2) 由 $\|\boldsymbol{B}\|<1$ 及定理 6.2.9, 有

$$\lim_{k\to\infty}\boldsymbol{x}^{(k)}=\boldsymbol{x}^*.$$

于是

$$\boldsymbol{x}^{(k)}-\boldsymbol{x}^*=\sum_{i=k}^{\infty}(\boldsymbol{x}^{(i)}-\boldsymbol{x}^{(i+1)}).\tag{6.29}$$

由式 (6.28), 且在式 (6.29) 两边取范数可得

$$\begin{aligned}\|\boldsymbol{x}^{(k)}-\boldsymbol{x}^*\|&\leqslant\sum_{i=k}^{\infty}\|\boldsymbol{x}^{(k)}-\boldsymbol{x}^{(k+1)}\|=\sum_{i=k}^{\infty}\|\boldsymbol{B}^i(\boldsymbol{x}^{(0)}-\boldsymbol{x}^{(1)})\|\\&\leqslant\sum_{i=k}^{\infty}\|\boldsymbol{B}\|^i\|\boldsymbol{x}^{(0)}-\boldsymbol{x}^{(1)}\|\\&=\frac{\|\boldsymbol{B}\|^k}{1-\|\boldsymbol{B}\|}\|\boldsymbol{x}^{(1)}-\boldsymbol{x}^{(0)}\|,\end{aligned}$$

即式 (6.25) 成立.

由式 (6.27) 可得

$$\boldsymbol{x}^{(k)}-\boldsymbol{x}^*=\boldsymbol{B}(\boldsymbol{x}^{(k-1)}-\boldsymbol{x}^*)=\boldsymbol{B}(\boldsymbol{x}^{(k-1)}-\boldsymbol{x}^{(k)})+\boldsymbol{B}(\boldsymbol{x}^{(k)}-\boldsymbol{x}^*).$$

从而,

$$\|\boldsymbol{x}^{(k)}-\boldsymbol{x}^*\|\leqslant\|\boldsymbol{B}\|\|\boldsymbol{x}^{(k-1)}-\boldsymbol{x}^{(k)}\|+\|\boldsymbol{B}\|\|\boldsymbol{x}^{(k)}-\boldsymbol{x}^*\|,$$

$$\|\boldsymbol{x}^{(k)}-\boldsymbol{x}^*\|\leqslant\frac{\|\boldsymbol{B}\|}{1-\|\boldsymbol{B}\|}\|\boldsymbol{x}^{(k)}-\boldsymbol{x}^{(k-1)}\|.$$

即式 (6.26) 亦成立.

定理 6.2.3 若 $\boldsymbol{A}$ 是严格对角占优或不可约弱对角占优矩阵, 则雅可比迭代和 GS 迭代都收敛.

证: (1) 对于雅可比迭代, 迭代矩阵 $\boldsymbol{B}_J=\boldsymbol{D}^{-1}(\boldsymbol{L}+\boldsymbol{U})$. 使用反证法, 假设 $\boldsymbol{B}_J$ 有一特征值 $|\lambda|\geqslant1$, 则有

$$\det(\lambda\boldsymbol{I}-\boldsymbol{B}_J)=\det(\lambda\boldsymbol{I}-\boldsymbol{D}^{-1}(\boldsymbol{L}+\boldsymbol{U}))=0,$$

则有

$$\det(\lambda\boldsymbol{D}-\boldsymbol{L}-\boldsymbol{U})=0.\tag{6.30}$$

由于 $\boldsymbol{A}=\boldsymbol{D}-\boldsymbol{L}-\boldsymbol{U}$, 如果 $\boldsymbol{A}$ 是严格对角占优或不可约弱对角占优, 则 $\lambda\boldsymbol{D}-\boldsymbol{L}-\boldsymbol{U}$ 仍然是严格对角占优或不可约弱对角占优矩阵. 根据引理 6.2.7, $\lambda\boldsymbol{D}-\boldsymbol{L}-\boldsymbol{U}$ 一定是非奇异矩

阵, 这显然同式 (6.30) 相矛盾. 所以 $\boldsymbol{B}_J$ 的任一特征值按模必须小于 1, 也就是, $\rho(\boldsymbol{B}_J) < 1$, 故雅可比迭代收敛.

(2) 对于 GS 迭代, 迭代矩阵 $\boldsymbol{B}_G = (\boldsymbol{D}-\boldsymbol{L})^{-1}\boldsymbol{U}$. 使用反证法, 假定 $\boldsymbol{B}_G$ 有一特征值 $|\lambda| \geqslant 1$, 则有

$$\det(\lambda \boldsymbol{I} - \boldsymbol{B}_G) = \det(\lambda \boldsymbol{I} - (\boldsymbol{D}-\boldsymbol{L})^{-1}\boldsymbol{U}) = 0,$$

即有

$$\det(\lambda(\boldsymbol{D}-\boldsymbol{L}) - \boldsymbol{U}) = 0. \tag{6.31}$$

由于 $\boldsymbol{A} = \boldsymbol{D}-\boldsymbol{L}-\boldsymbol{U}$ 是严格对角占优或不可约弱对角占优, 则 $\lambda(\boldsymbol{D}-\boldsymbol{L})-\boldsymbol{U}$ 仍是严格对角占优或不可约弱对角占优矩阵. 由引理 6.2.1, $\lambda(\boldsymbol{D}-\boldsymbol{L})-\boldsymbol{U}$ 一定是非奇异矩阵. 这显然同式 (6.31) 相矛盾. 所以 $\boldsymbol{B}_J$ 的任一特征值按模必须小于 1, 也就是, $\rho(\boldsymbol{B}_G) < 1$, 故 GS 迭代收敛.

定理 6.2.4 *若 $\boldsymbol{A}$ 是对称正定矩阵, 则雅可比迭代收敛的充要条件是 $2\boldsymbol{D}-\boldsymbol{A}$ 也是对称正定矩阵.*

证: 由于 $\boldsymbol{A}$ 是对称正定矩阵, 则 $a_{ii} > 0, i = 1, 2, \cdots, n$.

$$\boldsymbol{B}_J = \boldsymbol{D}^{-1}(\boldsymbol{L}+\boldsymbol{U}) = \boldsymbol{I} - \boldsymbol{D}^{-1}\boldsymbol{A} = \boldsymbol{D}^{-\frac{1}{2}}(\boldsymbol{I} - \boldsymbol{D}^{-\frac{1}{2}}\boldsymbol{A}\boldsymbol{D}^{-\frac{1}{2}})\boldsymbol{D}^{\frac{1}{2}}, \tag{6.32}$$

式中, $\boldsymbol{D}^{\frac{1}{2}} = \mathrm{diag}(\sqrt{a_{11}}, \sqrt{a_{22}}, \cdots, \sqrt{a_{nn}})$.

显然 $\boldsymbol{I} - \boldsymbol{D}^{-\frac{1}{2}}\boldsymbol{A}\boldsymbol{D}^{-\frac{1}{2}}$ 对称, 从而由 $\boldsymbol{B}_J$ 相似于对称矩阵 $\boldsymbol{I} - \boldsymbol{D}^{-\frac{1}{2}}\boldsymbol{A}\boldsymbol{D}^{-\frac{1}{2}}$ 可知, $\boldsymbol{B}_J$ 的 n 个特征值均为实数.

必要性: 设雅可比迭代收敛, 则有

$$\rho(\boldsymbol{B}_J) = \rho(\boldsymbol{I} - \boldsymbol{D}^{-\frac{1}{2}}\boldsymbol{A}\boldsymbol{D}^{-\frac{1}{2}}) < 1.$$

于是, $\boldsymbol{D}^{-\frac{1}{2}}\boldsymbol{A}\boldsymbol{D}^{-\frac{1}{2}}$ 的任一特征值 μ 均满足

$$|1-\mu| < 1,$$

即 $0 < \mu < 2$.

注意到

$$2\boldsymbol{D} - \boldsymbol{A} = \boldsymbol{D}^{\frac{1}{2}}(2\boldsymbol{I} - \boldsymbol{D}^{-\frac{1}{2}}\boldsymbol{A}\boldsymbol{D}^{-\frac{1}{2}})\boldsymbol{D}^{\frac{1}{2}}, \tag{6.33}$$

且 $2\boldsymbol{I} - \boldsymbol{D}^{-\frac{1}{2}}\boldsymbol{A}\boldsymbol{D}^{-\frac{1}{2}}$ 的特征值 $2-\mu \in (0, 2)$, 故 $2\boldsymbol{I} - \boldsymbol{D}^{-\frac{1}{2}}\boldsymbol{A}\boldsymbol{D}^{-\frac{1}{2}}$ 对称正定. 由式 (6.33), 进而可得 $2\boldsymbol{D}-\boldsymbol{A}$ 对称正定.

充分性: 设 $2\boldsymbol{D}-\boldsymbol{A}$ 对称正定.

一方面, 由 $\boldsymbol{A}$ 对称正定知, $\boldsymbol{D}^{-\frac{1}{2}}\boldsymbol{A}\boldsymbol{D}^{-\frac{1}{2}}$ 对称正定, 其任一特征值 $\mu > 0$, 于是 $\boldsymbol{I} - \boldsymbol{D}^{-\frac{1}{2}}\boldsymbol{A}\boldsymbol{D}^{-\frac{1}{2}}$ 的特征值 $1-\mu < 1$, 由式 (6.32) 可知 $\boldsymbol{B}_J$ 的任一特征值 $\lambda(\boldsymbol{B}_J) < 1$.

另一方面, 由 $2\boldsymbol{D}-\boldsymbol{A}$ 对称正定可得 $2\boldsymbol{I} - \boldsymbol{D}^{-\frac{1}{2}}\boldsymbol{A}\boldsymbol{D}^{-\frac{1}{2}} = \boldsymbol{D}^{-\frac{1}{2}}(2\boldsymbol{D}-\boldsymbol{A})\boldsymbol{D}^{-\frac{1}{2}}$ 也对称正定. 由于

$$2\boldsymbol{I} - \boldsymbol{D}^{-\frac{1}{2}}\boldsymbol{A}\boldsymbol{D}^{-\frac{1}{2}} = \boldsymbol{I} + (\boldsymbol{I} - \boldsymbol{D}^{-\frac{1}{2}}\boldsymbol{A}\boldsymbol{D}^{-\frac{1}{2}}),$$

因此, 可得 $\boldsymbol{I} - \boldsymbol{D}^{-\frac{1}{2}}\boldsymbol{A}\boldsymbol{D}^{-\frac{1}{2}}$ 的特征值全大于 -1, 由式 (6.32), 可知 $\boldsymbol{B}_J$ 的任一特征值 $\lambda(\boldsymbol{B}_J) > -1$. 于是 $\rho(\boldsymbol{B}_J) < 1$, 雅可比迭代收敛.

定理 6.2.5 *SOR 迭代收敛的必要条件是 $0 < \omega < 2$.*

证： $\boldsymbol{B}_S = (\boldsymbol{D} - \omega \boldsymbol{L})^{-1}[(1-\omega)\boldsymbol{D} + \omega \boldsymbol{U}]$, 设 $\lambda_1, \lambda_2, \cdots, \lambda_n$ 是 $\boldsymbol{B}_S$ 的 n 个特征值, 利用根与系数的关系, 有

$$\begin{aligned}(\rho(\boldsymbol{B}_S))^n \geqslant |\lambda_1\lambda_2\cdots\lambda_n| &= |\det(\boldsymbol{B}_S)| \\ &= |\det((\boldsymbol{D}-\omega\boldsymbol{L})^{-1})||\det((1-\omega)\boldsymbol{D}-\omega\boldsymbol{U})| \\ &= |a_{11}^{-1}a_{22}^{-1}\cdots a_{nn}^{-1}||(1-\omega)^n a_{11}a_{22}\cdots a_{nn}| \\ &= |(1-\omega)^n|.\end{aligned}$$

进而

$$|1-\omega| \leqslant \rho(\boldsymbol{B}_S). \tag{6.34}$$

如果 SOR 迭代收敛, 则 $\rho(\boldsymbol{B}_S) < 1$, 由式 (6.34) 可得松弛因子 ω 必须满足 $0 < \omega < 2$.

定理 6.2.6 设系数矩阵 $\boldsymbol{A}$ 对称正定, 则 $0 < \omega < 2$ 时 SOR 迭代收敛.

证： 只需证明迭代矩阵 $\boldsymbol{B}_S$ 的任一特征值 λ 均按模小于 1.

设 λ 为 $\boldsymbol{B}_S$ 的任一特征值, $\boldsymbol{x}$ 为相应的特征向量, 则

$$((1-\omega)\boldsymbol{D} + \omega\boldsymbol{U})\boldsymbol{x} = \lambda(\boldsymbol{D} - \omega\boldsymbol{L})\boldsymbol{x}. \tag{6.35}$$

由于 $\boldsymbol{x} \in \mathbb{C}^n$, $\boldsymbol{x}^{\mathrm{H}}$ 是 $\boldsymbol{x}$ 的复共轭转置向量. 在酉空间 $\mathbb{C}^n$ 中, 对式 (6.35) 两边作内积可得

$$(1-\omega)\boldsymbol{x}^{\mathrm{H}}\boldsymbol{D}\boldsymbol{x} + \omega\boldsymbol{x}^{\mathrm{H}}\boldsymbol{U}\boldsymbol{x} = \lambda(\boldsymbol{x}^{\mathrm{H}}\boldsymbol{D}\boldsymbol{x} - \omega\boldsymbol{x}^{\mathrm{H}}\boldsymbol{L}\boldsymbol{x}).$$

如果记 $\boldsymbol{x}^{\mathrm{H}}\boldsymbol{L}\boldsymbol{x} = \alpha + i\beta$, 则 $\boldsymbol{x}^{\mathrm{H}}\boldsymbol{U}\boldsymbol{x} = \boldsymbol{x}^{\mathrm{H}}\boldsymbol{L}^{\mathrm{T}}\boldsymbol{x} = (\boldsymbol{x}^{\mathrm{H}}\boldsymbol{L}\boldsymbol{x})^{\mathrm{H}} = \alpha - i\beta$, 记 $\boldsymbol{x}^{\mathrm{H}}\boldsymbol{D}\boldsymbol{x} = \sigma$, 于是

$$\lambda = \frac{(1-\omega)\sigma + \omega(\alpha - i\beta)}{\sigma - \omega(\alpha + i\beta)}. \tag{6.36}$$

在式 (6.36) 两边取模的平方

$$|\lambda| = \frac{(\sigma - \omega\sigma + \omega\alpha)^2 + (\omega\beta)^2}{(\sigma - \omega\alpha)^2 + (\omega\beta)^2}. \tag{6.37}$$

式 (6.37) 中分子与分母之差为

$$(\sigma - \omega\sigma + \omega\alpha)^2 - (\sigma - \omega\alpha)^2 = \omega\sigma(2-\omega)(2\alpha - \sigma). \tag{6.38}$$

由于 $\boldsymbol{A}$ 对称正定, 所以 $a_{ii} > 0 (i = 1, 2, \cdots, n)$, 可得 $\sigma = \boldsymbol{x}^{\mathrm{H}}\boldsymbol{D}\boldsymbol{x} = \sum\limits_{i=1}^{n} \alpha_{ii}|x_i|^2 > 0$. 同样利用 $\boldsymbol{A}$ 的正定性可得

$$\sigma - 2\alpha = \boldsymbol{x}^{\mathrm{H}}\boldsymbol{D}\boldsymbol{x} - \boldsymbol{x}^{\mathrm{H}}\boldsymbol{L}\boldsymbol{x} - \boldsymbol{x}^{\mathrm{H}}\boldsymbol{U}\boldsymbol{x} = \boldsymbol{x}^{\mathrm{H}}\boldsymbol{A}\boldsymbol{x} > 0. \tag{6.39}$$

利用式 (6.37)、式 (6.38) 和式 (6.39), 以及 $\sigma > 0$ 和 $0 < \omega < 2$, 可得 $|\lambda| < 1$, 从而谱半径 $\rho(\boldsymbol{B}_S) < 1$, 即 SOR 迭代收敛.

§6.3 不定常迭代法

本节将介绍两类最基本的不定常迭代方法：一类是求解对称正定线性方程组的最速下降法和共轭梯度法; 另一类是求解不对称线性方程组的广义极小残量法.

最速下降法和共轭梯度法本质上来说是一种变分方法, 对应于求一个二次函数的极值. 所以也说它是一种极小化方法. 共轭梯度法一开始被当作一个直接方法出现在 20 世纪 50 年代. 八九十年代以来, 预处理共轭梯度法得到很大的发展并被广泛运用到数值计算的各个领域, 使得这类方法成为求解大型稀疏对称正定方程组的最有效方法.

§6.3.1 最速下降法

设 $\boldsymbol{A}$ 对称正定, 线性方程组为

$$\boldsymbol{A}\boldsymbol{x}=\boldsymbol{b}, \tag{6.40}$$

式中, $\boldsymbol{A}=(a_{ij})\in\mathbb{R}^{n\times n}$, $\boldsymbol{x}=(x_1,\cdots,x_n)^{\mathrm{T}}$, $\boldsymbol{b}=(b_1,\cdots,b_n)^{\mathrm{T}}$.

首先, 我们介绍一下与求解线性方程组 (6.40) 等价的变分问题.

任取 $\boldsymbol{x}$, 对于公式 (6.40) 中给定的 $\boldsymbol{A}$ 和 $\boldsymbol{b}$, 定义 n 元二次函数 $\varphi:\mathbb{R}^n\to\mathbb{R}$ 为

$$\begin{aligned}\varphi(x)=&\frac{1}{2}(\boldsymbol{x},\boldsymbol{A}\boldsymbol{x})-(\boldsymbol{x},\boldsymbol{b})\\=&\frac{1}{2}\sum_{i=1}^{n}\sum_{j=1}^{n}a_{ij}x_ix_j-\sum_{j=1}^{n}b_jx_j,\end{aligned} \tag{6.41}$$

式中, $(\boldsymbol{x},\boldsymbol{y})=\sum\limits_{i=1}^{n}x_iy_i$.

该二次函数具有以下三条性质.

(1) 对于一切 $\boldsymbol{x}\in\mathbb{R}^n$, 通过直接计算

$$\frac{\partial\varphi}{\partial x_i}=a_{i1}x_1+a_{i2}x_2+\cdots+a_{in}x_n-b_i,\quad i=1,2,\cdots,n,$$

知函数 $\varphi(\boldsymbol{x})$ 的梯度为

$$\nabla\varphi(\boldsymbol{x})=\boldsymbol{A}\boldsymbol{x}-\boldsymbol{b}. \tag{6.42}$$

(2) 对于一切 $\boldsymbol{x},\boldsymbol{y}\in\mathbb{R}^n$, $a\in\mathbb{R}$,

$$\begin{aligned}\varphi(\boldsymbol{x}+a\boldsymbol{y})=&\frac{1}{2}(\boldsymbol{x}+a\boldsymbol{y},\boldsymbol{A}(\boldsymbol{x}+a\boldsymbol{y}))-(\boldsymbol{x}+a\boldsymbol{y},\boldsymbol{b})\\=&\varphi(\boldsymbol{x})+a(\boldsymbol{y},\boldsymbol{A}\boldsymbol{x}-\boldsymbol{b})+\frac{a^2}{2}(\boldsymbol{y},\boldsymbol{A}\boldsymbol{y}).\end{aligned} \tag{6.43}$$

(3) $\boldsymbol{x}^*=\boldsymbol{A}^{-1}\boldsymbol{b}$ 为方程组 (6.40) 的解, 则有 $\varphi(\boldsymbol{x}^*)=-\frac{1}{2}(\boldsymbol{x}^*,\boldsymbol{b})=-\frac{1}{2}(\boldsymbol{x}^*,\boldsymbol{A}\boldsymbol{x}^*)$, 且对于一切 $\boldsymbol{x}\in\mathbb{R}^n$ 有

$$\begin{aligned}\varphi(\boldsymbol{x})-\varphi(\boldsymbol{x}^*)=&\frac{1}{2}(\boldsymbol{x},\boldsymbol{A}\boldsymbol{x})-(\boldsymbol{x},\boldsymbol{b})+\frac{1}{2}(\boldsymbol{x}^*,\boldsymbol{b})\\=&\frac{1}{2}(\boldsymbol{x},\boldsymbol{A}\boldsymbol{x})-(\boldsymbol{x},\boldsymbol{A}\boldsymbol{x}^*)+\frac{1}{2}(\boldsymbol{x}^*,\boldsymbol{A}\boldsymbol{x}^*)\\=&\frac{1}{2}(\boldsymbol{x}-\boldsymbol{x}^*,\boldsymbol{A}(\boldsymbol{x}-\boldsymbol{x}^*)).\end{aligned} \tag{6.44}$$

以上性质可以通过直接运算验证, 其中要用到 $\boldsymbol{A}$ 的对称性.

定理 6.3.1 *设 $\boldsymbol{A}$ 对称正定, $\boldsymbol{x}^*$ 是方程组 $\boldsymbol{A}\boldsymbol{x}=\boldsymbol{b}$ 的解的充要条件是 $\boldsymbol{x}^*$ 为二次函数 $\varphi(\boldsymbol{x})$ 的极小值点, 即*

$$\varphi(\boldsymbol{x}^*)=\min_{\boldsymbol{x}\in R^n}\varphi(\boldsymbol{x}).$$

证: 必要性: 设 $\boldsymbol{A}\boldsymbol{x}^*=\boldsymbol{b}$, 则由 $\boldsymbol{A}$ 的对称正定性有

$$\varphi(\boldsymbol{x})-\varphi(\boldsymbol{x}^*)=\frac{1}{2}(\boldsymbol{x}-\boldsymbol{x}^*,\boldsymbol{A}(\boldsymbol{x}-\boldsymbol{x}^*))\geqslant 0, \tag{6.45}$$

上式对于任意的 $\boldsymbol{x}\in\mathbb{R}^n$ 都成立, 即 $\varphi(\boldsymbol{x}^*)=\min\limits_{\boldsymbol{x}\in\mathbb{R}^n}\varphi(\boldsymbol{x})$.

充分性: 设 $\varphi(\boldsymbol{x}^*) = \min\limits_{\boldsymbol{x}\in\mathbb{R}^n} \varphi(\boldsymbol{x})$, 则对任意的 $\boldsymbol{y} \in \mathbb{R}^n$, 有

$$\left.\frac{\mathrm{d}\varphi(\boldsymbol{x}^* + a\boldsymbol{y})}{\mathrm{d}a}\right|_{a=0} = 0,$$

即

$$\lim_{a\to 0} \frac{\varphi(\boldsymbol{x}^* + a\boldsymbol{y}) - \varphi(\boldsymbol{x}^*)}{a} = 0.$$

由

$$\frac{\varphi(\boldsymbol{x}^* + a\boldsymbol{y}) - \varphi(\boldsymbol{x}^*)}{a} = (\boldsymbol{y}, \boldsymbol{A}\boldsymbol{x}^* - \boldsymbol{b}) + \frac{1}{2}a(\boldsymbol{y}, \boldsymbol{A}\boldsymbol{y}).$$

可知, 对任意的向量 $\boldsymbol{y} \in \mathbb{R}^n$ 都有 $(\boldsymbol{y}, \boldsymbol{A}\boldsymbol{x}^* - \boldsymbol{b}) = 0$. 由此可得 $\boldsymbol{A}\boldsymbol{x}^* = \boldsymbol{b}$.

定理 6.3.1 将求解方程组 $\boldsymbol{A}\boldsymbol{x} = \boldsymbol{b}$ 的问题转化为求函数 $\varphi(\boldsymbol{x})$ 的为唯一极小点的问题.

为了找到 $\varphi(\boldsymbol{x})$ 的极小点 $\boldsymbol{x}^*$, 可以从任一点 $\boldsymbol{x}^{(k)}$ 出发, 沿某一指定的方向 $\boldsymbol{y}^{(k)} \in \mathbb{R}^n$, 搜索下一个近似点 $\boldsymbol{x}^{(k+1)} = \boldsymbol{x}^{(k)} + \alpha_k \boldsymbol{y}^{(k)}$, 使得 $\varphi(\boldsymbol{x}^{(k+1)})$ 在该方向上达到极小值. 选择 $\boldsymbol{y}^{(k)}$ 的方式不同时, 将会得到不同的算法.

令 $\boldsymbol{y}^{(k)}$ 为某一搜索方向, $\boldsymbol{r}^{(k)} = \boldsymbol{b} - \boldsymbol{A}\boldsymbol{x}^{(k)}$ 为 $\boldsymbol{x}^{(k)}$ 对应的残量, 则有函数

$$\varphi(\boldsymbol{x}^{(k)} + a\boldsymbol{y}^{(k)}) = \varphi(\boldsymbol{x}^{(k)}) - a(\boldsymbol{y}^{(k)}, \boldsymbol{r}^{(k)}) + \frac{1}{2}a^2(\boldsymbol{y}^{(k)}, \boldsymbol{A}\boldsymbol{y}^{(k)}). \tag{6.46}$$

由

$$\frac{\mathrm{d}}{\mathrm{d}a}\varphi(\boldsymbol{x}^{(k)} + a\boldsymbol{y}^{(k)}) = 0,$$

可知

$$a_k = \frac{(\boldsymbol{y}^{(k)}, \boldsymbol{r}^{(k)})}{(\boldsymbol{y}^{(k)}, \boldsymbol{A}\boldsymbol{y}^{(k)})}. \tag{6.47}$$

同时, 由 $\boldsymbol{A}$ 的正定性有

$$\frac{\mathrm{d}^2}{\mathrm{d}a^2}\varphi(\boldsymbol{x}^{(k)} + a\boldsymbol{y}^{(k)}) = (\boldsymbol{y}^{(k)}, \boldsymbol{A}\boldsymbol{y}^{(k)}) > 0,$$

所以 a_k 是 $\varphi(\boldsymbol{x}^{(k)} + a\boldsymbol{y}^{(k)})$ 的极小点.

将式 (6.47) 代入式 (6.46), 可得

$$\varphi(\boldsymbol{x}^{(k)} + a_k\boldsymbol{y}^{(k)}) - \varphi(\boldsymbol{x}^{(k)}) = -\frac{1}{2}\frac{(\boldsymbol{y}^{(k)}, \boldsymbol{r}^{(k)})^2}{(\boldsymbol{y}^{(k)}, \boldsymbol{A}\boldsymbol{y}^{(k)})}. \tag{6.48}$$

当 $(\boldsymbol{r}^{(k)}, \boldsymbol{y}^{(k)}) \neq 0$, 即 $\boldsymbol{y}^{(k)}$ 不与 $\boldsymbol{r}^{(k)}$ 正交时, $\varphi(\boldsymbol{x}^{(k+1)}) < \varphi(\boldsymbol{x}^{(k)})$ 成立.

相对于 $\varphi(\boldsymbol{x}^{(k)})$, 由式 (6.48) 知 $\varphi(\boldsymbol{x}^{(k+1)})$ 的下降量取决于 $\boldsymbol{y}^{(k)}$ 的方向, 而与 $\boldsymbol{y}^{(k)}$ 的大小无关. 函数 $\varphi(\boldsymbol{x})$ 在点 $\boldsymbol{x}^{(k)}$ 处下降最快的方向应该是在该点的负梯度方向.

从而, 取 $\boldsymbol{y}^{(k)} = \boldsymbol{r}^{(k)}$, 并构造 $\boldsymbol{x}^{(k+1)} = \boldsymbol{x}^{(k)} + \alpha_k \boldsymbol{r}^{(k)}$, 可得求 $\varphi(\boldsymbol{x})$ 的极小点的最速下降法.

算法 6.3.1 (最速下降法)

(1) 选定初值 $\boldsymbol{x}^{(0)}$;

(2) 对 $k = 0, 1, 2, \cdots$ 直到收敛, 计算:

(3) $\boldsymbol{r}^{(k)} = \boldsymbol{b} - \boldsymbol{A}\boldsymbol{x}^{(k)}$;

(4) $\alpha^{(k)} = \dfrac{(\boldsymbol{r}^{(k)}, \boldsymbol{r}^{(k)})}{(\boldsymbol{A}\boldsymbol{r}^{(k)}, \boldsymbol{r}^{(k)})}$;

(5) $\boldsymbol{x}^{(k+1)} = \boldsymbol{x}^{(k)} + \alpha_k \boldsymbol{r}^{(k)}$.

下面讨论最速下降法的收敛性.

引理 6.3.1 设 $\boldsymbol{A}$ 是 n 阶实对称正定矩阵, $f(t)$ 是 m 次实系数多项式, 则对任意 $\boldsymbol{x}\in\mathbb{R}^n$ 有

$$\|f(\boldsymbol{A})\boldsymbol{x}\|_{\boldsymbol{A}}\leqslant\max_{1\leqslant i\leqslant n}|f(\lambda_i)|\|\boldsymbol{x}\|_{\boldsymbol{A}},\tag{6.49}$$

式中, λ_i 是 $\boldsymbol{A}$ 的特征值, $\|\boldsymbol{x}\|_{\boldsymbol{A}}=\sqrt{\boldsymbol{x}^{\mathrm{T}}\boldsymbol{A}\boldsymbol{x}}$ 是 $\mathbb{R}^n$ 中的向量范数.

证: 由于 $\boldsymbol{A}$ 是对称正定矩阵, 可设 $\boldsymbol{A}$ 的对应于特征值 $\lambda_1,\lambda_2,\cdots,\lambda_n$ 的特征向量 $\boldsymbol{y}_1,\boldsymbol{y}_2,\cdots,\boldsymbol{y}_n$ 标准正交, 则对任意的 $\boldsymbol{x}\in\mathbb{R}^n$, 有 $\boldsymbol{x}=\sum\limits_{i=1}^{n}c_i\boldsymbol{y}_i$, 由此可得

$$f(\boldsymbol{A})\boldsymbol{x}=\sum_{i=1}^{n}c_if(\lambda_i)\boldsymbol{y}_i,$$

$$\|\boldsymbol{x}\|_{\boldsymbol{A}}^2=\boldsymbol{x}^{\mathrm{T}}\boldsymbol{A}\boldsymbol{x}=\sum_{i=1}^{n}c_i^2\lambda_i.$$

$$\|f(\boldsymbol{A})\boldsymbol{x}\|_{\boldsymbol{A}}^2=\sum_{i=1}^{n}c_i^2\lambda_if^2(\lambda_i)=\max_{1\leqslant i\leqslant n}f^2(\lambda_i)\sum_{i=1}^{n}c_i^2\lambda_i=(\max_{1\leqslant i\leqslant n}|f(\lambda_i)|)^2\|\boldsymbol{x}\|_{\boldsymbol{A}}^2,$$

上式两边开方即得式 (6.49).

定理 6.3.2 设 $\boldsymbol{A}$ 是 n 阶实对称正定矩阵, λ_1 和 λ_n 分别是 $\boldsymbol{A}$ 的最大和最小的特征值, 则由最速下降法得到的迭代序列 $\{\boldsymbol{x}^{(k)}\}$ 满足误差估计

$$\left\|\boldsymbol{x}^{(k)}-\boldsymbol{x}^*\right\|_{\boldsymbol{A}}\leqslant\left[\frac{\lambda_1-\lambda_n}{\lambda_1+\lambda_n}\right]^k\left\|\boldsymbol{x}^{(0)}-\boldsymbol{x}^*\right\|_{\boldsymbol{A}}.\tag{6.50}$$

证: 对任意实数 α 有 $\varphi(\boldsymbol{x}^{(k)})\leqslant\varphi(\boldsymbol{x}^{(k-1)}+\alpha\boldsymbol{r}^{(k-1)})$ 成立, 所以

$$\varphi(\boldsymbol{x}^{(k)})-\varphi(\boldsymbol{x}^*)\leqslant\varphi(\boldsymbol{x}^{(k-1)}+\alpha\boldsymbol{r}^{(k-1)})-\varphi(\boldsymbol{x}^*).$$

利用式 (6.45) 及引理 6.3.1 可得

$$\begin{aligned}\|\boldsymbol{x}^{(k)}-\boldsymbol{x}^*\|_{\boldsymbol{A}}&\leqslant\|(\boldsymbol{x}^{(k-1)}+\alpha\boldsymbol{r}^{(k-1)})-\boldsymbol{x}^*\|_{\boldsymbol{A}}\\&=\|(\boldsymbol{I}-\alpha\boldsymbol{A})(\boldsymbol{x}^{(k-1)}-\boldsymbol{x}^*)\|_{\boldsymbol{A}}\\&\leqslant\max_{1\leqslant i\leqslant n}|1-\alpha\lambda_i|\|\boldsymbol{x}^{(k-1)}-\boldsymbol{x}^*\|_{\boldsymbol{A}}.\end{aligned}$$

特别地, 取 $\alpha=2/(\lambda_1+\lambda_n)$ 时,

$$\max_{1\leqslant i\leqslant n}|1-\alpha\lambda_i|=\frac{\lambda_1-\lambda_n}{\lambda_1+\lambda_n}.$$

由此可得

$$\left\|\boldsymbol{x}^{(k)}-\boldsymbol{x}^*\right\|_{\boldsymbol{A}}\leqslant\left[\frac{\lambda_1-\lambda_n}{\lambda_1+\lambda_n}\right]\left\|\boldsymbol{x}^{(k-1)}-\boldsymbol{x}^*\right\|_{\boldsymbol{A}}\leqslant\left[\frac{\lambda_1-\lambda_n}{\lambda_1+\lambda_n}\right]^k\left\|\boldsymbol{x}^{(0)}-\boldsymbol{x}^*\right\|_{\boldsymbol{A}}.$$

由误差估计式 (6.50) 可得最速下降法的收敛性. 不过, 当 $\lambda_1\gg\lambda_n$ 时, $\dfrac{\lambda_1-\lambda_n}{\lambda_1+\lambda_n}\approx1$, 这时, 最速下降法的收敛速度将会很慢.

§6.3.2 共轭梯度法

对上述最速下降法做一简单分析, 就会发现, 负梯度方向虽从局部来看是最佳的搜索方向, 但从整体来看并非最优. 这就促使人们去寻找更好的搜索方向, 当然, 希望每一步确定新的搜索方向时付出的代价也不要太大.

共轭梯度法就是根据这一思想设计的. 仍设 $\boldsymbol{A}$ 对称正定, 我们还是采用一维极小搜索的概念. 但是我们不再沿负梯度方向 $\boldsymbol{r}^{(0)}, \boldsymbol{r}^{(1)}, \cdots, \boldsymbol{r}^{(k)}$ 搜索, 而要另找一组方向 $\boldsymbol{p}^{(0)}, \boldsymbol{p}^{(1)}, \cdots, \boldsymbol{p}^{(k)}$, 使得进行 k 次一维搜索后, 求得近似解 $\boldsymbol{x}^{(k)}$.

对一维极小问题 $\min\limits_{\alpha} \varphi(\boldsymbol{x}^{(k)} + \alpha \boldsymbol{p}^{(k)})$, 我们令

$$\frac{\mathrm{d}}{\mathrm{d}\alpha} \varphi(\boldsymbol{p}^{(k)} + \alpha \boldsymbol{p}^{(k)}) = 0,$$

可得

$$\alpha = \alpha_k = \frac{(\boldsymbol{r}^{(k)}, \boldsymbol{p}^{(k)})}{(\boldsymbol{A}\boldsymbol{p}^{(k)}, \boldsymbol{p}^{(k)})}.$$

从而, 下一个近似解和对应的残量分别为

$$\boldsymbol{x}^{(k+1)} = \boldsymbol{x}^{(k)} + \alpha_k \boldsymbol{p}^{(k)},$$

$$\boldsymbol{r}^{(k+1)} = \boldsymbol{b} - \boldsymbol{A}\boldsymbol{x}^{(k+1)} = \boldsymbol{r}^{(k)} - \alpha_k \boldsymbol{A}\boldsymbol{p}^{(k)}.$$

为了讨论方便并不失一般性, 设 $\boldsymbol{x}^{(0)} = \boldsymbol{0}$, 可知

$$\boldsymbol{x}^{(k+1)} = \alpha_0 \boldsymbol{p}^{(0)} + \alpha_1 \boldsymbol{p}^{(1)} + \cdots + \alpha_k \boldsymbol{p}^{(k)},$$

从而, $\boldsymbol{x} \in \operatorname{span}\{\boldsymbol{p}^{(0)}, \boldsymbol{p}^{(1)}, \cdots, \boldsymbol{p}^{(k)}\}$, 其中 $\operatorname{span}\{\boldsymbol{p}^{(0)}, \boldsymbol{p}^{(1)}, \cdots, \boldsymbol{p}^{(k)}\}$ 是指由 $\boldsymbol{p}^{(0)}, \boldsymbol{p}^{(1)}, \cdots, \boldsymbol{p}^{(k)}$ 生成的子空间. 记 $\boldsymbol{x} = \boldsymbol{y} + \alpha \boldsymbol{p}^{(k)}$, $\boldsymbol{y} \in \operatorname{span}\{\boldsymbol{p}^{(0)}, \boldsymbol{p}^{(1)}, \cdots, \boldsymbol{p}^{(k-1)}\}$.

现在考虑 $\boldsymbol{p}^{(0)}, \boldsymbol{p}^{(1)}, \cdots, \boldsymbol{p}^{(k)}$ 取什么方向使得二次函数 $\varphi(\boldsymbol{x}^{(k)} + \alpha \boldsymbol{p}^{(k)})$ 下降最快.

一开始, 可以令 $\boldsymbol{p}^{(0)} = \boldsymbol{r}^{(0)}$. 当 $k \geqslant 1$ 时, 我们不但希望满足

$$\varphi(\boldsymbol{x}^{(k+1)}) = \min_{\alpha} \varphi(\boldsymbol{x}^{(k)} + \alpha \boldsymbol{p}^{(k)}),$$

而且希望 $\{\boldsymbol{p}^{(k)}\}$ 的选择满足

$$\varphi(\boldsymbol{x}^{(k+1)}) = \min_{\boldsymbol{x} \in \operatorname{span}\{\boldsymbol{p}^{(0)}, \boldsymbol{p}^{(1)}, \cdots, \boldsymbol{p}^{(k)}\}} \varphi(\boldsymbol{x}).$$

将 $\varphi(\boldsymbol{x})$ 对 $\boldsymbol{y}$ 展开, 有

$$\begin{aligned} \varphi(\boldsymbol{x}) &= \varphi(\boldsymbol{y} + \alpha \boldsymbol{p}^{(k)}) \\ &= \varphi(\boldsymbol{y}) + \alpha(\boldsymbol{A}\boldsymbol{y}, \boldsymbol{p}^{(k)}) - \alpha(\boldsymbol{b}, \boldsymbol{p}^{(k)}) + \frac{\alpha^2}{2}(\boldsymbol{A}\boldsymbol{p}^{(k)}, \boldsymbol{p}^{(k)}), \end{aligned}$$

上式出现交叉项 $(\boldsymbol{A}\boldsymbol{y}, \boldsymbol{p}^{(k)})$, 使求 $\varphi(\boldsymbol{x})$ 极小问题复杂化了.

为了把上述问题分离为分别对 $\boldsymbol{y}$ 和对 α 求极小, 我们令

$$(\boldsymbol{A}\boldsymbol{y}, \boldsymbol{p}^{(k)}) = 0, \quad \forall\ \boldsymbol{y} \in \operatorname{span}\{\boldsymbol{p}^{(0)}, \boldsymbol{p}^{(1)}, \cdots, \boldsymbol{p}^{(k-1)}\},$$

也就是

$$(\boldsymbol{A}\boldsymbol{p}^{(i)}, \boldsymbol{p}^{(k)}) = 0, \quad j = 0, 1, \cdots, k-1,$$

对于每一个 $k = 1, 2, \cdots, n$, 我们都要选择 $\boldsymbol{p}^{(k)}$ 使得满足上述条件.

定义 6.3.1 $\boldsymbol{A}$ 对称正定, 若 $\mathbb{R}^n$ 中向量组 $\{\boldsymbol{p}^{(0)},\boldsymbol{p}^{(1)},\cdots,\boldsymbol{p}^{(l)}\}$ 满足

$$(\boldsymbol{A}\boldsymbol{p}^{(i)},\boldsymbol{p}^{(j)})=0,\quad i\neq j,$$

则称它为 $\mathbb{R}^n$ 中的一个$\boldsymbol{A}$- **共轭向量组**, 或者称$\boldsymbol{A}$- **正交向量组**, 或称这些向量是$\boldsymbol{A}$- **共轭**的.

显然, 当 $l<n$ 时, 不含零向量的 A- 共轭向量组线性无关. 当 $\boldsymbol{A}=\boldsymbol{I}$ 时, A- 共轭性质就是一般的正交性.

若向量组 $\{\boldsymbol{p}^{(0)},\boldsymbol{p}^{(1)},\cdots,\boldsymbol{p}^{(l)}\}$ 是 A- 共轭的, 可知

$$\begin{aligned}\min_{\boldsymbol{x}\in\text{span}\{\boldsymbol{p}^{(0)},\boldsymbol{p}^{(1)},\cdots,\boldsymbol{p}^{(k)}\}}\varphi(x)&=\min_{y,a}\varphi(\boldsymbol{y}+\alpha\boldsymbol{p}^{(k)})\\&=\min_{y}\varphi(\boldsymbol{y})+\min_{a}\left[\frac{\alpha^2}{2}(\boldsymbol{A}\boldsymbol{p}^{(k)},\boldsymbol{p}^{(k)})-\alpha(\boldsymbol{b},\boldsymbol{p}^{(k)})\right].\end{aligned}$$

不妨设 $\boldsymbol{p}^{(k)}=\boldsymbol{r}^{(k)}+\beta_{k-1}\boldsymbol{p}^{(k-1)}$, 利用 $(\boldsymbol{p}^{(k)},\boldsymbol{A}\boldsymbol{p}^{(k-1)})=0$, 可以求出

$$\beta_{k-1}=-\frac{(\boldsymbol{r}^{(k)},\boldsymbol{A}\boldsymbol{p}^{(k-1)})}{(\boldsymbol{p}^{(k-1)},\boldsymbol{A}\boldsymbol{p}^{(k-1)})}.$$

这样的得到的 $\boldsymbol{p}^{(k)},\boldsymbol{p}^{(k-1)}$ 是 A- 共轭的.

算法 6.3.2 (共轭梯度法)

(1) 选定初值 $\boldsymbol{x}^{(0)}$, 设 $\boldsymbol{p}^{(0)}=\boldsymbol{r}^{(0)}=\boldsymbol{b}-\boldsymbol{A}\boldsymbol{x}^{(0)}$;

(2) 对 $k=0,1,2,\cdots$ 直到收敛, 计算:

$\boldsymbol{\alpha}_k=\|\boldsymbol{r}^{(k)}\|_2^2/(\boldsymbol{A}\boldsymbol{p}^{(k)},\boldsymbol{p}^{(k)})$;

$\boldsymbol{x}^{(k+1)}=\boldsymbol{x}^{(k)}+\alpha_k\boldsymbol{p}^{(k)}$;

$\boldsymbol{r}^{(k+1)}=\boldsymbol{r}^{(k)}-\alpha\boldsymbol{A}\boldsymbol{p}^{(k)}$;

如果 $\|\boldsymbol{r}^{(k+1)}\|$ 足够小,

退出算法;

否则,

$\beta_k=\|\boldsymbol{r}^{(k+1)}\|_2^2/\|\boldsymbol{r}^{(k)}\|_2^2$;

$\boldsymbol{p}^{(k+1)}=\boldsymbol{r}^{(k+1)}+\beta_k\boldsymbol{p}^{(k)}$.

MATLAB 程序 cg.m 如下:

```
function [x,iter] = cg(A,b,tol)
   x = zeros(size(b));
   r = b-A*x;
   for iter = 1:500
      rho = r'*r;
      if ( iter == 1)
          p = r;
      else
          beta = rho / rho_1;
          p    = r + beta * p;
      end
      q = A*p;
```

```
    alpha = rho / (p'*q) ;
    x = x + alpha * p;
    r = r - alpha * q;
    rho_1 = rho;
    error  = norm( r ) / norm(b);
    if ( error < tol)
        break;
    end
end
```

下面不加证明地给出一些理论结果.

定理 6.3.3　由共轭梯度法得到的向量组 $\{\boldsymbol{r}^{(i)}\}$ 和 $\{\boldsymbol{p}^{(i)}\}$ 具有以下性质:

(1) $(\boldsymbol{p}^{(i)}, \boldsymbol{r}^{(j)}) = 0, \quad 0 \leqslant i < j \leqslant k$;

(2) $(\boldsymbol{r}^{(i)}, \boldsymbol{r}^{(j)}) = 0, \quad 0 \leqslant i, j \leqslant k;\ i \neq j$;

(3) $(\boldsymbol{p}^{(i)}, \boldsymbol{A}\boldsymbol{p}^{(j)}) = 0, \quad 0 \leqslant i, j \leqslant k;\ i \neq j$.

定理 6.3.4　设 $\boldsymbol{A}$ 是 n 阶实对称正定矩阵, λ_1 和 λ_n 分别表示 $\boldsymbol{A}$ 的最大和最小特征值, 则由共轭梯度法得到的向量序列 $\{\boldsymbol{x}^{(k)}\}$ 满足误差估计

$$\|\boldsymbol{x}^{(k)} - \boldsymbol{x}^*\|_{\boldsymbol{A}} \leqslant 2\left[\frac{\sqrt{\lambda_1} - \sqrt{\lambda_n}}{\sqrt{\lambda_1} + \sqrt{\lambda_n}}\right]^k \|\boldsymbol{x}^{(0)} - \boldsymbol{x}^*\|_{\boldsymbol{A}}. \tag{6.51}$$

由误差估计式 (6.51) 可得共轭梯度法的收敛性. 比较式 (6.50) 和式 (6.51), 可得

$$\begin{aligned}\left[\frac{\lambda_1 - \lambda_n}{\lambda_1 + \lambda_n}\right]^k &= \left[\frac{\sqrt{\lambda_1} - \sqrt{\lambda_n}}{\sqrt{\lambda_1} + \sqrt{\lambda_n}}\right]^k \left[\frac{(\sqrt{\lambda_1} + \sqrt{\lambda_n})^2}{\lambda_1 + \lambda_n}\right]^k \\ &= 2\left[\frac{\sqrt{\lambda_1} - \sqrt{\lambda_n}}{\sqrt{\lambda_1} + \sqrt{\lambda_n}}\right]^k \cdot \frac{1}{2}\left[1 + \frac{2\sqrt{\lambda_1\lambda_n}}{\lambda_1 + \lambda_n}\right]^k,\end{aligned}$$

由于

$$\lim_{k\to\infty} \frac{1}{2}\left[1 + \frac{2\sqrt{\lambda_1\lambda_n}}{\lambda_1 + \lambda_n}\right]^k = +\infty.$$

所以共轭梯度法比最速下降法的收敛性好得多.

由于 $\boldsymbol{A}$ 是对称正定的, 故可记 $\mu = \mathrm{cond}_2(\boldsymbol{A}) = \lambda_1/\lambda_n$, 这时误差估计式 (6.51) 可写成

$$\|\boldsymbol{x}^{(k)} - \boldsymbol{x}^*\|_{\boldsymbol{A}} \leqslant 2\left[\frac{\sqrt{\mu} - 1}{\sqrt{\mu} + 1}\right]^k \|\boldsymbol{x}^{(0)} - \boldsymbol{x}^*\|_{\boldsymbol{A}}. \tag{6.52}$$

从式 (6.52) 可以看出, 当系数矩阵 $\boldsymbol{A}$ 的条件数很大时, 共轭梯度法的收敛速度可能很慢; 条件数较小时, 收敛很快.

理论上, 如果所有计算都没有舍入误差的话, 利用定理 6.3.3 可以证明共轭梯度法最多经过 n 次迭代即可得到精确解 $\boldsymbol{x}^*$. 但是, 由于计算过程中不可避免要有舍入误差, 所以实际上是将共轭梯度法作为一种迭代法使用.

例 6.3.1 试用共轭梯度法求解下述线性方程组,

$$\begin{pmatrix} 4 & -1 & 0 \\ -1 & 4 & -1 \\ 0 & -1 & 4 \end{pmatrix}\begin{pmatrix} x_1 \\ x_2 \\ x_3 \end{pmatrix} = \begin{pmatrix} 3 \\ 2 \\ 3 \end{pmatrix},$$

其中初值为 $\boldsymbol{x}^{(0)} = (0,0,0)^{\mathrm{T}}$, 使得最终迭代误差 $\boldsymbol{r}^{(k)} = \boldsymbol{b} - \boldsymbol{A}\boldsymbol{x}^{(k)}$ 达到 $\|\boldsymbol{r}^{(k)}\|_2/\|\boldsymbol{r}^{(0)}\|_2 < 1\times 10^{-4}$, 最大迭代步数设为 10.

解: 设 $\boldsymbol{x}^{(0)} = (0,0,0)^{\mathrm{T}}$, 则

$$\begin{aligned} \boldsymbol{r}^{(0)} &= \boldsymbol{b} - \boldsymbol{A}\boldsymbol{x}^{(0)} = (3,2,3)^{\mathrm{T}}, \\ \boldsymbol{p}^{(0)} &= \boldsymbol{r}^{(0)}, \end{aligned}$$

第一步迭代如下:

$$\begin{aligned} \boldsymbol{r}^{(0)} &= \boldsymbol{b} - \boldsymbol{A}\boldsymbol{x}^{(0)} = (3,2,3)^{\mathrm{T}}, \\ \boldsymbol{p}^{(0)} &= \boldsymbol{r}^{(0)}, \\ \alpha_0 &= \frac{\|\boldsymbol{r}^{(0)}\|_2^2}{(\boldsymbol{p}^{(0)}, \boldsymbol{A}\boldsymbol{p}^{(0)})} = 0.343\,8, \\ \boldsymbol{x}^{(1)} &= \boldsymbol{x}^{(0)} + \alpha_0 \boldsymbol{p}^{(0)} = (1.031\,4, 0.687\,6, 1.031\,4)^{\mathrm{T}}, \\ \boldsymbol{r}^{(1)} &= \boldsymbol{r}^{(0)} - \alpha_0 \boldsymbol{A}\boldsymbol{p}^{(0)} = (-0.438\,0, 1.312\,4, -0.438\,0)^{\mathrm{T}}. \end{aligned}$$

我们发现 $\|\boldsymbol{r}^{(1)}\|_2/\|\boldsymbol{r}^{(0)}\|_2 = 0.309\,4 > 1\times 10^{-4}$. 因此进行第二步迭代如下:

$$\begin{aligned} \beta_1 &= \frac{\|\boldsymbol{r}^{(1)}\|_2^2}{\|\boldsymbol{r}^{(0)}\|_2^2} = 0.095\,7, \\ \boldsymbol{p}^{(1)} &= \boldsymbol{r}^{(1)} + \beta_1 \boldsymbol{p}^{(0)} = (-0.150\,8, 1.503\,9, -0.150\,8)^{\mathrm{T}}, \\ \alpha_1 &= \frac{\|\boldsymbol{r}^{(1)}\|_2^2}{(\boldsymbol{p}^{(1)}, \boldsymbol{A}\boldsymbol{p}^{(1)})} = 0.207\,8, \\ \boldsymbol{x}^{(2)} &= \boldsymbol{x}^{(1)} + \alpha_1 \boldsymbol{p}^{(1)} = (1.000\,1, 1.000\,1, 1.000\,1)^{\mathrm{T}}, \\ \boldsymbol{r}^{(2)} &= \boldsymbol{r}^{(1)} - \alpha_1 \boldsymbol{A}\boldsymbol{p}^{(1)} = (0.000\,2, 0.000\,2, 0.000\,2)^{\mathrm{T}}. \end{aligned}$$

此时 $\|\boldsymbol{r}^{(2)}\|_2/\|\boldsymbol{r}^{(0)}\|_2 = 7.04\times 10^{-5} < 1\times 10^{-4}$, 满足迭代收敛条件, 因此迭代终止. 综上, 总共需要两步迭代达到 $\|\boldsymbol{r}^{(k)}\|_2/\|\boldsymbol{r}^{(0)}\|_2 < 1\times 10^{-4}$, 其中迭代解为 $(1.000\,1, 1.000\,1, 1.000\,1)^{\mathrm{T}}$.

§6.3.3 广义极小残量法

本节中我们介绍求解非对称线性方程组的一类算法: 广义极小残量法 (Gerneral Minimal RESidual). 这个算法自 20 世纪 80 年代以来, 在许多研究者的努力下得到很大的完善, 已经成为当前求解大型稀疏非对称线性方程组的主要手段. 本节中的范数 $\|\cdot\|$ 均为 2- 范数.

设所求线性方程组为

$$\boldsymbol{A}\boldsymbol{x} = \boldsymbol{b}, \tag{6.53}$$

取 $\boldsymbol{x}^{(0)} \in \mathbb{R}^n$ 为任一向量, 令 $\boldsymbol{x} = \boldsymbol{x}^{(0)} + \boldsymbol{z}$, 则上式等价于

$$\boldsymbol{A}\boldsymbol{z} = \boldsymbol{r}^{(0)}, \tag{6.54}$$

其中 $\boldsymbol{r}^{(0)} = \boldsymbol{b} - \boldsymbol{A}\boldsymbol{x}^{(0)}$. 下面我们讨论方程 (6.54) 的求解问题.

我们从 $\boldsymbol{r}^{(0)}$ 开始, 构造一组相互正交且范数为 1 的向量 $\boldsymbol{v}^{(1)}, \boldsymbol{v}^{(2)}, \cdots, \boldsymbol{v}^{(m)}$ 如下.

首先, 为了满足 $\|\boldsymbol{v}^{(1)}\| = 1$, 令 $\beta = \|\boldsymbol{r}^{(0)}\|$, 则 $\boldsymbol{v}^{(1)} = \boldsymbol{r}^{(0)}/\beta$.

其次, 计算 $\boldsymbol{w} = \boldsymbol{A}\boldsymbol{v}^{(1)}$. 为了构造 $\boldsymbol{v}^{(2)}$ 与 $\boldsymbol{v}^{(1)}$ 正交, 令 $h_{11} = (\boldsymbol{w}, \boldsymbol{v}^{(1)})$ 且 $\widetilde{\boldsymbol{w}} = \boldsymbol{w} - h_{11}\boldsymbol{v}^{(1)}$, 则

$$(\widetilde{\boldsymbol{w}}, \boldsymbol{v}^{(1)}) = (\boldsymbol{w} - h_{11}\boldsymbol{v}^{(1)}, \boldsymbol{v}^{(1)}) = (\boldsymbol{w}, \boldsymbol{v}^{(1)}) - h_{11}(\boldsymbol{v}^{(1)}, \boldsymbol{v}^{(1)}) = 0.$$

令 $h_{21} = \|\widetilde{\boldsymbol{w}}\|$, 则 $\boldsymbol{v}^{(2)} = \widetilde{\boldsymbol{w}}/h_{21}$ 满足 $(\boldsymbol{v}^{(2)}, \boldsymbol{v}^{(1)}) = 0$ 且 $\|\boldsymbol{v}^{(2)}\| = 1$.

类似地, 计算 $\boldsymbol{v}^{(3)}$ 的过程如下:

(1) 计算 $\boldsymbol{w} = \boldsymbol{A}\boldsymbol{v}^{(2)}$;

(2) 令 $h_{12} = (\boldsymbol{w}, \boldsymbol{v}^{(1)})$, $h_{22} = (\boldsymbol{w}, \boldsymbol{v}^{(2)})$;

(3) 计算 $\widetilde{\boldsymbol{w}} = \boldsymbol{w} - h_{12}\boldsymbol{v}^{(1)} - h_{22}\boldsymbol{v}^{(2)}$;

(4) 令 $h_{32} = \|\widetilde{\boldsymbol{w}}\|$;

(5) 计算 $\boldsymbol{v}^{(3)} = \widetilde{\boldsymbol{w}}/h_{32}$;

像这样继续下去, 经过 m 步, 我们就可以得到 $\boldsymbol{V}_m = (\boldsymbol{v}^{(1)}, \boldsymbol{v}^{(2)}, \cdots, \boldsymbol{v}^{(m)})$. 回顾上述过程, 我们发现

$$\begin{aligned}
\boldsymbol{A}\boldsymbol{v}^{(1)} &= h_{11}\boldsymbol{v}^{(1)} + h_{21}\boldsymbol{v}^{(2)} \\
\boldsymbol{A}\boldsymbol{v}^{(2)} &= h_{12}\boldsymbol{v}^{(1)} + h_{22}\boldsymbol{v}^{(2)} + h_{32}\boldsymbol{v}^{(3)} \\
&\vdots
\end{aligned}$$

记 $\boldsymbol{V}_m = (\boldsymbol{v}^{(1)}, \boldsymbol{v}^{(2)}, \cdots, \boldsymbol{v}^{(m)})$, 上述性质可以写成

$$\boldsymbol{A}\boldsymbol{V}_m = \boldsymbol{V}_m\boldsymbol{H}_m + h_{m+1,m}\boldsymbol{v}^{(m+1)}\boldsymbol{e}_m^{\mathrm{T}}, \tag{6.55}$$

其中

$$\boldsymbol{H}_m = \begin{pmatrix} h_{11} & h_{12} & \cdots & h_{1m} \\ h_{21} & h_{22} & \cdots & h_{2m} \\ & \ddots & \ddots & \vdots \\ & & h_{m,m-1} & h_{mm} \end{pmatrix} \in \mathbb{R}^{m\times m}, \tag{6.56}$$

为一个上海森伯格矩阵.

或者

$$\boldsymbol{A}\boldsymbol{V}_m = \boldsymbol{V}_{m+1}\overline{\boldsymbol{H}}_m, \tag{6.57}$$

其中

$$\overline{\boldsymbol{H}}_m = \begin{pmatrix} h_{11} & h_{12} & \cdots & h_{1m} \\ h_{21} & h_{22} & \cdots & h_{2m} \\ & \ddots & \ddots & \vdots \\ & & h_{m,m-1} & h_{mm} \\ & & & h_{m+1,m} \end{pmatrix} \in \mathbb{R}^{(m+1)\times m}. \tag{6.58}$$

假设存在一个 $\boldsymbol{y} \in \mathbb{R}^n$ 满足 $\boldsymbol{z} = \boldsymbol{V}_m\boldsymbol{y}$, 我们可以看到

$$\begin{aligned}
\|\boldsymbol{r}^{(0)} - \boldsymbol{A}\boldsymbol{z}\|_2 &= \|\boldsymbol{r}^{(0)} - \boldsymbol{A}\boldsymbol{V}_m\boldsymbol{y}\|_2 \\
&= \|\boldsymbol{r}^{(0)} - \boldsymbol{V}_{m+1}\overline{\boldsymbol{H}}_m\boldsymbol{y}\|_2 \\
&= \|\boldsymbol{V}_{m+1}(\beta\boldsymbol{e}_1 - \overline{\boldsymbol{H}}_m\boldsymbol{y})\|_2,
\end{aligned}$$

式中, $\boldsymbol{e}_1$ 是第一个分量为 1, 其余分量为 0 的 $m+1$ 维列向量.

由于 $\boldsymbol{V}_{m+1}^{\mathrm{T}}\boldsymbol{V}_{m+1}=\boldsymbol{I}$, 所以

$$\|\boldsymbol{V}_{m+1}(\beta\boldsymbol{e}_1-\overline{\boldsymbol{H}}_m\boldsymbol{y})\|_2=\|\beta\boldsymbol{e}_1-\overline{\boldsymbol{H}}_m\boldsymbol{y}\|_2,$$

于是, 极小化 $\|\boldsymbol{r}_0-\boldsymbol{A}\boldsymbol{z}\|_2$ 就相当于极小化 $\|\beta\boldsymbol{e}_1-\overline{\boldsymbol{H}}_m\boldsymbol{y}\|_2$, 而后者通过 QR 分解很容易求解.

我们可以把广义极小残量法详细叙述如下:

算法 6.3.3 (广义极小残量法)

(1) 选定初值 $\boldsymbol{x}^{(0)}$, 设 $\boldsymbol{r}^{(0)}=\boldsymbol{b}-\boldsymbol{A}\boldsymbol{x},\beta=\|\boldsymbol{r}^{(0)}\|_2$ 和 $\boldsymbol{v}^{(1)}=\boldsymbol{r}^{(0)}/\beta$;

(2) 对 $j=1,2,\cdots$ 直到收敛, 计算步骤 (3):

(3) $\boldsymbol{w}_j=\boldsymbol{A}\boldsymbol{v}^{(j)}$;

对 $i=1,2,\cdots,j$, 计算:

$h_{ij}=(\boldsymbol{w}^{(j)},\boldsymbol{v}^{(i)})$;

$\boldsymbol{w}^{(j)}=\boldsymbol{w}^{(j)}-h_{ij}\boldsymbol{v}^{(i)}$;

$h_{j+1,j}=\|\boldsymbol{w}^{(j)}\|_2$;

如果 $h_{j+1,j}$ 足够小,

退出算法;

否则

$\boldsymbol{v}^{(j+1)}=\boldsymbol{w}^{(j)}/h_{j+1,j}$;

(4) 求解最小二乘问题 $\min_{\boldsymbol{y}\in\mathbb{R}^k}\|\beta\boldsymbol{e}_1-\overline{\boldsymbol{H}}_k\boldsymbol{y}\|_2$, 得到的解为 $\boldsymbol{y}_k$;

(5) 计算解为 $\boldsymbol{x}_k=\boldsymbol{x}^{(0)}+\boldsymbol{V}_k\boldsymbol{y}_k$.

理论上讲, 如果 $\{\boldsymbol{A}^i\boldsymbol{r}^{(0)}\}_{i=0}^{n-1}$ 线性无关, 当 $m=n$ 时, 在精确计算的条件下, GMRES 算法应当给出方程组 (6.53) 的准确解. MATLAB 程序 gmres.m 如下:

```
function [x,iter] = gmres(A,b,tol)
  bnrm = norm( b );
  x = zeros(size(b));
  [n,n] = size(A);
  V(1:n,1:n+1) = zeros(n,n+1);
  H(1:n+1,1:n) = zeros(n+1,n);
  cs(1:n) = zeros(n,1);
  sn(1:n) = zeros(n,1);
  e1     = zeros(n,1);
  e1(1) = 1.0;
  for iter = 1:500
    r = b-A*x;
    V(:,1) = r / norm( r );
    s = norm( r )*e1;
    for i = 1:n,
      w = A*V(:,i);
      for k = 1:i,
```

```
            H(k,i)= w'*V(:,k);
            w = w - H(k,i)*V(:,k);
        end
      H(i+1,i) = norm( w );
      V(:,i+1) = w / H(i+1,i);
      for k = 1:i-1,
            temp     =  cs(k)*H(k,i) + sn(k)*H(k+1,i);
            H(k+1,i) = -sn(k)*H(k,i) + cs(k)*H(k+1,i);
            H(k,i)   = temp;
      end
      cs(i)  = H(i,i)/sqrt{H(i,i)^2+ H(i+1,i)^2};
      sn(i)  = H(i+1,i)/sqrt{H(i,i)^2+ H(i+1,i)^2};
      temp   = cs(i)*s(i);
      s(i+1) = -sn(i)*s(i);
      s(i)   = temp;
      H(i,i) = cs(i)*H(i,i) + sn(i)*H(i+1,i);
      H(i+1,i) = 0.0;
      error  = abs(s(i+1)) / bnrm;
      if ( error < tol ),
        y = H(1:i,1:i) \ s(1:i);
        x = x + V(:,1:i)*y;
        break;
      end
  end
  y = H(1:m,1:m) \ s(1:m);
  x = x + V(:,1:m)*y;
```

但是, 不难看出, 当 m 很大时, 计算中需要保存所有的 $\{\boldsymbol{v}^{(i)}\}_{i=1}^{m}$. 对于大规模问题, 这对存储空间的要求比较高, 而且计算量也随之大大增加. 因此, 在实际使用中往往采用重新启动的 GMRES 算法. 采用重新启动的好处是可以节省计算量和存储空间, 但是理论上却不能保证算法的收敛性.

下面我们不加证明地给出广义极小残量法的收敛性定理.

定理 6.3.5 假设 $\boldsymbol{A}$ 是可对角化的, 即 $\boldsymbol{A}=\boldsymbol{X}\boldsymbol{\Lambda}\boldsymbol{X}^{\mathrm{T}}$, $\boldsymbol{\Lambda}=\mathrm{diag}(\lambda_1,\lambda_2,\cdots,\lambda_n)$, 且 $\boldsymbol{A}$ 的全部特征值落在不包含原点的椭圆 $E(c,a,d)$ 内部, c,a,d 分别代表椭圆的中心、焦距和长半轴. 则

$$\|\boldsymbol{r}^{(m)}\|_2\leqslant \mathrm{cond}_2(\boldsymbol{X})\frac{T_m(a/d)}{T_m(c/d)}\|\boldsymbol{r}^{(0)}\|_2 \tag{6.59}$$

式中, $T_m(\cdot)$ 是 m 阶的切比雪夫多项式.

例 6.3.2 试用广义极小残量法法求解下述线性方程组

$$\begin{pmatrix} 4 & -1.2 & 0 \\ -0.8 & 4 & -1.2 \\ 0 & -0.8 & 4 \end{pmatrix}\begin{pmatrix} x_1 \\ x_2 \\ x_3 \end{pmatrix} = \begin{pmatrix} 2.8 \\ 2 \\ 3.2 \end{pmatrix},$$

式中, 初值为 $\boldsymbol{x}^{(0)} = (0,0,0)^{\mathrm{T}}$, 使得迭代第 k 步的 $h_{k+1,k}$ 满足 $|h_{k+1,k}| < 1\times 10^{-4}$, 最大迭代步数设为 10.

解: 设初始解为 $\boldsymbol{x}^{(0)} = (0,0,0)^{\mathrm{T}}$, 计算 $\boldsymbol{r}^{(0)} = (2.8,2,3.2)^{\mathrm{T}}$, $\beta = 4.698\ 9$, $\boldsymbol{v}^{(1)} = (0.595\ 9, 0.425\ 6, 0.681\ 0)^{\mathrm{T}}$.

第一步迭代如下:

$$\begin{aligned}
\boldsymbol{w}^{(1)} &= \boldsymbol{A}\boldsymbol{v}^{(1)} = (1.872\ 8, 0.408\ 6, 2.383\ 5)^{\mathrm{T}},\\
h_{11} &= 2.913\ 0,\\
\boldsymbol{w}^{(1)} &= \boldsymbol{w}^{(1)} - h_{11}\boldsymbol{v}^{(1)} = (0.136\ 9, -0.831\ 3, 0.399\ 7)^{\mathrm{T}},\\
h_{21} &= 0.932\ 5.
\end{aligned}$$

我们发现 $h_{21} = 0.932\ 5 > 1\times 10^{-4}$. 因此进行第二步迭代, 如下:

$$\begin{aligned}
\boldsymbol{v}^{(2)} &= \boldsymbol{w}^{(1)}/h_{21} = (0.146\ 9, -0.891\ 5, 0.428\ 7)^{\mathrm{T}},\\
\boldsymbol{w}^{(2)} &= \boldsymbol{A}\boldsymbol{v}^{(2)} = (1.657\ 2, -4.197\ 7, 2.427\ 8)^{\mathrm{T}},\\
h_{12} &= 0.854\ 2,\\
\boldsymbol{w}^{(2)} &= \boldsymbol{w}^{(2)} - h_{12}\boldsymbol{v}^{(1)} = (1.148\ 2, -4.561\ 2, 1.846\ 1)^{\mathrm{T}},\\
h_{22} &= 5.026\ 1,\\
\boldsymbol{w}^{(2)} &= \boldsymbol{w}^{(2)} - h_{22}\boldsymbol{v}^{(2)} = (0.410\ 1, -0.080\ 7, -0.308\ 4)^{\mathrm{T}},\\
h_{32} &= 0.519\ 4.
\end{aligned}$$

我们发现 $h_{32} = 0.519\ 4 > 1\times 10^{-4}$. 因此进行第三步迭代, 如下:

$$\begin{aligned}
\boldsymbol{v}^{(3)} &= \boldsymbol{w}^{(2)}/h_{32} = (0.789\ 5, -0.155\ 4, -0.593\ 7)^{\mathrm{T}},\\
\boldsymbol{w}^{(3)} &= \boldsymbol{A}\boldsymbol{v}^{(3)} = (3.344\ 6, -0.540\ 9, -2.250\ 5)^{\mathrm{T}},\\
h_{13} &= 0.230\ 2,\\
\boldsymbol{w}^{(3)} &= \boldsymbol{w}^{(3)} - h_{13}\boldsymbol{v}^{(1)} = (3.207\ 5, -0.638\ 8, -2.407\ 2)^{\mathrm{T}},\\
h_{23} &= 0.008\ 6,\\
\boldsymbol{w}^{(3)} &= \boldsymbol{w}^{(3)} - h_{23}\boldsymbol{v}^{(2)} = (3.206\ 2, -0.631\ 1, -2.411\ 0)^{\mathrm{T}},\\
h_{33} &= 4.060\ 9,\\
\boldsymbol{w}^{(3)} &= \boldsymbol{w}^{(3)} - h_{33}\boldsymbol{v}^{(3)} = (0.155\ 4, 0.051\ 1, 0.217\ 6)^{\mathrm{T}}\times 10^{-13},\\
h_{43} &= 0.000\times 10^{-16}.
\end{aligned}$$

此时 $h_{43} = 0.000\times 10^{-16} < 1\times 10^{-4}$, 满足迭代收敛条件, 迭代终止. 此时, 4×3 阶海森伯格矩阵为

$$\overline{\boldsymbol{H}}_{43} = \begin{pmatrix} 2.913\ 0 & 0.854\ 2 & 0.230\ 2 \\ 0 & 5.026\ 1 & 0.008\ 6 \\ 0 & 0 & 4.060\ 9 \\ 0 & 0 & 0 \end{pmatrix}$$

求解 $\min\limits_{y\in R^3}\|\beta e^{(1)}-\overline{\boldsymbol{H}}_{43}\boldsymbol{y}\|_2$ 相当于求解一个上三角矩阵, 我们得到 $\boldsymbol{y}=(1.702\,5,-0.315\,9,0.040\,4)^{\mathrm{T}}$. 因此, 最终迭代近似解为 $\boldsymbol{x}=1.702\,5\boldsymbol{v}^{(1)}-0.315\,9\boldsymbol{v}^{(2)}+0.040\,4\boldsymbol{v}^{(3)}=(1.000\,0,1.000\,0,1.000\,0)^{\mathrm{T}}$.

§6.3.4 预处理技术

由于存在浮点运算的误差, 共轭梯度法和广义极小残量法计算得到的向量会逐渐失去正交性, 因而都不能在 n 步之内得到原方程的精确解. 况且, 遇到求解大规模的线性代数方程组, 即使能够在 n 步收敛的话, 这个收敛速度也不能令人满意. 预处理技术能有效地改善收敛性质并加快收敛速度, 因而在实际使用中应用得非常广泛.

预处理技术从广义上来说可以指对原方程组进行的任何显示的或者隐式的修正, 使得该方程组通过迭代法更容易求解.

简单地说, 花比较小的代价找到一个矩阵 $\boldsymbol{M}$, 然后用迭代法求解以下的同解线性方程组

$$\boldsymbol{M}^{-1}\boldsymbol{A}\boldsymbol{x}=\boldsymbol{M}^{-1}\boldsymbol{b}, \tag{6.60}$$

或

$$\boldsymbol{A}\boldsymbol{M}^{-1}\boldsymbol{y}=\boldsymbol{b},\quad \boldsymbol{x}=\boldsymbol{M}^{-1}\boldsymbol{y}, \tag{6.61}$$

新得到的算法分别称为左预处理或者右预处理的迭代方法.

特别地, 如果存在矩阵 $\boldsymbol{L}$ 使得 $\boldsymbol{M}=\boldsymbol{L}\boldsymbol{L}^{\mathrm{T}}$, 那么我们可以求解以下的同解线性方程组:

$$\boldsymbol{L}^{-1}\boldsymbol{A}\boldsymbol{L}^{-\mathrm{T}}\boldsymbol{y}=\boldsymbol{L}^{-1}\boldsymbol{b},\quad \boldsymbol{x}=\boldsymbol{L}^{-\mathrm{T}}\boldsymbol{y}. \tag{6.62}$$

这称为对称预处理方法, 特别在预处理共轭梯度方法时经常使用.

这里, $\boldsymbol{M}$ 称为预处理矩阵. 一个好的预处理矩阵至少能够满足如下的条件:

(1) 构造 $\boldsymbol{M}$ 的代价很小;

(2) $\boldsymbol{M}$ 跟 $\boldsymbol{A}$ 足够接近;

(3) 关于 $\boldsymbol{M}^{-1}$ 的线性方程组很容易求解.

特别地, 当系数矩阵 $\boldsymbol{A}$ 的对角元非零时, 取 $\boldsymbol{M}=\mathrm{diag}(\boldsymbol{A})$, 我们可以得到一个最常用的预处理矩阵.

这里, 我们给出左预处理共轭梯度法的具体计算过程.

算法 6.3.4 (*左预处理共轭梯度法*)

(1) 选定初值 $\boldsymbol{x}^{(0)}$, 设 $\boldsymbol{p}^{(0)}=\boldsymbol{r}^{(0)}=\boldsymbol{M}^{-1}(\boldsymbol{b}-\boldsymbol{A}\boldsymbol{x})$;

(2) 对 $k=0,1,2,\cdots$ 直到收敛, 计算:

  $\alpha_k=\|\boldsymbol{r}^{(k)}\|_2^2/(\boldsymbol{M}^{-1}\boldsymbol{A}\boldsymbol{p}^{(k)},\boldsymbol{p}^{(k)})$;

  $\boldsymbol{x}^{(k+1)}=\boldsymbol{x}^{(k)}+\alpha_k\boldsymbol{p}^{(k)}$;

  $\boldsymbol{r}^{(k+1)}=\boldsymbol{r}^{(k)}-\alpha\boldsymbol{M}^{-1}\boldsymbol{A}\boldsymbol{p}^{(k)}$;

  如果 $\|\boldsymbol{r}^{(k+1)}\|$ 足够小,

    退出算法;

  否则,

    $\beta_k=\|\boldsymbol{r}^{(k+1)}\|_2^2/\|\boldsymbol{r}^{(k)}\|_2^2$;

    $\boldsymbol{p}^{(k+1)}=\boldsymbol{r}^{(k+1)}+\beta_k\boldsymbol{p}^{(k)}$.

一般认为, 如果预处理后的系数矩阵 $\boldsymbol{M}^{-1}\boldsymbol{A}$ 的特征值更加聚集的话, 不管是用共轭梯度法还是用广义极小残量法都会得到更好的收敛效果.

评 注

本章主要讨论了解线性方程组的各种迭代解法. 迭代法是计算技术中常用的一种有效方法. 使用各种迭代格式时, 最主要的就是判断它的收敛性以及了解收敛速度. 当然, 在实际计算中, 对一种迭代格式, 不必事先判断了收敛性才敢使用, 它完全可以在计算过程中判断是否收敛, 雅可比迭代与 GS 迭代的收敛域并不互相包含, 所以不能相互代替, 但当两者皆收敛时, 一般来说 GS 迭代比雅可比迭代的收敛速度快. 实用中更多的是使用 SOR 迭代, 选择松弛因子有赖于实际经验, 对于一类具有相容次序的矩阵, 可以得到最佳的松弛因子. 共轭梯度法 (简称 CG 法) 是求解系数矩阵为对称正定的线性方程组的非常有效的方法. 近 20 年来有关的研究得到了前所未有的发展, 目前有关的方法和理论已经相当成熟, 并且已经成为求解大型系数线性方程组最受欢迎的一类方法. 当 $\boldsymbol{Ax}=\boldsymbol{b}$ 为病态方程组时, $\mathrm{cond}(\boldsymbol{A})$ 很大, 共轭梯度法收敛缓慢. 这时, 可以使用预条件共轭梯度法来计算, 往往其收敛速度大大提高.

习 题 六

1. 用迭代法求解下述线性方程组

$$\begin{cases} 20x_1+4x_2+6x_3=10 \\ 4x_1+20x_2+8x_3=-24 \\ 6x_1+8x_2+20x_3=-22 \end{cases}$$

(1) 分别写出雅可比迭代、GS 迭代、SOR 迭代 (取 $\omega=1.35$) 的迭代格式;

(2) 判别上述三个迭代格式的收敛性, 并说明理由;

(3) 用收敛的迭代格式分别计算方程组的解, 要求满足

$$\|\boldsymbol{x}^{(k+1)}-\boldsymbol{x}^{(k)}\|_\infty<\frac{1}{2}\times10^{-4}.$$

2. 分别用雅可比迭代和 GS 迭代求解下述线性方程组:

$$\begin{cases} 25x_1+2x_2+13x_3=40 \\ 4x_1+28x_2+8x_3\ =40 \\ 2x_1-13x_2+25x_3=14 \end{cases}$$

取初值 $\boldsymbol{x}^{(0)}=(0,0,0)^{\mathrm{T}}$, 精确到小数点后四位, 并在理论上判别这两个迭代格式的收敛性.

3. 对下述线性方程组:

$$\begin{cases} 2x_1+4x_2-4x_3=8 \\ 3x_1+3x_2+3x_3=7 \\ 4x_1+4x_2+2x_3=6 \end{cases}$$

分别讨论用雅可比迭代和 GS 迭代的收敛性.

4. 试证对于 n 维向量 $\boldsymbol{x}$ 有以下关系式成立:

$$\|\boldsymbol{x}\|_\infty \leqslant \|\boldsymbol{x}\|_1 \leqslant n\|\boldsymbol{x}\|_\infty$$

$$\|\boldsymbol{x}\|_\infty \leqslant \|\boldsymbol{x}\|_2 \leqslant \sqrt{n}\|\boldsymbol{x}\|_\infty$$

$$\frac{1}{\sqrt{n}}\|\boldsymbol{x}\|_1 \leqslant \|\boldsymbol{x}\|_2 \leqslant n\|\boldsymbol{x}\|_1$$

5. 证明: 对于矩阵范数, 如果 $\|\boldsymbol{A}\| < 1$, 则

$$\|(\boldsymbol{I}+\boldsymbol{A})^{-1}\| \leqslant \frac{1}{1-\|\boldsymbol{A}\|}.$$

6. 设线性方程组 $\boldsymbol{Ax}=\boldsymbol{b}$, 其中, $\boldsymbol{A}$ 为 n 阶对称正定矩阵 (设 $\boldsymbol{A}$ 的特征值满足 $0<\alpha\leqslant\lambda(\boldsymbol{A})\leqslant\beta$), 建立以下迭代格式:

$$\boldsymbol{x}^{(k+1)}=\boldsymbol{x}^{(k)}+\omega(\boldsymbol{b}-\boldsymbol{Ax}^{(k)}),\quad k=0,1,\cdots$$

证明: 当 $0<\omega<\dfrac{2}{\beta}$ 时, 上述迭代法收敛.

7. 试证当 $-0.5<\alpha<1$ 时矩阵

$$\boldsymbol{A}=\begin{pmatrix}1&\alpha&\alpha\\\alpha&1&\alpha\\\alpha&\alpha&1\end{pmatrix}$$

是正定的. 当 $-0.5<\alpha<0.5$ 时, 用雅可比迭代求解 $\boldsymbol{Ax}=\boldsymbol{b}$ 是收敛的.

8. 证明对 GS 迭代有

$$\|\boldsymbol{x}^{(k)}-\boldsymbol{x}^{(k-1)}\|_\infty \leqslant \mu^{k-1}\|\boldsymbol{x}^{(1)}-\boldsymbol{x}^{(0)}\|_\infty$$

式中, $\mu=\max_i\left(\sum\limits_{j=1}^{n}|b_{ij}|\Big/\left(1-\sum\limits_{j=1}^{i-1}|b_{ij}|\right)\right)$.

9. 试用共轭梯度法求解下述线性方程组

$$\begin{pmatrix}4&-1&0&-1&0&0\\-1&4&-1&0&-1&0\\0&-1&4&0&0&-1\\-1&0&0&4&-1&0\\0&-1&0&-1&4&-1\\0&0&-1&0&-1&4\end{pmatrix}\begin{pmatrix}\boldsymbol{x}_1\\\boldsymbol{x}_2\\\boldsymbol{x}_3\\\boldsymbol{x}_4\\\boldsymbol{x}_5\\\boldsymbol{x}_6\end{pmatrix}=\begin{pmatrix}2\\1\\2\\2\\1\\2\end{pmatrix}$$

式中, 初值为 $\boldsymbol{x}^{(0)}=(0,\ 0,\ 0,\ 0,\ 0,\ 0)^{\mathrm{T}}$, 使得最终迭代误差 $\boldsymbol{r}^{(k)}=\boldsymbol{b}-\boldsymbol{Ax}^{(k)}$ 达到 $\|\boldsymbol{r}^{(k)}\|_2/\|\boldsymbol{r}^{(0)}\|_2<1\times10^{-4}$, 最大迭代步数设为 10.

10. 试用广义极小残量法法求解线性方程组

$$\begin{pmatrix}4.2&-1&0&-1&0&0\\-1&4.2&-1&0&-1&0\\0&-1&4.2&0&0&-1\\-0.8&0&0&4.2&-1&0\\0&-0.8&0&-1&4.2&-1\\0&0&-0.8&0&-1&4.2\end{pmatrix}\begin{pmatrix}x_1\\x_2\\x_3\\x_4\\x_5\\x_6\end{pmatrix}=\begin{pmatrix}6.4\\0.2\\2.2\\1.6\\1.4\\2.4\end{pmatrix}$$

式中, 初值为 $\boldsymbol{x}^{(0)}=(0,0,0,0,0,0)^{\mathrm{T}}$, 使得最终迭代误差 $\boldsymbol{r}^{(k)}=\boldsymbol{b}-\boldsymbol{A}\boldsymbol{x}^{(k)}$ 达到 $\|\boldsymbol{r}^{(k)}\|_2/\|\boldsymbol{r}^{(0)}\|_2<1\times10^{-4}$, 最大迭代步数设为 10.

数值实验六

1. 试用 SOR 迭代计算线性方程组

$$\begin{cases} -55x_1-5x_2+12x_3=41 \\ 21x_1+36x_2-13x_3=52 \\ 24x_1+7x_2+47x_3=12 \end{cases}$$

取 $\boldsymbol{x}^{(0)}=(0,0,0)^{\mathrm{T}}$, 松弛因子分别选取为 $\omega=0.1t, 1\leqslant t\leqslant 19$, 要求达到精度 $\|\boldsymbol{x}^{(k+1)}-\boldsymbol{x}^{(k)}\|\leqslant 10^{-4}$. 试通过数值计算得出不同的松弛因子所需要的迭代次数和收敛最快的松弛因子, 并指出哪些松弛因子使得迭代发散.

2. 写一个 Jacobi 迭代程序, 输入维数 n, 求解 $\boldsymbol{A}\boldsymbol{x}=\boldsymbol{b}$, 其中

$$\boldsymbol{A}=\begin{pmatrix} n+1 & 1 & 1 & \cdots & 1 \\ 1 & n+2 & 1 & \cdots & 1 \\ 1 & 1 & n+3 & \cdots & 1 \\ \vdots & \vdots & \vdots & \ddots & \vdots \\ 1 & 1 & 1 & \cdots & 2n \end{pmatrix}, \quad \boldsymbol{b}=\begin{pmatrix} 1 \\ 2 \\ 3 \\ \vdots \\ n \end{pmatrix}$$

第 7 章　非线性方程求根

类似于线性代数方程组 $\boldsymbol{A}\boldsymbol{x}=\boldsymbol{b}$ 求解的问题, 非线性方程求解的问题也可以提为 $\boldsymbol{F}(\boldsymbol{x})=\boldsymbol{y}$, 其中 $\boldsymbol{F}:\ \mathbb{R}^n\rightarrow\mathbb{R}^m$ 是一个非线性函数, $\boldsymbol{y}\in\mathbb{R}^m$ 是一个给定的向量, $\boldsymbol{x}\in\mathbb{R}^n$ 是一未知向量. 这一问题也可以描述如下: 在映射 $\boldsymbol{F}$ 下, $\boldsymbol{y}$ 的原像 $\boldsymbol{x}$ 是什么? 一般地, 我们可以令 $\boldsymbol{G}(\boldsymbol{x})=\boldsymbol{F}(\boldsymbol{x})-\boldsymbol{y}$, 原问题也就等价于求解 $\boldsymbol{G}(\boldsymbol{x})=0$, 后者也可以认为是非线性求根问题的一般形式. 特别地, 对于单变量方程 $f(x)=0$ 的根, 称为函数 f 的零点, 函数的零点可以是实零点, 也可以是复零点. 若函数 f 有零点 x^*, 并且 $f(x)=(x-x^*)^m g(x)$, 其中 $g(x^*)\neq 0$, m 是正整数, 则称 x^* 是函数 f 的 m 重零点.

本章我们将介绍非线性方程求根的基本理论和基本迭代方法, 这些方法一般只能求出非线性方程诸多根中的一个根。其中的牛顿迭代法, 尤其是牛顿下山法是一个实用快速的算法.

§7.1　非线性方程求根的基本问题

非线性方程求根问题可能有解, 也可能无解, 不论是求实根还是求复根. 对于多项式函数, 我们有以下熟知的代数基本定理:

定理 7.1.1　*考虑 n 次多项式函数 $f(x)=a_nx^n+\cdots+a_1x+a_0$, 其中 $a_n\neq 0$. 在复数域中 $f(x)=0$ 恰有 n 个根, 重根按其重数计算.*

讨论其他非线性函数的零点的个数, 甚至零点的存在性, 都是一个复杂的问题, 但在某些情况下我们可以保证零点的存在, 例如中值定理.

定理 7.1.2　*若连续函数 $f:\mathbb{R}\rightarrow\mathbb{R}$ 在某两个点 a,b 上满足 $f(a)>0$ 和 $f(b)<0$, 则在区间 $[a,b]$(或 $[b,a]$) 上至少存在函数 f 的一个零点.*

下面的例子表明, 就算非线性函数的形式是固定的, 讨论它的零点个数的问题也会因为其中参数值的变化而变得异常复杂.

例 7.1.1　*考察非线性方程 $f(x)=\dfrac{x\sin x}{x^2+1}=\alpha$ 的根的个数, 其中 α 是某个给定常数.*

函数 f 的图像如图 7-1 所示. 易知给定的非线性方程的根的个数与 α 的值有着非常复杂的关系.

通常情况下非线性方程只能求近似根. 求近似根经常采用下面的步骤: 首先确定非线性方程的有根区间, 即包含根的区间, 或者给出根的一个粗略的近似值; 其次, 根据精度要求把区间缩小到一定程度, 或者利用这个粗略的近似值把足够精度的根计算出来. 如果需要的精度很高, 则不同的方法, 其计算过程快慢可能相差非常大. 概括起来, 非线性方程求根需要考虑以下的三个问题.

(1) 根的存在性问题, 即能不能在理论上确定有没有根 (或实根), 有几个根.

(2) 有根区间的确定, 或者是给出一个粗略的近似值; 可以采用作图、分析函数性态, 或者大范围算法.

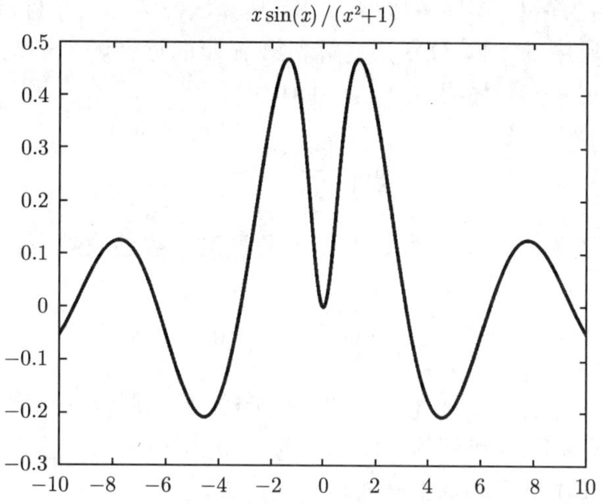

图 7-1 函数 $f(x)=\dfrac{x\sin x}{x^2+1}$ 的图像

(3) 求出足够精度的近似根, 通过某些条件判别根的精度.

非线性方程求根的精度可能是很不相同的, 例如下面的例子.

例 7.1.2 *求解方程 $f(x)=\mathrm{e}^x-\alpha=0$, α 是一给定参数.*

对于不同的 α 值, 想要达到相同的近似根的精度, 困难程度是不一样的. 例如图 7-2, 对应 $\alpha=2$ 和 $\alpha=0.1$.

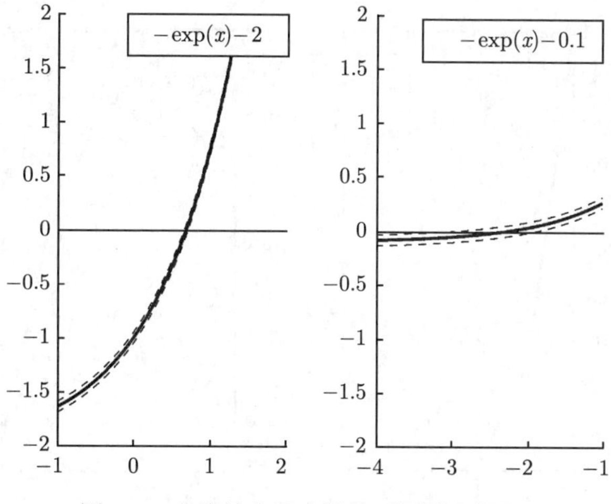

图 7-2 非线性方程求根的不同困难程度

在实际计算中, e^x 的计算会有误差, 所以 $f(x)$ 的值可能在图示的虚线带内变化, 其近似根则在虚线带与实轴相交的区间内变化. 容易推出, 该区间的长度应正比于 $u/|f'(x^*)|$, 其中 u 为机器精度, 这个量可以用来衡量求根的难易程度.

当 $f'(x^*)$ 数值很小时, 称方程的根 x^* 是坏条件的. 对于坏条件的根, 仅依靠 $|f(x)|\leqslant\varepsilon$ 来判定根的精度是不够的, 一般还应加上条件 $|x-x^*|\leqslant\varepsilon$. 在重根处, 总有 $f'(x^*)=0$, 因此重根总是坏条件的.

若设定求根的精度 $\varepsilon=0$, 即在理论上探讨近似算法能否收敛到精确根, 一般情况下我们就得到了一个无限的序列. 该序列收敛的快慢是算法好坏的一个标准. 记 $e_k = x_k - x^*$ 为第 k 步迭代的误差, 其中 x^*, x_k 分别为真解和第 k 步的近似解. 一个迭代序列称为 r 阶收敛的, 或者收敛阶为 r, $r \geqslant 0$, 如果 $e_k \to 0$, 并且

$$\lim_{k\to\infty} \frac{|e_{k+1}|}{|e_k|^r} = C, \tag{7.1}$$

式中, C 是大于零的常数. 当 $r = 1, 2, 3$ 时, 分别称序列是线性收敛、平方收敛和立方收敛的; 如果 $2 > r > 1$, 或者

$$\lim_{k\to\infty} \frac{|e_{k+1}|}{|e_k|} = 0, \tag{7.2}$$

称序列是超线性收敛的. 一个 r 阶 $(r > 1)$ 收敛序列, 其近似解的有效位数基本按照 r 倍的速度扩大. 能够产生 r 阶收敛序列的方法也称为 r 阶算法.

例 7.1.3　*考察如下几个序列的收敛速度:*

$$2^{1-k}, \quad 0.9^{k-1}, \quad 2^{1-F_{k+1}}, \quad 2^{2-2^k}, \tag{7.3}$$

其中, F_k 是 Fibonacci 序列, 即满足递推关系 $F_{k+2} = F_{k+1} + F_k$, $F_1 = F_2 = 1$ 的序列.

可以证明四个序列都收敛到 0, 且前两个是线性收敛的, 后两个分别是超线性收敛和平方收敛的, 如图 7-3 所示. 事实上, 利用通项公式 $F_n = \frac{1}{\sqrt{5}}\left(\left(\frac{1+\sqrt{5}}{2}\right)^n - \left(\frac{1-\sqrt{5}}{2}\right)^n\right)$ 可以证明, 第三个序列的收敛阶为 $r = \frac{1+\sqrt{5}}{2} \approx 1.618$.

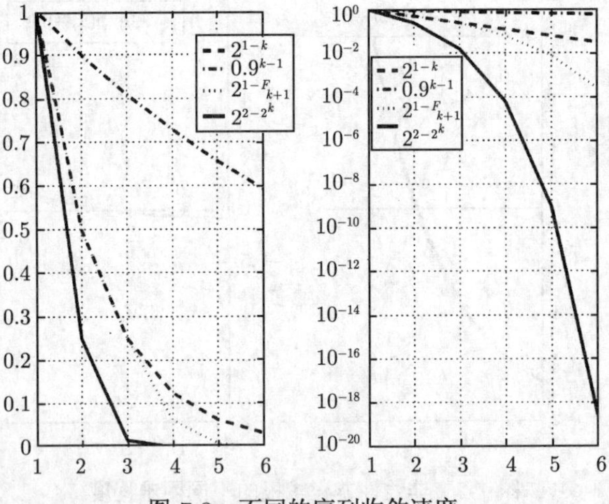

图 7-3　不同的序列收敛速度

由于在求解方程之前, 精确的根并不清楚, 一个合理的收敛估计可以设定为 $|x_{k+1} - x_k|/|x_k|^r$. 若有某个 r, 使得该项变化不大, 可以认为它就是算法的收敛速度. 在计算过程中, 若 $|x_{k+1} - x_k|/|x_k|$ 非常小, 迭代没有显著变化, 继续迭代变得没有必要, 因此可以用它来控制迭代的继续与否. 若对求解的方程的非线性性态并不十分了解, 可以同时加上条件 $|f(x_k)|$ 足够小作为收敛条件.

§7.2 二 分 法

设有单变量连续函数 $f(x)$, 若存在某一连续区间 $[a,b]$ 使得 $f(a)f(b)<0$, 即函数值异号, 则 f 在区间 $[a,b]$ 中至少存在一个零点.

二分法的基本思想就是每次把区间二等分, 给出两个等分区间中有根的那个区间, 达到把区间缩小的目的. 二分法的具体做法如下.

记 $a_1=a$, $b_1=b$. 令 $x_1=(a_1+b_1)/2$, 考虑下面各种情形. 若 $f(x_1)=0$, 则 x_1 是函数 f 的零点; 不然, $f(x_1)$ 必定与函数值 $f(a)$ 和 $f(b)$ 中的一个异号, 这样就给出一个新的有根区间, $[x_1,b_1]$ 或者 $[a_1,x_1]$, 不管哪一种情形, 我们都把它记为 $[a_2,b_2]$. 反复施行这个做法, 我们可以得到一个区间套

$$[a_1,b_1]\supset[a_2,b_2]\supset\cdots\supset[a_k,b_k]\supset\cdots. \tag{7.4}$$

该区间套中每一个区间长度都只有它的前一个的一半. 由操作的方式决定, 如果该过程无限, 则每个区间有以下的几个性质:

(1) $f(a_k)f(b_k)<0$, 至少存在一个 x^*, 对于所有 k, $x^*\in[a_k,b_k]$;

(2) $b_k-a_k=(b-a)/2^{k-1}$;

(3) $x_k=(a_k+b_k)/2$, 并且 $|x_k-x^*|\leqslant(b-a)/2^k$.

由最后一个性质, 二分法是线性收敛的. 如果指定精度 ε, 则最多需要迭代步数为

$$k=\left\lceil\log_2\frac{b-a}{\varepsilon}\right\rceil, \tag{7.5}$$

式中, 记号 $\lceil x\rceil$ 代表 x 往上取整.

算法 7.2.1 (二分法)

(1) 给定初始区间 $[a,b]$, 满足 $f(a)f(b)<0$, 以及计算精度 ε;

(2) 令 $c=a/2+b/2$;

(3) 若 $b-a\leqslant\varepsilon$ 或者 $|f(c)|\leqslant\varepsilon$, 停止算法;

(4) 若 $\mathrm{sign}(f(a))=\mathrm{sign}(f(c))$, 令 $a=c$, 否则 $b=c$; 转步骤 (2).

这里不写 $c=(a+b)/2$ 或者 $f(a)f(c)>0$, 而是用算法中的式子, 这里考虑了在计算中尽可能避免溢出的情形, 即 a,b 都很大, 或者 $f(a)$, $f(c)$ 都很大的情形.

例 7.2.1 用二分法求解非线性方程 $f(x)=x^3-x-1=0$.

易知, 函数 $f(x)$ 满足 $f(1)=-1<0$, $f(2)=5>0$, 所以 f 在区间 $[1,2]$ 内有一根. 用二分法迭代, 结果见表 7-1. 因此, 方程的近似根为 $x^*=\dfrac{1.324\ 22+1.325\ 20}{2}=1.324\ 7$.

表 7-1 二分法计算结果

a	$f(a)$	b	$f(b)$
1.000 00	−1.000 00	2.000 00	5.000 00
1.000 00	−1.000 00	1.500 00	0.875 00
1.250 00	−0.296 88	1.500 00	0.875 00
1.250 00	−0.296 88	1.375 00	0.224 61
1.312 50	−0.051 51	1.375 00	0.224 61
1.312 50	−0.051 51	1.343 75	0.082 61
1.312 50	−0.051 51	1.328 13	0.014 58

续表

a	$f(a)$	b	$f(b)$
1.320 31	−0.018 71	1.328 13	0.014 58
1.324 22	−0.002 13	1.328 13	0.014 58
1.324 22	−0.002 13	1.326 17	0.006 21
1.324 22	−0.002 13	1.325 20	0.002 04

二分法对函数的要求低, 仅需要函数的连续性, 编程简单. 但是一方面, 二分法只用到了函数值的符号, 而非函数值的大小, 因此收敛速度并不快; 另一方面, 二分法不能求复根, 一般不能求偶数重根, 也不能直接应用到多变量的情形.

§7.3 不动点迭代方法

线性方程组 $\boldsymbol{Ax} = \boldsymbol{b}$ 可以写成某个等价的 $\boldsymbol{x} = \boldsymbol{Bx} + \boldsymbol{g}$, 从而产生对应的迭代方法 $\boldsymbol{x}^{(k+1)} = \boldsymbol{Bx}^{(k)} + \boldsymbol{g}$, 或者是雅可比方法、高斯–赛德尔方法, 或者其他的方法. 类似于线性的情形, 一个非线性方程 $f(x) = 0$ 也可以写成等价的方程 $x = \varphi(x)$, 从而产生迭代算法 $x_{k+1} = \varphi(x_k)$. 不同的是, 这种产生函数 φ 的方式可以有很多种, 甚至可以说是无穷无尽的. 若把函数 φ 看成是一个映射, 求解 x^* 满足 $f(x^*) = 0$ 相当于求解 $x^* = \varphi(x^*)$, 即求在映射 φ 下不动的点. 因此, 方程 $x = \varphi(x)$ 称为不动点方程, x^* 称为函数 φ 的不动点, 该问题也称为不动点问题.

例 7.3.1 非线性方程 $f(x) = x^3 - x - 1 = 0$ 可以有以下四个不同的改造方式, 从而得到不同的迭代方法.

(1) $x = x^3 - 1$, 对应迭代方法 $x_{k+1} = \varphi_1(x_k) = x_k^3 - 1$;

(2) $x = \sqrt[3]{x+1}$, 对应迭代方法 $x_{k+1} = \varphi_2(x_k) = \sqrt[3]{x_k+1}$;

(3) $x = \dfrac{1}{x^2-1}$, 对应迭代方法 $x_{k+1} = \varphi_3(x_k) = \dfrac{1}{x_k^2-1}$;

(4) $x = x - \dfrac{x^3-x-1}{3x^2-1}$, 对应迭代方法 $x_{k+1} = \varphi_4(x_k) = x_k - \dfrac{x_k^3-x_k-1}{3x_k^2-1}$.

同前面的例子, 函数 $f(x)$ 满足 $f(1) = -1 < 0$, $f(2) = 5 > 0$, 所以 f 在区间 $[1,2]$ 内有一根. 取 $x_0 = 1.5$, 用上述的四个迭代方法计算的结果见表 7-2. 可以看到, 不动点函数 φ_1 对应的迭代发散到 $+\infty$; φ_2 对应的迭代是收敛的, 但是速度不是很快, 迭代 6 步才有 5 个有效数字; φ_3 对应的迭代不收敛, 实际上再计算下去, 到第 12 步就会碰到除零的情况; φ_4 对应的迭代收敛最快, 到第 6 步显示的数字已全为有效数字.

表 7-2 $x^3 - x - 1 = 0$ 的四个不同的迭代方法

	$x_{k+1} = \varphi_1(x_k)$	$x_{k+1} = \varphi_2(x_k)$	$x_{k+1} = \varphi_3(x_k)$	$x_{k+1} = \varphi_4(x_k)$
x_0	1.500	1.500 000	1.500 000	1.500 000 000 000 00
x_1	2.375	1.357 209	0.800 000	1.347 826 086 956 52
x_2	12.396	1.330 861	−2.777 778	1.325 200 398 950 91
x_3	1 904.003	1.325 884	0.148 897	1.324 718 173 999 05
x_4		1.324 939	−1.022 673	1.324 717 957 244 79
x_5		1.324 760	21.805 462	1.324 717 957 244 75
x_6		1.324 726	0.002 108	1.324 717 957 244 75

下面讨论不动点函数 φ 具有什么性质时, 可以使得不动点迭代收敛.

定理 7.3.1 设一元函数 $\varphi(x)$ 在包含区间 $[a,b]$ 的开区间上一阶连续可导, 且

(1) $a \leqslant \varphi(x) \leqslant b$ 对一切 $x \in [a,b]$ 成立;

(2) 存在常数 $L, 0 \leqslant L < 1$, 使得 $|\varphi'(x)| \leqslant L$ 对一切 $x \in [a,b]$ 成立.

则成立以下结论:

(a) 对任何 $x_0 \in [a,b]$, 由 $x_{k+1} = \varphi(x_k)$ 产生的迭代序列 $\{x_k\}$ 必定收敛于函数 $\varphi(x)$ 在区间 $[a,b]$ 上的唯一不动点, 即 $x^* = \varphi(x^*)$;

(b) 序列 $\{x_k\}$ 的收敛速度有估计

$$|x_k - x^*| \leqslant \frac{1}{1-L}|x_{k+1} - x_k| \quad 和 \quad |x_k - x^*| \leqslant \frac{L^k}{1-L}|x_1 - x_0|. \tag{7.6}$$

证: (a) 本定理的条件保证了 φ 不动点的存在性和唯一性. 事实上, 若令 $g(x) = x - \varphi(x)$, 则函数 g 在区间 $[a,b]$ 上连续, 且有 $g(a) \leqslant 0$, $g(b) \geqslant 0$. 因此, 要么 a, b 中有一个是 g 的零点, 要么存在 $x^* \in (a,b)$, 使得 $g(x^*) = 0$. 函数 g 的零点实际上就是 φ 的不动点.

下面证明不动点的唯一性. 若还有 $\bar{x}^*$ 满足 $\bar{x}^* = \varphi(\bar{x}^*)$, 则

$$|x^* - \bar{x}^*| = |\varphi(x^*) - \varphi(\bar{x}^*)| = |\varphi'(\xi)||x^* - \bar{x}^*| \leqslant L|x^* - \bar{x}^*|, \tag{7.7}$$

式中, ξ 位于 x^* 和 $\bar{x}^*$ 之间. 但我们有 $L < 1$, 上式仅当 $x^* = \bar{x}^*$ 时成立.

由条件, 若 $x_0 \in [a,b]$, 则有 $x_1 \in [a,b]$, 依此类推则有, 对于任意 k, $x_k \in [a,b]$. 因为

$$|x_k - x^*| = |\varphi(x_{k-1}) - \varphi(x^*)| = |\varphi'(\xi_{k-1})(x_{k-1} - x^*)| \leqslant L|x_{k-1} - x^*|, \tag{7.8}$$

其中, ξ_{k-1} 位于 x_{k-1} 与 x^* 之间. 递推下去就有

$$|x_k - x^*| \leqslant L|x_{k-1} - x^*| \leqslant \cdots \leqslant L^k|x_0 - x^*| \to 0. \tag{7.9}$$

因此, $x_k \to x^*$.

(b) 由上面的推导, 我们有 $|x_{k+1} - x^*| \leqslant L|x_k - x^*|$. 因此,

$$|x_{k+1} - x_k| \geqslant |x_k - x^*| - |x_{k+1} - x^*| \geqslant (1-L)|x_k - x^*|. \tag{7.10}$$

同样, 由中值定理,

$$|x_{k+1} - x_k| \leqslant L|x_k - x_{k-1}| \leqslant \cdots \leqslant L^k|x_1 - x_0|, \tag{7.11}$$

所以,

$$|x_k - x^*| \leqslant \frac{1}{1-L}|x_{k+1} - x_k| \leqslant \frac{L^k}{1-L}|x_1 - x_0|. \tag{7.12}$$

由收敛速度的估计可知, 当 L 较小时, 收敛较快, 反之, 当 L 很靠近 1 时收敛很慢. 若 $L \geqslant 1$, 则迭代不收敛. 从收敛的估计式, 我们可以得到算法需要达到某个指定精度所需的最大迭代步数, 当然实际所需的迭代步数可能比理论估计出来的少些. 该定理的运用有时是比较困难的, 我们需要给定区间 $[a,b]$, 并估计给定的不动点函数在整个区间上的导数的最大值 $\max\limits_{x\in[a,b]}|\varphi'(x)|$. 倘若我们有 $|\varphi'(x^*)| < 1$, 其中 x^* 是不动点, 则存在 x^* 的某个邻域 $N(x^*) = [x^* - \delta, x^* + \delta]$, 使得对于任意 $x \in N(x^*)$, 有 $|\varphi'(x)| \leqslant L < 1$. 这样, 取 $x_0 \in N(x^*)$,

不动点迭代即可收敛. 由于 δ 预先并不清楚, 因此无法说明 x_0 是否足够好, 能够在区间 $N(x^*)$ 内, 这种在解的某个小邻域内收敛的性质称为**局部收敛性**, 若没有这种要求, 或者可以清楚地给出邻域的表达, 则称为**全局收敛性**.

例 7.3.1 的几个函数的图像如图 7-4 所示, 其局部的函数图像说明了定理的结论. 图中阴影区域的边界直线方程为 $y = x$ 和 $x + y = 2x^*$, 即通过点 (x^*, x^*) 且斜率为 ± 1 的两条直线.

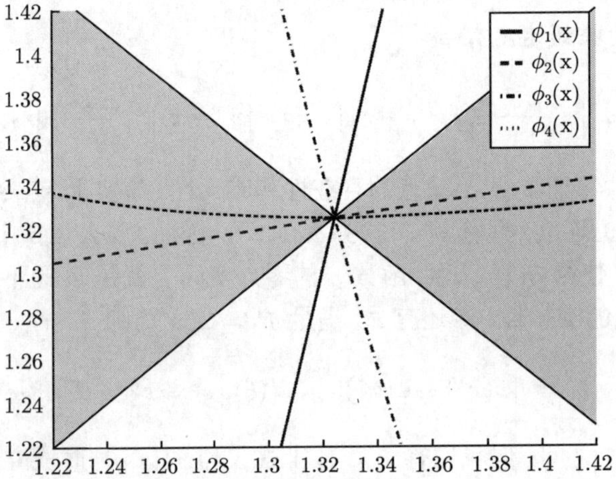

图 7-4　不动点迭代的局部收敛性

例 7.3.2　求解方程 $x\ln x = 1$ 的根.

方程 $x\ln x = 1$ 等价于下面的几个不动点方程

$$x = \frac{1}{\ln x}, \quad x = \exp\left(\frac{1}{x}\right), \quad x = x - \frac{1}{3}(x\ln x - 1), \quad x = \frac{x+1}{\ln x + 1}. \tag{7.13}$$

其中最后一个方程是在原方程两边加上 x, 对左边分解因式后得到的.

首先, $1.5\ln 1.5 - 1 = -0.391\,8 < 0$, $2\ln 2 - 1 = \ln 4 - 1 > 0$, 因此原方程在区间 $[1.5, 2]$ 中有一根. 记四个迭代函数分别为 $\phi_1, \phi_2, \phi_3, \phi_4$. 由上面的判别方法, 我们有

$$\phi_1'(x) = -\frac{1}{x\ln^2 x}, \quad \phi_2'(x) = -\frac{1}{x^2}\exp\left(\frac{1}{x}\right), \quad \phi_3'(x) = \frac{2}{3} - \frac{1}{3}\ln x, \tag{7.14}$$

$$\phi_4'(x) = \frac{x\ln x - 1}{x\,(\ln x + 1)^2}. \tag{7.15}$$

因此, 对于所有 $x \in [1.5, 2]$ 有

$$\max_{x\in[1.5,2]} |\phi_1'(x)| = |\phi_1'(1.5)| \approx 4.055, \quad \max_{x\in[1.5,2]} |\phi_2'(x)| = |\phi_2'(1.5)| \approx 0.866,$$

$$\max_{x\in[1.5,2]} |\phi_3'(x)| = |\phi_3'(1.5)| \approx 0.532, \quad \max_{x\in[1.5,2]} |\phi_4'(x)| = |\phi_4'(1.5)| \approx 0.132.$$

采用第 4 个迭代函数, 取初值 $x_0 = 1.75$ 计算, 则在第 4 步就达到机器精度了, 计算结果列在表 7-3 中. 对其他 3 个函数的迭代过程也一并列在表 7-3 中. 计算的结果说明了先前的估计是有效的, 可以用来预测迭代的进程.

表 7-3 方程 $x\ln x = 1$ 的不同迭代法

	$x_{k+1} = \varphi_1(x_k)$	$x_{k+1} = \varphi_2(x_k)$	$x_{k+1} = \varphi_3(x_k)$	$x_{k+1} = \varphi_4(x_k)$
x_0	1.750	1.750 000 000 000 00	1.750 000 000 000 00	1.750 000 000 000 00
x_1	1.787	1.770 794 952 435 15	1.756 890 790 371 00	1.763 254 784 462 25
x_2	1.723	1.758 951 903 005 44	1.760 194 735 991 50	1.763 222 834 536 61
x_3	1.839	1.765 652 618 481 77	1.761 775 690 112 28	1.763 222 834 351 90
x_4	1.642	1.761 847 231 831 66	1.762 531 452 898 81	1.763 222 834 351 90
⋮	⋮	⋮	⋮	
x_9	−27.462			
⋮		⋮	⋮	
x_{41}			1.763 222 834 351 90	
⋮		⋮		
x_{51}		1.763 222 834 351 90		

§7.4 迭代加速

假设有不动点迭代 $x_{k+1} = \varphi(x_k)$, 且设不动点为 x^*. 在前面不动点迭代的收敛分析中, 我们有

$$x_{k+1} - x^* = \varphi(x_k) - \varphi(x^*) = \varphi'(\xi_k)(x_k - x^*), \tag{7.16}$$

式中, ξ_k 是位于 x_k 和 x^* 之间的某个点. 倘若 $\varphi'(x)$ 变化不大, 能够得到估计 $\varphi'(\xi_k) \approx L$, 那么从式 (7.16) 可以解出

$$x^* \approx \frac{x_{k+1} - Lx_k}{1 - L}. \tag{7.17}$$

式 (7.17) 可以从两方面来解释. 一方面, 它可以理解为利用两步迭代以及一些收敛分析, 可以得到这两步迭代近似值的某种平均, 它将是更好的近似; 另一方面, 该式可以看成是一个新的迭代方法, 对应的新不动点函数为

$$\bar{\varphi}(x) = \frac{\varphi(x) - Lx}{1 - L}. \tag{7.18}$$

在上述假定下, $\bar{\varphi}'(x)$ 几乎为零, 因此迭代收敛速度非常快. 当然, 这有赖于原来不动点函数 $\varphi(x)$ 导数估计的准确性.

例 7.4.1 加速例 7.3.2 中的函数 $\phi_3(x)$ 的迭代.

和例 7.3.2 的计算过程类似, 我们有 $0.53 \approx \phi_3'(1.5) \geqslant \phi_3'(x) \geqslant \phi_3'(2) \approx 0.44$. 因此, 导数变化不大. 令 $L = \dfrac{0.53 + 0.44}{2} = 0.485$, 加速迭代方法为

$$x = \frac{\phi_3(x) - Lx}{1 - L} = \frac{x - \dfrac{1}{3}(x\ln x - 1) - Lx}{1 - L} = x - \frac{x\ln x - 1}{3(1 - L)} = x - 0.647\,2(x\ln x - 1). \tag{7.19}$$

同样, 令 $x_0 = 1.75$, 可以得到如表 7-4 所示的计算结果. 原来需要 41 迭代步, 经过加速后仅需 8 步.

表 7-4 加速方法计算效果

	加速方法
x_0	1.750 000 000 000 00
x_1	1.763 379 158 584 34
x_2	1.763 220 601 443 68
x_3	1.763 222 866 181 40
x_4	1.763 222 833 898 16
x_5	1.763 222 834 358 36
x_6	1.763 222 834 351 80
x_7	1.763 222 834 351 90
x_8	1.763 222 834 351 90

下面介绍的艾特肯 (Aitken) 加速方法可以在不估计导数的情形下达到加速的效果, 所需的假设仍是 $\varphi'(x)$ 变化不大.

根据前面的方法, 我们有

$$\begin{aligned} x_{k+1}-x^*&=\varphi(x_k)-\varphi(x^*)=\varphi'(\xi_k)(x_k-x^*),\\ x_k-x^*&=\varphi(x_{k-1})-\varphi(x^*)=\varphi'(\xi_{k-1})(x_k-x^*), \end{aligned} \tag{7.20}$$

式中, ξ_k 位于 x_k 与 x^* 之间, ξ_{k-1} 位于 x_{k-1} 与 x^* 之间. 假若 $\varphi'(x)$ 变化不大, 可以认为 $\varphi'(\xi_k)\approx\varphi'(\xi_{k-1})$, 那么就有

$$\frac{x_{k+1}-x^*}{x_k-x^*}\approx\frac{x_k-x^*}{x_{k-1}-x^*}. \tag{7.21}$$

从式 (7.21) 可以解得

$$x^*\approx x_{k+1}-\frac{(x_{k+1}-x_k)^2}{x_{k+1}-2x_k+x_{k-1}}=x_{k-1}-\frac{(x_k-x_{k-1})^2}{x_{k-1}-2x_k+x_{k+1}}. \tag{7.22}$$

假如原来有一个迭代序列 $\{x_k\}$, 则该序列任意相邻的三项 x_{k-1},x_k,x_{k+1} 都可以依照上述公式得到一个值, 记为 $\bar{x}_{k+1}$. 一般地, 序列 $\{\bar{x}_k\}$ 的收敛速度要比原序列 $\{x_k\}$ 快得多, 特别是原来的序列只有线性收敛时.

艾特肯加速方法虽然避开了导数 $\varphi'(x)$ 的估计, 但是它也有一定的缺陷. 当迭代序列靠近解时, x_{k-1},x_k,x_{k+1} 都是靠近 x^* 的数, 式 (7.22) 中就出现了分子分母都很靠近 0 的情况. 一般在这里, 我们可以采用双精度的计算方式.

艾特肯加速也可以采用下面的方式来进行

$$\begin{cases} y_k=\varphi(x_k), \quad z_k=\varphi(y_k),\\ x_{k+1}=x_k-\dfrac{(y_k-x_k)^2}{z_k-2y_k+x_k}, \quad k=1,2,3,\cdots. \end{cases} \tag{7.23}$$

关于艾特肯加速方法, 我们有以下的定理, 证明略.

定理 7.4.1 设不动点迭代 $x_{k+1}=\varphi(x_k)$ 的迭代函数 $\varphi(x)$ 在其不动点 x^* 的某个邻域内具有二阶连续导数, 且 $\varphi'(x^*)=L$, $L\neq 0,1$, 则相应的艾特肯迭代加速是二阶收敛的, 迭代序列的极限仍为 x^*.

例 7.4.2 对例 7.3.2 中的迭代函数 $\phi_2(x)$ 做艾特肯加速.

已知 $\phi_2(x) = \exp\left(\frac{1}{x}\right)$, 因此它的艾特肯加速为

$$x_{k+1} = x_k - \frac{(\phi_2(x_k) - x_k)^2}{\phi_2(\phi_2(x_k)) - 2\phi_2(x_k) - x_k}. \tag{7.24}$$

取初值 $x_0 = 1.75$, 可以得到如表 7-5 所示的计算结果. 原来需要 51 迭代步, 经过加速后仅需 3 步, 但第 4 步就出现了除零的情形. 由于每一步需要计算 $\phi_2(x_k)$ 和 $\phi_2(\phi_2(x_k))$, 艾特肯加速方法每一步的计算量约为原迭代每一步计算量的两倍.

表 7-5 艾特肯加速效果

	艾特肯加速
x_0	1.750 000 000 000 00
x_1	1.763 249 280 656 66
x_2	1.763 222 834 456 39
x_3	1.763 222 834 351 90
x_4	NaN

§7.5 牛 顿 法

牛顿法是求解非线性方程的一个重要方法, 有时也称为牛顿–拉弗森 (Newton-Raphson) 方法, 可以由多种途径导出.

假设需要求解非线性方程 $f(x) = 0$, 其中 f 是一个二阶连续可微函数. 若已有方程的某一个近似根 x_k, 函数 f 在近似根 x_k 处的泰勒展开为

$$f(x) = f(x_k) + f'(x_k)(x - x_k) + \frac{f''(\xi_k)}{2}(x - x_k)^2, \tag{7.25}$$

式中, ξ_k 是位于 x_k 与 x 之间的某个数. 取泰勒展开的前两项, 称函数 h 是函数 f 的线性化

$$f(x) \approx f(x_k) + f'(x_k)(x - x_k) = h(x). \tag{7.26}$$

当 $f'(x_k) \neq 0$, 求解 $h(x) = 0$, 把它的根作为 f 更好的近似根, 则有

$$x_{k+1} = x_k - \frac{f(x_k)}{f'(x_k)}. \tag{7.27}$$

这实际上就是迭代函数为 $\varphi(x) = x - \dfrac{f(x)}{f'(x)}$ 的不动点迭代方法. 例 7.3.1 和例 7.3.2 中的最后一个迭代方法都是牛顿法.

牛顿法的几何意义如图 7-5 所示. 求解非线性方程 $f(x) = 0$ 等同于求曲线 $y = f(x)$ 和 x 坐标轴的交点. 如果有近似解 x_k, 在曲线上就存在一点 $(x_k, f(x_k))$, 曲线在该点的切线方程为 $y - f(x_k) = f'(x_k)(x - x_k)$. 该切线和 x 坐标轴的交点就是 $(x_{k+1}, 0)$. 因此, 牛顿法也称为切线法.

牛顿法也可以看成一种特殊的加速方法. 方程 $f(x) = 0$ 等价于 $x = x + f(x) = \phi(x)$, 而这是一种不动点迭代的形式. 若令 $L = \phi'(x_k) = 1 + f'(x_k)$, 则加速方法为

$$x_{k+1} = \frac{\phi(x_k) - Lx_k}{1 - L} = \frac{x_k + f(x_k) - (1 + f'(x_k))x_k}{-f'(x_k)} = x_k - \frac{f(x_k)}{f'(x_k)}, \tag{7.28}$$

此即牛顿迭代方法.

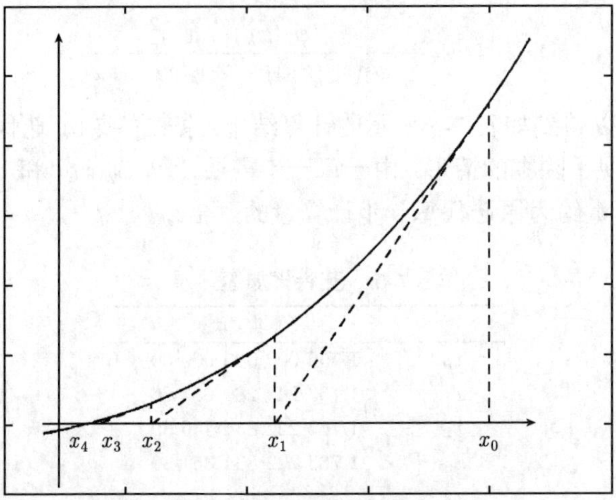

图 7-5　牛顿法的几何意义

关于牛顿法的局部收敛性, 我们有以下的定理.

定理 7.5.1　设 x^* 是方程 $f(x)=0$ 的根, f 在某个包含 x^* 为内点的区间内足够光滑, 且 $f'(x)\neq 0$. 那么存在 x^* 的一个邻域 $N(x^*)=[x^*-\delta, x^*+\delta]$, 使得对于任意 $x_0\in N(x^*)$, 牛顿法产生的迭代序列以不低于二阶的收敛速度收敛于解 x^*.

证: 牛顿法是对应于函数 $\varphi(x)=x-\dfrac{f(x)}{f'(x)}$ 的不动点迭代. 我们有

$$\varphi'(x)=\frac{f(x)f''(x)}{[f'(x)]^2}. \tag{7.29}$$

若 $f'(x)\neq 0$, 则有 $\varphi'(x^*)=0$. 因此, 牛顿法是局部收敛的.

和不动点收敛性类似, 对于牛顿法迭代, 我们有

$$\begin{aligned} x_{k+1}-x^* &= \varphi(x_k)-\varphi(x^*) \\ &= \varphi(x^*)+\varphi'(x^*)(x_k-x^*)+\frac{\varphi''(\xi_k)}{2}(x_k-x^*)^2-\varphi(x^*) \\ &= \frac{\varphi''(\xi_k)}{2}(x_k-x^*)^2, \end{aligned} \tag{7.30}$$

式中, ξ_k 位于 x_k 和 x^* 之间. 因此

$$\lim_{k\to\infty}\frac{|x_{k+1}-x^*|}{|x_k-x^*|^2}=\lim_{k\to\infty}\frac{|\varphi''(\xi_k)|}{2}=\frac{|\varphi''(x^*)|}{2}. \tag{7.31}$$

例 7.5.1　用牛顿法计算方程 $x=\cos x$ 的根。

如果采用不动点迭代, 令 $x_0=1$, $x_{k+1}=\cos x_k$, 采用 MATLAB 计算, 经过 89 次迭代可以达到 16 位有效位 $x^*=0.739085133215161\cdots$.

采用牛顿法, 首先令 $f(x)=x-\cos x$. $f(x)=0$ 与原方程等价。牛顿迭代公式为

$$x_{k+1}=x_k-\frac{x_k-\cos x_k}{1+\sin x_k}.$$

同样取 $x_0 = 1$, 有 $x_1 = 0.750\ 363\ 867\ 840\ 244$, $x_2 = 0.739\ 112\ 890\ 911\ 362$, $x_3 = 0.739\ 085\ 133\ 385\ 284$, $x_4 = 0.739\ 085\ 133\ 215\ 161$ 具有 16 位有效位.

若取 $x_0 = 200$, 要经过 100 次迭代, 牛顿法计算的结果才能有 16 位有效位。事实上, 前面的 95 次迭代各个近似值没有任何的有效位。

实际上, 例 7.3.1 和例 7.3.3 的第 4 个迭代方法也都是牛顿法. 可以看到, 收敛时牛顿法收敛速度是二阶的, 但是初始值的选取非常重要.

牛顿法有下面的全局收敛性理论.

定理 7.5.2 给定非线性函数 f, 若它在区间 $[a,b]$ 上二阶连续可微, 满足 $f(a)f(b) < 0$, 并且对于所有 $x \in [a,b]$, 有 $f'(x) \neq 0$, $f''(x) \neq 0$. 若选定初始点 $x_0 \in [a,b]$ 满足 $f(x_0)f''(x_0) > 0$, 则牛顿迭代法收敛于方程的唯一解 x^*.

证: 由 $f'(x)$ 连续且非零, 知 $f'(x)$ 定号, 所以函数 f 在区间 $[a,b]$ 中严格单增或者严格单减. 因此 $f(x) = 0$ 在该区间中的根是唯一的. 考虑函数 f 的一阶和二阶导数的符号, 由于一、二阶导数皆定号, 可得以下 4 种情形:

(1) $f'(x) > 0$ 且 $f''(x) > 0$;

(2) $f'(x) > 0$ 且 $f''(x) < 0$;

(3) $f'(x) < 0$ 且 $f''(x) > 0$;

(4) $f'(x) < 0$ 且 $f''(x) < 0$.

下面只考虑第一种情形, 其他 3 种情形类似可证.

在情形 (1) 下, $f(a) < 0$ 且 $f(b) > 0$, 函数单调递增. 由于 $f''(x_0) > 0$, $f(x_0) > 0 = f(x^*)$, 因此 $x_0 > x^*$. 下面用归纳法证明, 对于所有 k, $x_k > x_{k+1} > x^*$. 首先, 由牛顿法迭代公式, 以及假设 $f(x_k) > 0$,

$$x_{k+1} = x_k - \frac{f(x_k)}{f'(x_k)} < x_k. \tag{7.32}$$

利用函数 f 的泰勒展开以及 $f''(x) > 0$, 有

$$0 = f(x^*) = f(x_k) + f'(x_k)(x^* - x_k) + \frac{1}{2}f''(\xi_k)(x^* - x_k)^2 > f(x_k) + f'(x_k)(x^* - x_k). \tag{7.33}$$

此即

$$x_k - \frac{f(x_k)}{f'(x_k)} > x^*. \tag{7.34}$$

上式左边也就是 x_{k+1}, 即 $x_{k+1} > x^*$. 综合上面两式, 对所有 k, 成立 $x_k > x_{k+1} > x^*$. 所以, $\{x_k\}$ 是一个单调下降且有下界 x^* 的序列, 必有极限, 记该极限为 $\tilde{x}$. 在牛顿法迭代式两边取极限, 有

$$\tilde{x} = \lim_{k\to\infty} x_{k+1} = \lim_{k\to\infty} x_k - \frac{f(x_k)}{f'(x_k)} = \tilde{x} - \frac{f(\tilde{x})}{f'(\tilde{x})}. \tag{7.35}$$

所以, $\tilde{x}$ 是 $f(x) = 0$ 的根, 再由根的唯一性, $\tilde{x} = x^*$.

上面的定理实际上要求初始点要有一定的性质, 下面的定理仅需要初始点落在某一区间内, 证明略.

定理 7.5.3 设在区间 $[a,b]$ 上有二阶连续可微函数 $f(x)$, $f(a)f(b) < 0$, 并且对于所有 $x \in [a,b]$, 有 $f'(x) \neq 0$, $f''(x) \neq 0$. 若 a, b 两点满足

$$\max\left(\left|\frac{f(a)}{f'(a)}\right|, \left|\frac{f(b)}{f'(b)}\right|\right) < b - a, \tag{7.36}$$

则对于任何 $x_0 \in [a,b]$, 牛顿法迭代收敛于方程的唯一根 x^*.

例 7.5.2 设计一个算法计算 $\sqrt{a}$, 其中 $a > 0$.

计算 $\sqrt{a}$ 相当于求解方程 $x^2 - a = 0$ 的正根. 牛顿法应用在该问题上, 有

$$x_{k+1} = x_k - \frac{x_k^2 - a}{2x_k} = \frac{1}{2}\left(x_k + \frac{a}{x_k}\right), \tag{7.37}$$

其中 $x_0 > 0$ 可以预先给定. 容易证明

$$x_{k+1} \pm \sqrt{a} = \frac{1}{2x_k}(x_k \pm \sqrt{a})^2, \tag{7.38}$$

因此

$$\frac{x_{k+1} - \sqrt{a}}{(x_k - \sqrt{a})^2} = \frac{x_{k+1} + \sqrt{a}}{(x_k + \sqrt{a})^2} \to \frac{1}{2\sqrt{a}}, \tag{7.39}$$

所以上述迭代法是二阶收敛的. 以 $a = 2$ 为例, 有如表 7-6 所示的计算结果

表 7-6 $\sqrt{2}$ 的不同近似值

k	x_k
0	2.000 000 000 000 00
1	1.500 000 000 000 00
2	1.416 666 666 666 67
3	1.414 215 686 274 51
4	1.414 213 562 374 69
5	1.414 213 562 373 09
6	1.414 213 562 373 09

如果函数 f 有重根, 则牛顿法一般不是二阶收敛的. 设 $f(x) = (x - x^*)^m g(x)$, 其中, $m \geqslant 2$ 且 $g(x^*) \neq 0$. 我们有 $f'(x) = m(x - x^*)^{m-1}g(x) + (x - x^*)^m g'(x)$, 所以

$$\frac{f(x)}{f'(x)} = \frac{(x - x^*)g(x)}{mg(x) + (x - x^*)g'(x)}. \tag{7.40}$$

x^* 是函数 $\mu(x) = \dfrac{f(x)}{f'(x)}$ 的单根, 运用牛顿法于函数 $\mu(x)$, 我们得到

$$x_{k+1} = x_k - \frac{\mu(x_k)}{\mu'(x_k)} = x_k - \frac{f(x_k)f'(x_k)}{[f'(x_k)]^2 - f(x_k)f''(x_k)}. \tag{7.41}$$

此时迭代仍有二阶收敛性质, 只是每一迭代步运算量较大, 还需要计算 f 的二阶导数.

由前面的定理, 牛顿法的全局收敛性不管是对函数还是对初始点, 要求都是比较高的, 一般情形不易验证. 牛顿下山法是有效降低这些要求的一种技巧. 牛顿下山法的基本思想如下.

在一定的条件下, 求解方程 $f(x) = 0$ 可以等价地看成求函数 $|f(x)|$ 的最小点. 若把函数 $|f(x)|$ 的图像想象为许多山峰的话, 求极小点就相当于找到山谷谷底. 牛顿法如果不收敛, 通常是在两面 (或更多) 山坡之间跳跃, 每次都跳过谷底. 从函数的角度来讲, 这个现象出现是因为每次修正迭代点 x_k 时, 修正的幅度太大了.

牛顿下山法的迭代公式为

$$x_{k+1}(\lambda) = x_k - \lambda\frac{f(x_k)}{f'(x_k)}, \tag{7.42}$$

其中

$$\lambda = \max\left\{2^{-t}: \left|f(x_{k+1}(2^{-t}))\right| < |f(x_k)|,\ t = 0,1,2,\cdots\right\}. \tag{7.43}$$

即牛顿法对应的参数 λ 恒为 1, 而下山法的参数 λ 是每一步变化的, λ 取满足函数值下降条件
$|f(x_{k+1})| < |f(x_k)|$ 的 $1, \frac{1}{2}, \frac{1}{4}, \cdots$ 中最大的那个值.

算法 7.5.1 (牛顿下山法)

(1) 给定初始值 x_0, 精度 ε, $k = 0$;

(2) 若 $|f(x_k)| \leqslant \varepsilon$, 近似解为 x_k, 停止迭代;

(3) 令 $\mathrm{d}_k = -\dfrac{f(x_k)}{f'(x_k)}$, $\lambda = 1$;

(4) 若 $|f(x_k + \lambda d_k)| < |f(x_k)|$, 则 $x_{k+1} = x_k + \lambda d_k$, 转 (5); 否则, $\lambda = \frac{1}{2}\lambda$, 重复步骤 (4);

(5) $k = k + 1$, 转步骤 (2).

牛顿下山法对初始点没有特别的要求, 因此整个算法对初始点的依赖大大减小, 原来用牛顿法不收敛的问题用下山法就可能收敛了. 下山法是一种技巧, 不仅在牛顿法中可以应用, 在其他各种求根方法中或求极值的方法中都可以应用. 鉴于下山法的广泛使用, 我们把牛顿下山法的程序附在下面.

```
function [x,it,convg] = newton(x0,f,g,maxit,tol)
% find the zero of function f, with gradient g provided
% Usage: [x,it,convg] = newton(x0,f,g,maxit,tol)
   if nargin<5,        tol = 1e-10;
       if nargin<4, maxit = 100;
       end; end
   x = x0;
   fx = feval(f,x);
   convg = 0;
   it = 1;
   while ~convg,
       it = it + 1;
       if norm(fx)<=tol,
           fprintf('Newton Iteration successes!!\n');
           convg = 1;
           return;
       end
       d = - feval(g,x) \ fx;
       lambda = 1;
       lsdone = 0;
       while ~lsdone,
           xn = x + lambda * d;
           fn = feval(f,xn);
```

```
            if norm(fn)<norm(fx),
                lsdone = 1;
            else
                lambda = 1/2 * lambda;
                if lambda<=eps,
                    convg = -1;
                    error('line search fails!!');
                end
            end
        end
        x = xn;
        fx = fn;
        if it > maxit,
            convg = 0;
            error('Newton method needs more iterations.!!');
        end
    end
```

例如, 若我们需要计算方程 $f(x) = x^2 + \sin 10x - 1 = 0$ 的根, 该函数的图像如图 7-6 所示.

我们需要编写两个 MATLAB 文件 (函数文件及其导数文件):

文件 f.m

```
function v = f(x)
    v = x.^2 + sin(10*x) - 1;
```

文件 g.m

```
function v = g(x)
    v = 2*x + 10*cos(10*x);
```

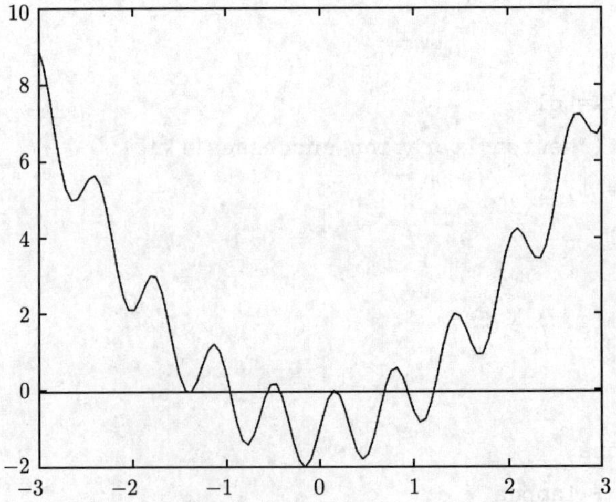

图 7-6 函数 $f(x) = x^2 + \sin 10x - 1$ 的图像

调用时, 需要在命令行上输入

```
>> [x,it,convg] = newton(30,'f','g')
Newton Iteration successes!!
x =
    -0.412101013664971
it =
    12
convg =
     1
```

或者

```
>> [x,it,convg] = newton(-30,'f','g',100,1e-16)
Newton Iteration successes!!
x =
    -1.41420927316939
it =
    15
convg =
     1
```

§7.6 割 线 法

牛顿法是一个二阶收敛的方法, 但是它要求计算导数, 在推广到多变量情形时会有很大的计算量. 割线法使用近似计算的方法代替牛顿法中的导数, 从而使算法保持较快的收敛速度, 同时计算量较小且不需要计算导数. 下面考虑单变量的情形.

假设计算非线性方程 $f(x)=0$ 的根, 并且已有近似值 x_{k-1} 和 x_k. 则通过曲线 $y=f(x)$ 上的两点 $(x_{k-1},f(x_{k-1}))$, $(x_k,f(x_k))$ 可做一条直线, 其方程为

$$y-f(x_k)=\frac{f(x_k)-f(x_{k-1})}{x_k-x_{k-1}}(x-x_k). \tag{7.44}$$

令该直线和 x 轴的交点横坐标为 x_{k+1}, 有

$$x_{k+1}=x_k-f(x_k)\frac{x_k-x_{k-1}}{f(x_k)-f(x_{k-1})}. \tag{7.45}$$

再用 x_k, x_{k+1} 两点做同样的事情, 进行迭代, 此即为割线法. 该方法相当于在牛顿法中的切线被割线所替代. 图 7-7 为割线法的几何意义.

例 7.6.1 用割线法求方程 $x^3+x^2-1=0$ 的解.

易知, 方程在区间 $[0,1]$ 中有一根, 取 $x_0=0$, $x_1=1$. 割线法迭代公式为

$$\begin{aligned}x_{k+1}&=x_k-(x_k^3+x_k^2-1)\cdot\frac{x_k-x_{k-1}}{x_k^3+x_k^2-1-(x_{k-1}^3+x_{k-1}^2-1)}\\&=x_k-(x_k^3+x_k^2-1)\cdot\frac{1}{x_k^2+x_kx_{k-1}+x_{k-1}^2+x_k+x_{k-1}}.\end{aligned} \tag{7.46}$$

计算结果如表 7-7 所示, 我们把牛顿法的计算结果也列出来. 可以看到, 割线法比牛顿法稍慢.

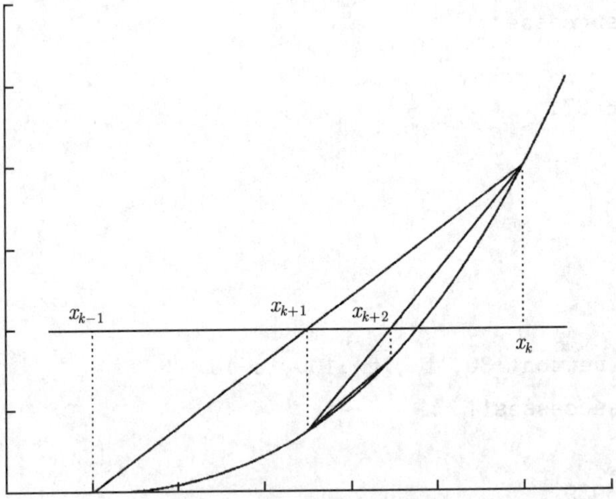

图 7-7 割线法的几何意义

割线法每一个计算步骤都牵涉到前面两个点, 如果没有两个初始值, 则割线法无法开始计算. 这时, 若固定其中一个点, 例如

$$x_{k+1} = x_k - f(x_k)\frac{x_k - x_0}{f(x_k) - f(x_0)}, \tag{7.47}$$

称为单点割线法, 原来的方法相应地称为双点割线法. 单点割线法也可以认为是一种不动点迭代. 此外, 双点割线法的两个初始点不需要函数值异号, 这和二分法是不一样的.

表 7-7 牛顿法和割线法的计算效果

k	牛顿法	割线法
0	1.000 000 000 000 000	0.000 000 000 000 000
1	0.800 000 000 000 000	1.000 000 000 000 000
2	0.756 818 181 818 182	0.500 000 000 000 000
3	0.754 881 474 439 750	0.692 307 692 307 692
4	0.754 877 666 261 399	0.775 603 392 041 748
5	0.754 877 666 246 693	0.753 523 252 510 624
6	0.754 877 666 246 693	0.754 849 585 765 241
7		0.754 877 704 852 898
8		0.754 877 666 245 593
9		0.754 877 666 246 693
10		0.754 877 666 246 693

关于双点割线法有以下的收敛性定理, 证明略.

定理 7.6.1 给定非线性方程 $f(x)=0$. 若函数 $f(x)$ 在其解 x^* 的某个邻域内二阶连续可导, 且 $f'(x^*)\neq 0$, 则存在 x^* 的一个邻域 $N(x^*)=[x^*-\delta, x^*+\delta]$, 使得对于任意 $x_0, x_1 \in N(x^*)$, 双点割线法产生的序列收敛于解 x^*, 且收敛阶为 $r=\dfrac{\sqrt{5}+1}{2}$.

§7.7 非线性方程组简介

考虑以下的方程组

$$\begin{cases} f_1(x_1, x_2, \cdots, x_n) = 0, \\ f_2(x_1, x_2, \cdots, x_n) = 0, \\ \qquad \vdots \\ f_n(x_1, x_2, \cdots, x_n) = 0, \end{cases} \tag{7.48}$$

式中, $\boldsymbol{x} = (x_1, x_2, \cdots, x_n)^{\mathrm{T}} \in \mathbb{R}^n$ 为未知变量, f_i 是定义在某区域 $D \subset \mathbb{R}^n$ 上的 n 元实函数. 若至少有一个 f_i 不是线性函数, 则称上述方程组为非线性方程组. 这里, 我们只考虑方程个数和自变量个数相同的情形.

和线性代数方程组类似, 非线性方程组有以下的高斯–赛德尔迭代方法:

算法 7.7.1 (非线性方程组的 GS 方法)

(1) 给定 $\boldsymbol{x}^{(0)} = (x_1^{(0)}, x_2^{(0)}, \cdots, x_n^{(0)})^{\mathrm{T}}$, $k = 0$, 控制精度 ε;

(2) 对 $j = 1, 2, \cdots, n$, 以 $t = x_j^{(k)}$ 为初始值求解以下问题:

$$f_j(x_1^{(k+1)}, \cdots, x_{j-1}^{(k+1)}, t, x_{j+1}^{(k)}, \cdots, x_n^{(k)}) = 0, \tag{7.49}$$

并把其解记为 $x_j^{(k+1)}$;

(3) 若 $\|\boldsymbol{x}^{(k+1)} - \boldsymbol{x}^{(k)}\| \leqslant \varepsilon$, 则迭代收敛, 方程组的近似解为 $\boldsymbol{x}^{(k+1)}$; 否则, $k = k + 1$, 转步骤 (2).

其中, 步骤 (2) 中求解的是一个单变量的非线性方程, 可以用前面的各种方法求解. 鉴于它处在内层迭代, 因此该问题求解不需要很精确, 通常用牛顿法迭代一两步就可以了. 读者也可以类似地给出雅可比方法.

非线性方程组的不动点方法也有同样的算法框架. 首先引入下面的记号. 记向量函数 $\boldsymbol{F}(\boldsymbol{x}) = (f_1(\boldsymbol{x}), f_2(\boldsymbol{x}), \cdots, f_n(\boldsymbol{x}))^{\mathrm{T}} : \mathbb{R}^n \to \mathbb{R}^n$, 其中 $f_i(\boldsymbol{x}) = f_i(x_1, x_2, \cdots, x_n)$ 是 $\boldsymbol{x}$ 的函数. 若对于某个 $\boldsymbol{x} \in \mathbb{R}^n$, 存在 $\boldsymbol{x}$ 的一个邻域 $\{\boldsymbol{z} | \; \|\boldsymbol{z} - \boldsymbol{x}\| \leqslant \varepsilon, \varepsilon > 0\} \subset D$, 则称 x 是 D 的内点. 对于 n 元向量函数 $\boldsymbol{F}$, 若存在矩阵 $\boldsymbol{A}(\boldsymbol{x}) \in \mathbb{R}^{n \times n}$, 使得

$$\lim_{h \to 0} \frac{\|\boldsymbol{F}(\boldsymbol{x} + \boldsymbol{h}) - \boldsymbol{F}(\boldsymbol{x}) - \boldsymbol{A}(\boldsymbol{x})\boldsymbol{h}\|}{\|\boldsymbol{h}\|} = 0, \tag{7.50}$$

则称 $\boldsymbol{F}$ 在 $\boldsymbol{x}$ 点处可微, $\boldsymbol{A}(\boldsymbol{x})$ 称为函数 $\boldsymbol{F}$ 在 $\boldsymbol{x}$ 的雅可比矩阵, 并与导数相类似, 记 $\boldsymbol{F}'(\boldsymbol{x}) = \boldsymbol{A}(\boldsymbol{x})$. 可以证明, $\boldsymbol{F}$ 在 $\boldsymbol{x}$ 点可微的充分必要条件是每个分量函数 $f_i(\boldsymbol{x})$ 关于每个变量 $\boldsymbol{x}_j$ 可微, 此时, 我们有

$$\big(\boldsymbol{F}'(\boldsymbol{x})\big)_{ij} = \frac{\partial f_i(\boldsymbol{x})}{\partial x_j}. \tag{7.51}$$

若有函数 $\boldsymbol{\Phi}(\boldsymbol{x}) : \mathbb{R}^n \to \mathbb{R}^n$, 使得 $\boldsymbol{x} = \boldsymbol{\Phi}(\boldsymbol{x})$ 等价于 $\boldsymbol{F}(\boldsymbol{x}) = \boldsymbol{0}$, 我们就可以构造一个向量函数的不动点迭代: $\boldsymbol{x}^{(k+1)} = \boldsymbol{\Phi}(\boldsymbol{x}^{(k)})$. 向量函数的不动点迭代有如下的收敛性定理 7.7.1, 也称为**压缩映像定理**.

定理 7.7.1 设 $\boldsymbol{\Phi}$: $D \subset \mathbb{R}^n \to \mathbb{R}^n$ 在某区域 $D_0 \subset D$ 上满足 $\boldsymbol{\Phi}(D_0) \subset D_0$, 并且存在压缩因子 $L < 1$, 使得对于任意 $\boldsymbol{x}, \boldsymbol{y} \in D_0$ 成立 $\|\boldsymbol{\Phi}(\boldsymbol{x}) - \boldsymbol{\Phi}(\boldsymbol{y})\| \leqslant L\|\boldsymbol{x} - \boldsymbol{y}\|$. 那么下面的结论成立:

(1) Φ 在 D_0 上存在唯一不动点 $\boldsymbol{x}^*$, 即 $\boldsymbol{x}^* = \Phi(\boldsymbol{x}^*)$;

(2) 对于任意的 $\boldsymbol{x}^{(0)} \in D_0$, 不动点迭代 $\boldsymbol{x}^{(k+1)} = \Phi(\boldsymbol{x}^{(k)})$ 收敛到该唯一不动点 $\boldsymbol{x}^*$, 且收敛速度有估计

$$\|\boldsymbol{x}^{(k)} - \boldsymbol{x}^*\| \leqslant \frac{1}{1-L}\|\boldsymbol{x}^{(k+1)} - \boldsymbol{x}^{(k)}\| \quad 和 \quad \|\boldsymbol{x}^{(k)} - \boldsymbol{x}^*\| \leqslant \frac{L^k}{1-L}\|\boldsymbol{x}^{(1)} - \boldsymbol{x}^{(0)}\|. \tag{7.52}$$

非线性方程组的牛顿法可以用类似的方法导出. 设非线性函数 $\boldsymbol{F}(\boldsymbol{x}) : \mathbb{R}^n \to \mathbb{R}^n$ 在区域 D 内连续可微, 且它的分量函数为 $f_i(\boldsymbol{x})$, $i = 1, 2, \cdots, n$. 假如在某一迭代步有近似值 $\boldsymbol{x}^{(k)} = (\boldsymbol{x}_1^{(k)}, \boldsymbol{x}_2^{(k)}, \cdots, \boldsymbol{x}_n^{(k)})^{\mathrm{T}} \in D$, 做函数 $f_i(\boldsymbol{x})$ 在 $\boldsymbol{x}^{(k)}$ 点的泰勒展开, 并只取线性部分, 有

$$f_i(\boldsymbol{x}) \approx f_i(\boldsymbol{x}^{(k)}) + \sum_{j=1}^{n} \left.\frac{\partial f_i(\boldsymbol{x})}{\partial x_j}\right|_{\boldsymbol{x}=\boldsymbol{x}^{(k)}} (x_j - x_j^{(k)}), \tag{7.53}$$

写成向量形式, 即为

$$\boldsymbol{F}(\boldsymbol{x}) \approx \boldsymbol{F}(\boldsymbol{x}^{(k)}) + \boldsymbol{F}'(\boldsymbol{x}^{(k)})(\boldsymbol{x} - \boldsymbol{x}^{(k)}). \tag{7.54}$$

令上式左边为零, 若 $\boldsymbol{F}'(\boldsymbol{x}^{(k)})$ 可逆, 可从上式解出 $\boldsymbol{x}$. 把求得的解作为新的迭代点 $\boldsymbol{x}^{(k+1)}$:

$$\boldsymbol{x}^{(k+1)} = \boldsymbol{x}^{(k)} - [\boldsymbol{F}'(\boldsymbol{x}^{(k)})]^{-1}\boldsymbol{F}(\boldsymbol{x}^{(k)}), \tag{7.55}$$

此即为非线性方程组求根的牛顿法. 若向量函数 $\boldsymbol{F}$ 在解 $\boldsymbol{x}^*$ 的某个邻域内二阶连续可微, 则方程组的牛顿法有着相同的局部二阶收敛性质, 在此不再列出.

例 7.7.1 求解非线性方程组

$$\begin{cases} x_1 + \cos x_2 - 1 = 0, \\ -\sin x_1 + x_2 - 1 = 0. \end{cases} \tag{7.56}$$

采用不动点迭代方法, 我们有迭代格式

$$\begin{cases} x_1^{(k+1)} = 1 - \cos x_2^{(k)}, \\ x_2^{(k+1)} = 1 + \sin x_1^{(k)}. \end{cases} \tag{7.57}$$

改造成高斯–赛德尔方式, 可得格式

$$\begin{cases} x_1^{(k+1)} = 1 - \cos x_2^{(k)}, \\ x_2^{(k+1)} = 1 + \sin x_1^{(k+1)}. \end{cases} \tag{7.58}$$

而牛顿法的迭代格式为

$$\begin{pmatrix} x_1^{(k+1)} \\ x_2^{(k+1)} \end{pmatrix} = \begin{pmatrix} x_1^{(k)} \\ x_2^{(k)} \end{pmatrix} - \begin{pmatrix} 1 & -\sin x_2^{(k+1)} \\ -\cos x_1^{(k+1)} & 1 \end{pmatrix}^{-1} \begin{pmatrix} x_1^{(k)} + \cos x_2^{(k)} - 1 \\ -\sin x_1^{(k)} + x_2^{(k)} - 1 \end{pmatrix}. \tag{7.59}$$

以 $\boldsymbol{x}^{(0)} = (-1, 1)^{\mathrm{T}}$ 为初始点, 精度为 MATLAB 中的 eps= $2.220\,4 \times 10^{-16}$, 用上面 3 种不同方式迭代, 计算结果如表 7-8 所示三种不同迭代方法的迭代步数分别为 47 步、23 步和 6 步. 虽然计算精度有 16 位小数, 由于篇幅关系, 我们只列出了前面的 8 位. 对于非线性方程求根问题, 不同算法或者不同的初始点都可能得到方程不同的解.

表 7-8 方程组的不同迭代效果比较

k	不动点	高斯–赛德尔	牛顿法
0	(−1,1)	(−1,1)	(−1,1)
1	(0.459 697 69, 0.158 529 02)	(0.459 697 69,1.443 677 20)	(0.490 236 85,1.036 292 58)
2	(0.012 539 43, 1.443 677 20)	(0.873 222 96,1.766 403 21)	(0.242 367 19,0.747 841 06)
3	(0.873 222 96, 1.012 539 10)	(1.194 361 88,1.929 981 27)	(0.262 089 09,0.740 853 22)
4	(0.470 291 18, 1.766 403 21)	(1.351 511 31,1.976 053 23)	(0.262 119 52,0.740 871 74)
5	(1.194 361 88, 1.453 145 88)	(1.394 254 86,1.984 456 99)	(0.262 119 53,0.740 871 74)
6	(0.882 620 77, 1.929 981 27)	(1.401 963 92,1.985 781 63)	(0.262 119 53,0.740 871 74)
⋮	⋮	⋮	
23	⋮	(1.403 395 71,1.986 021 20)	
⋮	⋮		
47	(1.403 395 71, 1.986 021 20)		

牛顿法有很好的收敛性质, 但是它在理论上要求较高, 且在计算上每一步要求计算 n^2 个偏导数, 这在 n 比较大时是不可接受的. 拟牛顿法就类似于单变量情形的割线法, 采用某些近似方式逼近导数, 在不精确计算导数的情形下尽量保持较快的收敛速度.

设在空间 $\mathbb{R}^n \times \mathbb{R}^n$ 中有点 $(\boldsymbol{x}', \boldsymbol{F}')$ 和点 $(\boldsymbol{x}'', \boldsymbol{F}'')$, 其中 $\boldsymbol{F}' = \boldsymbol{F}(\boldsymbol{x}')$, $\boldsymbol{F}'' = \boldsymbol{F}(\boldsymbol{x}'')$, $\boldsymbol{F}$ 是某个多变量的向量函数. 通过 $(\boldsymbol{x}', \boldsymbol{F}')$ 的任一直线方程为 $\boldsymbol{z} - \boldsymbol{F}' = \boldsymbol{B}(\boldsymbol{x} - \boldsymbol{x}')$, $(\boldsymbol{x}, \boldsymbol{z})$ 是直线上点的坐标, 其中 $\boldsymbol{B} \in \mathbb{R}^{n\times n}$. 若另一点 $(\boldsymbol{x}'', \boldsymbol{F}'')$ 也在该直线上, 则矩阵 $\boldsymbol{B}$ 满足 $\boldsymbol{F}'' - \boldsymbol{F}' = \boldsymbol{B}(\boldsymbol{x}'' - \boldsymbol{x}')$. 可以看到, 该方程在退化到单变量时, 就相当于用割线斜率代替切线斜率. 多变量情形下, 这个方程就称为拟牛顿方程, 我们用满足拟牛顿方程的矩阵 $\boldsymbol{B}$ 来代替向量函数 $\boldsymbol{F}(\boldsymbol{x})$ 的雅可比矩阵. 可以说, 拟牛顿方程就是 $\boldsymbol{F}(\boldsymbol{x})$ 的雅可比矩阵在这两点连线方向上的近似.

设 $(\boldsymbol{x}^{(k)}, \boldsymbol{F}^{(k)})$, $(\boldsymbol{x}^{(k+1)}, \boldsymbol{F}^{(k+1)})$ 分别是第 k 步和 $k+1$ 步的点. 当第 k 步迭代完成后, 就应该考虑矩阵 $\boldsymbol{B}$ 的更新, 以保证拟牛顿方程 $\boldsymbol{F}^{(k+1)} - \boldsymbol{F}^{(k)} = \boldsymbol{B}(\boldsymbol{x}^{(k+1)} - \boldsymbol{x}^{(k)})$ 成立. 记第 k 步和第 $k+1$ 步的拟牛顿矩阵分别为 $\boldsymbol{B}_k$ 和 $\boldsymbol{B}_{k+1}$. 从 $\boldsymbol{B}_k$ 得到新矩阵 $\boldsymbol{B}_{k+1}$ 的修正方式称为拟牛顿修正公式. 一般地, 为了记号的方便, 在拟牛顿方法中, 我们记 $\boldsymbol{s}^{(k)} = x^{(k+1)} - x^{(k)}$, 记 $\boldsymbol{y}^{(k)} = \boldsymbol{F}^{(k+1)} - \boldsymbol{F}^{(k)}$. $\boldsymbol{s}^{(k)}$ 也称为位移.

可以想象, 满足拟牛顿方程的矩阵可以有无穷多个. 下面我们列举出几个常用的拟牛顿修正公式. 下面的公式称为秩一修正 (Rank 1 Update) 公式

$$\boldsymbol{B}_{k+1} = \boldsymbol{B}_k + \frac{(\boldsymbol{y}^{(k)} - \boldsymbol{B}_k \boldsymbol{s}^{(k)}) {\boldsymbol{s}^{(k)}}^{\mathrm{T}}}{{\boldsymbol{s}^{(k)}}^{\mathrm{T}} \boldsymbol{s}^{(k)}}. \tag{7.60}$$

又如, BFGS(Broyden-Fletcher-Goldfarb-Shanno) 修正公式

$$\boldsymbol{B}_{k+1} = \boldsymbol{B}_k - \frac{\boldsymbol{B}_k \boldsymbol{s}^{(k)} {\boldsymbol{s}^{(k)}}^{\mathrm{T}} \boldsymbol{B}_k}{{\boldsymbol{s}^{(k)}}^{\mathrm{T}} \boldsymbol{B}_k \boldsymbol{s}^{(k)}} + \frac{\boldsymbol{y}^{(k)} {\boldsymbol{y}^{(k)}}^{\mathrm{T}}}{{\boldsymbol{s}^{(k)}}^{\mathrm{T}} \boldsymbol{y}^{(k)}}. \tag{7.61}$$

这样, 一个拟牛顿算法通常有以下的算法框架:

算法 7.7.2 (拟牛顿法)

(1) 给定初始值 $\boldsymbol{x}^{(0)}$, 初始矩阵 $\boldsymbol{B}_0$, 控制精度 ε, $k = 0$;

(2) 若 $\|F(\boldsymbol{x}^{(k)})\| \leqslant \varepsilon$ 或者 $k \geqslant 1$ 且 $\|\boldsymbol{x}^{(k)} - \boldsymbol{x}^{(k-1)}\| \leqslant \varepsilon$, $\boldsymbol{x}^{(k)}$ 为近似解, 停止迭代;

(3) 求解 $\boldsymbol{B}_k \boldsymbol{s}^{(k)} = -\boldsymbol{F}(\boldsymbol{x}^{(k)})$;

(4) 令 $\boldsymbol{x}^{(k+1)} = \boldsymbol{x}^{(k)} + \lambda_k \boldsymbol{s}^{(k)}$;

(5) $\boldsymbol{y}^{(k)} = \boldsymbol{F}(\boldsymbol{x}^{(k+1)}) - \boldsymbol{F}(\boldsymbol{x}^{(k)})$;

(6) 利用秩一修正公式或 BFGS 修正公式计算 $\boldsymbol{B}_{k+1}$;

(7) $k = k + 1$, 转步骤 (2).

在上面的算法中, 第 (4) 步 λ_k 可以恒取 1 或者可以每步调节, 相当于牛顿方法和牛顿下山方法, 调节的方式也和牛顿下山法类似. 而在初始步中, $\boldsymbol{B}_0$ 一般取为单位矩阵, 这样不仅可以节省存储, 而且由于下面叙述的一些原因, 甚至可以不计算 $\boldsymbol{B}_k$ 的逆.

下面定理给出的公式也称为低秩修正公式.

定理 7.7.2 (Sherman-Morrison 公式) 若矩阵 $\boldsymbol{A} \in \mathbb{R}^{n\times n}$ 可逆, 且 $\boldsymbol{I} + \boldsymbol{V}^{\mathrm{T}}\boldsymbol{A}^{-1}\boldsymbol{U}$ 可逆, 其中 $\boldsymbol{U}, \boldsymbol{V} \in \mathbb{R}^{n\times m}$, $\boldsymbol{I} \in \mathbb{R}^{m\times m}$ 是单位矩阵, 则

$$(\boldsymbol{A} + \boldsymbol{U}\boldsymbol{V}^{\mathrm{T}})^{-1} = \boldsymbol{A}^{-1} - \boldsymbol{A}^{-1}\boldsymbol{U}(\boldsymbol{I} + \boldsymbol{V}^{\mathrm{T}}\boldsymbol{A}^{-1}\boldsymbol{U})^{-1}\boldsymbol{V}^{\mathrm{T}}\boldsymbol{A}^{-1}. \tag{7.62}$$

该公式可以直接用逆矩阵的定义证明. 这个公式的一个重要应用是当 m 远小于 n 时, 本来需要计算一个 n 阶矩阵的逆, 利用这个公式则仅需要计算一个 m 阶矩阵的逆.

若记拟牛顿算法中的矩阵 $\boldsymbol{B}_k$ 的逆为 $\boldsymbol{H}_k$, $\boldsymbol{B}_{k+1}$ 的逆为 $\boldsymbol{H}_{k+1}$, 则利用 Sherman-Morrison 公式, 可以导出从 $\boldsymbol{H}_k$ 到 $\boldsymbol{H}_{k+1}$ 的修正公式. 对应于上面的秩一修正, 逆矩阵的修正公式为

$$\boldsymbol{H}_{k+1} = \boldsymbol{H}_k + \frac{(\boldsymbol{s}^{(k)} - \boldsymbol{H}_k\boldsymbol{y}^{(k)}){\boldsymbol{s}^{(k)}}^{\mathrm{T}}\boldsymbol{H}_k}{{\boldsymbol{s}^{(k)}}^{\mathrm{T}}\boldsymbol{H}_k\boldsymbol{y}^{(k)}}. \tag{7.63}$$

对应于上面的 BFGS 修正, 逆矩阵的修正公式为

$$\boldsymbol{H}_{k+1} = \boldsymbol{H}_k - \frac{\boldsymbol{H}_k\boldsymbol{y}^{(k)}{\boldsymbol{s}^{(k)}}^{\mathrm{T}} + \boldsymbol{s}^{(k)}{\boldsymbol{y}^{(k)}}^{\mathrm{T}}\boldsymbol{H}_k}{{\boldsymbol{y}^{(k)}}^{\mathrm{T}}\boldsymbol{s}^{(k)}} + \left(1 + \frac{{\boldsymbol{y}^{(k)}}^{\mathrm{T}}\boldsymbol{H}_k\boldsymbol{y}^{(k)}}{{\boldsymbol{y}^{(k)}}^{\mathrm{T}}\boldsymbol{s}^{(k)}}\right)\frac{\boldsymbol{s}^{(k)}{\boldsymbol{s}^{(k)}}^{\mathrm{T}}}{{\boldsymbol{y}^{(k)}}^{\mathrm{T}}\boldsymbol{s}^{(k)}}. \tag{7.64}$$

这样, 上述的拟牛顿方法就可以改造成如下的方法, 从而在每一迭代步中不需去计算一个线性方程组的解.

算法 7.7.3 (改进拟牛顿法)

(1) 给定初始值 $\boldsymbol{x}^{(0)}$, 初始矩阵 $\boldsymbol{H}_0 = \boldsymbol{I}$(单位矩阵), 控制精度 ε, $k = 0$;

(2) 若 $\|\boldsymbol{F}(\boldsymbol{x}^{(k)})\| \leqslant \varepsilon$ 或者 $k \geqslant 1$ 且 $\|\boldsymbol{x}^{(k)} - \boldsymbol{x}^{(k-1)}\| \leqslant \varepsilon$, $\boldsymbol{x}^{(k)}$ 为近似解, 停止迭代;

(3) 计算 $\boldsymbol{s}^{(k)} = -\boldsymbol{H}_k\boldsymbol{F}(\boldsymbol{x}^{(k)})$;

(4) 令 $\boldsymbol{x}^{(k+1)} = \boldsymbol{x}^{(k)} + \lambda_k \boldsymbol{s}^{(k)}$;

(5) $\boldsymbol{y}^{(k)} = \boldsymbol{F}(\boldsymbol{x}^{(k+1)}) - \boldsymbol{F}(\boldsymbol{x}^{(k)})$;

(6) 利用逆矩阵的秩一修正公式或 BFGS 修正公式计算 $\boldsymbol{H}_{k+1}$;

(7) $k = k + 1$, 转步骤 (2).

§7.8　非线性最小二乘问题

在 §4.4 节中, 我们给出了一个较为简单的非线性最小二乘问题. 下面我们描述一般的非线性最小二乘问题及其常用的算法. 假设有数据 (t_i, y_i), $i = 1, 2, \cdots, N$, 我们需要找到某种

特定形式的函数 $y=f(t)$, 使之能够最好地反映数据 (t_i,y_i), 即使下面的误差达到最小

$$\frac{1}{2}\sum_{i=1}^{N}(y_i-f(t_i))^2. \tag{7.65}$$

若存在基函数 $\phi_k(t)$, $k=1,2,\cdots,n$, 使得 $f(t)$ 具有形式 $f(t)=x_1\phi_1(t)+x_2\phi_2(t)+\cdots+x_n\phi_n(t)$, 其中 $x_1,x_2,\cdots,x_n$ 是待定参数, 那么我们就得到了一个线性最小二乘问题. 否则, 我们通常得到一个非线性最小二乘问题. 例如 $f(t)=x_1+tx_2+x_3\mathrm{e}^{-x_4t}$.

假设有某一非线性最小二乘问题, 其拟合函数为 $y=f(t,x_1,x_2,\cdots,x_n)$, 需要拟合的数据为 (t_i,y_i), $i=1,2,\cdots,N$. 我们需要求解以下的最小化问题

$$\min F(\boldsymbol{x})=F(x_1,x_2,\cdots,x_n)=\frac{1}{2}\sum_{i=1}^{N}(y_i-f(t_i,x_1,x_2,\cdots,x_n))^2. \tag{7.66}$$

类似于线性最小二乘拟合, 我们可以得到以下的稳定点的条件:

$$\frac{\partial F(\boldsymbol{x})}{\partial x_k}=0,\quad k=1,2,\cdots,n. \tag{7.67}$$

记 $r_i(\boldsymbol{x})=\boldsymbol{y}_i-f(t_i,x_1,x_2,\cdots,x_n)$, 且 $\boldsymbol{r}(\boldsymbol{x})=(r_1(\boldsymbol{x}),r_2(\boldsymbol{x}),\cdots,r_n(\boldsymbol{x}))^{\mathrm{T}}$ 是一个向量函数, 则 $F(\boldsymbol{x})=\frac{1}{2}\boldsymbol{r}(\boldsymbol{x})^{\mathrm{T}}\boldsymbol{r}(\boldsymbol{x})$. 经过计算, 上面的稳定点条件可以改写成

$$F'(\boldsymbol{x})=[\boldsymbol{J}(\boldsymbol{x})]^{\mathrm{T}}r(\boldsymbol{x})=0, \tag{7.68}$$

式中, $\boldsymbol{J}(\boldsymbol{x})=\boldsymbol{r}'(\boldsymbol{x})=\left(\dfrac{\partial r_i(\boldsymbol{x})}{\partial x_j}\right)$ 是函数 $\boldsymbol{r}(\boldsymbol{x})$ 的雅可比矩阵. 我们还有

$$F''(\boldsymbol{x})=\boldsymbol{J}(\boldsymbol{x})^{\mathrm{T}}\boldsymbol{J}(\boldsymbol{x})+\sum_{i=1}^{n}r_i(\boldsymbol{x})r_i''(\boldsymbol{x}). \tag{7.69}$$

如果我们计算非线性方程 $F'(x)=0$ 的根, 而已有近似值 $x^{(k)}$, 采用牛顿法, 我们将需要计算

$$\boldsymbol{x}^{(k+1)}=\boldsymbol{x}^{(k)}-[F''(\boldsymbol{x}^{(k)})]^{-1}F'(\boldsymbol{x}^{(k)}). \tag{7.70}$$

由于矩阵 $\boldsymbol{J}(\boldsymbol{x})^{\mathrm{T}}\boldsymbol{J}(\boldsymbol{x})$ 至少是半正定的, 如果忽略 $F''(\boldsymbol{x})$ 后面的一项, 例如 $\boldsymbol{r}(\boldsymbol{x})$ 接近线性的情形, 我们就得到了称为高斯–牛顿算法的方法.

算法 7.8.1 (高斯–牛顿法)

(1) 给定初始点 $\boldsymbol{x}^{(0)}$, 控制精度 ε, $k=0$;

(2) 如果 $\|\boldsymbol{r}(\boldsymbol{x}^{(k)})\|\leqslant\varepsilon$, $\|\boldsymbol{J}(\boldsymbol{x})^{\mathrm{T}}\boldsymbol{r}(\boldsymbol{x})\|\leqslant\varepsilon$ 或者 $k>1$ 且 $\|\boldsymbol{x}^{(k)}-\boldsymbol{x}^{(k-1)}\|\leqslant\varepsilon$, 则 $\boldsymbol{x}^{(k)}$ 为近似解, 停止迭代;

(3) 求解 $\boldsymbol{J}(\boldsymbol{x}^{(k)})^{\mathrm{T}}\boldsymbol{J}(\boldsymbol{x}^{(k)})\boldsymbol{s}^{(k)}=-\boldsymbol{J}(\boldsymbol{x}^{(k)})^{\mathrm{T}}\boldsymbol{r}(\boldsymbol{x}^{(k)})$;

(4) $\boldsymbol{x}^{(k+1)}=\boldsymbol{x}^{(k)}+\lambda_k\boldsymbol{s}^{(k)}$, $k=k+1$ 转步骤 (2).

λ_k 可以恒取 1 或者每步调节, 当 $\boldsymbol{J}(\boldsymbol{x}^*)$ 是一个满秩矩阵, 其中 $\boldsymbol{x}^*$ 是解时, 可以证明, 在适当条件下, 若 $\boldsymbol{x}^{(0)}$ 足够靠近 $\boldsymbol{x}^*$, 则高斯–牛顿方法局部收敛. 实际上, 该算法在每一步都要求矩阵 $\boldsymbol{J}(\boldsymbol{x}^{(k)})^{\mathrm{T}}\boldsymbol{J}(\boldsymbol{x}^{(k)})$ 可逆, 或者等价地, 矩阵 $\boldsymbol{J}(\boldsymbol{x}^{(k)})$ 列满秩.

如果该条件不成立, 或者问题本身使得 $F''(x)$ 的第 2 项不能够忽略, 我们通常可以采用 Levenberg-Marquardt 算法, 或者简称 LM 算法.

算法 7.8.2 (LM 算法)

(1) 给定初始点 $\boldsymbol{x}^{(0)}$, 控制精度 $\varepsilon, k=0$;

(2) 如果 $\|\boldsymbol{r}(\boldsymbol{x}^{(k)})\| \leqslant \varepsilon, \|\boldsymbol{J}(\boldsymbol{x})^{\mathrm{T}}\boldsymbol{r}(\boldsymbol{x})\| \leqslant \varepsilon$ 或者 $k>1$ 且 $\|\boldsymbol{x}^{(k)}-\boldsymbol{x}^{(k-1)}\| \leqslant \varepsilon$, 则 $x^{(k)}$ 为近似解, 停止迭代;

(3) 求解 $(\boldsymbol{J}(\boldsymbol{x}^{(k)})^{\mathrm{T}}\boldsymbol{J}(\boldsymbol{x}^{(k)})+\mu_k\boldsymbol{D}_k)\boldsymbol{s}^{(k)}=-\boldsymbol{J}(\boldsymbol{x}^{(k)})^{\mathrm{T}}\boldsymbol{r}(\boldsymbol{x}^{(k)})$;

(4) $\boldsymbol{x}^{(k+1)}=\boldsymbol{x}^{(k)}+\lambda_k\boldsymbol{s}^{(k)}, k=k+1$, 转 (2).

在该算法中, $\boldsymbol{D}_k$ 是一个对角调比矩阵, μ_k 是一个每一步都可以调节的参数. 如果没有实行调比, 可取 $\boldsymbol{D}_k$ 恒为单位矩阵; μ_k 可以取为 $\|\boldsymbol{r}(\boldsymbol{x}^{(k)})\|$ 或者 $\|\boldsymbol{r}(\boldsymbol{x}^{(k)})\|^2$ 的常数倍, 或者由其他方式得到, 例如信赖域方法. 关于这两者其他合适的选取, 我们不再在此展开, 请读者参考最优化方面的书籍.

§7.9 大范围求解方法

通常来讲, 一个算法的局部收敛性总是比全局收敛性容易验证, 但是我们没有很好的方法确定一个初始点怎样才算是足够靠近解, 使得我们可以确保迭代收敛. 大范围求解方法就是一种把近似解引导向精确解或者足够精确的近似解的方法. 下面介绍的同伦算法是其中的一种.

假设我们要求解非线性方程 $f(x)=0$, 而我们知道另一方程 $g(x)=0$ 的根, 例如, 若设 $f(x)=0$ 有近似根 a, 可令 $g(x)=x-a$. 现令函数 $h(t,x)=tf(x)+(1-t)g(x)$, 则有 $h(0,x)=g(x)$, $h(1,x)=f(x)$. 若对于任意参数 $t\in[0,1]$, 我们把方程 $h(t,x)=0$ 的解记为 $x(t)$, 则在某些条件下, $x(t)$ 是 t 的连续函数而 $x(0)$ 就是 $g(x)=0$ 的根. 这样, 我们可以采取顺藤摸瓜的方法, 令 t 从 0 到 1 逐渐增大, 从而求得 $x(1)$, 也就是方程 $f(x)=0$ 的根.

利用微分方程的方法, 可以实现这一想法, 请参见第 9 章. 设 $x=x(t)$ 是 t 的连续函数, 满足 $h(t,x(t))=0$. 方程两边对 t 求导, 有

$$0=h_t(t,x(t))+h_x(t,x(t))x'(t), \tag{7.71}$$

因此, $x'(t)=-[h_x(t,x(t))]^{-1}h_t(t,x(t))$. 若 $g(x)=0$ 的根为 a, 则我们得到一个常微分方程初值问题:

$$\begin{cases} x'(t)=-[h_x(t,x(t))]^{-1}h_t(t,x(t)), \\ x(0)=a, \quad 0\leqslant t\leqslant 1. \end{cases} \tag{7.72}$$

令 $x'(t)=\dfrac{x(t+\delta t)-x(t)}{\delta t}$, 则有

$$x(t+\delta t)=x(t)-\delta t[h_x(t,x(t))]^{-1}h_t(t,x(t)). \tag{7.73}$$

若在 $t+\delta t$ 点处用牛顿法迭代一步, 有

$$\bar{x}(t+\delta t)=x(t+\delta t)-\frac{h(t+\delta t,x(t+\delta t))}{h'_x(t+\delta t,x(t+\delta t))}. \tag{7.74}$$

但是, 该方法也有不足的地方. 在某些情况下, $x(t)$ 可能不是 t 的连续函数, x 和 t 的对应关系可能不存在, 可能有多值, 甚至其他更复杂的情况.

例 7.9.1 考虑下面三个方程的同伦算法.

(1) 求 $f(x)=x^3+x-6$ 的根, 取初值 $x_0=1$;

(2) 求 $f(x)=x^2-6x+8$ 的根, 取初值 $x_0=1$;

(3) 求 $f(x)=x^3+5x^2+x+5$ 的根, 取初值 $x_0=1$.

三个函数的解曲线 $x=x(t)$ 如图 7-8 所示.

(1) 对于第一种情形, $h(t,x)=t(x^3+x-6)+(1-t)(x-1)$. 当 $t=0$ 时有唯一实根 $x(0)=1$; 当 $0<t\leqslant 1$ 时, $h'_x(t,x)=3tx^2+1>0$, 函数关于 x 严格单增, 也有唯一实根. 求根曲线是一条连续曲线, 并且 t 和 x 单值对应.

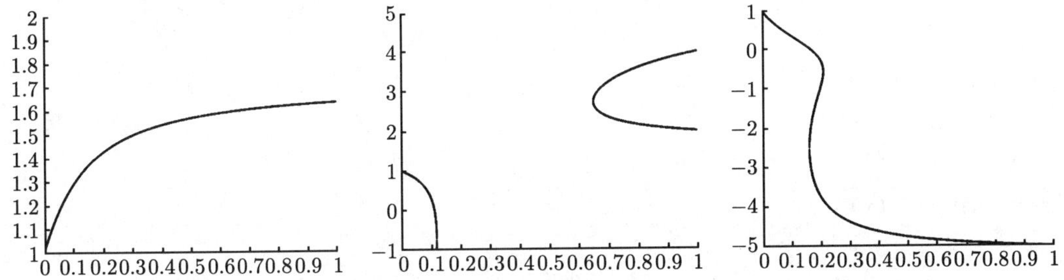

图 7-8 三个方程同伦算法的解曲线

(2) 对于第二种情形, $h(t,x)=t(x^2-6x+8)+(1-t)(x-1)$. 易知, $h(0,x)=0$ 和 $h(1,x)=0$ 有实根; 但 $h\left(\frac{1}{2},x\right)=\frac{1}{2}\left(x^2-5x+7\right)=\frac{1}{2}\left(x-\frac{5}{2}\right)^2+\frac{3}{8}=0$ 无实根. 求根曲线 $x=x(t)$ 在中间断开.

(3) 对于第三种情形, $h(t,x)=t(x^3+5x^2+x+5)+(1-t)(x-1)$. $h(0,x)=x-1=0$ 和 $h(1,x)=x^3+5x^2+x+5=(x^2+1)(x-5)=0$ 都有唯一实根. 但当 $t=\frac{1}{5}$ 时, $h\left(\frac{1}{5},x\right)=\frac{1}{5}(x^3+5x^2+5x+1)=\frac{1}{5}(x+1)(x^2+4x-1)$ 有三个实根. 实际上, 求实根的曲线 $x=x(t)$ 有 "迂回" 的现象.

关于同伦算法如何处理这些更复杂的情形, 我们这里不再展开, 请读者参看其他书籍.

例 7.9.2 利用同伦算法计算非线性方程 (组) 的根:

(1) 求 $f(x)=x^3+x-6$ 的根, 取初值 $x_0=1$;

(2) 求

$$\begin{cases} x_1+\cos x_2-1=0, \\ -\sin x_1+x_2-1=0, \end{cases}$$

的根, 取初值 $(-1,1)^{\mathrm{T}}$.

编写同伦算法的程序如下:

```
function x = homo(f,g,x0,dt)
   if nargin<4,
       dt = 0.01;
   end
   n = length(x0);
   I = eye(n);
   told = 0;
```

```
    xold = x0;
    xp = x0;
    for t = dt:dt:1,
        x = xold - dt * ([told*feval(g,xold)+(1-told)*I] \ [feval(f,xold)-(xold
            -xp)]);
        x = x - [t*feval(g,x)+(1-t)*I] \ [t*feval(f,x)+(1-t)*(x-xp)];
        xold = x;
        told = t;
    end

function v = f(x)
    v = x.^3 + x - 6;

function v = g(x)
    v = 3 * x.^2 + 1;

function v = f1(x)
    v = [ x(1)+cos(x(2))-1
         -sin(x(1))+x(2)-1 ];

function v = g1(x)
    v = [ 1 -sin(x(2))
         cos(x(1)) 1];
```

其中, 程序后面包含了需求根的两个方程的函数及导数, 分别为 f,g 和 f1,g1. 调用过程如下:

```
>> x=homo('f','g',1)
x =
        1.63436529303759
>> x=homo('f1','g1',[-1 1]')
x =
        0.262119524902768
        0.740871739227832
```

在算法中, 我们每一步都有一步牛顿法修正, 真正实现算法时, 可以求得一个较好的初始点, 然后再用牛顿方法, 而不必每一步都有牛顿法修正.

若要计算方程 $f(x)=0$ 的根, 且初始值为 x_0. 令 $h(t,x)=f(x)-\mathrm{e}^{-t}f(x_0)$, 则 $h(0,x)=f(x)-f(x_0)$ 有根 x_0; 而当 $t\to+\infty$ 时, $\lim\limits_{t\to+\infty}h(t,x)=f(x)$. 因此, 同伦算法需要我们计算曲线 $x(t)$ 在 $t\to+\infty$ 的情形. 用上面微分方程的方法, 我们有

$$0=f(x(t))-\mathrm{e}^{-t}f(x_0). \tag{7.75}$$

两边对 t 求导, 可得

$$0 = f'(x(t))x'(t) + \mathrm{e}^{-t}f(x_0). \tag{7.76}$$

但是, $0 = h(t, x(t)) = f(x(t)) - \mathrm{e}^{-t}f(x_0)$, 所以

$$f'(x(t))x'(t) + f(x(t)) = 0, \tag{7.77}$$

即 $x'(t) = -[f'(x(t))]^{-1}f(x(t))$. 用近似计算的方法, 令 $x'(t) = \dfrac{x(t+\delta t) - x(t)}{\delta t}$, $\delta t = 1$, 则

$$x(t+1) = x(t) - [f'(x(t))]^{-1}f(x(t)). \tag{7.78}$$

上式即为牛顿方法.

评 注

非线性方程求根和非线性最小二乘问题、非线性最优化问题等有着非常密切的联系, 牛顿法和拟牛顿法在这些问题上都是非常快速有效的算法, 尤其是在多变量的情形. 其他常用的方法在这些问题上也是可以相互借鉴的, 例如, 求解非线性最优化问题的有些被称为现代计算方法的算法 —— 遗传算法或者模拟退火算法, 它们的基本思想可以用到非线性方程求根上.

作为非线性问题的算法, 我们总是期望在问题退化为线性时, 算法能有极其快速的收敛, 甚至有限步或一步就收敛. 这样, 当问题的非线性不是很严重时, 算法也能有非常满意的效果.

习 题 七

1. 设方程 $10 - 2x - \cos x = 0$ 的迭代法为 $x = \frac{1}{2}(10 - \cos x)$, 说明对于任意初值此迭代收敛, 并估计要求近似根具有 10 位有效数字时大约要迭代多少步.
2. 试证明, 对于任意初值 x_0, 迭代格式 $x_{k+1} = \cos x_k$ 都收敛于方程 $x = \cos x$ 的同一实根.
3. 方程 $x^3 - 2x - 2 = 0$ 在 2 附近有一实根, 把方程写成下面的等价的形式, 并建立相应的迭代格式.

   (a) $x = \sqrt[3]{2x+2}$;

   (b) $x = \dfrac{(x^3 - 2)}{2}$;

   (c) $x = \dfrac{2}{x^2 - 2}$.

   试判别它们的收敛性. 选取一个最有效的格式进行计算.
4. 将 $x = \tan x$ 化为合适的迭代格式, 求解 $x = 4.5$ 附近的根.
5. 求解下面的不动点方程, 若其迭代不收敛, 请加以改造, 给出一个收敛的迭代格式:

$$x = \frac{1}{4}(\sin x + \cos x), \qquad x = 4 - x^2, \qquad x = 2\tan x. \tag{7.79}$$

6. 求解下面非线性方程在区间 $[2, 3]$ 中的根, 精确到 4 位小数:

$$x\cos x + 2 = 0. \tag{7.80}$$

7. 若用牛顿法求解方程 $f(x) = \sin(x^3) = 0$, 效果如何? 你有什么加速的方法.
8. 求解方程 $f(x) = 0$ 的 Halley 方法如下:

$$x_{n+1} = x_n - \frac{f_n f_n'}{(f_n')^2 - (f_n f_n'')/2}, \tag{7.81}$$

式中, $f_n = f(x_n)$. 说明这个公式是把牛顿法应用在 $f(x)/\sqrt{f'(x)} = 0$ 得到的. 编程实现该方法.

9. 求出多项式 $p(x) = 63x^5 - 70x^3 + 15x - 1$ 在区间 $[-1, 1]$ 中的所有实根.
10. 用牛顿法或弦截法计算方程 $f(x) = 3x^3 - 8x^2 - 8x - 11 = 0$ 的某个近似根, 使误差具有精度 10^{-4}.
11. 求解下面的非线性方程组, 取初值 $x_0 = (0.8, 0.4)^{\mathrm{T}}$:

$$\begin{cases} 3x_1^2 - x_2^2 = 0, \\ 3x_1 x_2^2 - x_1^3 - 1 = 0. \end{cases} \tag{7.82}$$

12. 求解下面的非线性方程组

$$\begin{cases} x^3 - x^2 - 10x - y - 2 = 0, \\ 2y^2 - x - 4y - 1 = 0. \end{cases} \tag{7.83}$$

13. 用二分法、不动点方法、牛顿法、割线法等求解下面各个问题, 列表比较各算法的性能.

$$\begin{aligned} &\text{(a) } x^5 - 3x - 10 = 0, \quad &&\text{(b) } \sin 10x + 2\cos x - x - 3 = 0, \\ &\text{(c) } x + \arctan x = 3, \quad &&\text{(d) } (x+2)\ln(x^2 + x + 1) + 1 = 0. \end{aligned} \tag{7.84}$$

数值实验七

1. 编写牛顿方法和拟牛顿方法的程序来求解下面方程组:

$$\begin{cases} (x-2)^2 + (y - 3 + 2x)^2 = 5, \\ 2(x-3)^2 + (y/3)^2 = 4. \end{cases} \tag{7.85}$$

2. 尝试用各种方法计算下面方程在区间 $[-10, 10]$ 中的所有根:

$$\sum_{k=1}^{10} k\mathrm{e}^{-\cos kx} \sin kx = 2. \tag{7.86}$$

3. 求解下面的非线性方程组

$$\begin{cases} xy - z^2 = 1, \\ xyz - x^2 + y^2 = 2, \\ \mathrm{e}^x - \mathrm{e}^y + z = 3. \end{cases} \tag{7.87}$$

4. 给定正整数 $n \geqslant 2$, 求解下面的非线性方程组

$$\begin{cases} \dfrac{x_k}{x_k + 1} \cdot \ln x_k + x_{k+1} = 4, \quad k = 1, 2, \cdots, n-1, \\ x_n - x_1 = (n-1)/100. \end{cases} \tag{7.88}$$

第 8 章　矩阵特征值与特征向量的计算

矩阵特征值有着广泛的应用背景, 物理、力学和工程技术中的很多问题在数学上都归结为求矩阵的特征值问题. 例如，动力系统和结构系统中的振动问题 (大型桥梁和建筑物的振动、机械的振动、电磁震荡等), 电力系统的静态稳定分析, 物理学中某些临界值的确定, 由此可以看出矩阵特征值的计算是十分重要的.

§8.1　前　　言

所谓矩阵特征值问题是指: 给定 n 阶方阵 $\boldsymbol{A} \in \mathbb{R}^{n\times n}$, 寻找常数 $\lambda \in \mathbb{C}$ 和非零向量 $\boldsymbol{x} \in \mathbb{C}^n$, 使得

$$\boldsymbol{A}\boldsymbol{x} = \lambda \boldsymbol{x}, \tag{8.1}$$

式中, $\mathbb{C}$ 和 $\mathbb{C}^n$ 分别表示复数域和 n 维复向量空间.

对于 n 阶方阵 $\boldsymbol{A}$, 称

$$p(\lambda) = \det(\boldsymbol{A} - \lambda \boldsymbol{I}) \tag{8.2}$$

为矩阵 $\boldsymbol{A}$ 的特征多项式, 其中 $\boldsymbol{I}$ 为 n 阶单位矩阵, $\det(\boldsymbol{A} - \lambda\boldsymbol{I})$ 表示方阵 $\boldsymbol{A} - \lambda\boldsymbol{I}$ 的行列式. 由线性代数知识知, $p(\lambda)$ 是关于 λ 的 n 次多项式, 且 p 的零点即为矩阵 $\boldsymbol{A}$ 的全部特征值. 设 λ_i 为矩阵 $\boldsymbol{A}$ 的特征值, 由于 $\det(\boldsymbol{A} - \lambda_i\boldsymbol{I}) = 0$, 故方程 $(\boldsymbol{A} - \lambda\boldsymbol{I})\boldsymbol{x} = \boldsymbol{0}$ 必有非零解 $\boldsymbol{x}^{(i)}$, 称 $\boldsymbol{x}^{(i)}$ 为矩阵 $\boldsymbol{A}$ 对应于特征值 λ_i 的特征向量. 上述内容实际上就是线性代数中介绍的 n 阶矩阵 $\boldsymbol{A}$ 的特征值及其对应特征向量的计算方法.

例 8.1.1　计算矩阵 $\begin{pmatrix} 1 & 0 & 2 \\ 0 & 1 & -1 \\ -1 & 1 & 1 \end{pmatrix}$ 的全部特征值.

解: 矩阵 $\boldsymbol{A}$ 的特征多项式为

$$p(\lambda) = \det(\boldsymbol{A} - \lambda\boldsymbol{I}) = \det\begin{pmatrix} 1-\lambda & 0 & 2 \\ 0 & 1-\lambda & -1 \\ -1 & 1 & 1-\lambda \end{pmatrix} = (1-\lambda)(\lambda^2 - 2\lambda + 4). \tag{8.3}$$

矩阵 $\boldsymbol{A}$ 的特征值为 $p(\lambda) = 0$ 的解, 即 $\lambda_1 = 1$, $\lambda_{2,3} = 1 \pm \sqrt{3}i$.

当矩阵阶数较小时, 可以通过上述方法计算矩阵 $\boldsymbol{A}$ 的全部特征值. 然而, 当矩阵阶数较大时, 特征多项式 (8.2) 的零点没有简单的解析表达式, 只能通过近似计算得到. 而高次方程近似求根的稳定性差, 求得的近似解会有较大误差. 因此对于高阶矩阵的特征值问题, 用上述方法求解特征值问题就不太可取了, 必须构造稳定而有效的数值方法.

下面叙述一些与特征值有关的结论.

定理 8.1.1 若 $\lambda_i (i=1,2,\cdots,n)$ 是矩阵 $\boldsymbol{A}$ 的特征值, 则有 (1) $\sum\limits_{i=1}^{n}\lambda_i=\mathrm{tr}(\boldsymbol{A})$; (2) $\prod_{i=1}^{n}\lambda_i=\det(\boldsymbol{A})$, 其中 $\mathrm{tr}(\boldsymbol{A})=\sum\limits_{i=1}^{n}a_{ii}$ 表示矩阵 $\boldsymbol{A}$ 的迹.

定义 8.1.1 设 $\boldsymbol{A}$, $\boldsymbol{B}$ 都是 n 阶矩阵, 若存在可逆矩阵 $\boldsymbol{P}$, 使得

$$\boldsymbol{P}^{-1}\boldsymbol{A}\boldsymbol{P}=\boldsymbol{B}, \tag{8.4}$$

则称矩阵 $\boldsymbol{A}$ 与矩阵 $\boldsymbol{B}$ 相似.

定理 8.1.2 若矩阵 $\boldsymbol{A}$ 与矩阵 $\boldsymbol{B}$ 相似, 则 $\boldsymbol{A}$ 与 $\boldsymbol{B}$ 具有相同的特征值.

定理 8.1.3(Gerschgorin 圆盘定理) 设 $\boldsymbol{A}=(a_{ij})_{n\times n}$, 则 $\boldsymbol{A}$ 的每一个特征值必属于下述某个圆盘之中:

$$|\lambda-a_{ii}|\leqslant\sum_{j=1,j\neq i}^{n}|a_{ij}|,\qquad i=1,2,\cdots,n, \tag{8.5}$$

其中式 (8.5) 表示复平面上以 a_{ii} 为中心, 以 $\sum\limits_{j=1,j\neq i}^{n}|a_{ij}|$ 为半径的圆盘.

证: 设 λ 是 $\boldsymbol{A}$ 的任一特征值, $\boldsymbol{x}$ 为其对应的特征向量, 即

$$(\boldsymbol{A}-\lambda\boldsymbol{I})\boldsymbol{x}=\boldsymbol{0}. \tag{8.6}$$

因为 $\boldsymbol{x}$ 是特征向量, 故 $\boldsymbol{x}=(x_1,x_2,\cdots,x_n)^{\mathrm{T}}\neq\boldsymbol{0}$.

记 $|x_i|=\max\limits_{1\leqslant j\leqslant n}|x_j|\neq 0$, 则上面方程组中的第 i 个方程为

$$(a_{i1}x_1+a_{i2}x_2+\cdots+a_{i,i-1}x_{i-1})-(\lambda-a_{ii})x_i+(a_{i,i+1}x_{i+1}+\cdots+a_{i,n}x_n)=0, \tag{8.7}$$

即

$$(\lambda-a_{ii})x_i=a_{i1}x_1+a_{i2}x_2+\cdots+a_{i,i-1}x_{i-1}+a_{i,i+1}x_{i+1}+\cdots+a_{i,n}x_n. \tag{8.8}$$

利用三角不等式, 可得

$$|\lambda-a_{ii}||x_i|=|a_{i1}||x_1|+|a_{i2}||x_2|+\cdots+|a_{i,i-1}||x_{i-1}|+|a_{i,i+1}||x_{i+1}|+\cdots+|a_{i,n}||x_n|. \tag{8.9}$$

因为 $|x_j|\leqslant|x_i|$, 所以

$$|\lambda-a_{ii}|=\sum_{j=1,j\neq i}^{n}|a_{ij}|\frac{|x_j|}{|x_i|}\leqslant\sum_{j=1,j\neq i}^{n}|a_{ij}|. \tag{8.10}$$

定义 8.1.2 设 $\boldsymbol{A}$ 为 n 阶实对称矩阵, 对于任意非零向量 $\boldsymbol{x}$, 称 $R(x)=\dfrac{(\boldsymbol{Ax},\boldsymbol{x})}{(\boldsymbol{x},\boldsymbol{x})}$ 为关于向量 $\boldsymbol{x}$ 的瑞利 (Rayleigh) 商, 其中 $(\boldsymbol{x},\boldsymbol{y})=\sum\limits_{i=1}^{n}x_iy_i$ 为 $\mathbb{R}^n$ 中两向量 $\boldsymbol{x}$, $\boldsymbol{y}$ 的内积.

定理 8.1.4 设 $\boldsymbol{A}$ 为 n 阶实对称矩阵, $\lambda_1\geqslant\lambda_2\geqslant\cdots\geqslant\lambda_n$ 为其全部特征值, 则

(1) $\lambda_n\leqslant\dfrac{(\boldsymbol{Ax},\boldsymbol{x})}{(\boldsymbol{x},\boldsymbol{x})}\leqslant\lambda_1,\quad\forall\boldsymbol{x}\neq\boldsymbol{0}\in\mathbb{R}^n$;

(2) $\lambda_n=\min\limits_{x\neq 0}\dfrac{(\boldsymbol{Ax},\boldsymbol{x})}{(\boldsymbol{x},\boldsymbol{x})}$;

(3) $\lambda_1=\max\limits_{x\neq 0}\dfrac{(\boldsymbol{Ax},\boldsymbol{x})}{(\boldsymbol{x},\boldsymbol{x})}$.

证: 因为 $\boldsymbol{A}$ 是实对称矩阵, 故有完全的特征向量系. 设 $\boldsymbol{x}^{(1)}, \boldsymbol{x}^{(2)}, \cdots, \boldsymbol{x}^{(n)}$ 是 $\boldsymbol{A}$ 的规范化正交特征向量组, 即 $(\boldsymbol{x}^{(i)}, \boldsymbol{x}^{(j)}) = \delta_{ij}$. 任一非零向量 $\boldsymbol{x}$ 都能表示为 $\boldsymbol{x} = \sum\limits_{i=1}^{n} \alpha_i \boldsymbol{x}^{(i)}$, 且

$$
\begin{aligned}
(\boldsymbol{x}, \boldsymbol{x}) &= \left(\sum_{1 \leqslant i \leqslant n} \alpha_i \boldsymbol{x}^{(i)}, \sum_{1 \leqslant i \leqslant n} \alpha_i \boldsymbol{x}^{(i)} \right) = \sum_{1 \leqslant i \leqslant n} \alpha_i^2, \\
(\boldsymbol{A}\boldsymbol{x}, \boldsymbol{x}) &= \left(\sum_{1 \leqslant i \leqslant n} \boldsymbol{A}\alpha_i \boldsymbol{x}^{(i)}, \sum_{1 \leqslant i \leqslant n} \alpha_i \boldsymbol{x}^{(i)} \right) = \sum_{1 \leqslant i \leqslant n} \lambda_i \alpha_i^2.
\end{aligned} \tag{8.11}
$$

故

$$
\frac{(\boldsymbol{A}\boldsymbol{x}, \boldsymbol{x})}{(x, x)} = \frac{\sum\limits_{1 \leqslant i \leqslant n} \lambda_i \alpha_i^2}{\sum\limits_{1 \leqslant i \leqslant n} \alpha_i^2} \leqslant \frac{\lambda_1 \sum\limits_{1 \leqslant i \leqslant n} \alpha_i^2}{\sum\limits_{1 \leqslant i \leqslant n} \alpha_i^2} = \lambda_1. \tag{8.12}
$$

同理可证

$$
\frac{(\boldsymbol{A}\boldsymbol{x}, \boldsymbol{x})}{(\boldsymbol{x}, \boldsymbol{x})} \geqslant \lambda_n. \tag{8.13}
$$

在瑞利商中, 分别取 $x = x^{(1)}$ 和 $x = x^{(n)}$, 可达到瑞利商的最大值 λ_1 和最小值 λ_n, 故

$$
\lambda_1 = \max_{x \neq 0} \frac{(\boldsymbol{A}\boldsymbol{x}, \boldsymbol{x})}{(\boldsymbol{x}, \boldsymbol{x})}, \qquad \lambda_n = \min_{\boldsymbol{x} \neq 0} \frac{(\boldsymbol{A}\boldsymbol{x}, \boldsymbol{x})}{(\boldsymbol{x}, \boldsymbol{x})}. \tag{8.14}
$$

§8.2 幂 方 法

§8.2.1 乘幂法

乘幂法是一种计算实矩阵的按模最大特征值及其对应特征向量的迭代方法. 对该方法进行简单修改, 就可计算其他特征值. 幂方法的优点之一就是它不但能给出特征值, 还能计算对应的特征向量. 事实上幂方法常用来计算已知特征值所对应的特征向量.

为应用乘幂法, 我们需要对实矩阵 $\boldsymbol{A}$ 做如下假设:

(1) 具有 n 个线性无关的特征向量 $x^{(i)}, i = 1, 2, \cdots, n$;

(2) $\boldsymbol{A}\boldsymbol{x}^{(i)} = \lambda_i \boldsymbol{x}^{(i)}$, 其中 λ_i 是实特征值且满足 $|\lambda_1| > |\lambda_2| \geqslant \cdots \geqslant |\lambda_n|$.

选定初始向量 $\boldsymbol{v}^{(0)} \in \mathbb{R}^n$. 由于 $\boldsymbol{x}^{(1)}, \boldsymbol{x}^{(2)}, \cdots, \boldsymbol{x}^{(n)}$ 线性无关, 故

$$
\boldsymbol{v}^{(0)} = \sum_{i=1}^{n} \alpha_i \boldsymbol{x}^{(i)} = \alpha_1 \boldsymbol{x}^{(1)} + \alpha_2 \boldsymbol{x}^{(2)} +, \cdots, \alpha_n \boldsymbol{x}^{(n)}. \tag{8.15}
$$

利用迭代关系式 $\boldsymbol{v}^{(k+1)} = \boldsymbol{A}\boldsymbol{v}^{(k)}$ 反复计算, 可得向量序列 $\{\boldsymbol{v}^{(k)}\}_{k=0}^{\infty}$.

下面对向量序列 $\{\boldsymbol{v}^{(k)}\}_{k=0}^{\infty}$ 进行分析. 因为 $\boldsymbol{A}\boldsymbol{x}^{(i)} = \lambda_i \boldsymbol{x}^{(i)}$, 所以

$$
\begin{aligned}
\boldsymbol{v}^{(1)} &= \boldsymbol{A}\boldsymbol{v}^{(0)} = \lambda_1 \alpha_1 \boldsymbol{x}^{(1)} + \lambda_2 \alpha_2 \boldsymbol{x}^{(2)} + \cdots + \lambda_n \alpha_n \boldsymbol{x}^{(n)}, \\
\boldsymbol{v}^{(2)} &= \boldsymbol{A}\boldsymbol{v}^{(1)} = \lambda_1^2 \alpha_1 \boldsymbol{x}^{(1)} + \lambda_2^2 \alpha_2 \boldsymbol{x}^{(2)} + \cdots + \lambda_n^2 \alpha_n \boldsymbol{x}^{(n)}.
\end{aligned} \tag{8.16}
$$

一般地, 由归纳法可得

$$\begin{aligned}\boldsymbol{v}^{(k)}=&\boldsymbol{A}\boldsymbol{v}^{(k-1)}=\lambda_1^k\alpha_1\boldsymbol{x}^{(1)}+\lambda_2^k\alpha_2\boldsymbol{x}^{(2)}+\cdots+\lambda_n^k\alpha_n\boldsymbol{x}^{(n)}\\=&\lambda_1^k\left(\alpha_1\boldsymbol{x}^{(1)}+\left(\frac{\lambda_2}{\lambda_1}\right)^k\alpha_2\boldsymbol{x}^{(2)}+\cdots+\left(\frac{\lambda_n}{\lambda_1}\right)^k\alpha_n\boldsymbol{x}^{(n)}\right).\end{aligned}\tag{8.17}$$

当 k 充分大时, 因为 $\left|\frac{\lambda_i}{\lambda_1}\right|<1\ (i=2,3,\cdots,n)$, 所以

$$\boldsymbol{v}^{(k)}\approx\lambda_1^k\alpha_1\boldsymbol{x}^{(1)}.\tag{8.18}$$

于是

$$\boldsymbol{v}^{(k+1)}\approx\lambda_1^{k+1}\alpha_1\boldsymbol{x}^{(1)}\approx\lambda_1\boldsymbol{v}^{(k)}.\tag{8.19}$$

注意到

$$\boldsymbol{v}^{(k+1)}=\boldsymbol{A}\boldsymbol{v}^{(k)},\tag{8.20}$$

则有

$$\boldsymbol{A}\boldsymbol{v}^{(k)}\approx\lambda_1\boldsymbol{v}^{(k)}.\tag{8.21}$$

这表明 $\boldsymbol{v}^{(k)}$ 可以近似地作为矩阵 $\boldsymbol{A}$ 的按模最大特征值 λ_1 所对应的特征向量. 若将向量 $\boldsymbol{v}^{(k)}$ 的第 j 个分量记为 $\boldsymbol{v}_j^{(k)}$, 则由式 (8.21) 可知

$$\lambda_1\approx\frac{\boldsymbol{v}_j^{(k+1)}}{\boldsymbol{v}_j^{(k)}}\quad\text{或}\quad\lambda_1\approx\frac{1}{n}\sum_{j=1}^{n}\frac{\boldsymbol{v}_j^{(k+1)}}{\boldsymbol{v}_j^{(k)}},\qquad\boldsymbol{v}_j^{(k)}\neq0.\tag{8.22}$$

例 8.2.1 用上述算法计算矩阵 $\boldsymbol{A}=\begin{pmatrix}12&6&-6\\6&16&2\\-6&2&16\end{pmatrix}$ 的最大特征值及其对应的特征向量.

解: 取初始向量 $(1.0,0.5,-0.5)^{\mathrm{T}}$, 利用迭代关系式 $\boldsymbol{v}^{(k+1)}=\boldsymbol{A}\boldsymbol{v}^{(k)}$ 进行计算, 其结果见表 8-1.

表 8-1 计算结果

k	$\boldsymbol{v}^{(k)}$	λ_k	err_k
0	$(1.0,0.5,-0.5)^{\mathrm{T}}$	--	--
1	$(18,13,-13)^{\mathrm{T}}$	23.333 3	--
2	$(372,290,-290)^{\mathrm{T}}$	21.760 7	1.572 6
3	$(7\,944,6\,292,-6\,292)^{\mathrm{T}}$	21.582 6	0.178 0
4	$(170\,832,135\,752,-135\,752)^{\mathrm{T}}$	21.551 7	0.030 9
5	$(3\,679\,008,2\,925\,520,-2\,925\,520)^{\mathrm{T}}$	21.545 6	0.006 1
6	$(79\,254\,336,63\,031\,328,-63\,031\,328)^{\mathrm{T}}$	21.544 3	0.001 3
7	$(1\,707\,427\,968,135\,796\,408,-1\,357\,964\,608)^{\mathrm{T}}$	21.544 1	0.000 3
8	$(36\,784\,710\,912,2\,925\,607\,232,-2\,925\,607\,232)^{\mathrm{T}}$	21.544 0	<0.000 1

故可取按模最大特征值 $\lambda_1\approx21.544\,0$, 对应的特征向量为

$$\boldsymbol{x}^{(1)}\approx(36\,784\,710\,912,2\,925\,607\,232,-2\,925\,607\,232)^{\mathrm{T}}.$$

从上例可以看出, 随着迭代步数 k 的增加, 向量 $\boldsymbol{v}^{(k)}$ 的分量逐渐增大. 事实上, 当 $|\lambda_1|>1$ 或 $|\lambda_1|<1$ 时, 向量序列 $\{\boldsymbol{v}^{(k)}\}$ 中, 各个不为零的分量将会随着 k 的增大, 而或无限增大或趋于零. 这些在计算机上计算时, 就有可能产生所谓 "上溢" 或 "下溢" 现象, 从而得到错误的结果.

为了避免这种情况, 常采取以下措施, 即在每次迭代之前, 先将 $\boldsymbol{v}^{(k)}$ 规范化. **规范化**的方法为用 $\boldsymbol{v}^{(k)}$ 的按模最大分量, 记为 $\max[\boldsymbol{v}^{(k)}]$, 去除所有分量, 得到向量 $\boldsymbol{u}^{(k)}=\dfrac{\boldsymbol{v}^{(k)}}{\max[\boldsymbol{v}^{(k)}]}$. 例如, 若 $\boldsymbol{v}^{(k)}=(-2,3,-5,1)^{\mathrm{T}}$, 则 $\max[\boldsymbol{v}^{(k)}]=-5$, $\boldsymbol{u}^{(k)}=(0.4,-0.6,1,-0.2)^{\mathrm{T}}$. 利用规范化的方法可将向量 $\boldsymbol{u}^{(k)}$ 的各个分量控制在 $[-1,1]$ 中.

下面再次利用迭代方法并结合规范化方法给出一个向量序列. 选定初始向量 $\boldsymbol{v}^{(0)}$, 利用关系式 $\boldsymbol{u}^{(k)}=\dfrac{\boldsymbol{v}^{(k)}}{\max[\boldsymbol{v}^{(k)}]}$ 和 $\boldsymbol{v}^{(k+1)}=\boldsymbol{A}\boldsymbol{u}^{(k)}$ 反复迭代计算, 可得向量序列 $\{\boldsymbol{u}^{(k)}\}_{k=0}^{\infty}$ 和 $\{\boldsymbol{v}^{(k)}\}_{k=0}^{\infty}$. 由于

$$\boldsymbol{v}^{(0)}=\alpha_1\boldsymbol{x}^{(1)}+\alpha_2\boldsymbol{x}^{(2)}+\cdots+\alpha_n\boldsymbol{x}^{(n)}, \tag{8.23}$$

故有

$$\begin{aligned}\boldsymbol{u}^{(0)}&=\frac{\boldsymbol{v}^{(0)}}{\max[\boldsymbol{v}^{(0)}]}=\frac{\alpha_1\boldsymbol{x}^{(1)}+\alpha_2\boldsymbol{x}^{(2)}+\cdots+\alpha_n\boldsymbol{x}^{(n)}}{\max[\alpha_1\boldsymbol{x}^{(1)}+\alpha_2\boldsymbol{x}^{(2)}+\cdots+\alpha_n\boldsymbol{x}^{(n)}]},\\ \boldsymbol{v}^{(1)}&=Au^{(0)}=\frac{\lambda_1\alpha_1\boldsymbol{x}^{(1)}+\lambda_2\alpha_2\boldsymbol{x}^{(2)}+\cdots+\lambda_n\alpha_n\boldsymbol{x}^{(n)}}{\max[\alpha_1\boldsymbol{x}^{(1)}+\alpha_2\boldsymbol{x}^{(2)}+\cdots+\alpha_n\boldsymbol{x}^{(n)}]}.\end{aligned} \tag{8.24}$$

一般地

$$\begin{aligned}\boldsymbol{u}^{(k)}&=\frac{\lambda_1^k\alpha_1\boldsymbol{x}^{(1)}+\lambda_2^k\alpha_2\boldsymbol{x}^{(2)}+\cdots+\lambda_n^k\alpha_n\boldsymbol{x}^{(n)}}{\max[\lambda_1^k\alpha_1\boldsymbol{x}^{(1)}+\lambda_2^k\alpha_2\boldsymbol{x}^{(2)}+\cdots+\lambda_n^k\alpha_n\boldsymbol{x}^{(n)}]},\\ \boldsymbol{v}^{(k+1)}&=\boldsymbol{A}\boldsymbol{u}^{(k)}=\frac{\lambda_1^{k+1}\alpha_1\boldsymbol{x}^{(1)}+\lambda_2^{k+1}\alpha_2\boldsymbol{x}^{(2)}+\cdots+\lambda_n^{k+1}\alpha_n\boldsymbol{x}^{(n)}}{\max[\lambda_1^k\alpha_1\boldsymbol{x}^{(1)}+\lambda_2^k\alpha_2\boldsymbol{x}^{(2)}+\cdots+\lambda_n^k\alpha_n\boldsymbol{x}^{(n)}]}.\end{aligned} \tag{8.25}$$

简单计算可得

$$\begin{aligned}\boldsymbol{u}^{(k)}&=\frac{\alpha_1\boldsymbol{x}^{(1)}+\left(\dfrac{\lambda_2}{\lambda_1}\right)^k\alpha_2\boldsymbol{x}^{(2)}+\cdots+\left(\dfrac{\lambda_n}{\lambda_1}\right)^k\alpha_n\boldsymbol{x}^{(n)}}{\max\left[\alpha_1\boldsymbol{x}^{(1)}+\left(\dfrac{\lambda_2}{\lambda_1}\right)^k\alpha_2\boldsymbol{x}^{(2)}+\cdots+\left(\dfrac{\lambda_n}{\lambda_1}\right)^k\alpha_n\boldsymbol{x}^{(n)}\right]},\\ \max[\boldsymbol{v}^{(k+1)}]&=\lambda_1\frac{\max\left[\alpha_1\boldsymbol{x}^{(1)}+\left(\dfrac{\lambda_2}{\lambda_1}\right)^{k+1}\alpha_2\boldsymbol{x}^{(2)}+\cdots+\left(\dfrac{\lambda_n}{\lambda_1}\right)^{k+1}\alpha_n\boldsymbol{x}^{(n)}\right]}{\max\left[\alpha_1\boldsymbol{x}^{(1)}+\left(\dfrac{\lambda_2}{\lambda_1}\right)^k\alpha_2\boldsymbol{x}^{(2)}+\cdots+\left(\dfrac{\lambda_n}{\lambda_1}\right)^k\alpha_n\boldsymbol{x}^{(n)}\right]}.\end{aligned} \tag{8.26}$$

当 k 充分大时, 因为 $\left|\frac{\lambda_i}{\lambda_1}\right|<1\ (i=2,3,\cdots,n)$, 所以

$$\boldsymbol{u}^{(k+1)}\approx\boldsymbol{u}^{(k)}\approx\frac{\boldsymbol{x}^{(1)}}{\max[\boldsymbol{x}^{(1)}]},\qquad \max[\boldsymbol{v}^{(k+1)}]\approx\lambda_1. \tag{8.27}$$

从而

$$\boldsymbol{u}^{(k+1)}=\frac{\boldsymbol{v}^{(k+1)}}{\max[\boldsymbol{v}^{(k+1)}]}\approx\frac{\boldsymbol{A}\boldsymbol{u}^{(k)}}{\lambda_1}\approx\frac{\boldsymbol{A}\boldsymbol{u}^{(k+1)}}{\lambda_1}. \tag{8.28}$$

于是, $\max[\boldsymbol{v}^{(k+1)}]$ 可作为按模最大特征值 λ_1 的近似, $\boldsymbol{u}^{(k+1)}$ 可作为对应的近似特征向量.

乘幂法的算法描述如下:

算法 8.2.1(乘幂法)

(1) 给定初始非零向量 $\boldsymbol{v}^{(0)}$ 及控制参数 ε;

(2) λ_0 为向量 $\boldsymbol{v}^{(0)}$ 的按模最大分量;

(3) $\boldsymbol{u}^{(0)} = \boldsymbol{v}^{(0)}/\lambda_0$;

(4) 对 $k = 1, 2, \cdots$, 做:

$\boldsymbol{v}^{(k+1)} = \boldsymbol{A}\boldsymbol{u}^{(k)}$;

λ_{k+1} 为向量 $\boldsymbol{v}^{(k+1)}$ 的按模最大分量;

$\boldsymbol{u}^{(k+1)} = \boldsymbol{v}^{(k+1)}/\lambda_{k+1}$;

定义 $err_{k+1} = |\lambda_{k+1} - \lambda_k|$;

当 $err_{k+1} < \varepsilon$ 时, 停止迭代;

(5) 返回近似按模最大特征值 λ_{k+1} 和近似特征向量 $\boldsymbol{u}^{(k+1)}$.

以下是乘幂法对应的 MATLAB 程序:

```
function [t,y] = eigIPower(a,xinit,ep)
  v0 = xinit;
  [tv,ti] = max(abs(v0));
  lam0 = v0(ti);
  u0 = v0/lam0;
  flag = 0;
  while (flag==0)
     v1 = a*u0;
     [tv,ti] = max(abs(v1));
     lam1 = v1(ti);
     u0 = v1/lam1;
     err = abs(lam0-lam1);
     if (err<=ep)
        flag = 1;
     end
     lam0 = lam1;
  end
  t = lam1;
  y = u0;
```

例 8.2.2 用乘幂法计算例 8.2.1 中矩阵 $\boldsymbol{A}$ 的按模最大特征值及其对应的特征向量.

解: 取初始向量 $\boldsymbol{v}^{(0)} = (1.0, 0.5, -0.5)^{\mathrm{T}}$ 和控制参数 $\varepsilon = 1.0 \times 10^{-4}$. 由 $\lambda_0 = 1$ 和 $\boldsymbol{u}^{(0)} = \boldsymbol{v}^{(0)}$, 且当 $k = 9$ 时 $err_9 < \varepsilon$, 迭代停止, 所有计算结果见表 8-2. 矩阵 $\boldsymbol{A}$ 的按模最大特征值 $\lambda_1 \approx 21.544\,0$, 对应的特征向量 $\boldsymbol{x}^{(1)} \approx (1.000\,0, 0.795\,3, -0.795\,3)^{\mathrm{T}}$.

从上面的例子可以看出, 乘幂法是一类通过矩阵的特征向量来求特征值的迭代法. 它的优点是算法比较简单, 容易在计算机上实现, 计算量也较小, 对于高阶稀疏矩阵较为合适. 其

缺点在于收敛速度依赖于比值 $\left|\frac{\lambda_2}{\lambda_1}\right|$, 比值越小收敛越快, 当比值接近于 1 时, 收敛会变得很慢. 此时可以使用加速收敛的方法, 如瑞利商加速法等.

表 8-2 乘幂法的计算结果

k	$\boldsymbol{v}^{(k)}$	λ_k	$\boldsymbol{u}^{(k)}$	err_k
0	$(1.0, 0.5, -0.5)^{\mathrm{T}}$	1.000 0	$(1.000\ 0, 0.500\ 0, -0.500\ 0)^{\mathrm{T}}$	–
1	$(18, 13, -13)^{\mathrm{T}}$	18.000 0	$(1.000\ 0, 0.722\ 2, -0.722\ 2)^{\mathrm{T}}$	17
2	$(20.666\ 7, 16.111\ 1, -16.111\ 1)^{\mathrm{T}}$	20.666 7	$(1.000\ 0, 0.779\ 6, -0.779\ 6)^{\mathrm{T}}$	2.666 7
3	$(21.354\ 8, 16.914\ 0, -16.914\ 0)^{\mathrm{T}}$	21.354 8	$(1.000\ 0, 0.792\ 0, -0.792\ 0)^{\mathrm{T}}$	0.688 2
4	$(21.504\ 5, 17.088\ 6, -17.088\ 6)^{\mathrm{T}}$	21.504 5	$(1.000\ 0, 0.794\ 7, -0.794\ 7)^{\mathrm{T}}$	0.149 7
5	$(21.535\ 8, 17.125\ 1, -17.125\ 1)^{\mathrm{T}}$	21.535 8	$(1.000\ 0, 0.795\ 2, -0.795\ 2)^{\mathrm{T}}$	0.031 3
6	$(21.542\ 3, 17.132\ 7, -17.132\ 7)^{\mathrm{T}}$	21.542 3	$(1.000\ 0, 0.795\ 3, -0.795\ 3)^{\mathrm{T}}$	0.006 5
7	$(21.543\ 7, 17.134\ 3, -17.134\ 3)^{\mathrm{T}}$	21.543 7	$(1.000\ 0, 0.795\ 3, -0.795\ 3)^{\mathrm{T}}$	0.001 3
8	$(21.543\ 9, 17.134\ 6, -17.134\ 6)^{\mathrm{T}}$	21.543 9	$(1.000\ 0, 0.795\ 3, -0.795\ 3)^{\mathrm{T}}$	0.000 3
9	$(21.544\ 0, 17.134\ 7, -17.134\ 7)^{\mathrm{T}}$	21.544 0	$(1.000\ 0, 0.795\ 3, -0.795\ 3)^{\mathrm{T}}$	<0.000 1

§8.2.2 反幂法

反幂法是一种计算矩阵按模最小特征值及其对应特征向量的迭代方法. 为应用反幂法, 我们需要对实矩阵 $\boldsymbol{A}$ 做如下假设:

(1) 具有 n 个线性无关的特征向量 $\boldsymbol{x}^{(i)}$;

(2) $\boldsymbol{A}\boldsymbol{x}^{(i)} = \lambda_i \boldsymbol{x}^{(i)}$, 其中 λ_i 是实特征值且满足 $|\lambda_1| \geqslant |\lambda_2| \geqslant \cdots > |\lambda_n| > 0$.

由于 $\lambda_i \neq 0$, 故 $\boldsymbol{A}$ 是非奇异矩阵. 设 λ 是非奇异矩阵 $\boldsymbol{A}$ 的特征值, $\boldsymbol{x}$ 是 λ 对应的特征向量. 容易证明: λ^{-1} 是矩阵 $\boldsymbol{A}^{-1}$ 的特征值, $\boldsymbol{x}$ 是 λ^{-1} 所对应的特征向量. 因此, 由算法假设可知, $\boldsymbol{A}^{-1}$ 的特征值分别为 $\{\lambda_i^{-1}\}_{i=1}^n$, 且满足

$$|\lambda_1^{-1}| \leqslant |\lambda_2^{-1}| \leqslant \cdots < |\lambda_n^{-1}|. \tag{8.29}$$

其对应的特征向量仍为 $\{\boldsymbol{x}^{(i)}\}_{i=1}^n$. 这表明非奇异矩阵的按模最小特征值问题等价于其逆阵的按模最大特征值问题. 于是, 可利用乘幂法求得矩阵 $\boldsymbol{A}^{-1}$ 的按摸最大特征值 μ_n 及其对应的特征向量 $\boldsymbol{x}^{(n)}$. 而矩阵 $\boldsymbol{A}$ 的按模最小特征值 $\lambda_n = \mu_n^{-1}$, 对应的特征向量为 $\boldsymbol{x}^{(n)}$.

反幂法的算法描述如下:

算法 8.2.2 (反幂法)

(1) 给定初始非零向量 $\boldsymbol{v}^{(0)}$ 及控制参数 ε;

(2) λ_0 为向量 $\boldsymbol{v}^{(0)}$ 的按模最大分量;

(3) $\boldsymbol{u}^{(0)} = \boldsymbol{v}^{(0)}/\lambda_0$;

(4) 对 $k = 1, 2, \cdots$, 做:

  $\boldsymbol{A}\boldsymbol{v}^{(k+1)} = \boldsymbol{u}^{(k)}$;

  λ_{k+1} 为向量 $\boldsymbol{v}^{(k+1)}$ 的按模最大分量;

  $\boldsymbol{u}^{(k+1)} = \boldsymbol{v}^{(k+1)}/\lambda_{k+1}$;

  定义 $err_{k+1} = |\lambda_{k+1}^{-1} - \lambda_k^{-1}|$;

  当 $err_{k+1} < \varepsilon$ 时, 停止迭代;

(5) 返回近似按模最小特征值 λ_{k+1}^{-1} 和近似特征向量 $\boldsymbol{u}^{(k+1)}$.

在上述算法中, 为避免矩阵求逆, $\boldsymbol{v}^{(k+1)}=\boldsymbol{A}^{-1}\boldsymbol{u}^{(k)}$ 改为等价形式 $\boldsymbol{A}\boldsymbol{v}^{(k+1)}=\boldsymbol{u}^{(k)}$. 对于该线性方程组, 如果系数矩阵 $\boldsymbol{A}$ 满足三角分解的条件, 则可以采用三角分解法求解. 由于矩阵三角分解仅需计算一次, 所以计算量可大为减少. 类似于乘幂法, 反幂法的收敛速度也依赖于比值 $\left|\dfrac{\lambda_n}{\lambda_{n-1}}\right|$ 的大小, 比值越小, 收敛越快.

例 8.2.3 用反幂法计算例 8.2.1 中矩阵 $\boldsymbol{A}$ 的按模最小特征值及其对应的特征向量.

解: 取初始向量 $\boldsymbol{v}^{(0)}=(1.0,-0.5,0.5)^{\mathrm{T}}$ 和控制参数 $\varepsilon=1.0\times10^{-4}$. 由 $\lambda_0=1$ 和 $\boldsymbol{u}^{(0)}=\boldsymbol{v}^{(0)}$, 则所有计算结果如表 8-3 所示.

表 8-3 反幂法的计算结果

k	$\boldsymbol{v}^{(k)}$	λ_k^{-1}	$\boldsymbol{u}^{(k)}$	err_k
0	$(1.0,-0.5,0.5)^{\mathrm{T}}$	1	$(1,-0.5,0.5)^T$	—
1	$(0.208\,3,-0.125\,0,0.125\,0)^{\mathrm{T}}$	4.800 0	$(1.000\,0,-0.600\,0,0.600\,0)^{\mathrm{T}}$	3.800 0
2	$(0.220\,8,-0.137\,5,0.137\,5)^{\mathrm{T}}$	4.528 3	$(1.000\,0,-0.622\,6,0.622\,6)^{\mathrm{T}}$	0.271 7
3	$(0.223\,7,-0.140\,3,0.140\,3)^{\mathrm{T}}$	4.471 0	$(1.000\,0,-0.627\,4,0.627\,4)^{\mathrm{T}}$	0.057 3
4	$(0.224\,3,-0.140\,9,0.140\,9)^{\mathrm{T}}$	4.459 1	$(1.000\,0,-0.628\,4,0.628\,4)^{\mathrm{T}}$	0.011 9
5	$(0.224\,4,-0.141\,1,0.141\,1)^{\mathrm{T}}$	4.456 6	$(1.000\,0,-0.628\,6,0.628\,6)^{\mathrm{T}}$	0.002 5
6	$(0.224\,4,-0.141\,1,0.141\,1)^{\mathrm{T}}$	4.456 1	$(1.000\,0,-0.628\,7,0.628\,7)^{\mathrm{T}}$	0.000 5
7	$(0.224\,4,-0.141\,1,0.141\,1)^{\mathrm{T}}$	4.456 0	$(1.000\,0,-0.628\,7,0.628\,7)^{\mathrm{T}}$	0.000 1
8	$(0.224\,4,-0.141\,1,0.141\,1)^{\mathrm{T}}$	4.456 0	$(1.000\,0,-0.628\,7,0.628\,7)^{\mathrm{T}}$	<0.000 1

因此, 矩阵 $\boldsymbol{A}$ 的按模最小特征值约为 4.456 1, 对应的特征向量约为 $(1.000\,0,-0.628\,7,0.628\,7)^{\mathrm{T}}$.

§8.2.3 结合原点平移的反幂法

若已知矩阵 $\boldsymbol{A}$ 的某特征值的粗略近似值 p, 则可利用结合原点平移技巧的反幂法来计算该矩阵与数 p 最接近的特征值及其对应的特征向量.

为应用结合原点平移的反幂法, 我们假设数 p 是矩阵 $\boldsymbol{A}$ 的第 i 个特征值 λ_i 的近似, 且满足 $0<|\lambda_i-p|<|\lambda_j-p|,\quad j\neq i$.

由算法假设可知, 矩阵 $\boldsymbol{B}=\boldsymbol{A}-p\boldsymbol{I}$ 满足反幂法所要求的假设, 且 $\mu_i=\lambda_i-p$ 是矩阵 $\boldsymbol{B}$ 的按模最小特征值. 因此, 可以对 $\boldsymbol{B}$ 应用反幂法求出 μ_i 及其对应特征向量 $\boldsymbol{x}^{(i)}$ 的近似值, 而矩阵 $\boldsymbol{A}$ 与数 p 最接近的特征值为 $\lambda_i=\mu_i+p$, 其对应的特征向量为 $\boldsymbol{x}^{(i)}$.

结合原点平移的反幂法的算法描述如下:

算法 8.2.3(带原点平移的反幂法)

(1) 给定初始非零向量 $\boldsymbol{v}^{(0)}$, 控制参数 ε 以及数 p;

(2) λ_0 为 $\boldsymbol{v}^{(0)}$ 中按模最大的那个分量;

(3) $\boldsymbol{u}^{(0)}=\boldsymbol{v}^{(0)}/\lambda_0$;

(4) 对 $k=1,2,\cdots$, 做:

$(\boldsymbol{A}-p\boldsymbol{I})\boldsymbol{v}^{(k+1)}=\boldsymbol{u}^{(k)}$;

λ_{k+1} 为向量 $\boldsymbol{v}^{(k+1)}$ 的按模最大分量;

$\boldsymbol{u}^{(k+1)}=\boldsymbol{v}^{(k+1)}/\lambda_{k+1}$;

定义 $err_{k+1}=|\lambda_{k+1}^{-1}-\lambda_k^{-1}|$;

当 $err_{k+1}<\varepsilon$ 时, 停止迭代;

(5) 返回近似特征值 $\lambda_{k+1}^{-1}+p$ 和近似特征向量 $\boldsymbol{u}^{(k+1)}$.

例 8.2.4 求矩阵 $\boldsymbol{A}=\begin{pmatrix}-12 & 3 & 3\\ 3 & 1 & -2\\ 3 & -2 & 7\end{pmatrix}$ 与数 $p=-13$ 最接近的特征值及其对应的特征向量.

解: 对矩阵 $\boldsymbol{B}=\boldsymbol{A}-p\boldsymbol{I}$ 进行 LU 分解, 有

$$\boldsymbol{B}=\begin{pmatrix}1 & 3 & 3\\ 3 & 14 & -2\\ 3 & -2 & 20\end{pmatrix}=\begin{pmatrix}1 & 0 & 0\\ 3 & 1 & 0\\ 3 & -\dfrac{11}{5} & 1\end{pmatrix}\begin{pmatrix}1 & 3 & 3\\ 0 & 5 & -11\\ 0 & 0 & -\dfrac{66}{5}\end{pmatrix}. \tag{8.30}$$

取初始向量 $\boldsymbol{v}^{(0)}=\boldsymbol{u}^{(0)}=(1,1,1)^{\mathrm{T}}$, 利用结合原点平移的反幂法进行计算. 计算结果见表 8-4. 因此矩阵 $\boldsymbol{A}$ 与 $p=-13$ 最接近的特征值约为 $-13.220\,2$, 对应的特征向量约为 $(1.000\,0,-0.235\,1,-0.171\,6)^{\mathrm{T}}$.

表 8-4 带原点平移的反幂法的计算结果

k	$\boldsymbol{v}^{(k)}$	$\boldsymbol{u}^{(k)}$	$\lambda_{k+1}^{-1}+p$	err_k
0	$(1,1,1)^{\mathrm{T}}$	$(1,1,1)^{\mathrm{T}}$	-12	-
1	$(-2.454\,5,0.666\,7,0.484\,8)^{\mathrm{T}}$	$(1.000\,0,-0.271\,6,-0.197\,5)^{\mathrm{T}}$	$-13.407\,4$	1.407 4
2	$(-4.597\,1,1.078\,2,0.787\,5)^{\mathrm{T}}$	$(1.000\,0,-0.234\,5,-0.171\,3)^{\mathrm{T}}$	$-13.217\,5$	0.189 9
3	$(-4.540\,9,1.067\,6,0.779\,3)^{\mathrm{T}}$	$(1.000\,0,-0.235\,1,-0.171\,6)^{\mathrm{T}}$	$-13.220\,2$	0.002 7
4	$(-4.541\,8,1.067\,8,0.779\,5)^{\mathrm{T}}$	$(1.000\,0,-0.235\,1,-0.171\,6)^{\mathrm{T}}$	$-13.220\,2$	$<0.000\,1$

上例表明, 若已知矩阵 $\boldsymbol{A}$ 的某近似特征值, 则可以利用结合原点平移技巧的反幂法计算其对应的特征向量.

§8.3 QR 方法

本节主要介绍计算矩阵全部特征值的 QR 方法. 该方法以矩阵的 QR 分解为基础, 是计算中小型矩阵全部特征值的最有效方法之一, 且具有收敛速度快、算法稳定等特点. 首先给出 QR 方法的算法描述:

算法 8.3.1(QR 方法)

(1) 令 $\boldsymbol{A}_1=\boldsymbol{A}$, 并给定控制参数 ε;

(2) 对 $k=1,2,\cdots$, 做:

计算矩阵 $\boldsymbol{A}_k$ 的 QR 分解 $\boldsymbol{A}_k=\boldsymbol{Q}_k\boldsymbol{R}_k$;

计算 $\boldsymbol{A}_{k+1}=\boldsymbol{R}_k\boldsymbol{Q}_k$;

定义 $err_{k+1}=\|\mathrm{diag}(\boldsymbol{A}_{k+1}-\boldsymbol{A}_k)\|$;

当 $err_{k+1}<\varepsilon$ 时, 停止迭代并返回 $\boldsymbol{A}_{k+1}$.

这里 $\mathrm{diag}(\boldsymbol{A}_k)$ 表示由矩阵 $\boldsymbol{A}_k$ 对角线元素构成的列向量.

给定矩阵 $\boldsymbol{A}_1=\boldsymbol{A}$, 由递推关系式 $\boldsymbol{A}_k=\boldsymbol{Q}_k\boldsymbol{R}_k$ 和 $\boldsymbol{A}_{k+1}=\boldsymbol{R}_k\boldsymbol{Q}_k$ 可得矩阵序列 $\{\boldsymbol{A}_k\}_{k=0}^{\infty}$.

下面对该矩阵序列进行分析. 由于

$$A_{k+1}=Q_k^{-1}A_kQ_k=Q_k^{-1}Q_{k-1}^{-1}A_{k-1}Q_{k-1}Q_k=\cdots=Q_k^{-1}Q_{k-1}^{-1}\cdots Q_1^{-1}AQ_1\cdots Q_{k-1}Q_k. \tag{8.31}$$

所以矩阵序列中的每个矩阵 A_k 都与矩阵 A 相似. 由于相似矩阵具有相同的特征值, 所以 A_k 和 A 具有相同的特征值.

另一方面, 可以证明矩阵序列 $\{A_k\}$ 本质收敛于上三角矩阵或块上三角矩阵, 且对角块为 1×1 矩阵或 2×2 矩阵, 其 1×1 矩阵就是 A 的特征值, 每个 2×2 矩阵含有 A 的一对复特征值. 这种对角块为 1×1 或 2×2 矩阵的分块上三角矩阵称为拟上三角矩阵. 所谓本质收敛, 即对角块和下三角部分是收敛的, 其他的元素不一定收敛.

因此, 当 k 充分大时, 由近似上三角阵或近似块上三角阵 A_k 可得到矩阵 A 的全部特征值. 若还需计算对应的特征向量, 则可以通过结合原点平移技巧的反幂法来求得.

例 8.3.1 用 QR 方法计算下面矩阵的全部特征值:

$$A=\begin{pmatrix}5&-2&-5&-1\\1&0&-3&2\\0&2&2&-3\\0&0&1&-2\end{pmatrix}.$$

解: 令 $A_1=A$, 利用 QR 分解算法对矩阵 A_1 进行 QR 分解.

$$\begin{aligned}A_1&=Q_1R_1\\&=\begin{pmatrix}0.980\,6&-0.037\,7&-0.192\,3&-0.103\,8\\0.196\,1&0.188\,7&-0.880\,4&-0.419\,2\\0.000\,0&0.981\,3&0.176\,1&0.074\,0\\0.000\,0&0.000\,0&0.396\,2&-0.898\,9\end{pmatrix}\\&\quad\times\begin{pmatrix}5.099\,2&-1.961\,2&-5.491\,2&-0.392\,2\\0.000\,0&2.038\,1&1.585\,2&-2.528\,8\\0.000\,0&0.000\,0&2.524\,2&-3.273\,6\\0.000\,0&0.000\,0&0.000\,0&0.782\,2\end{pmatrix}.\end{aligned}$$

然后, 求得 $A_2=R_1Q_1$, 再对 A_2 进行 QR 分解. 一直进行下去, 得到

$$A_{12}=\begin{pmatrix}4.000\,0&*&*&*\\&1.878\,9&-3.591\,0&*\\&1.329\,0&0.121\,1&*\\&&&-1.000\,0\end{pmatrix}.$$

所以, A 的两个特征值为 4.000 0 和 −1.000 0. 其他两个特征值是方程

$$\begin{vmatrix}1.878\,9-\lambda&-3.591\,0\\1.329\,0&0.121\,1-\lambda\end{vmatrix}=0$$

的根, 即

$$\lambda^2-2\lambda-1.878\,9\times 0.121\,1-1.329\,0\times(-3.591\,0)=0.$$

计算可得

$$\lambda \approx 1 \pm 2\mathrm{i}.$$

事实上, 矩阵 $\boldsymbol{A}$ 的四个特征值分别为 $-1, 4, 1 \pm 2\mathrm{i}$.

对于特征值问题, MATLAB 软件提供了 eig 函数. 其格式如下:

```
>> [V,D] = eig(A)
```

其中对角阵 $\boldsymbol{D}$ 表示矩阵 $\boldsymbol{A}$ 的全部特征值, 矩阵 $\boldsymbol{V}$ 的第 i 列为 $\boldsymbol{D}$ 中第 i 列对角线元素所对应的特征向量.

评 注

本章主要介绍几种常用的矩阵特征值问题的数值解法. 乘幂法是一种计算矩阵按模最大特征值的方法, 该方法简单有效并能给出对应的特征向量. 反幂法可用来计算非奇异矩阵的按模最小特征值及其对应的特征向量. 此类方法统称为幂方法. 幂方法的收敛速度依赖于最大与次大 (或最小与次小) 特征值的比值, 因此有时收敛速度比较慢. 为了提高收敛速度, 可采用加速方法, 如原点平移法和瑞利商加速法等. QR 方法是求矩阵全部特征值的数值方法, 该方法利用 QR 分解将矩阵变为与其相似的上三角阵或拟上三角阵, 然后利用相似矩阵具有相同特征值这一结论得到矩阵全部特征值.

习 题 八

1. 用乘幂法求下列矩阵的按模最大特征值及其对应的特征向量

$$(1)\ \begin{pmatrix} 2 & 3 & 2 \\ 10 & 3 & 4 \\ 3 & 6 & 1 \end{pmatrix}; \qquad (2)\ \begin{pmatrix} 3 & -4 & 3 \\ -4 & 6 & 3 \\ 3 & 3 & 1 \end{pmatrix}.$$

当特征值有三位小数稳定时迭代终止.

2. 用反幂法求矩阵 $\boldsymbol{A} = \begin{pmatrix} 2 & 0 & 0 \\ 2 & 2 & 1 \\ 1 & 1 & 2 \end{pmatrix}$ 的按模最小特征值及其对应的特征向量, 当特征值有三位小数稳定时迭代终止.

3. 用幂方法求矩阵 $\boldsymbol{A} = \begin{pmatrix} 6 & 2 & 1 \\ 2 & 3 & 1 \\ 1 & 1 & 1 \end{pmatrix}$ 的最接近于 6 的特征值及其对应的特征向量.

4. 已知矩阵 $\boldsymbol{A} = \begin{pmatrix} 2 & 1 & 0 \\ 1 & 3 & 1 \\ 0 & 1 & 4 \end{pmatrix}$ 的近似特征值 $\overline{\lambda}_3 = 1.267\,9$(准确特征值为 $\lambda_3 = 3 - \sqrt[3]{3}$), 试求该特征值对应的特征向量.

5. 用 QR 方法计算下列矩阵的全部特征值

$$(1)\begin{pmatrix}3&1&0\\1&4&2\\0&2&3\end{pmatrix};\quad (2)\begin{pmatrix}1&4&5\\2&5&6\\2&2&0\end{pmatrix}.$$

数值实验八

1. 用乘幂法计算下列矩阵的按模最大特征值和对应特征向量的近似向量，精度 $\epsilon=10^{-5}$.

$$(1)\begin{pmatrix}1&3&3\\2&1&3\\3&3&6\end{pmatrix};\quad (2)\begin{pmatrix}-4&14&0\\-5&13&0\\-1&0&2\end{pmatrix},$$

2. 用原点于移反幂法计算 $\boldsymbol{A}=\begin{pmatrix}0&11&-5\\-2&17&-7\\-4&26&-10\end{pmatrix}$ 的分别对应于特征值 $\lambda_1\approx\bar{\lambda}_1=1.001$, $\lambda_2\approx\bar{\lambda}_2=2.001$, $\lambda_3\approx\bar{\lambda}_3=4.001$ 的特征向量 $\boldsymbol{X}_1,\boldsymbol{X}_2,\boldsymbol{X}_3$ 的近似向量，相邻迭代误差为 0.001. 并将计算结果与精确特征向量进行比较.

3. 写出 QR 方法的 MATLAB 程序, 利用此程序求实对称矩阵 $\boldsymbol{A}$ 全部特征值并与 $\boldsymbol{A}$ 全部特征值的真实值比较, 精度为 $\epsilon=10^{-4}$.

$$\boldsymbol{A}=\begin{pmatrix}5&2&2&1\\2&-3&1&1\\2&1&3&1\\1&1&1&2\end{pmatrix}$$

4. 考虑 n 阶的三对角矩阵

$$\boldsymbol{A}=\begin{pmatrix}2&-1&0&\cdots&0\\-1&2&-1&\cdots&0\\0&-1&2&\cdots&0\\\vdots&\vdots&\vdots&\ddots&\vdots\\0&0&0&-1&2\end{pmatrix}$$

分别计算当 $n=2,4,6,8,\cdots$ 时, 矩阵 $\boldsymbol{A}$ 的条件数 $\mathrm{cond}_2(\boldsymbol{A})=\frac{\lambda_{\max}(\boldsymbol{A})}{\lambda_{\min}(\boldsymbol{A})}$.

5. 试求 $n=10$ 阶矩阵

$$\boldsymbol{A}=(a_{ij})=\left(\frac{1}{i+j-1}\right),\qquad i,j=1,2,\cdots,n.$$

的全部特征值及其对应的特征向量.

第 9 章　常微分方程初边值问题数值解

含有未知函数及其导数或微分的等式, 常称为微分方程. 科学研究和工程技术中的许多问题都可通过微分方程或微分方程组来建立数学模型进行分析. 一般而言, 除了少数特殊类型的微分方程能用解析方法求得精确解外, 多数情况找不到解的解析表达式. 因此, 只能采用数值方法来求解微分方程，这已成为微分方程求解的主要手段.

本章主要讨论两类常微分问题：一类是一阶常微分方程 (组) 的初值问题

$$\begin{cases} y' = f(x,y), & x \in [a,b], \\ y(a) = y_0, \end{cases} \tag{9.1}$$

式中, y_0 是已知 m 维实向量, $f(x,y)$ 是定义在 $m+1$ 维区域

$$G = \{(x,y) \mid x \in [a,b], y \in \mathbb{R}^m\} \tag{9.2}$$

上的 m 维已知函数向量. 由常微分方程理论知：如果函数 $f(x,y)$ 在区域 G 中连续, 且关于 y 满足利普希茨条件 (Lipschitz Condition), 即对任意 $x \in [a,b]$ 及 $y_1, y_2 \in \mathbb{R}^m$, 总存在常数 $L > 0$, 使得

$$\|f(x,y_1) - f(x,y_2)\| \leqslant L\|y_1 - y_2\|, \tag{9.3}$$

那么初值问题方程组 (9.1) 存在唯一解, 且解连续依赖于初始条件和右端项.

另一类是两阶常微分方程边值问题

$$\begin{cases} -y'' + q(x)y = f(x), & x \in (a,b), \\ y(a) = \alpha,\ y(b) = \beta, \end{cases} \tag{9.4}$$

式中, α 和 β 是已知实数, $q(x)$ 和 $f(x)$ 是定义在区间 $[a,b]$ 上的已知连续函数, 且 $q(x) > 0$. 可以证明：上述边值问题存在唯一解, 且解连续依赖于边界条件和右端项.

无论是初值问题还是边值问题, 微分方程的精确解 $y = y(x)$ 都是定义在区间 $[a,b]$ 上关于变量 x 的函数或函数向量. 记 $a = x_0 < x_1 < \cdots < x_{N-1} < x_N = b$ 为区间 $[a,b]$ 上的一系列互异节点. 数值解就是精确解 $y(x)$ 在这些节点 x_n 处的近似值, 记为 y_n. 为简单起见, 本章假设节点是等距的，即 x_n 满足

$$h_n = x_{n+1} - x_n = h = \frac{b-a}{N}, \quad n = 0,1,\cdots,N, \tag{9.5}$$

式中, h 称为步长. 本章前三节主要讨论 $m=1$ 时初值问题 (9.1) 的数值解法, $m>1$ 情况下的初值问题 (9.1) 和边值问题 (9.4) 的数值解法将分别在最后两节做简单介绍.

§9.1　欧拉公式及其改进

§9.1.1　欧拉公式

欧拉公式是求解初值问题 (9.1) 的一种简单而古老的数值方法. 其基本思路是把方程 (9.1) 中的微商 y' 用差商替代, 从而把该微分方程转化成为一个代数方程, 以便求解.

在节点 x_n 处, (9.1) 式可写成

$$y'(x_n) = f(x_n, y(x_n)). \tag{9.6}$$

由于

$$y'(x_n) \approx \frac{y(x_{n+1}) - y(x_n)}{h}, \tag{9.7}$$

故

$$y(x_{n+1}) \approx y(x_n) + hf(x_n, y(x_n)). \tag{9.8}$$

因为解 $y(x)$ 是未知的, 所以将 $y(x_i)$ 的近似值 y_i $(i = n, n+1)$ 代入式 (9.8). 这就得到**欧拉公式**

$$y_{n+1} = y_n + hf(x_n, y_n). \tag{9.9}$$

欧拉公式的几何意义是十分清楚的. 常微分方程 $y' = f(x, y)$ 满足初始条件 $y(x_0) = y_0$ 的解 $y = y(x)$ 是 xOy 平面上过点 $P_0(x_0, y_0)$ 的一条特殊积分曲线. 欧拉方法就是用从 P_0 出发的折线 $P_0P_1 \cdots P_N$ 来作为积分曲线 $y = y(x)$ 的近似解, 如图 9-1 所示. 所以欧拉方法又称为欧拉折线法.

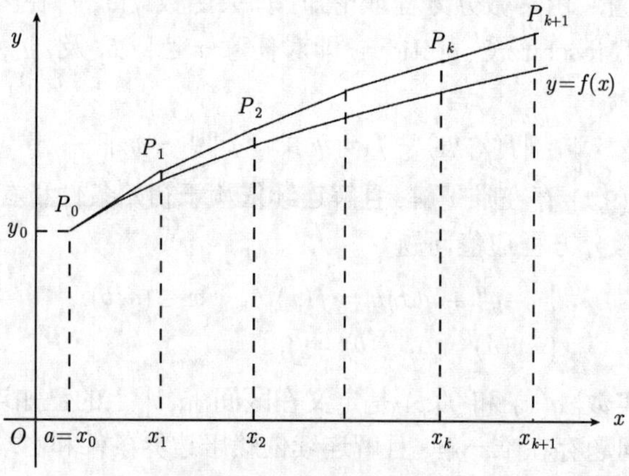

图 9-1 欧拉法的几何意义

以下是欧拉方法的算法描述:

算法 9.1.1(欧拉公式)

(1) 给定整数 N;

(2) $h = \dfrac{b-a}{N}$;

(3) $x = a : h : b$;

(4) $y(1) = y_0$;

(5) 遍历 $n = 1, 2, \cdots, N$, 执行:

$y(n+1) = y(n) + hf(x(n), y(n))$;

(6) 返回 x 和 y.

基于欧拉方法的 MATLAB 程序如下:

```
function [x,y] = odeEuler(f,y0,a,b,N)
   h = (b-a)/N;
   x = a:h:b;
   y(1) = y0;
   for n = 1:N,
      y(n+1) = y(n) + h*feval(f,x(n),y(n));
   end
```

例 9.1.1 取步长 $h=0.1$, 用欧拉公式 (9.9) 求解初值问题

$$\begin{cases} y' = y - \dfrac{2x}{y}, \\ y(0) = 1, \end{cases}$$

在区间 $[0,1]$ 上的数值解.

解: 由欧拉公式 (9.9) 得到该问题的具体计算公式

$$y_{n+1} = y_n + h\left(y_n - \frac{2x_n}{y_n}\right). \tag{9.10}$$

令 $y_0 = y(x_0)$, 数值计算结果见表 9-1.

表 9-1 欧拉公式的计算结果

x_n	y_n	$y(x_n)$	$\lvert y_n - y(x_n)\rvert$
0.0	1.000 0	1.000 0	0.000 0
0.1	1.100 0	1.095 4	0.004 6
0.2	1.191 8	1.183 2	0.008 6
0.3	1.277 4	1.264 9	0.012 5
0.4	1.358 2	1.341 6	0.016 6
0.5	1.435 1	1.414 2	0.020 9
0.6	1.509 0	1.483 2	0.025 7
0.7	1.580 3	1.549 2	0.031 1
0.8	1.649 8	1.612 5	0.037 3
0.9	1.717 8	1.673 3	0.044 5
1.0	1.784 8	1.732 1	0.052 7

该初值问题的解析解为 $y=\sqrt{1+2x}$. 为便于比较, 表 9-1 中同时列出了解析解在各节点处的值. 两者相比较, 显然欧拉方法给出的数值解误差较大, 一般只有两位有效数字. 为得到更准确的数值解, 一种方法是选取更小的步长进行计算; 另一种是采用更高精度的离散公式.

§9.1.2 数值积分与多步法

为了改进欧拉方法, 构造高精度的离散公式, 我们从另一角度来考察初值问题. 事实上, 式 (9.1) 可改写为

$$\mathrm{d}y(x) = f(x, y(x))\mathrm{d}x. \tag{9.11}$$

两边关于变量 x 在区间 $[x_n, x_{n+1}]$ 上积分, 得

$$y(x_{n+1}) = y(x_n) + \int_{x_n}^{x_{n+1}} f(x, y(x))\mathrm{d}x. \tag{9.12}$$

要得到 $y(x_{n+1})$ 的值, 就必须计算右端的积分

$$\int_{x_n}^{x_{n+1}} f(x, y(x))\mathrm{d}x. \tag{9.13}$$

但该积分式中含有未知函数 $y(x)$, 无法直接计算, 因此考虑采用数值积分方法计算积分式 (9.13). 这种采用数值积分公式近似替代积分式 (9.13), 从而得到求解初值问题 (9.1) 离散公式的方法, 称为初值问题的数值积分方法.

选用不同的数值积分公式, 就会得到不同的求解常微分方程初值问题 (9.1) 的计算公式.

例如, 用最简单的左矩形公式

$$\int_{x_n}^{x_{n+1}} f(x, y(x))\mathrm{d}x \approx hf(x_n, y(x_n)). \tag{9.14}$$

将式 (9.14) 代入式 (9.12), 可得

$$y(x_{n+1}) \approx y(x_n) + hf(x_n,\ y(x_n)). \tag{9.15}$$

如用 y_n 代替上式右端的 $y(x_n)$, 并将算出的右端值作为 $y(x_{n+1})$ 的近似值 y_{n+1}, 这样建立起来的计算公式就是前述的欧拉公式 (9.9).

类似地, 利用右矩形公式, 可得到**后退欧拉公式**

$$y_{n+1} = y_n + hf(x_{n+1}, y_{n+1}). \tag{9.16}$$

矩形求积公式的代数精度较低. 为了提高计算精度, 可用梯形求积公式

$$\int_{x_n}^{x_{n+1}} f(x, y(x))\mathrm{d}x \approx \frac{h}{2}\left[f(x_n, y(x_n)) + f(x_{n+1}, y(x_{n+1}))\right]. \tag{9.17}$$

于是得到求解初值问题 (9.1) 的**梯形公式**

$$y_{n+1} = y_n + \frac{h}{2}\left[f(x_n, y_n) + f(x_{n+1}, y_{n+1})\right]. \tag{9.18}$$

由于梯形求积公式比矩形求积公式的代数精度高, 因此一般情况下梯形公式 (9.18) 的计算结果比欧拉公式 (9.9) 的计算结果更准确.

以下是利用梯形公式 (9.18) 求解初值问题 (9.1) 的算法描述.

算法 9.1.2(梯形公式)

(1) 给定整数 N;

(2) $h = \dfrac{b-a}{N}$;

(3) $x = a : h : b$;

(4) $y(1) = y_0$;

(5) 遍历 $n = 1, 2, \cdots, N$, 执行:

求解方程 $y(n+1) = y(n) + \frac{1}{2}h\left(f(x(n), y(n)) + f(x(n+1), y(n+1)\right)$ 得到 $y(n+1)$;

(6) 返回 x 和 y.

例 9.1.2 用梯形公式 (9.18) 求解例 9.1.1 中的初值问题.

解: 对于例 9.1.1 中的初值问题, 梯形公式 (9.18) 的具体表达式为

$$y_{n+1}=y_n+\frac{h}{2}\left[\left(y_n-\frac{2x_n}{y_n}\right)+\left(y_{n+1}-\frac{2x_{n+1}}{y_{n+1}}\right)\right]. \tag{9.19}$$

这是一个非线性方程, 可利用非线性方程的各种求解方法进行计算. 这里采用简单的迭代法

$$y_{n+1}^{(m+1)}=y_n+\frac{h}{2}\left[\left(y_n-\frac{2x_n}{y_n}\right)+\left(y_{n+1}^{(m)}-\frac{2x_{n+1}}{y_{n+1}^{(m)}}\right)\right]. \tag{9.20}$$

由压缩映像定理可以证明: 当 h 充分小时, 该迭代法收敛于唯一不动点.

取步长 $h=0.1$, 初始值 $y_0=y(0)$, 计算结果见表 9-2. 同例 9.1.1 中欧拉方法的计算结果相比, 梯形公式明显地改善了精度.

表 9-2 梯形公式的计算结果

x_n	y_n	$y(x_n)$	$\lvert y_n-y(x_n)\rvert$
0.0	1.000 0	1.000 0	0.000 0
0.1	1.095 7	1.095 4	0.000 2
0.2	1.183 6	1.183 2	0.000 4
0.3	1.265 4	1.264 9	0.000 5
0.4	1.342 3	1.341 6	0.000 7
0.5	1.415 1	1.414 2	0.000 8
0.6	1.484 3	1.483 2	0.001 0
0.7	1.550 4	1.549 2	0.001 2
0.8	1.613 9	1.612 5	0.001 5
0.9	1.675 1	1.673 3	0.001 8
1.0	1.734 1	1.732 1	0.002 1

利用高阶数值积分, 还可构造其他的离散格式. 例如,

亚当斯 – 巴什福思 (Adams-Bashforth) 公式

$$y_{n+1}=y_n+\frac{h}{24}\left[55f(x_n,y_n)-59f(x_{n-1},y_{n-1})+37f(x_{n-2},y_{n-2})-9f(x_{n-3},y_{n-3})\right]. \tag{9.21}$$

亚当斯 – 莫尔顿 (Adams-Moulton) 公式

$$y_{n+1}=y_n+\frac{h}{24}\left[9f(x_{n+1},y_{n+1})+19f(x_n,y_n)-5f(x_{n-1},y_{n-1})+f(x_{n-2},y_{n-2})\right]. \tag{9.22}$$

欧拉公式与梯形公式仅含有 y_n 和 y_{n+1}. 因此若已知 y_n, 则可求出 y_{n+1}, 这类公式称为**单步法**. 而用亚当斯 – 巴什福思公式与亚当斯 – 莫尔顿公式计算 y_{n+1} 时, 除了要已知上一节点处的近似值 y_n 外, 还需要知道前面多个节点处的近似值 y_{n-1} 和 y_{n-2} 等, 故这类公式称为**多步法**. 多步法不具有单步法的 “自启动” 特点. 在实际计算时, 除了初值 y_0, 还需要借助其他方法 (如单步法等) 提供的附加初值, 才能启动多步法公式依次计算.

欧拉公式和亚当斯 – 巴什福思公式的右端不含有 y_{n+1}, 把已知量代入公式右端, 即可求出 y_{n+1}, 这类公式称为**显式格式**, **或显格式**. 梯形公式与亚当斯 – 莫尔顿公式的右端隐含 y_{n+1}, 求 y_{n+1} 时通常需要解非线性方程, 这类公式称为**隐式格式**, **或隐格式**. 显格式与隐格

式, 这两类方法各有特点. 考虑到数值稳定性等方面因素, 有时需要选用隐格式, 但显格式的计算量要远小于隐格式.

上面利用数值积分方法构造的计算公式在计算精度上的表现是不同的. 下面介绍局部截断误差的概念. 局部截断误差可用于表征常微分方程初值问题数值解法的计算精度.

一般地, 常微分方程初值问题的计算公式满足形如

$$y_{n+1} = y_n + hg(y_{n+1}, y_n, \cdots, y_{n-r}) \tag{9.23}$$

的等式, 其中 $y_n, \cdots, y_{n-r}$ 为真解 $y(x)$ 在 $r+1$ 个节点 $x_n, \cdots, x_{n-r}$ 处的数值解. 假设式 (9.23) 中等号右端所涉及的数值解都是准确的, 利用该式得到的数值解记为 $\hat{y}_{n+1}$, 即

$$\hat{y}_{n+1} = y(x_n) + hg(y(x_{n+1}), y(x_n), \cdots, y(x_{n-r})), \tag{9.24}$$

则 $\hat{y}_{n+1}$ 与真解 $y(x_{n+1})$ 之间的差异 $\varepsilon_{n+1} = y(x_{n+1}) - \hat{y}_{n+1}$ 称为该数值方法的**局部截断误差**. 而真解与实际计算所得近似解之间的差异 $e_n = y(x_n) - y_n$ 称为该数值方法的**整体截断误差**. 在本章第 §9.3 节, 我们将看到局部截断误差与整体截断误差有着密切的联系, 并在一定程度上刻画了数值方法的计算精度.

定义 9.1.1 若常微分方程初值问题 (9.1) 的计算公式 (9.23) 的局部截断误差为 $\varepsilon_{n+1} = O(h^{p+1})$, 则称该公式所代表的数值方法具有 p 阶精度或称为 p 阶方法.

例 9.1.3 欧拉公式是一阶方法.

证: 设 $y(x)$ 在 $[x_0, x_N]$ 上充分光滑, 令 $M = \max\limits_{x_0 \leqslant x \leqslant x_N} |y''(x)|$. 由泰勒展开可得真解在 x_{n+1} 处的值为

$$y(x_{n+1}) = y(x_n) + hy'(x_n) + \frac{h^2}{2} y''(\xi), \quad x_n < \xi < x_{n+1}. \tag{9.25}$$

假设欧拉公式 (9.9) 右端的 y_n 是准确的, 即令 $y_n = y(x_n)$, 则数值解在节点 x_{n+1} 处的值为

$$\hat{y}_{n+1} = y(x_n) + hf(x_n, y(x_n)) = y(x_n) + hy'(x_n). \tag{9.26}$$

因此局部截断误差

$$|\varepsilon_{n+1}| = |y(x_{n+1}) - \hat{y}_{n+1}| = \frac{h^2}{2} |y''(\xi)| \leqslant \frac{M}{2} h^2 = O(h^2). \tag{9.27}$$

这表明欧拉公式的局部截断误差是 h^2 的同阶无穷小, 即欧拉公式是一阶方法.

类似地, 可以证明梯形公式是二阶方法, 而亚当斯 - 巴什福思公式与亚当斯 - 莫尔顿公式均为四阶方法.

§9.1.3 预估校正公式

由例 9.1.1 和例 9.1.2 可以看出, 梯形方法相对于欧拉方法虽然精度提高了, 但是每一步都要用迭代法解非线性方程, 所以计算量增加很多. 实际计算时, 一种有效简化计算的方法是: 当 h 较小时, 先用显格式计算一个合适的预估值, 然后利用隐格式迭代一二次得到校正值, 这样就可构造出所谓的预估校正公式.

例如, 先用欧拉公式求得一个初始的近似值 $\overline{y}_{n+1}$, 称为预估值. 预估值 $\overline{y}_{n+1}$ 的精度可能很差. 然后以预估值作为初始迭代值代入梯形公式 (9.18) 迭代一次得 y_{n+1}(与例 9.1.2 中简

单迭代类似), 计算结果称为校正值, 并以之作为节点 x_{n+1} 处的数值解 y_{n+1}. 实际计算公式如下

$$\begin{cases} \text{预估} & \overline{y}_{n+1} = y_n + hf(x_n, y_n), \\ \text{校正} & y_{n+1} = y_n + \frac{h}{2}\left[f(x_n, y_n) + f(x_{n+1}, \overline{y}_{n+1})\right]. \end{cases} \tag{9.28}$$

这就是一个预估校正公式, 式 (9.28) 通常称为**改进的欧拉公式**. 该公式亦可表示为

$$y_{n+1} = y_n + \frac{h}{2}\left[f(x_n, y_n) + f(x_n + h, y_n + hf(x_n, y_n))\right] \tag{9.29}$$

或等价的平均化形式

$$\begin{cases} y_p = y_n + hf(x_n, y_n), \\ y_c = y_n + hf(x_n + h, y_p), \\ y_{n+1} = \frac{1}{2}(y_p + y_c). \end{cases} \tag{9.30}$$

注意, 式 (9.30) 比式 (9.29) 在形式上少计算一次 $f(x, y)$ 的值.

以下是利用改进的欧拉公式 (9.30) 求解初值问题 (9.1) 的算法描述.

算法 9.1.3(改进的欧拉公式)

(1) 给定整数 N;

(2) $h = \frac{b-a}{N}$;

(3) $x = a : h : b$;

(4) $y(1) = y_0$;

(5) 遍历 $n = 1, 2, \cdots, N$, 执行:

$y_p = y(n) + hf(x(n), y(n))$;

$y_c = y(n) + hf(x(n+1), y_p)$;

$y(n+1) = 0.5(y_c + y_p)$;

(6) 返回 x 和 y.

改进的欧拉公式的 MATLAB 程序如下:

```
function [x,y] = odeIEuler(f,y0,a,b,N)
  h = (b-a)/N;
  x = a:h:b;
  y(1) = y0;
  for n=1:N,
      yp = y(n) + h*feval(f,x(n),y(n));
      yc = y(n) + h*feval(f,x(n+1),yp);
      y(n+1) = 0.5 * (yp+yc);
  end
```

例 9.1.4 用改进的欧拉公式 (9.28) 求解例 9.1.1 中的初值问题.

解: 对例 9.1.1 中的初值问题应用改进的欧拉公式, 其具体表达式为

$$\begin{cases} \overline{y}_{n+1} = y_n + h\left(y_n - \frac{2x_n}{y_n}\right) \\ y_{n+1} = y_n + \frac{h}{2}\left[\left(y_n - \frac{2x_n}{y_n}\right) + \left(\overline{y}_{n+1} - \frac{2x_{n+1}}{\overline{y}_{n+1}}\right)\right]. \end{cases} \tag{9.31}$$

取步长 $h = 0.1$, 初始值 $y_0 = y(0)$, 计算结果见表 9-3.

表 9-3　改进的欧拉公式的计算结果

x_n	y_n	$y(x_n)$	$\|y_n - y(x_n)\|$
0.0	1.000 0	1.000 0	0.000 0
0.1	1.095 9	1.095 4	0.000 5
0.2	1.184 1	1.183 2	0.000 9
0.3	1.266 2	1.264 9	0.001 3
0.4	1.343 4	1.341 6	0.001 7
0.5	1.416 4	1.414 2	0.002 2
0.6	1.486 0	1.483 2	0.002 7
0.7	1.552 5	1.549 2	0.003 3
0.8	1.616 5	1.612 5	0.004 0
0.9	1.678 2	1.673 3	0.004 8
1.0	1.737 9	1.732 1	0.005 8

同例 9.1.1 和例 9.1.2 相比, 一方面, 改进的欧拉公式的计算精度明显要优于欧拉公式, 但略差于梯形公式. 另一方面, 由于改进的欧拉公式是显格式, 不需要求解非线性方程, 所以计算量要远小于梯形公式. 因此, 改进的欧拉公式可视为欧拉公式和梯形公式在计算精度与计算量等方面的折中方案.

一般地, 较为简单的预估校正格式都包含两个计算公式, 一个是显式公式, 作为预估公式; 另一个是隐式公式, 作为校正公式, 当然也可以构造包含多个计算公式的预估校正格式. 构造预估校正格式时, 应该注意阶数的匹配, 例如在改进的欧拉公式 (9.28) 中, 校正公式具有二阶精度, 而预估公式仅具有一阶精度. 由于提供的预估值精度较差, 且仅经一次校正, 所以校正值的精度不会太高.

下面的预估校正格式

$$\begin{cases} \text{预估} \quad \overline{y}_{n+1} = y_{n-1} + 2hf(x_n,\ y_n), \\ \text{校正} \quad y_{n+1} = y_n + \dfrac{h}{2}\left[f(x_n, y_n) + f(x_{n+1},\ \overline{y}_{n+1})\right]. \end{cases} \tag{9.32}$$

要好一些. 因为式 (9.32) 中的预估公式也具有二阶精度, 与校正公式是一致的. 预估值精度提高了, 校正值的精度也会更高一些. 式 (9.32) 中的预估公式可用数值积分公式中的中矩形公式推得.

此外, 利用亚当斯 · 巴什福思公式和亚当斯 · 莫尔顿公式, 可构造常用的**四阶亚当斯预估校正系统**

$$\begin{cases} \overline{y}_{n+1} = y_n + \dfrac{h}{24}\left[55f(x_n, y_n) - 59f(x_{n-1}, y_{n-1}) + 37f(x_{n-2}, y_{n-2}) - 9f(x_{n-3}, y_{n-3})\right], \\ y_{n+1} = y_n + \dfrac{h}{24}\left[9f(x_{n+1}, \overline{y}_{n+1}) + 19f(x_n, y_n) - 5f(x_{n-1}, y_{n-1}) + f(x_{n-2}, y_{n-2})\right]. \end{cases} \tag{9.33}$$

§9.2　龙格–库塔公式

本节介绍一类应用较广泛的高精度显式单步法 —— 龙格–库塔 (Runge-Kutta) 方法, 简称 R-K 方法. 为了导出龙格–库塔公式, 我们先对前面介绍的欧拉公式和预估校正公式做进一步的分析.

欧拉公式 (9.9) 可改写成

$$\begin{cases} y_{n+1}=y_n+k_1, \\ \quad k_1=hf(x_n,y_n). \end{cases} \tag{9.34}$$

用欧拉公式计算 y_{n+1}, 需计算一次 $f(x,y)$ 的值. 设 $y_n=y(x_n)$, 对比 $\hat{y}_{n+1}$ 和 $y(x_{n+1})$ 的泰勒展开式, 可证明欧拉公式的局部截断误差为 $O(h^2)$.

改进的欧拉公式 (9.28) 可改写为

$$\begin{cases} y_{n+1}=y_n+\dfrac{1}{2}k_1+\dfrac{1}{2}k_2, \\ \quad k_1=hf(x_n,y_n), \\ \quad k_2=hf(x_n+h,y_n+k_1). \end{cases} \tag{9.35}$$

用它计算 y_{n+1}, 需计算两次 $f(x,y)$ 的值. 设 $y_n=y(x_n)$, 则 $\hat{y}_{n+1}$ 和 $y(x_{n+1})$ 的泰勒展开式的前三项完全相同, 即改进的欧拉公式的局部截断误差为 $O(h^3)$.

上述两组公式在形式上具有一个共同点: 都是用 $f(x,y)$ 在某些点上的值的线性组合得出近似值 y_{n+1}, 而且可以看出, 增加计算 $f(x,y)$ 的次数可提高局部截断误差的阶.

龙格－库塔公式的基本思想就是设法计算 $f(x,y)$ 在某些节点上的函数值, 然后对这些函数值做线性组合, 构造含待定参数的近似计算公式, 再把近似计算公式和真解的泰勒展开式相比较, 并确定参数的取值以使得前面的若干项吻合, 从而获得一定精度的计算公式.

具体构造时, 先引进若干参数, 例如一般的显式龙格－库塔公式的形式为

$$\begin{cases} y_{n+1}=y_n+\displaystyle\sum_{i=1}^{r}\omega_i k_i \\ \quad k_1=hf(x_n,y_n), \\ \quad k_i=hf\left(x_n+\alpha_i h, y_n+\displaystyle\sum_{j=1}^{i-1}\beta_{ij}k_j\right), \quad i=2,3,\cdots,r, \end{cases} \tag{9.36}$$

式中, 参数 $\omega_i, \alpha_i, \beta_{ij}$ 是与初值问题方程 (9.1) 右端 $f(x,y)$ 和步长 h 均无关的常数. 计算公式 (9.36) 称为 r 段的龙格－库塔公式. 显然, r 段龙格 - 库塔公式需计算 r 次 $f(x,y)$ 的值. 此外, 若 (9.36) 式的局部截断误差达到 $O(h^{p+1})$, 则称公式 (9.36) 为 **p 阶 r 段龙格－库塔公式**.

下面以二段龙格－库塔方法为例, 介绍格式的推导过程. 从龙格－库塔公式的一般形式 (9.36) 出发, 可知二段龙格－库塔公式为

$$\begin{cases} y_{n+1}=y_n+\omega_1 k_1+\omega_2 k_2, \\ \quad k_1=hf(x_n,\ y_n), \\ \quad k_2=hf(x_n+\alpha_2 h, y_n+\beta_{21}k_1). \end{cases} \tag{9.37}$$

将 $y(x_{n+1})$ 在点 $x=x_n$ 处泰勒展开

$$y(x_{n+1})=y(x_n+h)=y(x_n)+y'(x_n)h+\frac{1}{2!}y''(x_n)h^2+O(h^3). \tag{9.38}$$

若记 $f(x,y)$, $\dfrac{\partial f}{\partial x}(x,y)$ 和 $\dfrac{\partial f}{\partial y}(x,y)$ 在 (x_n,y_n) 处的值为 f_n, f_x 和 f_y, 则有

$$y'(x_n)=f_n,\qquad y''(x_n)=f_x+f_yf_n. \tag{9.39}$$

因此式 (9.38) 可改写为

$$y(x_{n+1})=y(x_n)+f_nh+\frac{1}{2}\left(f_x+f_yf_n\right)h^2+O(h^3). \tag{9.40}$$

由式 (9.37) 得

$$y_{n+1}=y_n+\omega_1hf(x_n,y_n)+\omega_2hf(x_n+\alpha_2h,y_n+\beta_{21}hf(x_n,y_n)). \tag{9.41}$$

假设 $y_n=y(x_n)$, 利用泰勒展开得

$$f(x_n+\alpha_2h,y_n+\beta_{21}hf_n)=f_n+\alpha hf_x+\beta_{21}hf_yf_n+O(h^2), \tag{9.42}$$

将上式代入式 (9.41), 化简得

$$\hat{y}_{n+1}=y(x_n)+(\omega_1+\omega_2)f_nh+\omega_2\left(\alpha_2f_x+\beta_{21}f_yf_n\right)h^2+O(h^3). \tag{9.43}$$

逐项比较式 (9.40) 和式 (9.43), 为使 $y(x_{n+1})-\hat{y}_{n+1}=O(h^3)$, 则有

$$\begin{cases}\omega_1+\omega_2=1,\\ \omega_2\alpha_2=\dfrac{1}{2},\\ \omega_2\beta_{21}=\dfrac{1}{2}.\end{cases} \tag{9.44}$$

上述方程组由关于 4 个未知量 $\alpha_2,\beta_{21},\omega_1,\omega_2$ 的三个方程组成. 事实上, 方程组 (9.44) 有无穷多组解, 且每一组解都构成一个二阶二段龙格–库塔公式.

令 $\alpha_2=1$, 从式 (9.44) 解得 $\omega_1=\omega_2=\frac{1}{2}$, $\beta_{21}=1$, 则有

$$\begin{cases}y_{n+1}=y_n+\dfrac{1}{2}k_1+\dfrac{1}{2}k_2,\\ k_1=hf(x_n,y_n),\\ k_2=hf(x_n+h,y_n+k_1).\end{cases} \tag{9.45}$$

这就是前面介绍的改进的欧拉公式.

若令 $\omega_1=0$, 从式 (9.44) 解得 $\omega_2=1$, $\alpha_2=\frac{1}{2}$, $\beta_{21}=\frac{1}{2}$, 则得到另一个二阶二段龙格–库塔公式

$$\begin{cases}y_{n+1}=y_n+k_2,\\ k_1=hf(x_n,y_n),\\ k_2=hf\left(x_n+\dfrac{1}{2}h,y_n+\dfrac{1}{2}k_1\right).\end{cases} \tag{9.46}$$

该计算公式称为**中点公式**.

显然, 还有许多其他取法, 相应计算公式的局部截断误差都是 $O(h^3)$. 所以二阶二段龙格–库塔公式是一类公式, 每确定一组特殊的参数, 就得到一个特殊的二阶二段龙格–库塔公式.

值得注意的是：对于上述二段龙格－库塔公式，若计算函数值的次数不增加，则不能通过选择其他参数，来得到更高阶的龙格－库塔公式．这是因为在 $y(x_{n+1})$ 的展开式中的 $f_xf_y+f_y^2f_n$ 是不能通过选择 $\alpha_2,\beta_{21},\omega_1,\omega_2$ 来消掉的，所以不论这四个参数如何选择都不能使局部截断误差达到 $O(h^4)$．这说明在函数 $f(x,y)$ 计算二次的情况下，局部截断误差至多是 $O(h^3)$，要进一步提高方法的阶，就必须增加计算函数值的次数．

高阶龙格－库塔公式的推导方法与上面讨论的二阶二段龙格－库塔公式推导类似，只是随着阶数的增高，推导的工作量也随着增大．这里仅列举几个常用的公式．

(1) **三阶三段龙格－库塔公式**

$$\begin{cases} y_{n+1}=y_n+\dfrac{1}{6}(k_1+4k_2+k_3), \\ k_1=hf(x_n,\ y_n), \\ k_2=hf\left(x_n+\dfrac{1}{2}h, y_n+\dfrac{1}{2}k_1\right), \\ k_3=hf(x_n+h, y_n-k_1+2k_2). \end{cases} \tag{9.47}$$

(2) **三阶三段 Heun 公式**

$$\begin{cases} y_{n+1}=y_n+\dfrac{1}{4}(k_1+3k_3), \\ k_1=hf(x_n,y_n), \\ k_2=hf\left(x_n+\dfrac{1}{3}h, y_n+\dfrac{1}{3}k_1\right), \\ k_3=hf\left(x_n+\dfrac{2}{3}h, y_n+\dfrac{2}{3}k_2\right). \end{cases} \tag{9.48}$$

(3) **标准四阶四段龙格－库塔公式**

$$\begin{cases} y_{n+1}=y_n+\dfrac{1}{6}(k_1+2k_2+2k_3+k_4), \\ k_1=hf(x_n,y_n), \\ k_2=hf\left(x_n+\dfrac{1}{2}h, y_n+\dfrac{1}{2}k_1\right), \\ k_3=hf\left(x_n+\dfrac{1}{2}h, y_n+\dfrac{1}{2}k_2\right), \\ k_4=hf(x_n+h, y_n+k_3). \end{cases} \tag{9.49}$$

(4) **四阶四段 Gill 公式**

$$\begin{cases} y_{n+1}=y_n+\dfrac{1}{6}(k_1+(2-\sqrt{2})k_2+(2+\sqrt{2})k_3+k_4), \\ k_1=hf(x_n,y_n), \\ k_2=hf\left(x_n+\dfrac{1}{2}h, y_n+\dfrac{1}{2}k_1\right), \\ k_3=hf\left(x_n+\dfrac{1}{2}h, y_n+\dfrac{\sqrt{2}-1}{2}k_1+\dfrac{2-\sqrt{2}}{2}k_2\right), \\ k_4=hf\left(x_n+h, y_n-\dfrac{\sqrt{2}}{2}k_2+\dfrac{2+\sqrt{2}}{2}k_3\right). \end{cases} \tag{9.50}$$

在实际应用中, 最常用的是标准四阶四段龙格–库塔公式.

理论上, 我们可以构造任意高阶的龙格–库塔公式, 但方法阶数与函数值计算次数之间的关系并非等量增加, 它们之间的关系如表 9-4 所示.

表 9-4 龙格 – 库塔公式阶数和次数的关系

计算函数值次数 r	1	2	3	4	5	6	7	$r \geqslant 8$
公式阶数 p	1	2	3	4	4	5	6	$r-2$

从表 9-4 可以看出, 四阶及四阶以下的龙格–库塔公式, 每步计算需调用函数 $f(x,y)$ 的次数与阶数一致, 例如二阶公式需调用函数 $f(x,y)$ 二次, 而四阶公式需调用四次, 但对于更高阶的龙格–库塔公式则不然, 函数 $f(x,y)$ 的调用次数要大于方法的阶数. 由于计算量较大, 所以很少使用更高阶的龙格–库塔公式. 事实上, 对于大量的实际问题, 四阶的龙格–库塔公式已可满足对精度的要求.

以下是标准四阶四段龙格–库塔公式的算法描述:

算法 9.2.1(标准四阶四段龙格–库塔公式)

(1) 给定整数 N;

(2) $h=\dfrac{b-a}{N}$;

(3) $x=a:h:b$;

(4) $y(1)=y_0$;

(5) 遍历 $n=1,2,\cdots,N$, 执行:

$k_1=hf(x(n),y(n))$;

$k_2=hf(x(n)+0.5h,y(n)+0.5k_1)$;

$k_3=hf(x(n)+0.5h,y(n)+0.5k_2)$;

$k_4=hf(x(n)+h,y(n)+k_3)$;

$y(n+1)=y(n)+(k_1+k_2+k_3+k_4)/6$;

(6) 返回 x 和 y.

例 9.2.1 用标准四阶龙格–库塔方法 (9.49) 求解例 9.1.1 中的初值问题.

解: 已知 $f(x,y)=y-\dfrac{2x}{y}$, $y(0)=1$, 并取 $h=0.1$. 将 $f(x,y)$ 的表达式和 h 的值代入标准的四阶四段龙格–库塔格式 (9.49), 得具体计算公式为

$$\begin{cases} y_{n+1}=y_n+\dfrac{1}{6}(k_1+2k_2+2k_3+2k_3+k_4), \\ k_1=0.1\left(y_n-\dfrac{2x_n}{y_n}\right), \\ k_2=0.1\left(y_n+\dfrac{k_1}{2}-\dfrac{4(x_n+0.05)}{2y_n+k_1}\right), \\ k_3=0.1\left(y_n+\dfrac{k_2}{2}-\dfrac{4(x_n+0.05)}{2y_n+k_2}\right), \\ k_4=0.1\left(y_n+k_3-\dfrac{2(x_n+0.1)}{y_n+k_3}\right). \end{cases} \tag{9.51}$$

计算结果见表 9-5.

表 9-5 标准四阶龙格–库塔方法的计算结果

x_n	y_n	$y(x_n)$	$\|y_n - y(x_n)\|$
0.0	1.000 000 00	1.000 000 00	0.000 0e-5
0.1	1.095 445 53	1.095 445 12	0.041 7e-5
0.2	1.183 216 74	1.183 215 96	0.078 9e-5
0.3	1.264 912 23	1.264 911 06	0.116 4e-5
0.4	1.341 642 54	1.341 640 79	0.156 7e-5
0.5	1.414 215 58	1.414 213 56	0.201 6e-5
0.6	1.483 242 22	1.483 239 69	0.252 5e-5
0.7	1.591 964 52	1.549 193 34	0.311 4e-5
0.8	1.612 455 35	1.612 451 55	0.380 0e-5
0.9	1.673 324 66	1.673 320 05	0.460 6e-5
1.0	1.732 056 37	1.732 050 81	0.555 8e-5

与例 9.1.1、例 9.1.2、例 9.1.8 的计算结果相比, 标准四阶四段龙格–库塔公式的计算精度比欧拉公式、梯形公式和改进的欧拉公式都高.

龙格–库塔公式在求解范围较大且精度要求较高时是比较好的方法, 它与欧拉公式和改进的欧拉公式一样都是显格式且可以自启动. 为了达到同样的精度, 它所用的步长可比欧拉公式和改进的欧拉公式所用的步长大得多. 值得指出的是, 由于龙格–库塔公式的推导基于泰勒展开方法, 因而它要求初值问题 (9.1) 的真解具有较好的光滑性质. 反之, 如果解的光滑性差, 那么使用四阶龙格–库塔公式求得的数值解, 其精度可能反而不如改进的欧拉公式. 在实际计算时, 我们应当针对问题的具体特点选择合适的算法.

§9.3 收敛性与稳定性

收敛性与稳定性从不同角度描述了微分方程数值解法的有效性. 只有既收敛又稳定的方法, 才能提供比较可靠的数值结果. 本节将讨论单步法的收敛性与稳定性.

§9.3.1 显式单步法的收敛性

一般来说, 显式单步法的计算公式总可写成以下形式

$$y_{n+1} = y_n + hg(x_n, y_n, h), \tag{9.52}$$

式中, $g(x_n, y_n, h)$ 称为增量函数, 它依赖于 f 且仅是关于 x_n, y_n 和 h 的连续函数.

不同的单步法对应于不同的增量函数. 例如欧拉公式的增量函数为

$$g(x, y, h) = f(x, y), \tag{9.53}$$

改进的欧拉公式的增量函数为

$$g(x, y, h) = \frac{1}{2}\left[f(x, y) + f(x + h, y + hf(x, y))\right]. \tag{9.54}$$

定义 9.3.1 若某数值方法对任意固定节点 x_n, 当 $h \to 0$ 时, 都有 $y_n \to y(x_n)$, 则称该方法是收敛的.

讨论数值方法的收敛性时总是假设计算过程中没有舍入误差, 因此只与数值方法的截断误差有关. 下面的定理给出了一个判断 p 阶显式单步法收敛性的方法, 并指明了局部截断误差与收敛性的关系.

定理 9.3.1 若 p 阶显式单步法 $y_{n+1} = y_n + hg(x_n, y_n, h)$ 中的增量函数 $g(x, y, h)$ 在区域 $a \leqslant x \leqslant b$, $-\infty < y < +\infty$, $0 \leqslant h \leqslant h_0$ 上连续, 并且关于变量 y 满足利普希茨条件, 即

$$|g(x, y_1, h) - g(x, y_2, h)| \leqslant L|y_1 - y_2|, \tag{9.55}$$

式中, $L > 0$ 为利普希茨常数, 则由该单步法得到的 y_{n+1} 满足以下误差估计

$$|y(x_{n+1}) - y_{n+1}| \leqslant \frac{Ch^p}{L}\left(\mathrm{e}^{(b-a)L} - 1\right). \tag{9.56}$$

证: 首先, 在节点 x_0 处, 局部截断误差和整体截断误差均等于零, 即 $\varepsilon_0 = e_0 = 0$.

设在节点 x_n 处的局部截断误差和整体截断误差分别为 e_n 和 ε_n, 则在节点 x_{n+1} 处的整体截断误差可分为三部分

$$\begin{aligned} e_{n+1} &= y(x_{n+1}) - \hat{y}_{n+1} + \hat{y}_{n+1} - y_{n+1} \\ &= \varepsilon_{n+1} + (y(x_n) + hg(x_n, y(x_n), h)) - (y_n + hg(x_n, y_n, h)) \\ &= \varepsilon_{n+1} + e_n + h(g(x_n, y(x_n), h) - g(x_n, y_n, h)). \end{aligned} \tag{9.57}$$

利用三角不等式和利普希茨条件, 可得 p 阶单步法的整体截断误差满足以下估计式

$$\begin{aligned} |e_{n+1}| &\leqslant |\varepsilon_{n+1}| + |e_n| + hL|e_n| \\ &\leqslant (1 + hL)|e_n| + Ch^{p+1} \\ &\leqslant (1 + hL)^2|e_{n-1}| + ((1 + hL) + 1)Ch^{p+1} \\ &\leqslant (1 + hL)^{n+1}|e_0| + ((1 + hL)^n + (1 + hL)^{n-1} + \cdots + (1 + hL) + 1)Ch^{p+1} \\ &= \frac{(1 + hL)^{n+1} - 1}{hL}Ch^{p+1}. \end{aligned} \tag{9.58}$$

注意到

$$(1 + hL)^{n+1} \leqslant (1 + hL)^{\frac{(b-a)L}{hL}} = \left((1 + hL)^{\frac{1}{hL}}\right)^{(b-a)L} \leqslant \mathrm{e}^{(b-a)L}. \tag{9.59}$$

故

$$|e_{n+1}| \leqslant \frac{Ch^p}{L}\left(\mathrm{e}^{(b-a)L} - 1\right). \tag{9.60}$$

由定理 9.3.1 可知: 当 $p \geqslant 1$ 时, 只需验证增量函数是否满足定理假设, 即可判断该显式单步法的收敛性; 当显示单步法的局部截断误差 $\varepsilon_n = O(h^{p+1})$ 时, 其整体截断误差 $e_n = O(h^p)$. 由于整体截断误差比局部截断误差低一阶, 因此在构造高精度的计算公式时, 只需设法提高计算公式的局部截断误差.

利用定理 9.3.1 可以证明前面介绍的显式单步法都是收敛的. 例如, 对于欧拉方法, 其增量函数为 $g(x, y, h) = f(x, y)$, 所以当初值问题的右端函数 $f(x, y)$ 满足利普希茨条件时, 欧拉方法是收敛的. 对于标准四阶四段龙格–库塔公式, 其增量函数为

$$g(x, y, h) = \frac{1}{6}\left(\widetilde{k}_1(x, y, h) + 2\widetilde{k}_2(x, y, h) + 2\widetilde{k}_3(x, y, h) + \widetilde{k}_4(x, y, h)\right). \tag{9.61}$$

这里

$$\begin{cases} \widetilde{k}_1(x,y,h)=f(x,y), \\ \widetilde{k}_2(x,y,h)=f\left(x+\frac{h}{2},y+\frac{h}{2}\widetilde{k}_1\right), \\ \widetilde{k}_3(x,y,h)=f\left(x+\frac{h}{2},y+\frac{h}{2}\widetilde{k}_2\right), \\ \widetilde{k}_4(x,y,h)=f(x+h,y+h\widetilde{k}_3). \end{cases} \tag{9.62}$$

若 $f(x,y)$ 满足利普希茨条件, 设利普希茨常数为 L_f, 则

$$\begin{aligned} &|\widetilde{k}_1(x,y_1,h)-k_1(x,y_2,h)|\leqslant L_f|y_1-y_2|, \\ &|\widetilde{k}_2(x,y_1,h)-k_2(x,y_2,h)|\leqslant L_f\left|y_1-y_2+\frac{h}{2}\widetilde{k}_1(x,y_1,h)-\frac{h}{2}\widetilde{k}_1(x,y_2,h)\right| \\ &\qquad\leqslant\left(1+\frac{1}{2}hL_f\right)L_f|y_1-y_2|, \\ &|\widetilde{k}_3(x,y_1,h)-\widetilde{k}_3(x,y_2,h)|\leqslant\left(1+\frac{1}{2}hL_f+\frac{1}{4}(hL_f)^2\right)L_f|y_1-y_2|, \\ &|\widetilde{k}_4(x,y_1,h)-\widetilde{k}_4(x,y_2,h)|\leqslant\left(1+hL_f+\frac{1}{2}(hL_f)^2+\frac{1}{4}(hL_f)^3\right)L_f|y_1-y_2|. \end{aligned} \tag{9.63}$$

故

$$\begin{aligned} |g(x,y_1,h)-g(x,y_2,h)|&\leqslant\left(1+\frac{1}{2}hL_f+\frac{1}{6}(hL_f)^2+\frac{1}{24}(hL_f)^3\right)L_f|y_1-y_2| \\ &\leqslant L|y_1-y_2|. \end{aligned} \tag{9.64}$$

因此, 由定理 9.3.1 可知标准四阶四段龙格–库塔方法是收敛的.

例 9.3.1 取步长 $h=\frac{1}{N}$, $N=20\times 2^k$ $(k=0,1,\cdots,5)$, 利用欧拉公式、改进的欧拉公式以及标准四阶四段龙格–库塔公式计算例 9.1.1 中的初值问题, 并比较这三种算法的收敛速度.

解: 利用欧拉公式、改进的欧拉公式以及标准四阶四段龙格 - 库塔公式计算, 分别记 $y^{(1)}$, $y^{(2)}$, $y^{(3)}$ 为由这三种方法得到的近似解. 表 9-6 给出这三种方法的数值解在 $x=1$ 处的误差.

表 9-6 三种不同方法的计算结果

N	$\left\|y_N^{(1)}-y(1)\right\|$	$\left\|y_N^{(2)}-y(1)\right\|$	$\left\|y_N^{(3)}-y(1)\right\|$
0	2.7987e-002	1.4788e-003	3.4057e-007
1	1.4453e-002	3.7205e-004	2.1036e-008
2	7.3490e-003	9.3256e-005	1.3064e-009
3	3.7062e-003	2.3341e-005	8.1383e-011
4	1.8612e-003	5.8386e-006	5.0795e-012
5	9.3262e-004	1.4600e-006	3.1508e-013

为更清楚地比较三种方法的收敛速度, 将计算结果画成图 9-2, 其中横坐标为 $\log_{10}(N)$, 纵坐标为 $\log_{10}\left(|y_N^{(i)}-y(1)|\right)$. 从图中可以看出

$$\left|y_N^{(1)}-y(1)\right|\approx Ch,\qquad \left|y_N^{(2)}-y(1)\right|\approx Ch^2,\qquad \left|y_N^{(3)}-y(1)\right|\approx Ch^4. \tag{9.65}$$

这与定理 9.3.1 的理论结果是一致的.

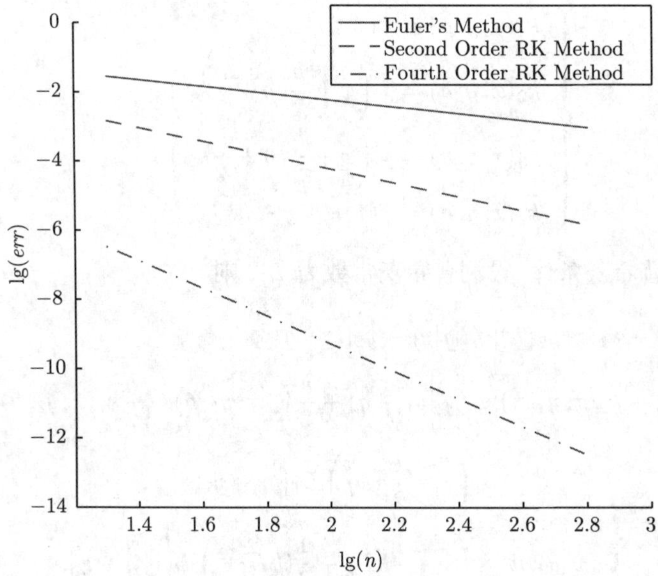

图 9-2 三种方法的收敛阶

§9.3.2 单步法的稳定性

前面讨论常微分方程初值问题数值解的收敛性时, 总是认为数值方法的计算是准确的. 但实际计算过程中总会有误差, 例如计算机的舍入误差. 一般地, 这种误差伴随着计算过程的继续会不断积累并传递下去. 所谓数值解的稳定性, 就是指误差积累是否受到控制. 粗略地说, 如果计算结果对初始数据的误差和计算过程中的误差不敏感, 也就是误差不增长, 就称相应的计算方法是稳定的, 否则就称是不稳定的.

数值方法的稳定性有各种各样的定义, 下面简单介绍 "绝对稳定性" 的概念. 设某数值方法在节点 x_n 处的数值解为 y_n, 但计算时伴有误差, 所以实际计算得到的值为 $\tilde{y}_n$. 记 $\delta_n = \tilde{y}_n - y_n$, 并称为第 n 步数值解的扰动.

定义 9.3.2 *若某数值方法在节点 x_n 处的数值解 y_n 伴随有大小为 δ_n 的扰动, 由 δ_n 的传播而导致在以后各节点上的值 $y_m(m > n)$ 产生的扰动值, 记为 $\delta_m(m > n)$. 若该扰动值的绝对值均不超过 $|\delta_n|$, 即*

$$|\delta_m| \leqslant |\delta_n|, \quad m = n+1, n+2, \cdots, \tag{9.66}$$

则称该数值方法是绝对稳定的.

数值方法的稳定性分析是相当复杂的, 且总跟微分方程的右端 $f(x, y)$ 有关, 所以一般性地讨论常微分方程初值问题的稳定性将十分困难. 事实上, 我们不可能也不必对每个不同的右端函数进行讨论. 一个约定俗成的方法是对以下的 "模型方程"

$$y' = \lambda y, \quad (\mathrm{Re}\,\lambda < 0) \tag{9.67}$$

讨论数值方法的绝对稳定性. 这是因为若某数值方法对如此简单的问题都不是绝对稳定的, 那么就难以用此数值方法来求解一般的常微分方程初值问题. 显然, 若某数值方法对 "模型方程" 是绝对稳定的, 则对于一般的常微分方程, 该数值方法不一定也是绝对稳定的.

在把某数值方法应用于模型方程时, 为了保证数值稳定, 步长要受到一定的限制. 步长被允许的范围就称为该方法的**绝对稳定区域**. 一般来说, 绝对稳定区域越大, 算法的稳定性越好.

首先, 讨论欧拉公式的稳定性. 将欧拉公式用于模型方程可得

$$y_{n+1} = (1 + \lambda h)y_n = (1 + z)y_n, \tag{9.68}$$

式中, $z = \lambda h$. 设在计算 y_n 时有扰动 δ_n, 由 δ_n 的传播造成计算 y_{n+1} 时产生扰动值 δ_{n+1}, 则

$$\delta_{n+1} = (1 + z)\delta_n, \tag{9.69}$$

故要欧拉公式稳定, 只需

$$|1 + z| \leqslant 1. \tag{9.70}$$

因此欧拉方法的绝对稳定区域是复平面上以 $z = -1$ 为圆心、1 为半径的圆盘.

其次, 考虑后退欧拉公式的稳定性. 将后退欧拉公式用于模型方程可得

$$y_{n+1} = y_n + \lambda h y_{n+1}, \tag{9.71}$$

即

$$y_{n+1} = \frac{1}{1-z} y_n. \tag{9.72}$$

于是有

$$\delta_{n+1} = \frac{1}{1-z} \delta_n. \tag{9.73}$$

为使后退欧拉公式稳定, 只要

$$|z - 1| \geqslant 1. \tag{9.74}$$

因此后退欧拉公式的绝对稳定区域是复平面上以 $z = 1$ 为圆心、1 为半径的圆外区域. 显然, 它比欧拉方法的绝对稳定区域要大很多.

下面通过一个例子来说明数值方法稳定性对步长的限制.

例 9.3.2 取步长 $h = 0.025$ 和 0.005, 分别利用欧拉公式、后退欧拉公式计算初值问题

$$\begin{cases} y' = -100y, \\ y(0) = 1, \end{cases}$$

在区间 $[0, 0.3]$ 上的数值解.

解: 分别记 $y^{(1)}, y^{(2)}$ 为由欧拉公式和后退欧拉公式得到的近似解. 表 9-7 给出两种方法的误差. 当 $h = 0.025$ 时, 由于 $z = \lambda h = -2.5$ 不在绝对稳定区域内, 欧拉方法是不稳定的; 当 $h = 0.005$ 时, 由于 $z = -0.5$ 在绝对稳定区域内，所以欧拉方法是稳定的. 这个例子表明只有取较小步长时，才能保证欧拉方法的稳定性. 另一方面, 由于对任意步长 $h > 0$, z 都在后退欧拉方法的绝对稳定区域内，所以后退欧拉方法总是稳定的.

从图 9-3 我们也可以看到: 当 $h = 0.025$ 时, 欧拉方法得到的近似解在准确值的上下波动, 计算过程明显的不稳定.

表 9-7 两种方法的计算结果

	$h = 0.025$		$h = 0.005$	
x_k	$y_k^{(1)} - y(x_k)$	$y_k^{(2)} - y(x_k)$	$y_k^{(1)} - y(x_k)$	$y_k^{(2)} - y(x_k)$
0	0	0	0	0
0.0250	1.5821e+000	2.0363e−001	5.0835e−002	4.9602e−002
0.0500	2.2433e+000	7.4895e−002	5.7614e−003	1.0604e−002
0.0750	3.3756e+000	2.2771e−002	5.2257e−004	1.7306e−003
0.1000	5.0625e+000	6.6185e−003	4.4446e−005	2.5533e−004
0.1250	7.5938e+000	1.9002e−003	3.6969e−006	3.5875e−005
0.1500	1.1391e+001	5.4369e−004	3.0497e−007	4.9092e−006
0.1750	1.7086e+001	1.5540e−004	2.5081e−008	6.6165e−007
0.2000	2.5629e+001	4.4405e−005	2.0602e−009	8.8377e−008
0.2250	3.8443e+001	1.2688e−005	1.6916e−010	1.1740e−008
0.2500	5.7665e+001	3.6251e−006	1.3887e−011	1.5544e−009
0.2750	8.6498e+001	1.0357e−006	1.1400e−012	2.0539e−010
0.3000	1.2975e+002	2.9593e−007	9.3575e−014	2.7104e−011

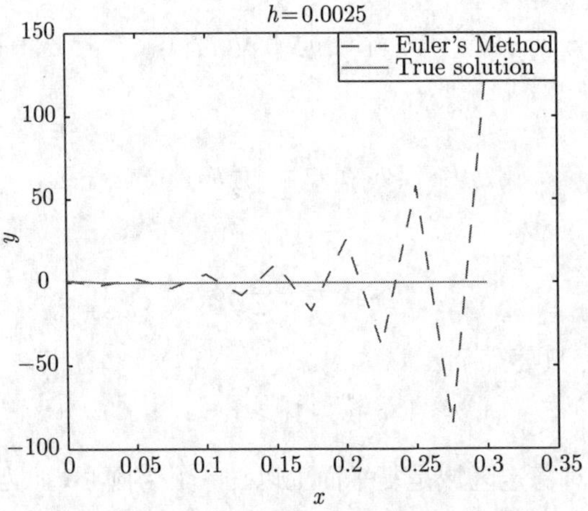

图 9-3 欧拉方法的稳定性

上例表明后退欧拉公式的稳定性要优于欧拉公式. 事实上, 隐格式的稳定性一般要比显格式的稳定性要好.

用类似的方法分析标准四阶四段龙格–库塔公式, 可得其绝对稳定区域为

$$\left|1 + z + \frac{z^2}{2} + \frac{z^3}{6} + \frac{z^4}{24}\right| \leqslant 1. \tag{9.75}$$

当 λ 是负实数时, 标准四阶四段龙格–库塔公式的绝对稳定区间为 $-2.78 \leqslant z < 0$. 另外, 当 λ 是负实数时, 亚当斯–巴什福思公式的绝对稳定区间为 $-0.55 < z < 0$, 亚当斯–莫尔顿公式的绝对稳定区间为 $-3 < z < 0$.

§9.4 微分方程组和刚性问题

本节将主要讨论 $m > 1$ 情况下初值问题 (9.1) 的数值解法. 事实上, 前三节在未知函数

个数 $m=1$ 情况下得到的大部分结论都可平行地推广到 $m>1$ 的情况.

例如, 考虑以下一阶常微分方程组

$$\begin{pmatrix} u' \\ v' \end{pmatrix} = \begin{pmatrix} 0 & 1 \\ -x^2 & -x \end{pmatrix} \begin{pmatrix} u \\ v \end{pmatrix} + \begin{pmatrix} 0 \\ x+1 \end{pmatrix}, \quad x \in [0,10], \tag{9.76}$$

初值条件为

$$\begin{pmatrix} u(0) \\ v(0) \end{pmatrix} = \begin{pmatrix} a \\ b \end{pmatrix}. \tag{9.77}$$

将欧拉公式 (9.9) 应用于该问题, 则有

$$\begin{pmatrix} u_{n+1} \\ v_{n+1} \end{pmatrix} = \begin{pmatrix} u_n \\ v_n \end{pmatrix} + h\left[\begin{pmatrix} 0 & 1 \\ -x_n^2 & -x_n \end{pmatrix} \begin{pmatrix} u_n \\ v_n \end{pmatrix} + \begin{pmatrix} 0 \\ x_n+1 \end{pmatrix}\right] \tag{9.78}$$

且

$$\begin{pmatrix} u_0 \\ v_0 \end{pmatrix} = \begin{pmatrix} a \\ b \end{pmatrix}. \tag{9.79}$$

下面讨论应用欧拉公式求解方程组 (9.76)~(9.77) 的绝对稳定性. 设 $(\delta_u^{(n+1)}, \delta_v^{(n+1)})^T$ 和 $(\delta_u^{(n)}, \delta_v^{(n)})^T$ 分别表示第 n 步和第 $n+1$ 步数值解的扰动. 简单计算可知

$$\begin{pmatrix} \delta_u^{n+1} \\ \delta_v^{n+1} \end{pmatrix} = \left[\boldsymbol{I} + h\begin{pmatrix} 0 & 1 \\ -x_n^2 & -x_n \end{pmatrix}\right] \begin{pmatrix} \delta_u^n \\ \delta_v^n \end{pmatrix}, \tag{9.80}$$

其中 $\boldsymbol{I}$ 表示二阶单位阵. 由于矩阵 $\boldsymbol{I} + h\begin{pmatrix} 0 & 1 \\ -x_n^2 & -x_n \end{pmatrix}$ 的特征值为 $\lambda_{1,2} = 1 - \frac{1}{2}hx_n \pm \frac{\sqrt{3}}{2}hx_n i$, 故可以证明当 $|hx_n| < 1$(或 $h < 0.1$) 时, 矩阵 $\boldsymbol{I} + hA$ 的谱半径 $\rho = (1 - hx_n + (hx_n)^2)^{\frac{1}{2}} < 1$. 此时

$$\left\|\begin{pmatrix} \delta_u^{n+1} \\ \delta_v^{n+1} \end{pmatrix}\right\| \leqslant \left\|\begin{pmatrix} \delta_u^n \\ \delta_v^n \end{pmatrix}\right\|, \tag{9.81}$$

即该方法是绝对稳定的.

类似地, 前文介绍的多步法、预估校正格式和龙格 – 库塔公式均可应用于一阶常微分方程组的求解. 只是在进行理论分析时, 需要将绝对值替换为向量范数.

对于高阶常微分方程初值问题

$$\begin{cases} y^{(n)} = f(x, y(x), y'(x), \cdots, y^{(n-1)}(x)), & x \in [a,b], \\ y(a) = \tilde{y}_0,\ y'(a) = \tilde{y}_0', \cdots,\ y^{(n-1)}(a) = \tilde{y}_0^{(n-1)}, \end{cases} \tag{9.82}$$

若记 $\boldsymbol{y} = \left(y(x), y'(x), \cdots, y^{(n-1)}(x)\right)^T$, $\quad \boldsymbol{y}_0 = \left(y(a), y'(a), \cdots, y^{(n-1)}(a)\right)^T$, 则可将高阶微分方程化为一阶微分方程组 (9.1), 从而利用前面介绍的方法近似求解.

例如, 考虑初值问题

$$\begin{cases} y'' = -xy' - x^2 y + x + 1, & x \in [0,10], \\ y(0) = a, \quad y'(0) = b. \end{cases} \tag{9.83}$$

令 $u=y$ 和 $v=y'$, 则该初值问题转化成一阶常微分方程组 (9.76)~(9.77).

设 $a=0, b=1$, 取 $N=1000$. 利用公式 (9.78)~(9.79) 的计算结果见表 9-8, 近似解的图形在图 9-4 中给出.

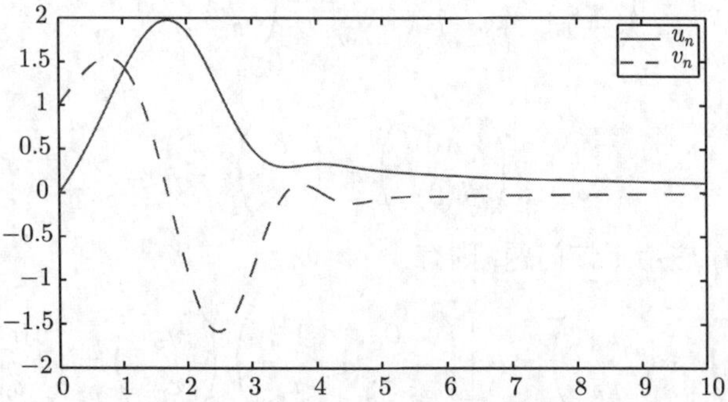

图 9-4 高阶常微分方程的数值解

表 9-8 高阶常微分方程的数值解

x_k	u_k	v_k
0.0	0	1.0000e+000
1.0	1.3694e+000	1.4483e+000
2.0	1.8448e+000	−8.8047e−001
3.0	5.0488e−001	−8.9974e−001
4.0	3.3003e−001	3.5938e−002
5.0	2.4902e−001	−7.0977e−002
6.0	2.0091e−001	−4.1835e−002
7.0	1.6708e−001	−2.8003e−002
8.0	1.4310e−001	−2.0498e−002
9.0	1.2515e−001	−1.5671e−002
10.0	1.1121e−001	−1.2371e−002

在本节的最后, 我们简单介绍一类在化学反应、电子网络和自动控制等领域经常会遇到病态方程组 —— 刚性方程组.

定义 9.4.1 常微分方程初值问题 (9.1) 称为刚性方程组, 若对任意 $x\in[a,b]$, 成立

(1) $\mathrm{Re}(\mu_j(t))<0,\ j=1,\cdots,m$;

(2) $s=\dfrac{\max\limits_{1\leqslant j\leqslant m}|\mathrm{Re}(\mu_j)|}{\min\limits_{1\leqslant j\leqslant m}|\mathrm{Re}(\mu_j)|}\gg 1$,

其中 $\mu_j(t)$ 是雅可比矩阵 $\left(\dfrac{\partial f_i}{\partial y_j}\right)_{m\times m}$ 的特征值, s 称为刚性比.

例如, 考虑常微分方程组

$$\begin{pmatrix} u' \\ v' \end{pmatrix}=\begin{pmatrix} 9 & 24 \\ -24 & -51 \end{pmatrix}\begin{pmatrix} u \\ v \end{pmatrix}+\begin{pmatrix} 5\cos x-\dfrac{1}{3}\sin x \\ -9\cos x+\dfrac{1}{3}\sin x \end{pmatrix},\quad x\in[0,1], \tag{9.84}$$

初值条件为

$$\begin{pmatrix} u(0) \\ v(0) \end{pmatrix} = \begin{pmatrix} \dfrac{4}{3} \\ \dfrac{2}{3} \end{pmatrix}. \tag{9.85}$$

这就是一个刚性方程组, 其雅可比矩阵为 $\begin{pmatrix} 9 & 24 \\ -24 & -51 \end{pmatrix}$, 刚性比 $s = \dfrac{|-39|}{|-3|} = 13$. 该问题存在唯一解

$$u = 2\mathrm{e}^{-3x} - \mathrm{e}^{-39x} + \frac{1}{3}\cos x, \qquad v = -\mathrm{e}^{-3x} + 2\mathrm{e}^{-39x} - \frac{1}{3}\cos x.$$

求解刚性问题的困难之处在于: 为保证算法的稳定性, 必须将步长限制在较小的范围内. 因此, 若需要在某个较长的区间内计算, 则需要非常多的时间迭代步. 这将导致巨大的计算量, 并且由于舍入误差的累计, 其结果极有可能很不准确.

应用标准四阶龙格–库塔公式求解方程组 (9.84)~(9.85). 由于绝对稳定性的限制, 步长 h 须满足 $|\mu_i h| \leqslant 2.78$, 其中 μ_i 为雅可比矩阵的特征值. 这要求 $h < \frac{2.78}{39} \approx 0.071\,3$, 下面的数值结果验证了这一分析. 取 $h = 0.05$ 和 $h = 0.1$, 用标准四阶龙格–库塔公式求解该初值问题的计算结果见表 9-9. 由表 9-9 可以看出: 当步长稍大且不满足稳定性条件时, 就会得到错误的数值结果.

表 9-9 刚性问题的计算结果

			$h = 0.05$		$h = 0.1$	
x	$u(x)$	$v(x)$	u_n	v_n	u_n	v_n
0.1	1.793 061	–1.032 001	1.712 219	–0.870 315 2	–2.645 169	7.844 527
0.2	1.423 901	–0.874 680 9	1.414 070	–0.855 014 8	–18.451 58	38.876 31
0.3	1.131 575	–0.724 998 4	1.130 523	0.722 891 0	–87.472 21	176.482 8
0.4	0.909 408 6	–0.608 214 1	0.909 276 3	–0.607 947 5	–934.072 2	789.354 0
0.5	0.738 787 7	–0.515 657 5	9.738 750 6	–0.515 581 0	–1760.016	3 520.00
0.6	0.605 709 4	–0.440 410 8	0.605 683 3	–0.440 355 8	–7848.550	15 697.84
0.7	0.499 860 3	–0.377 403 8	0.499 836 1	–0.377 354 0	–34989.63	69 979.87
0.8	0.413 671 4	–0.322 953 5	0.413 649 0	–0.322 907 8	–155 979.4	311 959.5
0.9	0.341 614 3	–0.274 408 8	0.341 593 9	–0.274 367 3	–695 332.0	139 066 4
1.0	0.279 674 8	–0.229 887 7	0.279 656 8	–0.229 851 1	–309 967 1	619 935 2

对于刚性问题, 一个最自然的想法就是扩大数值方法的绝对稳定区域.

定义 9.4.2 *如果某数值方法的绝对稳定域包含复平面的整个左半平面, 即* $\mathrm{Re}(z) < 0$, *则称该数值方法是 A- 稳定的.*

显然, 若某数值方法是 A- 稳定的, 则应用该方法求解刚性问题时步长可随意选取, 不再受稳定性限制. 遗憾的是, 早已证明: 显式多步法和显式龙格–库塔法不可能是 A- 稳定的; A- 稳定的隐式多步法的阶不超过 2; 梯形公式是二阶隐式线性多步法中精度最高的一个. 因此, 为构造更实用的求解刚性问题的数值方法, 需要放松稳定性的限制.

实际计算时, 常采用隐式或半隐式的龙格–库塔公式求解刚性方程组. 下面列出几个常用的计算公式, 可以证明这些格式都是 A- 稳定的.

(1) 一段二阶隐式龙格–库塔方法

$$\begin{cases} y_{n+1}=y_n+hk_1, \\ k_1=f\left(x_n+\dfrac{h}{2}, y_n+\dfrac{h}{2}k_1\right). \end{cases} \tag{9.86}$$

(2) 二段二阶隐式龙格–库塔方法

$$\begin{cases} y_{n+1}=y_n+\dfrac{h}{2}(k_1+k_2), \\ k_1=f(x_n, y_n), \\ k_2=f\left(x_n+h, y_n+\dfrac{h}{2}(k_1+k_2)\right). \end{cases} \tag{9.87}$$

(3) 二段四阶隐式龙格–库塔方法

$$\begin{cases} y_{n+1}=y_n+\dfrac{h}{2}(k_1+k_2), \\ k_1=f(x_n+\left(\dfrac{1}{2}+\dfrac{\sqrt{3}}{6}\right)h, y_n+\dfrac{h}{4}\left(k_1+\left(1+\dfrac{2\sqrt{3}}{3}k_2\right)\right), \\ k_2=f\left(x_n+\left(\dfrac{1}{2}-\dfrac{\sqrt{3}}{6}\right)h, y_n+\dfrac{h}{4}\left(\left(1-\dfrac{2\sqrt{3}}{3}\right)k_1+k_2\right)\right). \end{cases} \tag{9.88}$$

(4) 半隐式龙格–库塔方法

$$\begin{cases} y_{n+1}=y_n+k_2, \\ k_1=f(x_n, y_n)+\left(1-\dfrac{\sqrt{2}}{2}\right)h^2\dfrac{\partial f}{\partial x}(x_n, y_n)+\left(1-\dfrac{\sqrt{2}}{2}\right)h\dfrac{\partial f}{\partial y}(x_n, y_n)k_1, \\ k_2=hf\left(x_n+\dfrac{\sqrt{2}-1}{2}h, y_n+\dfrac{\sqrt{2}-1}{2}k_1\right)+\left(1-\dfrac{\sqrt{2}}{2}\right)h^2\dfrac{\partial f}{\partial x}(x_n, y_n) \\ \qquad +\left(1-\dfrac{\sqrt{2}}{2}\right)h\dfrac{\partial f}{\partial y}(x_n, y_n)k_2. \end{cases} \tag{9.89}$$

§9.5 有限差分法

本节主要讨论求解微分方程边值问题的有限差分法. 下面以两点边值问题 (9.4) 为例, 简单介绍该方法的基本思想.

通常, 利用有限差分法离散微分方程包含两步: 第一步是将求解区域进行网格剖分; 第二步是将微分方程在节点处进行离散化. 建立差分格式的离散化方法有多种, 这里仅介绍以差商代替微商的方法.

将区间 $[a,b]$ 进行 N 等分, 对于内部节点 $x_n(n=1,2,\cdots,N-1)$, 由泰勒展开公式得

$$\frac{y(x_{n+1})-2y(x_n)+y(x_{n-1})}{h^2}=y''(x_n)+\frac{h^2}{12}y^{(4)}(x_n)+O(h^3). \tag{9.90}$$

于是在节点 x_n 处可将方程 (9.4) 写成

$$-\frac{y(x_{n+1})-2y(x_n)+y(x_{n-1})}{h^2}+q(x_n)y(x_n)=f(x_n)+R_n(y), \tag{9.91}$$

其中

$$R_n(y)=-\frac{h^2}{12}y^{(4)}(x_n)+O(h^3). \tag{9.92}$$

显然, 当 h 充分小时, $R_n(y)$ 是的二阶无穷小量. 若舍去 $R_n(y)$, 则得到内部节点处的差分方程

$$-\frac{y_{n+1}-2y_n+y_{n-1}}{h^2}+q_ny_n=f_n, \quad n=1,\cdots,N-1, \tag{9.93}$$

其中 $q_n=q(x_n)$, $f_n=f(x_n)$. 称 $R_n(y)$ 为差分方程 (9.93) 的截断误差.

对于边界节点, 由边界条件知 $y_0=\alpha$, $y_N=\beta$.

于是可得到关于数值解 y_n 的线性方程组

$$\begin{cases} -\dfrac{y_{n+1}-2y_n+y_{n-1}}{h^2}+q_ny_n=f_n, \quad n=1,\cdots,N-1, \\ y_0=\alpha, \quad y_N=\beta. \end{cases} \tag{9.94}$$

若记方程组的未知向量

$$\boldsymbol{y}_h=(y_1,y_2,\cdots,y_{N-1})^{\mathrm{T}}, \tag{9.95}$$

右端向量

$$\boldsymbol{g}=\left(f_1+\frac{\alpha}{h^2},f_2,\cdots,f_{N-1}+\frac{\beta}{h^2}\right)^{\mathrm{T}}, \tag{9.96}$$

系数矩阵

$$\boldsymbol{H}=\begin{pmatrix} \dfrac{2}{h^2}+q_1 & -\dfrac{1}{h^2} & 0 & \cdots & 0 \\ -\dfrac{1}{h^2} & \dfrac{2}{h^2}+q_2 & -\dfrac{1}{h^2} & \cdots & 0 \\ 0 & -\dfrac{1}{h^2} & \dfrac{2}{h^2}+q_2 & \cdots & 0 \\ \vdots & \vdots & \vdots & \ddots & \vdots \\ 0 & 0 & 0 & \cdots & \dfrac{2}{h^2}+q_{N-1} \end{pmatrix}, \tag{9.97}$$

则有

$$\boldsymbol{H}\boldsymbol{y}_h=\boldsymbol{g}. \tag{9.98}$$

易知, $\boldsymbol{H}$ 为对称正定矩阵, 故该方程组有唯一解. 此外, 由于矩阵 $\boldsymbol{H}$ 为三对角阵, 可以稀疏数组方式存储并用追赶法求解.

下面是求解两点边值问题 (9.4) 的有限差分法的算法描述.

算法 9.5.1(*有限差分法*)

(1) 给定整数 N;

(2) $h=\dfrac{b-a}{N}$;

(3) 根据式 (9.96) 和式 (9.97) 生成三对角阵 $\boldsymbol{H}$ 和向量 $\boldsymbol{g}$;

(4) 求解方程组 $\boldsymbol{H}\boldsymbol{y}_h=\boldsymbol{g}$;

(5) 返回向量 $\boldsymbol{y}_h$.

例 9.5.1　用有限差分法求解常微分方程边值问题

$$\begin{cases} -y''+y=(\pi^2+1)\sin(\pi x), & x\in(0,1), \\ y(0)=0, \quad y(1)=0. \end{cases} \tag{9.99}$$

解: 该问题的真解为 $y(x)=\sin\pi x$. 分别取 $N=2,4,8,16,\cdots,256$, 有限差分法的计算结果见表 9-10, 其中 $\|y_h-y\|_\infty=\max\limits_{1\leqslant n\leqslant N}|y_h(x_n)-y(x_n)|$.

表 9-10　不同 N 情形下有限差分法近似解的误差

N	2	4	8	16	32	64	128	256
$\|y_h-y\|_\infty$	0.207 7	0.047 9	0.011 7	0.002 9	7.295 9e-4	1.823 4e-4	4.558 2e-5	1.139 5e-5

从表 9-10 可以看出: 随着等分节点个数的增加, 有限差分方法得到的数值解与真解之间的误差不断减小. 事实上, 为控制计算误差在可接受的范围内, 可采用更多的网格节点. 在一定条件下, 可以证明当步长 h 趋向于零时, 由有限差分法得到的数值解收敛于真解.

有限差分方法还可以使用数值积分的方法进行推异. 更多内容参见微分方程数值解法的有关教材.

评　注

本章主要介绍了几种求解常微分方程初边值问题的数值方法. 对于初边值问题, 离散常微分方程的常用方法主要有两种: 一种是基于泰勒展开, 另一种是基于数值积分. 这两种方法中, 利用泰勒展开来构造数值计算格式比较简单灵活, 但通常需要在真解比较光滑的前提下才能进行, 而数值积分方法对真解的光滑性要求较低. 此外, 这两种方法也可用于偏微分方程离散格式的构造, 如利用泰勒展开可构造有限差分法, 利用数值积分可构造有限体积法等.

单个一阶常微分方程初值问题的数值解法, 稍加改动都可平行地用于一阶微分方程组的情形. 构造常微分方程组的离散格式时, 需要将相应的单个方程计算公式中的实 (复) 函数替换成实 (复) 向量函数; 理论分析时, 需要将函数的绝对值换成向量范数. 高阶微分方程可转化为一阶微分方程组, 故也可应用本章所介绍的数值方法求解.

对于刚性微分方程组, 一般的显格式计算效果很差, 故需要考虑 A- 稳定、A(α)- 稳定和刚性稳定的数值方法. 本章给出了几种常用的隐式或半隐式龙格 – 库塔公式, 用于求解此类问题.

对于一阶常微分方程 (组) 初值问题, MATLAB 软件提供了一系列的函数, 如 `ode45` 和 `ode23` 等, 其使用格式如下:

```
>> [t,y] = odesolver(odefun,tspan,y0)
```

其中 `odefun` 为函数名字符串, 表示初值问题 (9.1) 中的 $f(x,y)$; 向量 `tspan`= $[a,b]$ 表示初始和结束时刻; `y0` 表示初始条件. 返回值 `t` 和 `y` 分别表示区间 $[a,b]$ 上的节点坐标以及各节点处的近似解. 可以直接调用命令 `plot(t,y)` 画出近似解的折线图.

下面以中例 9.1.2 中的初值问题为例介绍该函数的使用方法.

(1) 编写函数文件 f.m.

```
function r = f(x,y)
  r = y-2*x./y;
```

(2) 在命令窗口 (或脚本文件) 中, 执行如下代码.

```
>> [t,y] = ode45('f',[0,1],1)
```

注意: odesolver 表示函数名, 实际使用时需要用 ode45 等替换. 这些函数也适用于求解一阶常微分方程组.

习 题 九

1. 取 $h=0.1$, 分别用欧拉公式、梯形公式和改进的欧拉公式在 $0 \leqslant x \leqslant 1$ 上求解初值问题

$$y' = -y + x + 1, \quad y(0) = 1.$$

2. 取 $h=0.2$, 用四阶龙格–库塔方法在 $0 \leqslant x \leqslant 1$ 上求解初值问题

$$y' = x + y, \quad y(0) = 1.$$

3. 证明对于任意参数 α, 下列格式是二阶的:

$$\begin{cases} y_{n+1} = y_n + \dfrac{1}{2}(k_2 + k_3) \\ k_1 = hf(x_n, y_n) \\ k_2 = hf(x_n + \alpha h, y_n + \alpha k_1) \\ k_3 = hf(x_n + (1-\alpha)h, y_n + (1-\alpha)k_1). \end{cases}$$

4. 分析用中点公式求解初值问题

$$\begin{cases} y' = -5y, \quad x \in [0,1], \\ y(0) = 1. \end{cases}$$

时绝对稳定性对步长的限制.

5. 导出用梯形公式求解

$$\begin{cases} y' = y, \quad x \in [0,1], \\ y(0) = 1. \end{cases}$$

的计算公式

$$y_n = \left(\frac{2+h}{2-h}\right)^n.$$

取 $h = \frac{1}{4}$, 计算 $y(1)$ 的近似值.

6. 将下列方程化为一阶方程组

$$\begin{cases} y'' - 3y' + 2y = 0, \quad x \in (0,1), \\ y(0) = 1, \ y'(0) = 1. \end{cases}$$

取步长 $h=0.1$, 利用改进的欧拉公式求解该一阶方程组.

7. 取 $h=0.5$, 用有限差分方法求解边值问题

$$\begin{cases} y''=6x, \quad x\in(0,1), \\ y(0)=0,\ y(1)=1. \end{cases}$$

数值实验九

1. 分别用欧拉方法、梯形公式、改进的欧拉方法以及标准四阶龙格–库塔方法求解以下常微分方程初值问题

$$\begin{cases} y'=-\dfrac{1}{x^2}-\dfrac{y}{x}-y^2, \quad x\in[1,2], \\ y(1)=-1. \end{cases}$$

比较四种方法的计算精度, 并体会显式格式与隐式格式的区别.

2. 用标准四阶龙格–库塔方法, 对 $x\geqslant 0$ 时的标准正态分布函数

$$\Phi(x)=\frac{1}{\sqrt{2\pi}}\int_0^x \mathrm{e}^{-\frac{t^2}{2}}\mathrm{d}t+\frac{1}{2}, \quad 0\leqslant x<\infty$$

产生一张在 $[0,5]$ 之间 80 个等距节点处的函数表.

3. 考虑刚性问题

$$\begin{cases} y'=5\mathrm{e}^{5x}(y-x)^2+1, \qquad x\in[0,1], \\ y(0)=-1. \end{cases}$$

该问题的真解为 $y(x)=x-\mathrm{e}^{-5x}$. 分别取步长 $h=0.2$ 和 0.25, 用标准四阶龙格–库塔公式和梯形公式求解该初值问题, 并对计算结果进行分析.

4. 尝试用不同方法求解下面的初值问题

$$\begin{pmatrix} u' \\ v' \end{pmatrix}=\begin{pmatrix} 32 & 66 \\ -66 & -133 \end{pmatrix}\begin{pmatrix} u \\ v \end{pmatrix}+\begin{pmatrix} \dfrac{2}{3}x+\dfrac{2}{3} \\ -\dfrac{1}{3}x+\dfrac{1}{3} \end{pmatrix}, \quad x\in[0,0.5],$$

初值条件为

$$\begin{pmatrix} u(0) \\ v(0) \end{pmatrix}=\begin{pmatrix} \dfrac{1}{3} \\ \dfrac{1}{3} \end{pmatrix},$$

比较各种方法的计算结果和计算时间. (该问题的精确解为 $u=\frac{2}{3}x+\frac{2}{3}\mathrm{e}^{-x}-\frac{1}{3}\mathrm{e}^{-100x}$, $v=-\frac{1}{3}x-\frac{1}{3}\mathrm{e}^{-x}+\frac{2}{3}\mathrm{e}^{-100x}$.)

5. 取步长 $h=\frac{1}{2},\frac{1}{4},\cdots,\frac{1}{256}$, 用有限差分方法求解边值问题

$$\begin{cases} (1+x^2)y''-xy'-3y=6x-3, \quad x\in(0,1), \\ y(0)-y'(0)=1,\ y(1)=2. \end{cases}$$

参 考 文 献

[1] Atkinson K E. An Introduction to Numerical Analysis[M]. New York: John Wiley, 1989.

[2] Richard L, Burden J, Douglas Faires. Numerical Analysis[M]. 7th ed. 北京: 高等教育出版社, 2001.

[3] David, P J, Rabinowitz P. Methods of Numerical Integration[M]. New York: New York Academic Press, 1975.

[4] Michael T. Heath, Scientific Computing: An Introductory Survey[M]. 7th ed. 北京: 清华大学出版社, 2001.

[5] 胡健伟, 汤怀民. 微分方程数值方法 [M]. 北京: 科学出版社, 1999.

[6] 贾现正, 王彦博, 程晋, 散乱数据的数值微分及其误差估计, 高等学校计算数学学报, vol 25, No.1, 2003.

[7] Kalos M. H, Whitlock P A. Monte Carlo methods[M]. New York: John Wiley and Sons, 1986.

[8] 李立康, 於崇华, 朱政华. 微分方程数值解 [M]. 复旦大学出版社, 1999.

[9] Quarteroni A, Sacco R, Saleri F. Numerical Mathematics[M]. Beilin: Springer, Science and Businese Media, 2000.

[10] 同济大学计算数学教研室. 数值分析基础 [M]. 同济大学出版社, 1998.

[11] 王仁宏. 数值逼近 [M]. 北京：高等教育出版社, 2001.

[12] 肖云茹. 概率统计计算方法 [M]. 南开大学出版社, 1994.

[13] 张平文, 李铁军. 数值分析 [M]. 北京大学出版社, 2007.

[14] 赵访熊, 李庆扬. 富利叶变换滤波在地震勘探处理中应用 [J]. 清华大学学报, 1978, 18(4).

索　引